全国硕士研究生农学门类入学考试辅导丛书

化　学

复习指南暨习题解析

赵士铎　张曙生
周　乐　周　欣　◎主编

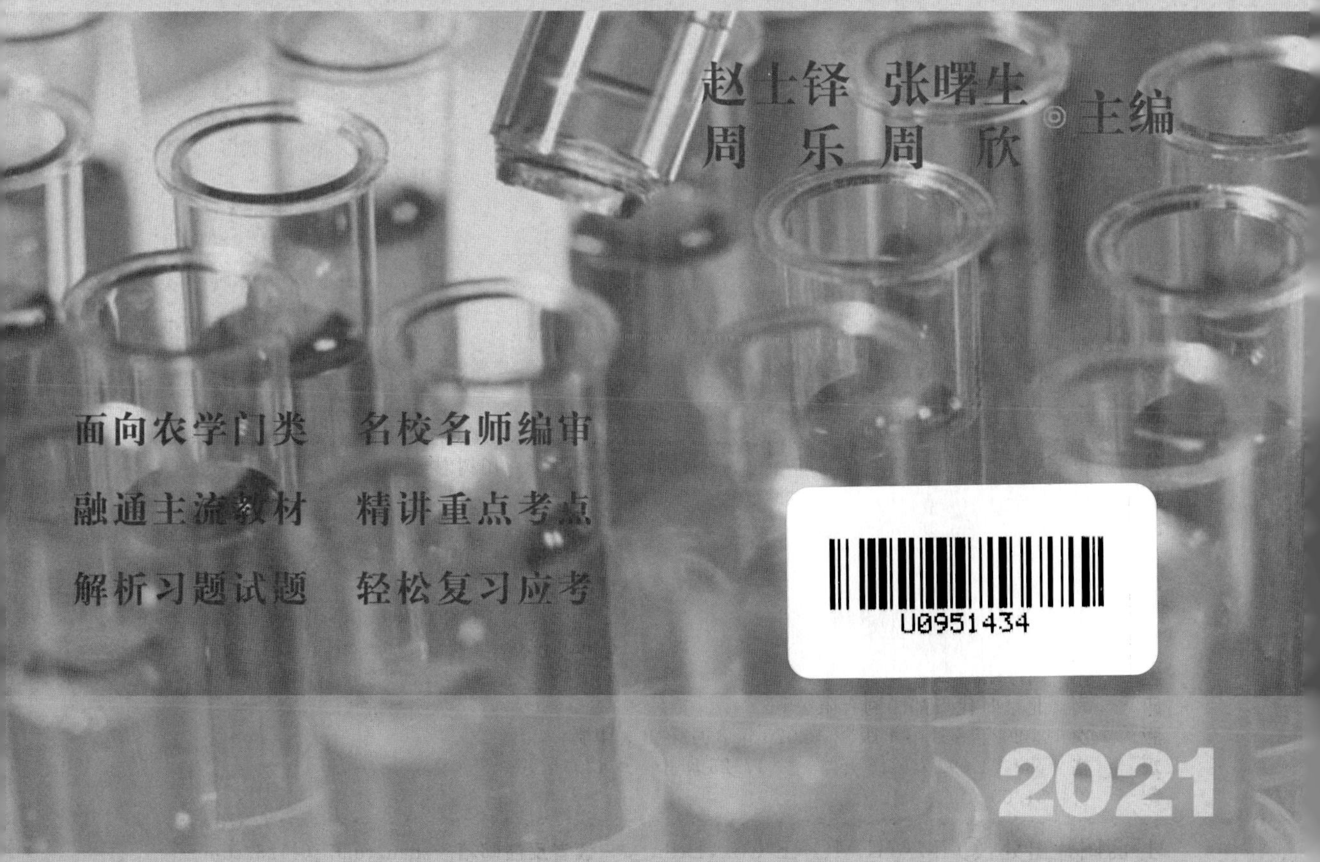

面向农学门类　名校名师编审
融通主流教材　精讲重点考点
解析习题试题　轻松复习应考

U0951434

2021

中国农业大学出版社
China Agricultural University Press
·北京·

图书在版编目(CIP)数据

化学复习指南暨习题解析/赵士铎等主编. —北京:中国农业大学出版社,2020.6
(全国硕士研究生农学门类入学考试辅导丛书)
ISBN 978-7-5655-2384-7

Ⅰ.①化… Ⅱ.①赵… Ⅲ.①化学-硕士生入学考试-自学参考资料 Ⅳ.①O6

中国版本图书馆 CIP 数据核字(2020)第 113068 号

书　　名　化学复习指南暨习题解析
作　　者　赵士铎　张曙生　周　乐　周　欣　主编

策划编辑　丛晓红　席　清　张　蕊　　**责任编辑**　田树君
封面设计　郑　川
出版发行　中国农业大学出版社
社　　址　北京市海淀区圆明园西路 2 号　　**邮政编码**　100193
电　　话　发行部 010-62733489,1190　　读者服务部 010-62732336
　　　　　编辑部 010-62732617,2618　　出　版　部 010-62733440
网　　址　http://www.caupress.cn　　**e-mail** cbsszs @ cau.edu.cn
经　　销　新华书店
印　　刷　北京时代华都印刷有限公司
版　　次　2020 年 8 月第 1 版　　2020 年 8 月第 1 次印刷
规　　格　787×1 092　　16 开本　　17.25 印张　　420 千字
定　　价　51.00 元

　　读者反馈邮箱　zhangrui973@126.com

编 写 人 员

主　　编　赵士铎(中国农业大学)
　　　　　　张曙生(中国农业大学)
　　　　　　周　乐(西北农林科技大学)
　　　　　　周　欣(河北农业大学)

参编人员　冯贵颖(西北农林科技大学)
　　　　　　王俊儒(西北农林科技大学)
　　　　　　李宝华(沈阳农业大学)
　　　　　　岳霞丽(华中农业大学)
　　　　　　马晶军(河北农业大学)
　　　　　　杨新娟(西北农林科技大学)

出版说明

最新版"全国硕士研究生农学门类入学考试辅导丛书"如期和广大考生见面了。本版辅导丛书是以教育部最新考试大纲为依据,分析往年农学门类联考试题及考试情况,征询有关权威专家的意见和建议,充分吸纳各有关高校辅导老师的教学经验,以前数版为基础,经过必要的扩充和修改而成的。

本丛书包括"复习指南暨习题解析"和"历年真题与全真模拟题解析"两个系列,根据考生复习备考的通常做法,按照基础知识的复习、知识的梳理与归纳以及冲刺模拟训练等不同阶段分别组织编写而成。

"复习指南暨习题解析"系列辅导书,主要是依据考纲对知识点进行全面阐述和总结梳理,按照数学(含高等数学、线性代数、概率论与数理统计)、化学(含无机及分析化学、有机化学)、动物生理学、植物生理学、生物化学 5 个科目分别组织编写和出版。其中,对重点难点进行详细的剖析,对疑点作了详尽的解释;对考点、要点、重要公式和结论也都一一总结和梳理;对例题进行详解,每个步骤做到详细、不缺步跳步,便于考生理解和熟悉解题思路;每章节后还附有一定量的习题,对复习内容及时进行训练和巩固。

"历年真题与全真模拟题解析"系列辅导书,是考生在冲刺阶段的复习用书,采取历年真题加模拟题的训练和解析的模式编写。真题部分包含了十余年的统考试题,其中包含了诸多有价值的信息,例如出题角度、试题题型、内容的涵盖面以及出题规律等。考生可以通过这部分的演练进一步掌握命题规律,查缺补漏,了解考研试题的解答方式、得分点以及解题的技巧,达到"观千剑而后识器"的目的。模拟题针对考生在复习阶段出现的问题,从考研热考内容和重点题型中多角度设计题目,旨在冲刺阶段进行考前摸底与练兵,增强考生在应试中的变通能力。

为了编好这套书,我们邀请了学术水平高、治学严谨、经验丰富、权威性强的知名专家学者担任主编,编写队伍汇聚了教育部直属的多所国家重点农林高校和多所省属重点高校常年从事相关学科教学的骨干教师和考研辅导专家。各位编写人员本着为考生着想、对教学负责的态度,牺牲了大量休息时间,反复斟酌拿捏内容的广度和深度,把握例题、习题和模拟题的代表性,尽心尽力从考生的角度去组织内容和体系。这种高度的责任心和奉献精神使我们深受感动,在此向他们表示诚挚的感谢和崇高的敬意!

自该套丛书出版发行以来,受到农学门类考生的格外青睐。这既是在全国范围内率先正式出版发行、最系统全面的农学门类考研辅导书,同时也是目前权威性高、适用性广、实用性强的考研宝典。我们真诚地希望考生能通过这套丛书的学习和引导，熟悉各科考试大纲，温习贯通考试内容，巩固和掌握所学知识，提高解题能力和应试技巧。同时，希望本丛书也能成为大学生在校学习有关课程的好帮手、好伙伴。

尽管我们本着帮助考生更好地系统复习和备考的良好愿望，尽力组织编写好和出版好这套书，但仍不免有疏漏之处，恳请各位同学及老师们批评指正，以利于我们今后不断地改进和提高。

最后，预祝各位考生取得好成绩！

中国农业大学出版社
2020 年 6 月

前　言

为帮助广大农林院校的本科生及考研学生更好地系统复习和备考，根据研究生入学考试的特点和各校课程教学的基本要求，由部分农业院校相关课程教师共同编写了这本《化学复习指南暨习题解析》学习辅导书。本书内容包括无机化学（普通化学）、分析化学和有机化学等公共基础课。由于各校在相关课程教学要求方面不尽相同，本书参照有关院校相关课程教学要求，对编写内容和习题进行了筛选。

“普通化学与分析化学”的考查范围除了基本化学原理、物质结构等内容外，将四大平衡与分析化学内容合并列出，对考生综合运用普通化学知识分析问题、解决问题的能力提出了一定的要求。

“有机化学”的基本内容改变了一般按有机化合物分类的方法，按有机化学基本概念、基本理论、基本知识、有机化学反应及应用的格局编写，形成分类总结的框架。

本书注重问题的总结与分析，通过大量例题解析，列举了各方面知识点，以期帮助读者掌握基本的分析问题、解决问题的方法。书中的例题和自测题按“单项选择题”“填空题”“计算、分析与合成题”三种考试题型的形式给出，以期帮助读者适应一般研究生入学考试要求。

为了帮助广大考生查缺补漏，临考冲刺，我们特编写了**《化学历年真题与全真模拟题解析》**，汇集了2008—2019年的全真试题，请参考配套使用。

作为编者，我们真诚地希望考生在复习时，首先要认真阅读教材，掌握各科化学的基本内容，然后参考本书的总结，巩固所学的知识，提高解题能力。

尽管我们本着帮助考生系统复习备考的良好愿望，尽力编好这本书，但限于自身能力，仍不免有疏漏之处，恳请读者及专家们批评指正。

编　者

2020年6月

目　　录

第一部分

普通化学与分析化学

一、溶液和胶体

(一)考试指南

1.分散系的分类及其特点

一种或几种物质分散在另一种物质中构成的系统称为分散系。被分散的物质为分散质，分散分散质的物质为分散介质。分散系中，分散介质是连续相，分散质则是不连续相，作为小颗粒分散在分散介质中。

按分散质粒径 d 大小，分散系可分为三类，见表 1-1。

表 1-1　按分散质粒大小分类的分散系

粒径	分散系	特点
$d>100$ nm	粗分散系	分散质粒子不能透过半透膜和滤纸，分散系不稳定
1 nm$<d<$100 nm	胶体分散系	分散质粒子可穿透滤纸，但不能穿透半透膜，分散系稳定
$d<1$ nm	均相掺和物	分散质粒子可穿透滤纸和半透膜，分散系稳定

通常说的溶液就是液态的或固态的均相掺和物。

2.溶液的组成标度

溶液的组成标度是表示溶液组成的物理量。常用的有物质的量浓度、质量摩尔浓度、摩尔分数(又称为物质的量分数)、质量分数、质量浓度等。在使用物质的量浓度、质量摩尔浓度、摩尔分数时，一定要用化学式指明物质的基本单元。

3.稀溶液

稀溶液，一般指溶质的摩尔分数≤0.02 的溶液，其中溶质对溶剂的作用可忽略。因此，稀溶液中的溶剂与纯溶剂的差异仅仅在于摩尔分数的减小。所以，相同溶剂的溶质摩尔分数相同的稀溶液，必定具有一系列相同的性质，即稀溶液与纯溶剂相比产生的蒸气压降低、沸点升高、凝固点下降以及渗透压。这些与溶质本性无关而与溶质的浓度有关的特性称为稀溶液的依数性，也称稀溶液的通性。

由于溶液中溶剂的摩尔分数低于纯溶剂的摩尔分数，故溶液中溶剂的蒸气压低于同温度下纯溶剂的蒸气压：非电解质稀溶液中溶剂的蒸气压 p 等于纯溶剂的蒸气压 p^* 与溶液中溶剂的摩尔分数 $x(\mathrm{A})$ 的乘积，即

$$p=p^{*}x(\mathrm{A})$$

对二组分稀溶液，上式又可表示为：

$$\Delta p = p^{*} x(\mathrm{B})$$

式中，Δp 为溶剂的蒸气压下降。以上两式是拉乌尔定律的两种不同的表示。

对于难挥发非电解质稀溶液，拉乌尔定律又可表述为：一定温度下，难挥发非电解质稀溶液蒸气压下降等于纯溶剂的蒸气压与溶质摩尔分数的乘积。

溶液的沸点是溶液蒸气压等于外压时的温度。难挥发溶质的溶液蒸气压下降，必然引起其沸点升高。

难挥发非电解质的稀溶液，沸点升高与溶质的质量摩尔浓度成正比：

$$\Delta T_{\mathrm{b}} = K_{\mathrm{b}} b(\mathrm{B})$$

式中，K_{b} 为溶剂的沸点升高常数，其只与溶剂的性质有关，而与溶质的性质及浓度无关。

溶液的凝固点是溶液中溶剂的蒸气压与纯固态溶剂的蒸气压相等时的温度。稀溶液中，溶剂蒸气压下降，必然引起稀溶液的凝固点降低。

非电解质的稀溶液，凝固点降低与溶质的质量摩尔浓度成正比：

$$\Delta T_{\mathrm{f}} = K_{\mathrm{f}} b(\mathrm{B})$$

式中，K_{f} 为溶剂的凝固点降低常数，其只与溶剂的性质有关，而与溶质的性质及浓度无关。同一溶剂的凝固点降低常数，总大于沸点升高常数。因为无论溶质是否易挥发，溶剂的蒸气压下降均遵从拉乌尔定律，故凝固点降低公式，对难挥发非电解质或易挥发非电解质稀溶液均适用。

阻止纯溶剂透过半透膜向溶液扩散，需施加于溶液的最小压力称为溶液的渗透压。一定温度下，渗透压与溶液的物质的量浓度成正比：

$$\Pi = cRT$$

式中，c 为溶液的物质的量浓度，T 为热力学温度，R 为摩尔气体常数。

稀溶液的以上 4 个性质，知其一便可知其余。

挥发性溶质也产生蒸气压，与溶剂蒸气压之和可能使溶液蒸气压不下降，反而升高；溶质是电解质时，溶液中实际存在的粒子是离子而不是分子，离子间作用复杂，浓度不易准确计算；浓溶液中，溶质对溶剂的作用不可忽略。故以上几种情况下，拉乌尔定律均不适用，所以，沸点升高、凝固点降低、渗透压公式也均不能适用（凝固点降低公式可适用于易挥发非电解质稀溶液）。

溶液的以上性质，在科学研究和生活中都有重要应用，如测定熔点检验物质纯度、利用冰盐混合物作为制冷剂等。常利用测定渗透压或凝固点降低来测定溶质的摩尔质量。

根据凝固点下降公式（式中，A、B 分别表示溶剂和溶质）：

$$\Delta T_{\mathrm{f}} = K_{\mathrm{f}} b(\mathrm{B}) = K_{\mathrm{f}} \frac{n(\mathrm{B})}{m(\mathrm{A})} = K_{\mathrm{f}} \frac{m(\mathrm{B})}{M(\mathrm{B}) m(\mathrm{A})}$$

推导出

$$M(\mathrm{B})=K_\mathrm{f}\ \frac{m(\mathrm{B})}{\Delta T_\mathrm{f}m(\mathrm{A})}$$

或根据渗透压公式：

$$\Pi=cRT=\frac{n(\mathrm{B})}{V}RT=\frac{m(\mathrm{B})}{M(\mathrm{B})V}RT$$

得

$$M(\mathrm{B})=\frac{m(\mathrm{B})}{\Pi V}RT$$

4.胶体

分散质粒子的直径在 1～100 nm 范围时，分散在液体介质中可形成溶胶。溶胶是多相系统。高分子化合物分散在液体中形成高分子溶液，由于高分子化合物分子量较大，粒子直径也在 1～100 nm，所以高分子溶液有很多与溶胶相同的性质，但它们是均相体系，属于真溶液。

由于胶体粒径非常小，具有巨大的比表面积，因此胶体是具有巨大表面能的热力学不稳定系统，会自发降低表面能。降低表面能有两个途径：聚结和表面吸附。聚结将使得胶体破坏，而表面吸附则使得胶体具有一定的热力学稳定性，或称为聚结稳定性。

一种物质自动聚集在另一种物质表面的现象叫吸附。吸附过程放热，系统对外做功，使表面能降低。若胶体溶液中含有少量电解质，则胶体粒子将对这些离子选择性吸附：吸附剂在含有多种离子的溶液中，优先选择吸附与其组成有关的离子。例如，AgCl 固体在 $AgNO_3$ 溶液中优先吸附 Ag^+，使固体带正电荷；在 NaCl 溶液中优先吸附 Cl^-，使固体带负电荷。由于溶胶粒子对离子的选择性吸附，形成了胶团特殊的扩散双电层结构。胶团的形成过程简述如下。

①粒径在 1～100 nm 的固体粒子形成胶团的核。

②胶核的表面在溶液中进行离子选择性吸附，吸附的离子叫电位离子，使胶核表面带电。

③依靠静电引力，胶核吸引溶液中相反电荷的离子，这种离子称为反离子。反离子分成两部分，一部分被电位离子牢牢吸引，与电位离子形成紧密层；其余部分受电位离子吸引与自身热运动两种作用，向外扩散，这部分离子形成扩散层。

如 $Fe(OH)_3$ 溶胶的胶团结构为：

$$\underbrace{\underbrace{\{\underbrace{[\mathrm{Fe(OH)_3}]_m}_{\text{胶核}}\cdot\overbrace{n\mathrm{FeO^+}\cdot(n-x)\mathrm{Cl^-}}^{\text{紧密层}}\}^{x+}}_{\text{胶粒}}\cdot\overbrace{x\mathrm{Cl^-}}^{\text{扩散层}}}_{\text{胶团}}$$

其中，FeO^+ 为电位离子，Cl^- 为反离子。

过量 $AgNO_3$ 与 KI 混合形成 AgI 固体，大量的 AgI 聚集成直径为 1～100 nm 颗粒作为胶核，溶液中还有 Ag^+、K^+、NO_3^- 等，AgI 胶核选择性地吸附 Ag^+，而成正电溶胶，胶团结构如下：

$$\underbrace{\underbrace{\{\underbrace{(AgI)_m}_{\text{胶核}} \cdot \overbrace{nAg^+ \cdot (n-x)NO_3^-}^{\text{紧密层}}\}^{x+}}_{\text{胶粒}} \cdot \overbrace{xNO_3^-}^{\text{扩散层}}}_{\text{胶团}}$$

同理,过量 KI 与 $AgNO_3$ 混合,可形成$\{(AgI)_m \cdot nI^- \cdot (n-x)K^+\}^{x-} \cdot xK^+$。

一定条件下,溶胶具有一定稳定性的原因有两点:一是聚结稳定性。胶团的扩散双电层结构使胶粒带电,静电排斥作用使胶体粒子不聚结;胶团扩散层反离子都是溶剂化离子,溶剂化膜的弹性也可防止胶体粒子间发生聚结。二是动力学稳定性。溶胶粒子的布朗运动,即粒子的热运动,可克服重力吸引,使胶体粒子不会沉淀。

使溶胶聚沉(破坏)的方法包括加大浓度、长时间加热、加电解质等,最有效的方法是加电解质。

向溶胶中加入大量电解质后,与胶粒电性相反的电解质离子进入扩散层,使扩散层变薄,甚至可进入紧密层,使胶团聚结能力变大,溶胶发生聚沉。与胶粒电性相反的离子,离子的电荷越高,聚沉能力越强。例如,对 As_2S_3 负电溶胶,不同离子的聚沉能力是 $Al^{3+} > Mg^{2+} > Na^+$。对 $Fe(OH)_3$ 正电溶胶,$PO_4^{3-} > SO_4^{2-} > Cl^-$。相同电荷的离子半径越小,溶剂化后半径越大,故聚沉能力越小。例如,对 As_2S_3 负电溶胶,一价阳离子聚沉能力 $Rb^+ > K^+ > Na^+ > Li^+$。电解质对溶胶的聚沉能力用聚沉值表示,聚沉值越小,聚沉能力越强。

两种电荷相反的溶胶按适当比例混合,也可以发生聚沉。例如,$Fe(OH)_3$ 正电溶胶和 As_2S_3 负电溶胶可相互沉淀。

由于溶胶粒子特殊的粒径大小和胶团特殊的双电层结构,使溶胶具有一些有别于溶液的性质。

溶胶的光学性质:用一束可见光线照射透明的溶胶,在与光线垂直的方向上可观察到带闪光小点的光柱,这种现象称为丁达尔效应。闪光小点是胶粒发出的散射光。利用丁达尔现象可制成超显微镜。

溶胶的动力学性质:溶胶中胶粒做无规则热运动,称为布朗运动。

溶胶的电学性质:直流电场中,溶胶粒子向相应电极移动的现象称为电泳。根据胶团结构,负电溶胶的胶粒向正极泳动;反之,胶粒向负极移动。将胶粒固定,直流电场中液相向相应电极的移动称为电渗。如液相向负极移动,证明胶粒带负电。

(二)例 题 解 析

例 1.1　饮用水中残留 Cl_2 的质量浓度 $\rho(Cl_2)$ 不得超出 $2\times10^{-6}\,g \cdot mL^{-1}$,与此相当的 Cl_2 的质量摩尔浓度 $b(Cl_2)/(mol \cdot kg^{-1})$ 约为(　　)。

A. 3×10^{-6};　B. 3×10^{-5};　C. 3×10^{-3};　D. 3×10^{-2}。

解:因溶液极稀,密度 $\rho \approx 1\,kg \cdot L^{-1}$

$$b(Cl_2)=\frac{n(Cl_2)}{m}=\frac{\frac{m(Cl_2)}{M(Cl_2)}}{\rho V}=\frac{\rho(Cl_2)}{M(Cl_2)\rho}=3\times10^{-5}(mol\cdot kg^{-1})$$

答案 B 正确。

例 1.2 一蔗糖水溶液，沸点为 100.10℃。其凝固点为(　　)。

A. 0.36℃；　B. −0.36℃；　C. 0.028℃；　D. −0.028℃。

解:溶液凝固点降低，此溶液凝固点应低于 0℃，故答案 A、C 不正确；凝固点降低常数大于沸点升高常数，凝固点降低比沸点升高显著，故答案 D 不正确。答案 B 正确。

例 1.3 取下列物质各 1 g，分别溶于 1 000 g 苯。溶液凝固点最高的为(　　)。

A. CH_3Cl；　B. CH_2Cl_2；　C. $CHCl_3$；　D. CCl_4。

解:以上 4 种物质，摩尔质量依次增大，所以溶液质量摩尔浓度依次降低，故答案 D 正确。

例 1.4 下列叙述错误的为(　　)。

A. 相同温度下，$c(C_{12}H_{22}O_{11})=0.01\ mol\cdot L^{-1}$ 的蔗糖水溶液和 $c(C_{12}H_{22}O_{11})=0.01\ mol\cdot L^{-1}$ 的蔗糖乙醇溶液，渗透压相等；

B. $b(C_{12}H_{22}O_{11})=0.001\ mol\cdot kg^{-1}$ 的蔗糖乙醇溶液和 $b(C_6H_6)=0.001\ mol\cdot kg^{-1}$ 的苯乙醇溶液，凝固点降低相等；

C. $c(C_{12}H_{22}O_{11})=0.01\ mol\cdot L^{-1}$ 的蔗糖水溶液和 $c(C_{12}H_{22}O_{11})=0.02\ mol\cdot L^{-1}$ 的蔗糖水溶液用半透膜隔开，水从后者向前者渗透；

D. 质量摩尔浓度相同的稀蔗糖水溶液、葡萄糖水溶液，沸点相等。

解:一定温度下，渗透压大小只与溶质的物质的量浓度有关，答案 A 叙述正确；凝固点降低公式，适用于难挥发、易挥发溶质，答案 B 叙述正确；相同溶剂的难挥发非电解质稀溶液，沸点只与溶质质量摩尔浓度有关，答案 D 叙述正确。相同溶剂浓度不同的两种溶液被半透膜隔开，溶剂由渗透压较小的溶液向渗透压较大的溶液渗透，答案 C 叙述不正确，错误的应为 C。

例 1.5 溶胶是分散质粒径在________范围的分散系，是________的热力学不稳定系统。

解:1～100 nm；　具有巨大表面能。

例 1.6 溶胶具有一定的聚结稳定性的原因是________和________，具有一定动力学稳定性的原因是________。

解:胶粒带电；　溶剂化膜的保护；　布朗运动(热运动)。

例 1.7 利用反应 $As_2O_3+3H_2S=As_2S_3(s)+3H_2O$ 制备硫化砷溶胶。硫化砷溶胶的胶团结构为________。

解:As_2S_3 固体颗粒是硫化砷溶胶的胶核，根据离子选择性吸附规则，胶核优先吸附与自身有关的 HS^-，HS^- 成为电位离子，H^+ 为反离子，所以胶团结构为

$$[(As_2S_3)_m\cdot nHS^-\cdot(n-x)H^+]^{x-}\cdot xH^+$$

例 1.8 实验室常用冰盐做制冷剂。请简述其原理。

解:当食盐和冰放在一起，食盐会溶解于冰表面的水中，形成了溶液，使水的凝固点降低，导致冰的融化。在融化过程中因大量吸热而使环境制冷。

例 1.9 说明过量施肥会使农作物枯萎的原因。

解:植物的细胞膜是半透膜,如果施肥过量,使土壤溶液浓度过高,渗透压高于植物根系细胞液,植物体内水分会渗入土壤,使植物枯萎,俗称"烧苗"。

例1.10　有两种溶液,一种为1.50 g尿素溶在200 g水中,另一种为42.8 g未知物溶于1 000 g水中,两种溶液在同一温度结冰。求未知物的摩尔质量。

解:

根据
$$\Delta T_f = K_f\, b(\text{B}) = K_f \frac{m(\text{B})}{m(\text{A})M(\text{B})}$$

得

$$\frac{m\{\text{CO(NH}_2)_2\}}{m_1(\text{H}_2\text{O})M\{\text{CO(NH}_2)_2\}} = \frac{m(\text{未知})}{m_2(\text{H}_2\text{O})M(\text{未知})}$$

$$M(\text{未知}) = \frac{m_1(\text{H}_2\text{O})M\{\text{CO(NH}_2)_2\}m(\text{未知})}{m\{\text{CO(NH}_2)_2\}m_2(\text{H}_2\text{O})}$$

$$= \frac{200\ \text{g} \times 60.0\ \text{g} \cdot \text{mol}^{-1} \times 42.8\ \text{g}}{1.50\ \text{g} \times 1\ 000\ \text{g}} = 342\ \text{g} \cdot \text{mol}^{-1}$$

(三)自　测　题

1.1　已知水的凝固点下降常数 $K_f = 1.86\ \text{K} \cdot \text{kg} \cdot \text{mol}^{-1}$,若 $b(\text{AB}) = 0.01\ \text{mol} \cdot \text{kg}^{-1}$ 的AB水溶液的凝固点是 −0.018 6℃,则AB分子的离解度为(　　)。

A. 100%;　　B. 99%;

C. 1.0%;　　D. 0.0%。

1.2　果糖 $(C_6H_{12}O_6)$(Ⅰ)、葡萄糖 $(C_6H_{12}O_6)$(Ⅱ)、蔗糖 $(C_{12}H_{22}O_{11})$(Ⅲ)3种水溶液,溶质的质量分数均为0.01,则三溶液渗透压大小的关系是(　　)。

A. $\Pi_Ⅰ = \Pi_Ⅱ = \Pi_Ⅲ$;　　B. $\Pi_Ⅰ = \Pi_Ⅱ > \Pi_Ⅲ$;

C. $\Pi_Ⅰ > \Pi_Ⅱ > \Pi_Ⅲ$;　　D. $\Pi_Ⅰ = \Pi_Ⅱ < \Pi_Ⅲ$。

1.3　将0℃的冰放进0℃的盐水中,则(　　)。

A. 冰-水平衡;　　B. 水会结冰;

C. 冰会融化;　　D. 与加入冰的量有关,因而无法判断将发生何种变化。

1.4　蔗糖 $(C_{12}H_{22}O_{11})$、葡萄糖 $(C_6H_{12}O_6)$ 各10 g,分别溶入100 g水中,成为A、B两溶液。用半透膜将两溶液隔开,则(　　)。

A. A中水渗入B;　　B. B中水渗入A;

C. 没有渗透现象;　　D. 以上情况都可能。

1.5　氢氧化铁溶胶粒子在电场中向负极移动。不能使该溶胶聚沉的方法是(　　)。

A. 加入 K_2SO_4;　　B. 加入带正电荷的溶胶;

C. 加热;　　D. 加入带负电荷的溶胶。

1.6　$c(\text{KCl}) = 0.005\ 0\ \text{mol} \cdot \text{L}^{-1}$ 的氯化钾水溶液与 $c(\text{AgNO}_3) = 0.004\ 0\ \text{mol} \cdot \text{L}^{-1}$ 的硝酸银水溶液等体积混合,所得AgCl溶胶的胶团的结构为(　　)。

A. $\{(\text{AgCl})_m \cdot n\text{Cl}^- \cdot (n-x)\text{K}^+\}^{x-} \cdot x\text{K}^+$;

B. $\{(AgCl)_m \cdot nAg^+ \cdot (n-x)NO_3^-\}^{x+} \cdot xNO_3^-$；

C. $\{(AgCl)_m \cdot nNO_3^- \cdot (n-x)Ag^+\}^{x-} \cdot xAg^+$；

D. $\{(AgCl)_m \cdot nK^+ \cdot (n-x)Cl^-\}^{x+} \cdot xCl^-$。

1.7 土壤胶粒带负电荷，对它凝结能力最强的电解质是(　　)。

A. Na_2SO_4；　B. $AlCl_3$；　C. $MgSO_4$；　D. $K_3[Fe(CN)_6]$。

1.8 某溶胶在电渗时液体向负极移动，说明胶粒带____电。

1.9 对氢氧化铁溶胶，K_2SO_4 的聚沉值与 KCl 的聚沉值相比，____较小。

1.10 江河入海口形成三角洲，原因之一是海水中 NaCl 对江水中土壤溶胶的__________作用造成的。

1.11 某化合物 2.00 g 溶于 100 g 水，溶液沸点为 100.125℃。已知水的 $K_b = 0.52\ K \cdot kg \cdot mol^{-1}$，求 (1)该化合物的摩尔质量；(2)在 298 K 时溶液的渗透压。

1.12 将 15.6 g 苯溶于 400 g 环己烷(C_6H_{12})中，该溶液的凝固点比纯溶剂低 10.1℃。计算环己烷的凝固点降低常数。

1.13 蔗糖($C_{12}H_{22}O_{11}$)6.84 g 溶于 50.0 g 水中，计算溶液的质量摩尔浓度及蔗糖的物质的量分数。

自测题答案

1.1 D　1.2 B　1.3 C　1.4 A　1.5 B　1.6 A

1.7 B　1.8 负　1.9 K_2SO_4　1.10 聚沉

1.11 $83.3\ g \cdot mol^{-1}$，595 kPa

1.12 $20.2\ K \cdot kg \cdot mol^{-1}$

1.13 $0.40\ mol \cdot kg^{-1}$；7.1×10^{-3}

二、化学热力学基础

（一）考 试 指 南

1.热力学的基本概念

（1）状态函数，功和热　热力学中，将研究的对象称为系统。热力学系统是由大量微观粒子构成的宏观系统。系统之外与系统密切相关的周围部分称为环境。

系统的物理性质与化学性质的综合表现称为系统的状态。用来描述系统状态的宏观物理量称作系统的性质，或称为状态函数。n、T、p、V、U、H、G、S 等均为状态函数。状态函数有两个重要的性质：系统状态一定，状态函数确定，状态变化，状态函数也变化；当系统发生变化，或说发生了一个过程，由初始状态变到终止状态，状态函数的改变等于终态时的状态函数的量减去初态时的状态函数的量，故状态函数的变化只与过程有关而与变化所经由的途径无关。

热力学系统在变化过程中与环境以功和热两种形式进行能量的交换。热和功总是伴随系统变化过程出现的，所以功和热不是描述系统状态的物理量，不是状态函数。因此，功和热不但与变化过程有关，还与变化途径有关。系统在两个确定状态间经由不同途径发生同一变化，热、功均不一定相同。热是系统与环境间由于有温度差而传递的能量形式，符号为 Q，SI 单位为 J。规定：系统吸热，$Q>0$；系统放热，$Q<0$。功是除热以外，系统与环境间以其他形式传递的能量形式，符号为 W，SI 单位为 J。规定：系统对环境做功，$W<0$；环境对系统做功，$W>0$。热力学中，将功分为体积功和非体积功。系统的定压体积功为：

$$W=-p_e\Delta V$$

非体积功指除体积功以外其他形式的功（如电功、机械功、表面功等）。

（2）热力学第一定律，定容热和定压热　能量守恒原理应用于热力学系统，就称为热力学第一定律：对于与环境只有能量交换、无物质交换的封闭系统，若环境对系统做功 W，系统从环境吸热 Q，系统能量的变化必定等于功与热的代数和：

$$\Delta U=Q+W$$

定义 U 为系统的热力学能。热力学能是系统内部能量的总和，其绝对值无法测量。热力学能是系统的一个重要的状态函数。热力学能的 SI 单位为 J。

系统在定容过程中吸收或放出的热叫作定容热。热力学第一定律可证得，在不做非体积功条件下，定容热等于系统热力学能变：

$$Q_V = \Delta U$$

系统在定压过程中吸收或放出的热叫作定压热。热力学第一定律可证得，在不做非体积功条件下，定压热等于系统焓变：

$$Q_p = \Delta H$$

焓是系统的一个重要的状态函数。根据其定义：$H = U + pV$，在等温、定压且不做非体积功条件下，若忽略压力对固、液体积变化的影响，且视气体为理想气体，可得：

$$\Delta H = \Delta U + p\Delta V = \Delta U + \Delta nRT$$

需注意的是，此条件下 ΔU 为定压过程中系统的热力学能变，一般不等于定容热 Q_V，所以上式不可简单理解为 Q_p 和 Q_V 的关系式。详见后文。

2.热化学

(1)化学反应热　不做非体积功的化学反应系统，当反应物温度等于产物温度时，化学反应过程所吸收或放出的热称为化学反应热。

化学反应热与反应进度有关，因此热化学中用摩尔热力学能变、摩尔焓变分别表示化学反应的定容热和定压热：

$$\Delta_r U_m = \frac{\Delta U}{\Delta \xi}$$

$$\Delta_r H_m = \frac{\Delta H}{\Delta \xi}$$

式中，$\Delta\xi$ 为反应进度，单位为 mol。$\Delta_r U_m$、$\Delta_r H_m$ 的常用单位为 $kJ \cdot mol^{-1}$。反应进度与反应式的写法有关，所以必须用热化学方程式表示化学反应定容热或定压热。如：

$$N_2(g) + 3H_2(g) = 2NH_3(g), \quad \Delta_r H_m^{\ominus}(298.15\ K) = -92.38\ kJ \cdot mol^{-1}$$

表示在 298.15 K、标准状态下，$N_2(g) + 3H_2(g) = 2NH_3(g)$ 反应进度 $\Delta\xi = 1$ mol 时，即 1 mol 氮气与 3 mol 氢气完全反应，生成 2 mol 氨气时，反应的定压热等于 $-92.38\ kJ \cdot mol^{-1}$，即系统放热 92.38 kJ。$\Delta_r H_m^{\ominus}$ 称为标准摩尔焓变。

一定温度下，化学反应定压热与定容热的关系，可推导如下：

一化学反应在等温、定容、不做非体积功条件下进行，或在等温、定压、不做非体积功条件下进行，除非可同时满足定压、定容两个条件，它们是两个不同的过程，故二终态并不相同；虽然系统的组成和温度是一样的，但压力、体积不同，如图 2-1 所示。

图中，(1)和(2)分别表示等温、定容且不做非体积功条件下和等温、定压且不做非体积功条件下一化学反应发生时的两个不同的过程，(3)表示生成物的等温变化。

对于过程(2)，忽略压力对固体、液体体积变化的影响，且视气体为理想气体，则：

$$\Delta H_2 = \Delta U_2 + \Delta nRT$$

又因热力学能为系统的状态函数，所以：

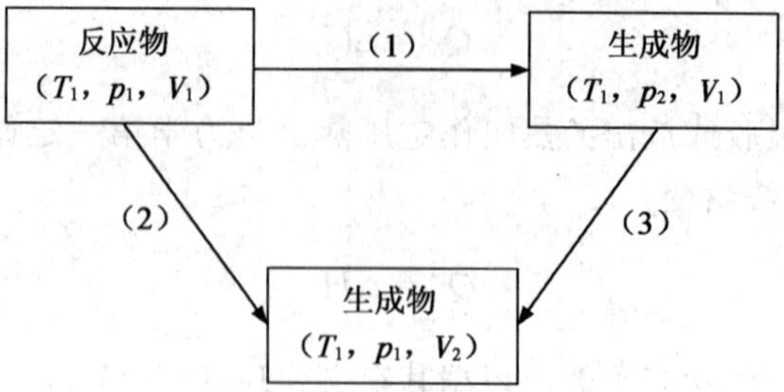

图 2-1

$$\Delta U_1 = \Delta U_2 - \Delta U_3$$

再者,实验证明:一定温度下,理想气体的热力学能与压力、体积无关。所以 $\Delta U_3 = 0$,由此可得:

$$\Delta U_1 = \Delta U_2 = \Delta H_2 - \Delta nRT$$

或

$$\Delta H_2 = \Delta U_1 + \Delta nRT$$

式中,$\Delta U_1 = Q_V$,$\Delta H_2 = Q_p$。将上式等号两侧同除以反应进度,可得反应的 $\Delta_r H_m$ 和 $\Delta_r U_m$ 关系式:

$$\Delta_r H_m = \Delta_r U_m + \sum \nu(\mathrm{B})(\mathrm{g})RT$$

若反应在标准状态下进行,则:

$$\Delta_r H_m^\ominus = \Delta_r U_m^\ominus + \sum \nu(\mathrm{B})(\mathrm{g})RT$$

(2)盖斯定律　热力学第一定律已证明 $Q_V = \Delta U$,$Q_p = \Delta H$,而 ΔU、ΔH 只与系统的始态、终态有关,与途径无关,故化学反应若分步进行,则总反应的定压热(定容热)必然等于各分步反应定压热(定容热)的代数和。因此,热力学第一定律是盖斯定律以及热化学的理论基础。

利用物质的标准摩尔生成焓 $\Delta_f H_m^\ominus$ 计算化学反应的标准摩尔焓变 $\Delta_r H_m^\ominus$,是盖斯定律的重要应用。B 物质的标准摩尔生成焓 $\Delta_f H_m^\ominus$,是指在温度 T 及标准压力下,由参考状态的元素生成 B 时的标准摩尔焓变。书写相应的化学反应方程式时,要使 B 的化学计量数 $\nu(\mathrm{B}) = +1$。所谓参考状态的元素,一般指反应条件下元素最稳定的单质。从定义可知,参考状态的元素,$\Delta_f H_m^\ominus = 0$。根据盖斯定律可知:

$$\Delta_r H_m^\ominus(298.15\ \mathrm{K}) = \sum_{\mathrm{B}} \nu(\mathrm{B}) \Delta_f H_m^\ominus(298.15\ \mathrm{K}, \mathrm{B})$$

3. 化学反应的自发性

(1)自发过程的趋势　不需环境对系统做非体积功就能进行的过程称为自发过程。自然界发生的一切过程都是自发过程。自发过程有确定的方向,其逆过程是不可能自发进行的。

化学反应系统自发向某一方向变化,是系统能量降低($\Delta_r H_m < 0$)和混乱度增加,即熵增($\Delta_r S_m > 0$)两种因素在起推动作用。

熵是与混乱度有关的重要状态函数。热力学系统是大量微观粒子构成的，在一定条件下系统内粒子的无序程度称为混乱度。系统混乱度越高，熵越高。根据热力学第三定律，即 0 K 时，任何纯物质的完美晶体的熵都等于零。定义：将物质在定压下由 0 K 升温到 T，在无相变情况下，过程的熵变就是物质在温度 T 时的熵 S，此熵与系统内物质的量 n 的比称为该物质在温度 T 时的摩尔熵：

$$S_m = \frac{S}{n}$$

标准状态下，物质的摩尔熵称为标准摩尔熵 $S_m^{\ominus}$。物质的摩尔熵的 SI 单位为 $J \cdot K^{-1} \cdot mol^{-1}$。

同种物质的聚集状态不同，摩尔熵不同，规律是 $S_m(s) < S_m(l) < S_m(g)$；聚集状态相同的不同物质，分子结构复杂物质的摩尔熵大，如 $S_m(NaCl) < S_m(Na_2CO_3)$；聚集状态相同的同种物质，温度越高，摩尔熵越大。

化学反应的标准摩尔熵变可依下式计算：

$$\Delta_r S_m^{\ominus} = \sum_B \nu(B) S_m^{\ominus}(B)$$

对于气体物质的量增加的反应，标准摩尔熵变肯定大于 0。

(2)吉布斯自由能与吉布斯自由能判据　判断等温、定压、不做非体积功条件下过程的自发方向，必须综合考虑焓变、熵变和温度条件。吉布斯自由能综合了以上 3 个因素：

$$G = H - TS$$

吉布斯自由能 G 是系统的重要状态函数，常用单位是 kJ。

对等温条件下发生的化学变化，摩尔吉布斯自由能变可依吉布斯-亥姆霍兹方程得出：

$$\Delta_r G_m = \Delta_r H_m - T\Delta_r S_m$$

式中，$\Delta_r G_m$ 为化学反应的摩尔吉布斯自由能变，其常用单位为 $kJ \cdot mol^{-1}$。

根据热力学第二定律可证得，等温、定压、不做非体积功条件下的自发过程，总是向吉布斯自由能减小的方向进行。对于等温、定压、不做非体积功条件下的化学反应系统，$\Delta_r G_m < 0$ 的过程自发进行；$\Delta_r G_m > 0$ 的过程不可能；$\Delta_r G_m = 0$ 的系统，反应处于平衡状态。

(3)标准状态下化学反应自发方向的判断　根据化学反应的吉布斯自由能判据，只要测定或计算出在反应温度 T 时反应的标准摩尔吉布斯自由能 $\Delta_r G_m^{\ominus}(T)$，就可判断出在温度 T、标准状态、等温、定压、不做非体积功条件下的化学反应向何方向自发进行或达平衡状态。

化学手册中列出了 298.15 K(以下简写为 298 K)时物质的标准摩尔生成吉布斯自由能数据 $\Delta_f G_m^{\ominus}(298\ K)$。物质 B 的标准摩尔生成吉布斯自由能 $\Delta_f G_m^{\ominus}$，是指在温度 T 及标准压力下，由参考状态的元素生成 B 时的标准摩尔吉布斯自由能变。书写相应的化学反应方程式时，要使 B 的化学计量数 $\nu(B) = +1$。所谓参考状态的元素，一般是指反应条件下元素最稳定的单质。从定义可知，参考状态的元素，$\Delta_f G_m^{\ominus} = 0$。根据盖斯定律所述原理可知：

$$\Delta_r G_m^{\ominus}(298\ K) = \sum_B \nu(B) \Delta_f G_m^{\ominus}(298\ K, B)$$

在温度 T，反应的标准摩尔吉布斯自由能变可根据吉布斯-亥姆霍兹方程计算得出。因为

$\Delta_r H_m^\ominus$ 和 $\Delta_r S_m^\ominus$ 受温度影响很小，可用 298 K 时的 $\Delta_r H_m^\ominus$ 和 $\Delta_r S_m^\ominus$ 代入吉布斯-亥姆霍兹公式，近似计算温度 T 时的 $\Delta_r G_m^\ominus(T)$。

$$\Delta_r G_m^\ominus(T) \approx \Delta_r H_m^\ominus(298\ \text{K}) - T\Delta_r S_m^\ominus(298\ \text{K})$$

由吉布斯-亥姆霍兹方程可知温度对反应自发方向的影响。如标准状态下：

对于 $\Delta_r H_m^\ominus<0$、$\Delta_r S_m^\ominus>0$ 的反应，任何温度下，$\Delta_r G_m^\ominus<0$，反应均正向自发进行。

对于 $\Delta_r H_m^\ominus>0$、$\Delta_r S_m^\ominus<0$ 的反应，任何温度下，$\Delta_r G_m^\ominus>0$，反应均逆向自发进行。

对于 $\Delta_r H_m^\ominus<0$、$\Delta_r S_m^\ominus<0$ 的反应，$T<\dfrac{\Delta_r H_m^\ominus}{\Delta_r S_m^\ominus}$时，即低温时正向自发。

对于 $\Delta_r H_m^\ominus>0$、$\Delta_r S_m^\ominus>0$ 的反应，$T>\dfrac{\Delta_r H_m^\ominus}{\Delta_r S_m^\ominus}$时，即高温时正向自发。

对 $\Delta_r H_m^\ominus<0$、$\Delta_r S_m^\ominus<0$ 的反应或 $\Delta_r H_m^\ominus>0$、$\Delta_r S_m^\ominus>0$ 的反应，$T=\dfrac{\Delta_r H_m^\ominus}{\Delta_r S_m^\ominus}$时，$\Delta_r G_m^\ominus(T)=0$，反应在标准状态达到平衡。此温度称为反应的转变温度。物质的正常沸点、熔点、热分解温度等均为反应的转变温度。

（二）例题解析

例 2.1 某封闭系统经一变化过程，从环境吸热 100 J，对环境做功 50 J，则系统的热力学能变 ΔU 为（ ）。

A. -150 J； B. -50 J； C. 50 J； D. 150 J。

解：$\Delta U = Q + W = 100\ \text{J} + (-50\ \text{J}) = 50$ J。答案 C 正确。

例 2.2 一封闭系统，经历了一系列变化，最终又回到初始状态，则下列关系肯定正确的是（ ）。

A. $Q=0$、$W\neq 0$、$\Delta U=0$、$\Delta H=0$；

B. $Q\neq 0$、$W=0$、$\Delta U=0$、$\Delta H=Q$；

C. $Q=-W$、$\Delta U=Q+W$、$\Delta H=0$；

D. $Q\neq -W$、$\Delta U=Q+W$、$\Delta H=0$。

解：U 和 H 为状态函数，系统状态一定时，状态函数不发生变化，又，$\Delta U=Q+W$，故答案 A、B、D 均不正确。答案 C 正确。

例 2.3 对于封闭系统，下列叙述正确的为（ ）。

A. 不做非体积功条件下，Q_V 与途径无关，故 Q_V 是状态函数；

B. 不做非体积功条件下，Q_p 与途径无关，故 Q_p 是状态函数；

C. 系统发生一确定变化，不同途径中，热肯定不相等；

D. 系统发生一确定变化，$Q+W$ 与途径无关。

解：热不是状态函数，故答案 A、B 均不正确；在不做非体积功条件下，Q_V、Q_p 均与途径无关，故答案 C 不正确。对于封闭系统，$\Delta U=Q+W$，U 是状态函数，其变化与途径无关，故答案 D 正确。

例 2.4 298 K 时，下列反应的 $\Delta_r G_m^\ominus$ 等于反应生成物的 $\Delta_f G_m^\ominus$ 的为（　　）。

A. $H_2(g)+Cl_2(g)=2HCl(g)$；

B. $HCl(g)+NH_3(g)=NH_4Cl(s)$；

C. P(红磷)$+\frac{3}{2}Cl_2(g)=PCl_3(s)$；

D. 2C(石墨)$+H_2(g)=C_2H_2(g)$。

解：根据 $\Delta_f G_m^\ominus$ 定义，答案 A、B 均不正确；红磷虽然是磷元素中最稳定的单质，但不是参考状态的元素（磷的参考状态的元素为白磷），故答案 C 不正确。答案 D 正确。（请思考，C_2H_2 的 $\Delta_f G_m^\ominus$ 能用此反应测得吗？应如何测定？）

例 2.5 下列叙述错误的为（　　）。

A. 298 K 时，$\Delta_f G_m^\ominus$\{C(石墨)\}$=0$；

B. 298 K 时，$\Delta_f H_m^\ominus$\{C(石墨)\}$=0$；

C. 298 K 时，$S_m^\ominus$\{C(石墨)\}>0；

D. T K 时，$S_m^\ominus(NaCl)=\dfrac{\Delta_f H_m^\ominus(NaCl)-\Delta_f G_m^\ominus(NaCl)}{T}$。

解：答案 A、B、C 叙述正确。标准状态下，吉布斯方程给出温度 T 时同一个过程的 $\Delta_r G_m^\ominus$、$\Delta_r H_m^\ominus$ 和 $\Delta_r S_m^\ominus$ 之间的定量关系。$\Delta_f G_m^\ominus(NaCl)$ 和 $\Delta_f H_m^\ominus(NaCl)$ 是过程 $Na(s)+\frac{1}{2}Cl_2(g)=NaCl(s)$ 的 $\Delta_r G_m^\ominus$ 和 $\Delta_r H_m^\ominus$，而 $S_m^\ominus(NaCl)$ 是 NaCl 完美晶体从 0 K 变化到 T 过程中标准摩尔熵的变化，与前两个过程不相同，故答案 D 叙述错误。答案 D 正确。

例 2.6 标准状态下，自发进行的聚合反应为（　　）。

A. $\Delta_r G_m^\ominus<0, \Delta_r H_m^\ominus<0, \Delta_r S_m^\ominus<0$；

B. $\Delta_r G_m^\ominus<0, \Delta_r H_m^\ominus>0, \Delta_r S_m^\ominus<0$；

C. $\Delta_r G_m^\ominus<0, \Delta_r H_m^\ominus<0, \Delta_r S_m^\ominus>0$；

D. $\Delta_r G_m^\ominus<0, \Delta_r H_m^\ominus>0, \Delta_r S_m^\ominus>0$。

解：聚合反应，是熵减的过程，$\Delta_r S_m^\ominus<0$。反应自发，$\Delta_r G_m^\ominus<0$，因此，$\Delta_r H_m^\ominus$ 必然小于 0。答案 A 正确。

例 2.7 灰锡和白锡是单质锡的两种不同晶体，标准状态下，低于 18℃时白锡转化为灰锡。则反应 Sn(灰)＝Sn(白)中，下式正确的为（　　）。

A. $\Delta_r H_m^\ominus<0, \Delta_r S_m^\ominus<0$；

B. $\Delta_r H_m^\ominus>0, \Delta_r S_m^\ominus<0$；

C. $\Delta_r H_m^\ominus<0, \Delta_r S_m^\ominus>0$；

D. $\Delta_r H_m^\ominus>0, \Delta_r S_m^\ominus>0$。

解：答案 D 正确。

例 2.8 298 K，标准状态下，1.00 g 金属镁在定压条件完全燃烧生成 MgO(s)，放热 24.7 kJ。则 $\Delta_f H_m^\ominus$(MgO, 298 K)等于__________。已知 $M(Mg)=24.3\ g\cdot mol^{-1}$。

解：

$$Mg(s)+\frac{1}{2}O_2(g)=MgO(s)$$

$$\Delta_r H_m^{\ominus}=\frac{\Delta H}{\Delta \xi}=\frac{\Delta H}{\dfrac{\Delta n(\mathrm{Mg})}{\nu(\mathrm{Mg})}}=\frac{-24.7\ \mathrm{kJ}}{\dfrac{-1.00\ \mathrm{g}}{-1\times 24.3\ \mathrm{g\cdot mol^{-1}}}}=-600\ \mathrm{kJ\cdot mol^{-1}}$$

故　$\Delta_f H_m^{\ominus}(\mathrm{MgO},298\ \mathrm{K})=-600\ \mathrm{kJ\cdot mol^{-1}}$。

例 2.9　苯在正常沸点(80.1℃)气化：$C_6H_6(l)=C_6H_6(g)$，$\Delta_r H_m^{\ominus}=33.9\ \mathrm{kJ\cdot mol^{-1}}$。$S_m^{\ominus}(C_6H_6,l)=172\ \mathrm{J\cdot K^{-1}\cdot mol^{-1}}$，则 $S_m^{\ominus}(C_6H_6,g)$等于__________。

解：液体在正常沸点气化，$\Delta_r G_m^{\ominus}=0$。故

$$\Delta_r S_m^{\ominus}=\frac{\Delta_r H_m^{\ominus}}{T}=\frac{33.9\ \mathrm{kJ\cdot mol^{-1}}}{(80.1+273.15)\ \mathrm{K}}=96.0\ \mathrm{J\cdot K^{-1}\cdot mol^{-1}}$$

$S_m^{\ominus}(C_6H_6,g)=S_m^{\ominus}(C_6H_6,l)+\Delta_r S_m^{\ominus}=268\ \mathrm{J\cdot K^{-1}\cdot mol^{-1}}$

例 2.10　已知

$\mathrm{C}(石墨)+O_2(g)=CO_2(g)$　　$\Delta_r H_m^{\ominus}(1)=-393.5\ \mathrm{kJ\cdot mol^{-1}}$

$CO(g)+\frac{1}{2}O_2(g)=CO_2(g)$　　$\Delta_r H_m^{\ominus}(2)=-283.5\ \mathrm{kJ\cdot mol^{-1}}$

根据盖斯定律求出 $\mathrm{C}(石墨)+\frac{1}{2}O_2(g)=CO(g)$的 $\Delta_r H_m^{\ominus}$。

解：上述的关系可由下图表示：

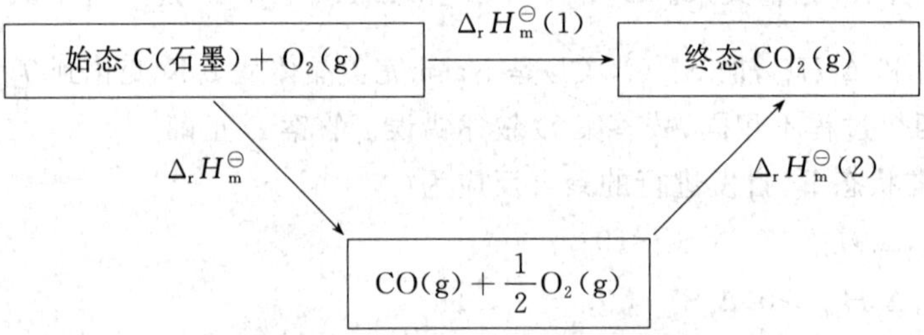

由图可知　　$\Delta_r H_m^{\ominus}(1)=\Delta_r H_m^{\ominus}+\Delta_r H_m^{\ominus}(2)$

则

$$\begin{aligned}\Delta_r H_m^{\ominus}&=\Delta_r H_m^{\ominus}(1)-\Delta_r H_m^{\ominus}(2)\\&=-393.5\ \mathrm{kJ\cdot mol^{-1}}-(-283.5\ \mathrm{kJ\cdot mol^{-1}})\\&=-110.0\ \mathrm{kJ\cdot mol^{-1}}\end{aligned}$$

应用盖斯定律的方法不仅能计算总反应的摩尔焓变，也可以计算摩尔熵变、摩尔吉布斯自由能变等状态函数的变化。

例 2.11　已知以下反应及有关的热力学数据，计算在 298 K 及标准状态时反应的摩尔熵变和摩尔焓变，并判断反应能否自发进行。

	$2SO_2(g)$	$+O_2(g)=$	$2SO_3(g)$
$S_m^{\ominus}/(\mathrm{J\cdot K^{-1}\cdot mol^{-1}})$	248.1	205.03	256.6
$\Delta_f H_m^{\ominus}/(\mathrm{kJ\cdot mol^{-1}})$	−296.83	0	−395.7

解：
$$\begin{aligned}\Delta_r S_m^{\ominus}&=[2\times S_m^{\ominus}(SO_3,g)]-[2\times S_m^{\ominus}(SO_2,g)+S_m^{\ominus}(O_2,g)]\\&=(2\times 256.6\ \mathrm{J\cdot K^{-1}\cdot mol^{-1}})-(2\times 248.1\ \mathrm{J\cdot K^{-1}\cdot mol^{-1}}+205.03\ \mathrm{J\cdot K^{-1}\cdot mol^{-1}})\\&=-188.03\ \mathrm{J\cdot K^{-1}\cdot mol^{-1}}\end{aligned}$$

$$\Delta_r H_m^{\ominus} = [2 \times \Delta_f H_m^{\ominus}(SO_3, g)] - [2 \times \Delta_f H_m^{\ominus}(SO_2, g) + \Delta_f H_m^{\ominus}(O_2, g)]$$
$$= 2 \times (-395.7\ \text{kJ} \cdot \text{mol}^{-1}) - [2 \times (-296.83\ \text{kJ} \cdot \text{mol}^{-1}) + 0]$$
$$= -197.74\ \text{kJ} \cdot \text{mol}^{-1}$$

$$\Delta_r G_m^{\ominus} = \Delta_r H_m^{\ominus} - T\Delta_r S_m^{\ominus}$$
$$= -197.74\ \text{kJ} \cdot \text{mol}^{-1} - 298\ \text{K} \times (-0.188\ \text{kJ} \cdot \text{K}^{-1} \cdot \text{mol}^{-1})$$
$$= -141.72\ \text{kJ} \cdot \text{mol}^{-1} < 0$$

所以该反应可以自发进行。

例 2.12 计算在 298 K 时,下列反应的 $\Delta_r G_m^{\ominus}$ 和标准状态下反应自发进行的温度。

$$CaCO_3(s) = CaO(s) + CO_2(g)$$

	$CaCO_3(s)$	$CaO(s)$	$CO_2(g)$
$\Delta_f H_m^{\ominus}/(\text{kJ} \cdot \text{mol}^{-1})$	−1 206.9	−635.09	−393.51
$\Delta_f G_m^{\ominus}/(\text{kJ} \cdot \text{mol}^{-1})$	−1 128.8	−604.04	−394.46

解:反应的标准摩尔吉布斯自由能变为

$$\Delta_r G_m^{\ominus} = [(-604.04\ \text{kJ} \cdot \text{mol}^{-1}) + (-394.46\ \text{kJ} \cdot \text{mol}^{-1})] - (-1\ 128.8\ \text{kJ} \cdot \text{mol}^{-1})$$
$$= 130.3\ \text{kJ} \cdot \text{mol}^{-1}$$

反应的标准摩尔焓变为

$$\Delta_r H_m^{\ominus} = [(-635.09\ \text{kJ} \cdot \text{mol}^{-1}) + (-393.51\ \text{kJ} \cdot \text{mol}^{-1})] - (-1\ 206.9\ \text{kJ} \cdot \text{mol}^{-1})$$
$$= 178.3\ \text{kJ} \cdot \text{mol}^{-1}$$

因为
$$\Delta_r G_m^{\ominus} = \Delta_r H_m^{\ominus} - T\Delta_r S_m^{\ominus}$$

所以
$$\Delta_r S_m^{\ominus} = \frac{\Delta_r H_m^{\ominus} - \Delta_r G_m^{\ominus}}{T} = \frac{178.3\ \text{kJ} \cdot \text{mol}^{-1} - 130.3\ \text{kJ} \cdot \text{mol}^{-1}}{298\ \text{K}} = 0.16\ \text{kJ} \cdot \text{K}^{-1} \cdot \text{mol}^{-1}$$

因 $\Delta_r H_m^{\ominus} > 0$,$\Delta_r S_m^{\ominus} > 0$,所以高温自发,即反应自发进行的温度条件为

$$T > \frac{\Delta_r H_m^{\ominus}}{\Delta_r S_m^{\ominus}} = \frac{178.3\ \text{kJ} \cdot \text{mol}^{-1}}{0.16\ \text{kJ} \cdot \text{K}^{-1} \cdot \text{mol}^{-1}} = 1\ 114.4\ \text{K}$$

因此,标准状态下,温度高于 1 114.4 K 时,$CaCO_3$ 才能自发分解。

(三)自 测 题

2.1 下列物理量,属于状态函数的为(　　)。

A. ΔU; B. H; C. W; D. Q_p。

2.2 已知 $CH_3COOH(l)$、$CO_2(g)$、$H_2O(l)$ 的标准摩尔生成焓 $\Delta_f H_m^{\ominus}/(\text{kJ} \cdot \text{mol}^{-1})$分别为 −484.5、−393.5、−285.8,则反应 $CH_3COOH(l) + 2O_2(g) = 2CO_2(g) + 2H_2O(l)$ 的标准摩尔焓变 $\Delta_r H_m^{\ominus}/(\text{kJ} \cdot \text{mol}^{-1})$等于(　　)。

A. 874.1; B. −874.1; C. −194.8; D. 194.8。

2.3 已知反应 $2H_2(g) + O_2(g) = 2H_2O(g)$ 的 $\Delta_r H_m^{\ominus} = -483.63\ \text{kJ} \cdot \text{mol}^{-1}$,下列叙述正确的是(　　)。

A. $\Delta_f H_m^{\ominus}(H_2O, g) = -483.63\ \text{kJ} \cdot \text{mol}^{-1}$;

B. $\Delta_r H_m^\ominus=-483.63\ kJ\cdot mol^{-1}$ 表示生成 1 mol $H_2O(g)$ 时系统的焓变；

C. $\Delta_r H_m^\ominus=-483.63\ kJ\cdot mol^{-1}$ 表示 $\Delta\xi=1$ mol 时系统的焓变；

D. $\Delta_r H_m^\ominus=-483.63\ kJ\cdot mol^{-1}$ 表示该反应为吸热反应。

2.4 纯液体在沸点时汽化，该过程中增高的量是（ ）。

A. 蒸气压； B. 温度； C. 熵； D. 吉布斯自由能。

2.5 下列放热反应，其中在标准状态下，任何温度下都能自发进行的是（ ）。

A. $2H_2(g)+O_2(g)=2H_2O(g)$；

B. $2CO(g)+O_2(g)=2CO_2(g)$；

C. $2C_4H_{10}(g)+13O_2(g)=8CO_2(g)+10H_2O(g)$；

D. $N_2(g)+3H_2(g)=2NH_3(g)$。

2.6 已知 $\Delta_f G_m^\ominus(AgCl,s)=-109.8\ kJ\cdot mol^{-1}$，则反应 $2AgCl(s)=2Ag(s)+Cl_2(g)$ 的 $\Delta_r G_m^\ominus$ 应为（ ）。

A. $109.8\ kJ\cdot mol^{-1}$； B. $219.6\ kJ\cdot mol^{-1}$；

C. $-109.8\ kJ\cdot mol^{-1}$； D. $-219.6\ kJ\cdot mol^{-1}$。

2.7 将 5 mol $N_2(g)$ 和 5 mol $H_2(g)$ 混合生成 1 mol $NH_3(g)$ 时，反应 $N_2(g)+3H_2(g)=2NH_3(g)$ 的反应进度等于（ ）。

A. 1 mol； B. 2 mol； C. 0.5 mol； D. 4 mol。

2.8 在 298 K 时，反应 $N_2(g)+3H_2(g)=2NH_3(g)$，$\Delta_r H_m^\ominus<0$，则标准状态下该反应（ ）。

A. 任何温度下均自发进行； B. 任何温度下均不能自发进行；

C. 高温自发； D. 低温自发。

2.9 一化学反应系统在等温定容条件下发生一变化，可通过两个不同途径完成：(1)放热 10 kJ，做功 50 kJ；(2)放热 Q，不做功。则（ ）。

A. $Q=-10$ kJ； B. $Q=-60$ kJ；

C. $Q=-40$ kJ； D. 此反应的 $Q_V=-10$ kJ。

2.10 在 298 K 时，$OsO_4(s)$的 $\Delta_f H_m^\ominus=-391\ kJ\cdot mol^{-1}$，$OsO_4(s)$的标准摩尔升华焓为 $56\ kJ\cdot mol^{-1}$。则反应 $OsO_4(g)=Os(s)+2O_2(g)$ 的 $\Delta_r H_m^\ominus(298\ K)$等于__________。

2.11 已知 25℃时下列反应的标准摩尔吉布斯自由能变：

$N_2(g)+O_2(g)=2NO(g)$ $\Delta_r G_m^\ominus(1)$

$N_2(g)+3H_2(g)=2NH_3(g)$ $\Delta_r G_m^\ominus(2)$

$2H_2(g)+O_2(g)=2H_2O(g)$ $\Delta_r G_m^\ominus(3)$

则 $4NH_3(g)+5O_2(g)=4NO(g)+6H_2O(g)$ 的 $\Delta_r G_m^\ominus$ 为__________。

2.12 随温度升高，反应(1)：$2M(s)+O_2(g)=2MO(s)$和反应(2)：$2C(s)+O_2(g)=2CO(g)$的摩尔吉布斯自由能升高的为______，降低的为______，因此，金属氧化物 MO 被碳还原反应 $MO(s)+C(s)=M(s)+CO(g)$在高温条件下______向自发。

2.13 已知下列反应在 298 K 时的标准摩尔焓变：

(1)$2C_2H_2(g)+5O_2(g)=4CO_2(g)+2H_2O(g)$，$\Delta_r H_m^\ominus=-2\ 512\ kJ\cdot mol^{-1}$

(2)$2H_2(g)+O_2(g)=2H_2O(l)$，　　$\Delta_r H_m^\ominus=-572\ kJ\cdot mol^{-1}$

(3)C(石墨)$+O_2(g)=CO_2(g)$，　　$\Delta_r H_m^\ominus=-394\ kJ\cdot mol^{-1}$

(4)$H_2O(g)=H_2O(l)$，　　$\Delta_r H_m^\ominus=-44\ kJ\cdot mol^{-1}$

根据以上数据，计算 $\Delta_f H_m^\ominus(C_2H_2,g,298\ K)$。

2.14 已知

	$2NO(g)+O_2(g)=2NO_2(g)$	
$\Delta_f G_m^\ominus/(kJ\cdot mol^{-1})$	86.57	51.30

计算 298 K 时上述反应的 $\Delta_r G_m^\ominus$，并说明 NO_2 气体的稳定性。

2.15 298 K 时，生物合成天冬酰胺的 $\Delta_r G_m^\ominus=-19.25\ kJ\cdot mol^{-1}$，反应式为：

天冬氨酸$+NH_4^++$ATP＝天冬酰胺＋AMP＋PPi(无机焦磷酸盐)

已知该反应分四步完成：

(1)天冬氨酸＋ATP＝β-天冬酰胺腺苷酸＋PPi；

(2)β-天冬酰胺腺苷酸$+NH_4^+$＝天冬酰胺＋AMP；

(3)β-天冬酰胺腺苷酸$+H_2O$＝天冬氨酸＋AMP；

(4)ATP$+H_2O$＝AMP＋PPi。

反应(3)、(4)的 $\Delta_r G_m^\ominus$ 分别为$-41.84\ kJ\cdot mol^{-1}$ 和 $-33.47\ kJ\cdot mol^{-1}$。计算反应(2)的 $\Delta_r G_m^\ominus$。

2.16 计算 $CaSO_4$ 的热分解温度。

	$CaSO_4(s)=$	$CaO(s)+$	$SO_3(g)$
$\Delta_f H_m^\ominus/(kJ\cdot mol^{-1})$	−1 434.1	−635.09	−395.7
$S_m^\ominus/(J\cdot mol^{-1}\cdot K^{-1})$	107	39.75	256.6

2.17 根据下列 298 K 下的数据，求标准状态下反应自发进行的温度。

	C(石墨)＋	$H_2O(g)$ ＝	$CO(g)+$	$H_2(g)$
$S_m^\ominus/(J\cdot K^{-1}\cdot mol^{-1})$	5.74	188.72	197.56	130.57
$\Delta_f G_m^\ominus/(kJ\cdot mol^{-1})$		−228.59	−137.15	

2.18 制备高纯镍的方法是将粗镍在 323 K 与 CO 反应：

$$Ni(s)+4CO(g)=Ni(CO)_4(l)\quad \Delta_r H_m<0$$

生成的 $Ni(CO)_4$ 经提纯后，在约 473 K 时加热分解，得到纯镍。试说明此方法的热力学原理。

自测题答案

2.1 B　2.2 B　2.3 C　2.4 C　2.5 C　2.6 B

2.7 C　2.8 D　2.9 B

2.10 $335\ kJ\cdot mol^{-1}$

2.11 $2\Delta_r G_m^\ominus(1)+3\Delta_r G_m^\ominus(3)-2\Delta_r G_m^\ominus(2)$

2.12 (1)；(2)；正

2.13　226 kJ · mol^{-1}

2.14　−70.54 kJ · mol^{-1}；NO_2 气体稳定

2.15　−27.62 kJ · mol^{-1}

2.16　T=2 130 K

2.17　T>982 K

2.18　此反应是气体物质的量减少的反应，故 $\Delta_r S_m<0$；又反应 $\Delta_r H_m<0$。因此，反应高温时逆向自发。

三、化学平衡和化学反应速率

(一)考 试 指 南

1.化学反应等温式

(1)化学反应等温式　在反应温度 T,反应的 $\Delta_r G_m(T)$ 与 $\Delta_r G_m^{\ominus}(T)$的关系可用化学反应等温方程式来表示。如气体反应:

$$N_2(g) + 3H_2(g) = 2NH_3(g)$$

在热力学温度 T 时:

$$\Delta_r G_m(T)=\Delta_r G_m^{\ominus}(T) + RT \ln \frac{\{p(NH_3)/p^{\ominus}\}^2}{\{p(N_2)/p^{\ominus}\}\{p(H_2)/p^{\ominus}\}^3}$$

即对理想气体之间的反应:

$$0 = \sum_B \nu(B)B(g)$$

$$\Delta_r G_m(T) = \Delta_r G_m^{\ominus}(T)\text{qiang}+RT\ln\Pi\{p(B)/p^{\ominus}\}^{\nu(B)}$$

对溶液中发生的反应,如:

$$Ag^+(aq) + 2NH_3(aq) = [Ag(NH_3)_2]^+(aq)$$

在热力学温度 T 时:

$$\Delta_r G_m(T) = \Delta_r G_m^{\ominus}(T)+RT\ln\frac{c\{[Ag(NH_3)_2]^+\}/c^{\ominus}}{\{c(Ag^+)/c^{\ominus}\}\{c(NH_3)/c^{\ominus}\}^2}$$

即对溶液中发生的反应:

$$0 = \sum_B \nu(B)B(aq)$$

$$\Delta_r G_m(T) = \Delta_r G_m^{\ominus}(T)+RT\ln\Pi\{c(B)/c^{\ominus}\}^{\nu(B)}$$

式中,$\Pi\{p(B)/p^{\ominus}\}^{\nu(B)}$、$\Pi\{c(B)/c^{\ominus}\}^{\nu(B)}$称为反应商 Q,所以化学反应等温方程式又可表示为:

$$\Delta_r G_m = \Delta_r G_m^{\ominus}+RT\ln Q$$

式中,$\frac{p(B)}{p^{\ominus}}$为相对分压,$\frac{c(B)}{c^{\ominus}}$为相对浓度。若反应中有纯固体或纯液体参加,热力学可证明 Q 中并不涉及它们。在稀薄溶液中发生的反应,若溶剂参加反应,热力学可证明 Q 中不出现溶剂浓度。

(2)化学平衡和标准平衡常数　自发进行的反应，进行到 $\Delta_r G_m = 0$ 时反应达到平衡，此时反应商 Q^{eq} 被定义为反应在一定温度条件下的标准平衡常数 $K^{\ominus}$：

$$0 = \Delta_r G_m^{\ominus} + RT\ln K^{\ominus}$$

由此得到 $K^{\ominus}$ 与 $\Delta_r G_m^{\ominus}$ 的关系：

$$\Delta_r G_m^{\ominus} = -RT\ln K^{\ominus}$$

$K^{\ominus}$ 的单位为 1。$K^{\ominus}$ 是平衡时的反应商，故书写平衡常数表达式时，固体、纯液体及稀薄溶液中的溶剂在其中均不出现。标准平衡常数以及标准平衡常数表达式与反应方程式的写法有关。

标准平衡常数 $K^{\ominus}$ 只与反应温度有关，而与浓度或压力无关。$K^{\ominus}$ 的大小表示了反应完成趋势的高低，$K^{\ominus}$ 越大，反应进行彻底的趋势越高，$K^{\ominus}$ 越小，反应进行彻底的趋势越小。

(3)多重平衡原理　多重平衡系统中，同时参加多个平衡的某一物种，浓度或压力只有一个，且其同时满足所参加的多个平衡关系；若总反应是几个分反应的加和，则其标准平衡常数等于各步分反应标准平衡常数的乘积。

(4)非标准状态下反应自发方向的判断，化学平衡的移动　由化学反应等温方程式及反应的标准平衡常数定义，可知：

$$\begin{aligned}\Delta_r G_m(T) &= \Delta_r G_m^{\ominus}(T) + RT\ln Q \\ &= -RT\ln K^{\ominus} + RT\ln Q = RT\ln(Q/K^{\ominus})\end{aligned}$$

所以，根据反应的标准平衡常数与反应商大小的比较，即可简单地对反应达到平衡与否和非标准状态下反应的自发方向做出判断：

若 $Q > K^{\ominus}$，则反应的 $\Delta_r G_m(T) > 0$，反应逆向自发进行。

若 $Q < K^{\ominus}$，则反应的 $\Delta_r G_m(T) < 0$，反应正向自发进行。

若 $Q = K^{\ominus}$，则反应的 $\Delta_r G_m(T) = 0$，反应处于平衡状态。

由此可知，只要改变条件，使 $Q \neq K^{\ominus}$，则达到平衡的系统必定被破坏，发生或正向、或逆向的自发过程。此即所谓化学平衡的移动。

在保持温度恒定条件下，$K^{\ominus}$ 恒定。若增大反应物浓度或减小生成物浓度，Q 减小，平衡正向移动，使反应完成程度提高；反之，平衡逆向移动，使反应完成程度降低。

在保持温度恒定条件下，$K^{\ominus}$ 恒定。对有气体参加的反应，若增加系统总压力，对于气体物质的量减小的反应，Q 减小，平衡正向移动；对于气体物质的量增加的反应，Q 增大，平衡逆向移动；对气体物质的量不变的反应，Q 不变，平衡不能被破坏。向恒定容积的反应系统加入惰性气体，各气体分压不变，故 Q 不变，平衡不移动。向恒定总压的反应系统加入惰性气体，对于气体物质的量减小的反应，Q 增大，平衡逆向移动；对于气体物质的量增加的反应，Q 减小，平衡正向移动；对气体物质的量不变的反应，Q 不变，平衡不能被破坏。

在保持浓度、压力恒定条件下，Q 恒定。温度变化，将引起 $K^{\ominus}$ 的变化。

根据热力学原理，可得 $K^{\ominus}$ 与 T 的关系式(范特霍夫方程)如下：

$$\ln K^{\ominus}=\frac{-\Delta_r H_m^{\ominus}}{RT}+\frac{\Delta_r S_m^{\ominus}}{R}$$

忽略温度对 $\Delta_r H_m^{\ominus}$、$\Delta_r S_m^{\ominus}$ 的影响，可近似得到不同温度下标准平衡常数间的关系：

$$\ln\frac{K_2^{\ominus}}{K_1^{\ominus}}=\frac{-\Delta_r H_m^{\ominus}}{R}\left(\frac{1}{T_2}-\frac{1}{T_1}\right)$$

根据范特霍夫方程可知：对放热反应，$\Delta_r H_m^{\ominus}<0$，升温使 $K^{\ominus}$ 降低，平衡逆向移动；对吸热反应，$\Delta_r H_m^{\ominus}>0$，升温使 $K^{\ominus}$ 升高，平衡正向移动。

2.化学反应速率

(1)基本概念　反应速率用单位时间内反应物或生成物浓度的改变量与化学计量数的比来表示。

对于化学反应　$-\nu(\mathrm{A})\mathrm{A}-\nu(\mathrm{B})\mathrm{B}-\cdots=\cdots+\nu(\mathrm{Y})\mathrm{Y}+\nu(\mathrm{Z})\mathrm{Z}$

其瞬时反应速率可表示为：

$$v=\frac{\mathrm{d}c(\mathrm{A})}{\nu(\mathrm{A})\mathrm{d}t}=\frac{\mathrm{d}c(\mathrm{B})}{\nu(\mathrm{B})\mathrm{d}t}=\frac{\mathrm{d}c(\mathrm{Y})}{\nu(\mathrm{Y})\mathrm{d}t}=\frac{\mathrm{d}c(\mathrm{Z})}{\nu(\mathrm{Z})\mathrm{d}t}$$

平均反应速率可表示为：

$$\overline{v}=\frac{\Delta c(\mathrm{A})}{\nu(\mathrm{A})\Delta t}=\frac{\Delta c(\mathrm{B})}{\nu(\mathrm{B})\Delta t}=\frac{\Delta c(\mathrm{Y})}{\nu(\mathrm{Y})\Delta t}=\frac{\Delta c(\mathrm{Z})}{\nu(\mathrm{Z})\Delta t}$$

化学反应所经历的途径称为反应机理或反应历程。基元反应是反应物一步转化为生成物的反应，也称为简单反应。非基元反应是反应物经多步基元反应而转化为生成物的反应，也称为复杂反应。大多数反应都是非基元反应。一个反应是否是基元反应需要通过实验确定。

(2)浓度、温度对反应速率的影响　改变反应物浓度(对气体物质而言，即增大它的压力)，将增加有效碰撞的次数，因此加快了反应速率。浓度与反应速率的定量关系可以由速率方程表示：

对基元反应　$a\mathrm{A}+b\mathrm{B}=c\mathrm{C}+d\mathrm{D}$

其速率方程　$v=kc^a(\mathrm{A})c^b(\mathrm{B})$

式中，k 为速率常数，是反应的特性常数，与反应本身及温度有关，与浓度无关。k 的单位可通过速率方程确定。a、b 分别为反应物 A、B 的反应级数。$(a+b)$为反应的反应级数。此式称为质量作用定律。

对于非基元反应，速率方程必须通过实验确定。

从速率方程可以看出，反应级数越大，浓度对反应速率的影响越大。若反应级数为 0，则浓度对反应速率没有影响。

温度对反应速率的影响主要表现在它们对速率常数的影响，其影响程度可以通过阿仑尼乌斯方程计算：

$$k=A\mathrm{e}^{\frac{-E_a}{RT}}$$

$$\ln\frac{k_2}{k_1}=\frac{E_a}{R}\left(\frac{T_2-T_1}{T_1T_2}\right)$$

式中，k_1、k_2 分别为 T_1、T_2 下的反应速率常数；R 为摩尔气体常数；E_a 为反应的活化能，由实验确定。

正催化剂参加化学反应，改变了反应途径，降低了反应的活化能，从而使速率常数增大，反应速率增大。催化剂只能改变反应到达平衡的时间，不能改变反应的热力学函数变化，所以不能改变反应方向，也不能改变平衡状态。

(3)化学反应速率的碰撞理论简介　对气相双分子基元反应 $A+B\rightarrow C$，化学反应速率的碰撞理论认为如下。

①反应物分子间的相互碰撞是反应进行的先决条件。反应速率与 A、B 分子的单位碰撞频率 Z(单位时间、单位体积内 A、B 分子的碰撞次数)成正比，即

$$v \propto Z_0 c(\mathrm{A}) c(\mathrm{B})$$

Z_0 为 $c(\mathrm{A}) = c(\mathrm{B}) = 1\ \mathrm{mol \cdot L^{-1}}$ 时的碰撞频率。

②只有分子间相对动能足够高，超过 E_a 的分子间的碰撞才可能发生反应。所以反应速率和这些能量足够高的分子对间的碰撞频率与反应物分子间总的碰撞频率的比值成正比，即与能量因子 f 成正比，即

$$v \propto f Z_0 c(\mathrm{A}) c(\mathrm{B})$$

式中，

$$f = \mathrm{e}^{\frac{-E_a}{RT}}$$

活化能 E_a 是决定化学反应速率的最主要的因素。

③碰撞方位必须取向适当。所以反应速率与方位因子 P 成正比。

综上所述，反应速率的碰撞理论认为：

$$v = P f Z_0 c(\mathrm{A}) c(\mathrm{B})$$

$$k = P f Z_0 = P Z_0 \mathrm{e}^{\frac{-E_a}{RT}}$$

以上两式与速率方程、阿仑尼乌斯方程在形式上完全一致，从理论上说明了浓度、温度、催化剂对反应速率的影响，并对速率常数、活化能的物理意义做出了解释。浓度对反应速率的影响是因为改变了分子间的有效碰撞频率；温度对反应速率的影响是因为改变了能量因子 f；催化剂对反应速率的影响是因为改变了反应的活化能 E_a。

(二)例题解析

例 3.1　下列叙述正确的为(　　)。

A. 化学平衡状态是正、逆反应都停止的状态；

B. 反应 $N_2(g)+O_2(g)=2NO(g)$ 和 $\frac{1}{2}N_2(g)+\frac{1}{2}O_2(g)=NO(g)$ 代表同一反应，所以标准平衡常数相等；

C. 反应 $C(s)+CO_2(g)=2CO(g)$ 的 $\Delta_r H_m^{\ominus}<0$，一定温度下达到平衡后，降低压力，正、逆

反应速率都减慢，但平衡向右移动；

D. 多步反应的总平衡常数为各步反应平衡常数之和。

解：化学平衡是动态平衡，达到平衡的化学反应正、逆反应速率相等，反应宏观停止，故答案 A 不正确；平衡常数与反应式书写方式有关，故答案 B 不正确；总反应的标准平衡常数等于分反应平衡常数的乘积，故答案 D 不正确。答案 C 正确。

例 3.2 对于可逆反应 $C(s)+H_2O(g)=CO(g)+H_2(g)$，$\Delta_r H_m^\ominus>0$。下列说法正确的是（　）。

A. 达到平衡时，$p(H_2O)=p(CO)=p(H_2)$，即反应物与生成物压力相等；

B. 达到平衡时，$p(H_2O)$、$p(CO)$、$p(H_2)$不再改变；

C. 由于反应前后分子数目相等，所以增加压力对平衡没有影响；

D. 升高温度，平衡逆向移动。

解：达到平衡时各物质的浓度（压力）不随时间的改变而改变，并不是各物质浓度（压力）相等，故答案 A 不正确。答案 B 正确。对气体物质的量增加的反应，增大压力，平衡逆向移动，故答案 C 不正确。对 $\Delta_r H_m^\ominus>0$ 的反应，升高温度，平衡正向移动，故答案 D 不正确。

例 3.3 反应 $Fe(s)+2H^+(aq)= Fe^{2+}(aq)+H_2(g)$的标准平衡常数表达式为（　）。

A. $K^\ominus=\dfrac{\{c(Fe^{2+})/c^\ominus\}\{c(H_2)/c^\ominus\}}{\{c(Fe)/c^\ominus\}\{c(H^+)/c^\ominus\}^2}$；　　B. $K^\ominus=\dfrac{c(Fe^{2+})p(H_2)}{\{c(H^+)\}^2}$；

C. $K^\ominus=\dfrac{\{c(Fe^{2+})/c^\ominus\}\{p(H_2)/p^\ominus\}}{c(H^+)/c^\ominus}$；　　D. $K^\ominus=\dfrac{\{c(Fe^{2+})/c^\ominus\}\{p(H_2)/p^\ominus\}}{\{c(H^+)/c^\ominus\}^2}$。

解：标准平衡常数表达式，是平衡状态时的反应商，固体不在其中出现；溶质和气体分别以相对浓度、相对压力表示其状态，幂等于反应式中该物种的化学计量数，故答案 A、B、C 均不正确。答案 D 正确。

例 3.4 相同的温度变化，使下列 4 个反应的 $\Delta_r G_m^\ominus$、$K^\ominus$ 变化均为最大的是（　）。

A. $\Delta_r S_m^\ominus=-30\ J\cdot K^{-1}\cdot mol^{-1}$、$\Delta_r H_m^\ominus=-100\ kJ\cdot mol^{-1}$；

B. $\Delta_r S_m^\ominus=3\ J\cdot K^{-1}\cdot mol^{-1}$、$\Delta_r H_m^\ominus=50\ kJ\cdot mol^{-1}$；

C. $\Delta_r S_m^\ominus=-30\ J\cdot K^{-1}\cdot mol^{-1}$、$\Delta_r H_m^\ominus=50\ kJ\cdot mol^{-1}$；

D. $\Delta_r S_m^\ominus=3\ J\cdot K^{-1}\cdot mol^{-1}$、$\Delta_r H_m^\ominus=-100\ kJ\cdot mol^{-1}$。

解：根据吉布斯方程 $\Delta_r G_m^\ominus=\Delta_r H_m^\ominus-T\Delta_r S_m^\ominus$ 可知，温度对 $\Delta_r S_m^\ominus$ 的绝对值较大的反应的 $\Delta_r G_m^\ominus$ 影响较大；根据范特霍夫方程 $\ln K^\ominus=\dfrac{-\Delta_r H_m^\ominus}{RT}+\dfrac{\Delta_r S_m^\ominus}{R}$可知，相同的温度变化对 $\Delta_r H_m^\ominus$ 的绝对值较大的反应影响较大。故答案 A 正确。

例 3.5 下列说法正确的为（　）。

A. 反应的速率常数大，反应速率一定很高；

B. 反应的标准平衡常数大，其完成程度一定高；

C. 某催化剂用于合成氨，N_2 的转化率为 0.2，现有一新催化剂使反应速率常数提高 1 倍，转化率将提高到 0.4；

D. 反应的自发性高，不一定速率高。

解：速率不仅与速率常数有关，还与浓度、压力条件有关，故答案 A 不正确；反应的标准平衡常数只说明反应完成趋势，完成程度还与浓度、压力条件有关，故答案 B 不正确；催化剂只能改变反应速率，不影响反应的 $\Delta_r G_m^\ominus$，故不影响反应的完成程度，答案 C 不正确。反应自发性与反应的 $\Delta_r G_m$ 有关，速率主要决定于活化能，故答案 D 正确。

例 3.6 298 K 时，反应 $CO(g) + H_2O(g) = CO_2(g) + H_2(g)$ 的 $\Delta_r G_m^\ominus = -8.62\ kJ\cdot mol^{-1}$，$K^\ominus =$______。

解：

$$\Delta_r G_m^\ominus = -RT\ \ln K^\ominus$$

$$\ln K^\ominus = \frac{-\Delta_r G_m^\ominus}{RT} = \frac{8.62\ kJ\cdot mol^{-1}}{0.008\ 31\ kJ\cdot mol^{-1}\cdot K^{-1}\times 298\ K} = 3.48$$

$$K^\ominus = 32.5$$

例 3.7 已知下列反应在指定温度的 $\Delta_r G_m^\ominus$ 和 $K^\ominus$：

①$N_2(g) + \frac{1}{2}O_2(g) = N_2O(g)$，$\Delta_r G_m^\ominus(1)$，$K^\ominus(1)$；

②$N_2O_4(g) = 2NO_2(g)$，$\Delta_r G_m^\ominus(2)$，$K^\ominus(2)$；

③$\frac{1}{2}N_2(g) + O_2(g) = NO_2(g)$，$\Delta_r G_m^\ominus(3)$，$K^\ominus(3)$；

则反应 $2N_2O(g) + 3O_2(g) = 2N_2O_4(g)$ 的 $\Delta_r G_m^\ominus =$__________，$K^\ominus =$__________。

解：4×③－2×①－2×②可得总反应式，故：

$$\Delta_r G_m^\ominus = 4\Delta_r G_m^\ominus(3) - 2\Delta_r G_m^\ominus(1) - 2\Delta_r G_m^\ominus(2)$$

$$K^\ominus = \frac{[K^\ominus(3)]^4}{\{K^\ominus(1)\}^2\{K^\ominus(2)\}^2}$$

例 3.8 已知 $\Delta_f H_m^\ominus(NO,g) = 90.25\ kJ\cdot mol^{-1}$，在 2 273 K 时，反应 $N_2(g) + O_2(g) = 2NO(g)$ 的 $K^\ominus = 0.100$。在 2 273 K 时，若 $p(N_2) = p(O_2) = 10\ kPa$，$p(NO) = 20\ kPa$，反应商 $Q =$______，反应向______方向自发；在 2 000 K 时，若 $p(NO) = p(N_2) = 10\ kPa$，$p(O_2) = 100\ kPa$，反应商 $Q =$______，反应__________。

解：

$$Q = \frac{\{p(NO)/p^\ominus\}^2}{\{p(N_2)/p^\ominus\}\{p(O_2)/p^\ominus\}} = \frac{0.20^2}{0.10^2} = 4.0$$

$Q > K^\ominus$，逆向自发；

因为 $\Delta_f H_m^\ominus(NO,g) = 90.25\ kJ\cdot mol^{-1}$，反应吸热，2 000 K 时 $K^\ominus < 0.100$，此时 $Q = 0.100$，$Q > K^\ominus$，反应逆向自发。

例 3.9 25℃时，$A(g) \rightarrow B(g)$ 为二级反应。当 A 的浓度为 $0.050\ mol\cdot L^{-1}$ 时，$v = 1.2\ mol\cdot L^{-1}\cdot min^{-1}$。该反应的速率方程为________，此温度下速率常数 k 等于________。温度不变时，欲使反应速率增加至 $2.4\ mol\cdot L^{-1}\cdot min^{-1}$，A 的浓度应为________。

解：

$$v = kc^2(A)$$

$$k = \frac{v}{c^2(A)} = \frac{1.2\ mol\cdot L^{-1}\cdot min^{-1}}{(0.050\ mol\cdot L^{-1})^2} = 480\ L\cdot mol^{-1}\cdot min^{-1}$$

$$c(A) = 0.071\ mol\cdot L^{-1}$$

例 3.10 383 K 时，反应 $Ag_2CO_3(s) = Ag_2O(s) + CO_2(g)$ 的 $\Delta_r G_m^\ominus = 14.8\ kJ\cdot mol^{-1}$，求此反应的 $K^\ominus(383\ K)$；在 383 K 烘干 $Ag_2CO_3(s)$ 时，为防止其受热分解，空气中 $p(CO_2)$ 最低应为多少 kPa？

解：

$$Ag_2CO_3(s)=Ag_2O(s)+CO_2(g)$$

$$\Delta_r G_m^{\ominus}(383\ K) = 14.8\ kJ \cdot mol^{-1}$$

$$\ln K^{\ominus}(383\ K)=-\Delta_r G_m^{\ominus}(383\ K)/RT=-4.65$$

$$K^{\ominus}(383\ K)=9.56\times10^{-3}$$

$$K^{\ominus}=p(CO_2)/p^{\ominus}$$

为防止反应正向自发，应保证 $Q>K^{\ominus}$。

故：$p(CO_2)>9.56\times10^{-1}\ kPa$

例 3.11 根据有关热力学数据，近似计算 $CCl_4(l)$的正常沸点和 20 kPa 压力下的沸腾温度。

解：

	$CCl_4(g)$	$CCl_4(l)$
$\Delta_f H_m^{\ominus}/(kJ \cdot mol^{-1})$	−102.93	−135.4
$S_m^{\ominus}/(J \cdot K^{-1} \cdot mol^{-1})$	309.74	216.4

$$CCl_4(g) = CCl_4(l)$$

$$\Delta_r H_m^{\ominus}= -32.47\ kJ \cdot mol^{-1}$$

$$\Delta_r S_m^{\ominus}= -0.093\ 34\ kJ \cdot mol^{-1} \cdot K^{-1}$$

CCl_4的正常沸点为反应的转变温度，即 $\Delta_r G_m^{\ominus}=0$ 时的温度：

$$T =\Delta_r H_m^{\ominus}/\Delta_r S_m^{\ominus}= 348\ K$$

根据克拉贝龙-克劳休斯方程：

$$\ln \frac{p_2}{p_1}=\frac{-\Delta_r H_m^{\ominus}}{R}\left(\frac{1}{T_2}-\frac{1}{T_1}\right)$$

可得在 20 kPa 时，其沸点为 304 K。

例 3.12 NO 与 Cl_2 进行反应：$2NO(g)+Cl_2(g)=2NOCl(g)$，在一定温度下，反应物浓度和$\frac{-dc(NO)}{dt}$的关系如下：

$c(NO)/(mol \cdot L^{-1})$	$c(Cl_2)/(mol \cdot L^{-1})$	$\frac{-dc(NO)}{dt}/(mol \cdot L^{-1} \cdot s^{-1})$
0.50	0.50	2.28
1.00	0.50	9.12
1.00	1.00	18.24

求反应级数及在该温度下的速率常数 k。

解：设速率方程为 $v=kc^m(NO)\ c^n(Cl_2)$，将数据代入速率方程

$$\frac{2.28}{2}\ mol \cdot L^{-1} \cdot s^{-1}=k(0.05\ mol \cdot L^{-1})^m(0.50\ mol \cdot L^{-1})^n$$

$$\frac{9.12}{2}\ mol \cdot L^{-1} \cdot s^{-1}=k(1.00\ mol \cdot L^{-1})^m(0.50\ mol \cdot L^{-1})^n$$

$$\frac{18.24}{2}\ mol \cdot L^{-1} \cdot s^{-1}=k(1.00\ mol \cdot L^{-1})^m(1.00\ mol \cdot L^{-1})^n$$

解得　$m=2, n=1$，反应级数为 3，速率方程为：

$$r=kc^2(\mathrm{NO})c(\mathrm{Cl_2})$$

将任意一组数据（如第三组）代入速率方程，可得：

$$\frac{18.24}{2}\ \mathrm{mol\cdot L^{-1}\cdot s^{-1}}=k(1.00\ \mathrm{mol\cdot L^{-1}})^2(1.00\ \mathrm{mol\cdot L^{-1}})$$

$$k=9.12\ (\mathrm{mol\cdot L^{-1}})^{-2}\cdot \mathrm{s^{-1}}$$

例 3.13　N_2O_5 分解反应，400 K 时 $k_1=1.4\ \mathrm{s^{-1}}$，450 K 时 $k_2=43\ \mathrm{s^{-1}}$。求该反应的活化能。

解：根据阿仑尼乌斯方程：

$$\ln\frac{k_2}{k_1}=-\frac{E_a}{R}\left(\frac{1}{T_2}-\frac{1}{T_1}\right)$$

得：

$$E_a=102.5\ \mathrm{kJ\cdot mol^{-1}}$$

（三）自　测　题

3.1　反应 $NO(g)+CO(g)=\frac{1}{2}N_2(g)+CO_2(g)$ 的 $\Delta_r H_m^{\ominus}<0$。欲使有害气体 NO、CO 尽可能转化为 N_2 和 CO_2，应采取的条件为（　　）。

A. 低温高压；　　B. 高温高压；

C. 低温低压；　　D. 高温低压。

3.2　反应 $C(s)+CO_2(g)=2CO(g)$ 的标准平衡常数 $K^{\ominus}$ 表达式为（　　）。

A. $\frac{\{p(CO)/p^{\ominus}\}^2}{\{p(C)/p^{\ominus}\}\{p(CO_2)/p^{\ominus}\}}$；　　B. $\frac{\{c(CO)/c^{\ominus}\}^2}{\{c(CO_2)/c^{\ominus}\}}$；

C. $\frac{\{p(CO)/p^{\ominus}\}}{\{p(C)/p^{\ominus}\}\{p(CO_2)/p^{\ominus}\}}$；　　D. $\frac{\{p(CO)/p^{\ominus}\}^2}{\{p(CO_2)/p^{\ominus}\}}$。

3.3　已知 298 K 时，HAc 的离解平衡常数 $K_a^{\ominus}=1.76\times10^{-5}$，反应
$HAc\ (1\ \mathrm{mol\cdot L^{-1}})\ =\ H^+(0.05\ \mathrm{mol\cdot L^{-1}})+Ac^-(0.02\ \mathrm{mol\cdot L^{-1}})$（　　）。

A. 正反应自发；　　B. 逆反应自发；

C. 处于平衡状态；　　D. 速率极慢。

3.4　反应 $H_2S=H^+ + HS^-$ 的标准平衡常数为 $K_1^{\ominus}$，则反应 $2H^+ + 2HS^- = 2H_2S$ 的标准平衡常数 $K_2^{\ominus}$ 等于（　　）。

A. $-2K_1^{\ominus}$；　　B. $(K_1^{\ominus})^2$；

C. $(K_1^{\ominus})^{-2}$；　　D. $(K_1^{\ominus})^{1/2}$。

3.5　反应 $N_2(g)+3H_2(g)=2NH_3(g)$ 达平衡后，在恒温、恒压条件下向反应器内加入一定量的惰性气体，则平衡（　　）。

A. 正向移动；　　B. 逆向移动；

C. 不移动；　　D. 无法确定。

3.6 反应 $CO_2(g)+H_2(g)=CO(g)+H_2O(g)$，$\Delta_r H_m^{\ominus}>0$。欲提高 CO 的产率，应采取的措施为（　　）。

A. 增加总压力；　　B. 加入催化剂；

C. 提高温度；　　D. 降低温度。

3.7 化学反应 $aA+bB=cC+dD$ 的反应级数等于（　　）。

A. $a+b$；　　B. $(a+b)-(c+d)$；

C. 有可能等于 $a+b$；　　D. 不可能等于 $a+b$。

3.8 升高温度可明显增大反应速率的原因是（　　）。

A. 分子碰撞频率明显升高；　　B. 反应的活化能降低；

C. 能量因子增大；　　D. 该反应是吸热反应。

3.9 根据反应速率碰撞理论，反应物浓度和压力不变时，若加入正催化剂，则反应活化能 E_a ______，能量因子 f ______，速率常数 k ______；若反应温度不变，增大反应物浓度，则反应活化能 E_a ______，能量因子 f ______，速率常数 k ______。

3.10 723℃时反应 $Fe(s)+CO_2(g)=FeO(s)+CO(g)$ 的 $K^{\ominus}=1.82$。若 CO_2、CO 的分压分别为 65 kPa 和 35 kPa，则反应将______向自发。

3.11 化学反应 $Fe_3O_4(s)+4H_2(g)=3Fe(s)+4H_2O(g)$ 标准平衡常数表达式为______。

3.12 一定温度下，对于基元反应 $2NO(g)+O_2(g)=2NO_2(g)$，若反应器体积缩小一半，则正反应速率是原来的______倍。

3.13 一定温度下，化学反应的 $\Delta_r G_m^{\ominus}$ 越负，反应的标准平衡常数越______，活化能越小，反应的速率常数越______。

3.14 计算在 1 000℃时下列碳酸钙分解反应的 $K^{\ominus}$，并判断反应在标准状态下能否自发进行。

	$CaCO_3(s)$ =	$CaO(s)$ +	$CO_2(g)$
$\Delta_f H_m^{\ominus}/(kJ\cdot mol^{-1})$	−1 206.9	−635.09	−393.51
$S_m^{\ominus}/(J\cdot K^{-1}\cdot mol^{-1})$	92.9	39.75	213.6

3.15 压力锅内，水的沸点为 110℃。计算锅内水蒸气的压力。已知 $\Delta_f H_m^{\ominus}(H_2O,g)=-241.8\ kJ\cdot mol^{-1}$，$\Delta_f H_m^{\ominus}(H_2O,l)=-285.8\ kJ\cdot mol^{-1}$。

3.16 (1)写出反应 $O_2(g)=O_2(aq)$ 的标准平衡常数表达式。已知 20℃、$p(O_2)=101$ kPa 时，氧气在水中溶解度为 $1.38\times10^{-3}\ mol\cdot L^{-1}$，计算以上反应在 20℃时的 $K^{\ominus}$，并计算 20℃时与 101 kPa 大气平衡的水中氧的浓度 $c(O_2)$。已知大气中 $p(O_2)=21.0$ kPa。

(2)已知血红蛋白(Hb)氧化反应 $Hb(aq)+O_2(g)=HbO_2(aq)$ 在 20℃时 $K^{\ominus}=85.5$，计算下列反应的 $K^{\ominus}(293\ K)$：

$$Hb(aq)+O_2(aq)=HbO_2(aq)$$

3.17 反应 $C_2H_5I+OH^-=C_2H_5OH+I^-$，在 298 K 时的 $k=5.03\times10^{-2}\ mol\cdot L^{-1}\cdot s^{-1}$，在 333 K 时的 $k=6.71\ mol\cdot L^{-1}\cdot s^{-1}$。计算反应在 305 K 时的速率常数。

3.18 660 K 时反应 $2NO(g)+O_2(g)=2NO_2(g)$ 数据如下表：

$c(NO)/(mol\cdot L^{-1})$	$c(O_2)/(mol\cdot L^{-1})$	$\frac{-dc(NO)}{dt}/(mol\cdot L^{-1}\cdot s^{-1})$
0.10	0.10	0.06
0.10	0.20	0.12
0.20	0.20	0.48

(1)写出反应的速率方程;(2)求反应级数和速率常数;(3)求 $c(NO) = c(O_2) = 0.15\ mol\cdot L^{-1}$ 时的反应速率。

3.19　计算水煤气生成反应 C(石墨)+ $H_2O(g) = H_2(g) + CO(g)$ 和碳燃烧反应 C(石墨) + $O_2(g) = CO_2(g)$ 的标准摩尔焓变。生产水煤气时,要不断轮换向水煤气发生器中通入水蒸气和空气,为什么?已知 $\Delta_f H_m^{\ominus}(H_2O,g) = -241.8\ kJ\cdot mol^{-1}$,$\Delta_f H_m^{\ominus}(CO,g) = -110.5\ kJ\cdot mol^{-1}$,$\Delta_f H_m^{\ominus}(CO_2,g) = -393.5\ kJ\cdot mol^{-1}$。

自测题答案

3.1　A　　3.2　D　　3.3　B　　3.4　C　　3.5　B

3.6　C　　3.7　C　　3.8　C

3.9　降低;升高;升高;不变;不变;不变

3.10　正

3.11　$K^{\ominus} = \frac{\{p(H_2O)/p^{\ominus}\}^4}{\{p(H_2)/p^{\ominus}\}^4}$

3.12　8

3.13　大;大

3.14　12,正向自发

3.15　150 kPa

3.16　(1)1.37×10^{-3};$2.88\times10^{-4}\ mol\cdot L^{-1}$

(2)6.24×10^{4}

3.17　$0.145\ mol\cdot L^{-1}\cdot s^{-1}$

3.18　(1)$v=kc^2(NO)c(O_2)$;(2)$30(mol\cdot L^{-1})^{-2}\cdot s^{-1}$,反应级数为 3;(3)$0.10\ mol\cdot L^{-1}\cdot s^{-1}$;反应级数为 3。

3.19　反应 C(石墨)+ $H_2O(g) = H_2(g) + CO(g)$ 吸热,反应 C(石墨) + $O_2(g) = CO_2(g)$ 放热。随反应(1)进行,水煤气发生器内温度降低,反应(1)转化率降低。此时通入空气,有利于使反应(2)进行较完全,使系统温度升高,此后再通入水蒸气,可使反应(1)转化率提高。

四、物质结构

(一)考试指南

核外电子是一种微观粒子,其运动特征是能量等物理量量子化、具有波粒二象性。因此,不能用经典力学或旧的量子力学理论来解释原子结构。近代量子力学理论根据电子具有波粒二象性以及对电子波粒二象性的统计解释,用波函数 Ψ(又称为轨道)来描述核外电子的运动状态,并用 Ψ^2 代表电子在空间某点出现的概率,即概率密度。波函数 Ψ 是描述微观粒子运动状态的数学表达式。

一条原子轨道由 n、l、m 三个量子数确定。主量子数 n 是决定轨道能级的重要参数,是决定单电子原子内电子能量的唯一因素。单电子原子内,n 相同的原子轨道为简并轨道。n 可取 1,2,3 等正整数,n 越小,电子出现概率最大的区域离原子核越近,能量越低,所以常用 n 代表电子层。角量子数 l 与原子轨道的形状有关,它的取值受 n 的限制,可以是 $0,1,2,\cdots,(n-1)$。磁量子数 m 可取值 $0,\pm1,\pm2,\pm3,\cdots,\pm l$,共 $2l+1$ 个值。m 与原子轨道或电子云在空间的伸展方向有关。自旋量子数 m_s 用来描述电子的自旋运动状态,只能取值 $+\frac{1}{2}$ 和 $-\frac{1}{2}$。n、l、m 三个量子数确定一个 Ψ,即一条原子轨道,即确定了电子的空间运动状态;n、l、m、m_s 四个量子数则确定了电子的运动状态。

多电子原子中,存在屏蔽效应、钻穿效应。电子受到屏蔽作用越强,能量越高;电子的钻穿能力越强,能量越低。因此,引起多电子原子内能级分裂、能级交错等现象,情况比单电子体系复杂。多电子原子体系中轨道能量由 n 和 l 共同决定。美国著名的化学家鲍林(Pauling L.)根据大量光谱实验数据及理论计算,给出了近似能级图(1s,2s,2p,3s,3p,4s,3d,4p,5s,4d,5p,6s,4f,5d,6p,7s,5f,6d,7p)和能级组概念{ns,$(n-2)$f,$(n-1)$d,np}。基态多电子原子核外电子排布遵从能量最低原理、保利不相容原理和洪特规则,按鲍林近似能级顺序或能级组顺序从低到高进行。根据基态原子核外电子排布式,可以判断元素在周期表中的位置。鲍林的能级图仅近似给出多电子原子内能级高低顺序,不要认为所有元素的原子中能级顺序是相同的。如 K 原子中,4s 能量低于 3d,而在 Sc 原子中,3d 能量低于 4s。

元素的性质是原子内部结构的反映。电子构型、有效核电荷、原子半径三结构因素的周期性变化,造成元素电离能、元素电子亲和能、原子电负性等性质的周期性变化规律。一般而言,同一周期元素,从左到右变化的趋势是:作用于最外层电子的有效核电荷增加、原子半径减小、元素电离能变大、元素电子亲和能变大、原子电负性变大;同一族元素,从上到下变化的趋势是:原子半径增大、元素电离能减小、元素电子亲和能减小、原子电负性减小。以上变化规律,主族元素表现较明显。第二、第五主族元素电离能、电子亲和能的反常,与 p 杂道全空、半满有关。

化学键是分子中相邻原子间强烈的相互作用力,它包括离子键、共价键和金属键。离子键是由正、负离子间的静电引力所形成的化学键,离子键既没有方向性也没有饱和性。离子键和离子晶体的稳定性主要决定于离子晶体的晶格能高低，因此晶格能影响离子化合物的熔点、沸点等性质。共价键的价键理论认为共价键是成键两原子中的能量相近的、含有自旋方向相反的未成对电子的原子轨道叠加的结果。因此共价键具有饱和性。又根据最大重叠原理，共价键又具有方向性。共价键根据轨道重叠方式的不同分为 σ 键（轨道沿着键轴方向头碰头重叠）和 π 键（轨道沿着键轴方向肩并肩重叠），σ 键重叠程度大于 π 键，所以 σ 键一般较稳定。以单键形成的共价型分子，其化学键都是 σ 键，若分子中有多重键（双键或三键），其中只有一个为 σ 键，其余是 π 键。

轨道杂化理论认为，形成共价键的过程中，原子内的若干不同类型的能量相近的原子轨道混杂，重新分配能量而形成一组与参与杂化的轨道数目相同的新的原子轨道（杂化轨道），形成的杂化轨道再参与形成共价键。成键后，因轨道叠加程度高，共用电子对间、共用电子对与孤对电子间距离较远，所以原子倾向于利用杂化轨道成键。中心原子的杂化类型决定了分子的空间骨架，所以轨道杂化理论可成功地解释分子或配离子的空间构型，进而说明分子的极性。杂化轨道的基本类型有 sp，sp^2，sp^3，dsp^2，sp^3d，dsp^3，sp^3d^2，d^2sp^3 等，它们的空间构型分别为直线形、正三角形、正四面体形、正方形、三角双锥形、三角双锥形、正八面体形、正八面体形。

对于无内层 d 轨道参加杂化的元素原子，一般可依据"杂化轨道数＝σ 键数＋孤电子对数"这一经验规律判断杂化轨道类型，具体做法为：首先确定中心原子价电子数；根据与其成键的原子数确定 σ 键数；再根据是否为双键、三键确定中心原子提供的成键电子数；中心原子价电子数减去成键电子数再除以 2 即为孤电子对数，进而可计算出杂化轨道数，从而判断杂化轨道类型。如在 CO_2 分子中，中心原子 C，价电子数＝4，与 2 个 O 原子以 2 个 σ 键、2 个 π 键结合，故 C 提供的成键电子数＝4，4－4＝0，孤电子对数＝0，得杂化轨道数＝2＋0＝2，故 C 原子 sp 杂化。读者可利用表 4-1 熟练此方法。

表 4-1　中心原子的杂化轨道类型与分子的空间构型

实例	σ 键数	孤对电子数	杂化轨道数	杂化类型	分子构型
CO_2，$BeCl_2$，$HgCl_2$，Hg_2Cl_2，C_2H_2	2	0	2	sp	直线形
BF_3，C_2H_4，$AlCl_3$	3	0	3	sp^2	平面三角形
BF_4^-，CH_4，SiF_4，NH_4^+	4	0	4	sp^3	正四面体形
NH_3，PCl_3，H_3O^+	3	1	4	sp^3 不等性	三角锥形
OF_2，H_2O	2	2	4	sp^3 不等性	V 形
PCl_5	5	0	5	sp^3d	三角双锥形
SF_6	6	0	6	sp^3d^2	正八面体形

根据成键两原子的电负性差 $\Delta\chi$，化学键分为极性键（$\Delta\chi\neq0$）和非极性键（$\Delta\chi=0$）。分子的极性一般主要由组成分子的化学键的极性和分子的空间构型是否中心对称来决定。分子极性大小用偶极矩 μ 来衡量，极性分子的偶极矩 $\mu>0$，非极性分子的偶极矩 $\mu=0$。分子间作用力一般包括色散力、诱导力和取向力（统称为范德华力），一般来说，分子间力以色散力为主。色散力存在于所有分子间，大小决定于分子的变形性；诱导力存在于极性分子

间以及极性与非极性分子间；取向力只存在于极性分子间，大小取决于分子的极性。分子间力主要影响物质的物理性质，一般来说，分子间力越大，分子晶体的熔、沸点越高。另外，在 X—H(X：N、O、F 等电负性大、半径小的原子)极性键中的 H 原子还能吸引另一电负性大、半径小的 Y(N、O、F 等)原子，形成氢键 X—H…Y。氢键存在于水、醇、酚、羧酸、氨基酸、蛋白质等化合物中。若分子间有氢键，物质的熔、沸点显著升高，而分子内氢键常使物质的熔、沸点低于同类化合物。

(二)例题解析

例 4.1 电子衍射实验说明(　　)。

A. 电子能量是量子化的；　　B. 电子是带负电的微粒；

C. 电子具有波动性；　　D. 电子具有一定质量。

解：答案 C 正确。

例 4.2 下列各组量子数，合理的是(　　)。

A. 3、2、+2、1；　　B. 3、0、−1、+1/2；

C. 1、0、0、0；　　D. 2、1、0、−1/2。

解：m_s 的取值只有 $+\frac{1}{2}$ 和 $-\frac{1}{2}$ 两个，故答案 A 和 C 不正确。l 取 0 时，m 不能取−1，故答案 B 不正确。答案 D 正确。

例 4.3 He^+ 中，轨道能量高低顺序正确的为(　　)。

A. 1s=2s=2p；　　B. 1s<2s=2p<3s=3d；

C. 1s<2s<2p<3s<3p<4s<3d；　　D. 1s<2s<2p<3s<3p<3d<4s。

解：He^+ 为单电子系统，轨道能级仅由主量子数决定，n 相同的原子轨道为简并轨道。故答案 B 正确。

例 4.4 下列离子的电子构型可以用[Ar]$3d^6$ 表示的是(　　)。

A. Mn^{2+}；　　B. Fe^{3+}；

C. Co^{3+}；　　D. Cr^{3+}。

解：以上 4 元素基态原子电子构型分别如下。

Mn：[Ar]$3d^5 4s^2$；

Fe：[Ar]$3d^6 4s^2$；

Co：[Ar]$3d^7 4s^2$；

Cr：[Ar]$3d^5 4s^1$。

形成阳离子时，首先失去能量较高的 4s 电子，继而失去 3d 电子。故答案 C 正确。

例 4.5 第一电子亲和能最大的元素、最活泼的非金属单质分别是(　　)。

A. F、F_2；　　B. Cl、Cl_2；

C. Cl、F_2；　　D. F、Cl_2。

解：F 是第二周期元素，因为原子半径小，不易接受电子，第一电子亲和能小于同族第三周期元素 Cl；F—F 键能小于 Cl—Cl 键能，F_2 是最强的非金属单质。故答案 C 正确。

注意不要把元素性质与单质的性质相混。

例 4.6 下列元素中，第一电子亲和能最大的为(　　)。

A. P；　　B. S；

C. Cl；　　D. Ar。

解：同周期元素电子亲和能从左到右递增，且 Ar 核外各电子层均为稳定结构，故答案 C 正确。

例 4.7 下列元素，第一电离能最大的是(　　)。

A. 硼；　　B. 碳；

C. 氮；　　D. 氧。

解：同周期元素第一电离能从左到右递增。但基态 N 原子电子构型为[He]$2s^2 2p^3$，p 轨道半充满，为较稳定结构，其第一电离能大于氧。故答案 C 正确。

例 4.8 乙醇的沸点(78℃)比乙醚的沸点(35℃)高得多，主要原因是(　　)。

A. 由于乙醇摩尔质量大；　　B. 由于乙醚存在分子内氢键；

C. 由于乙醇分子间存在氢键；　　D. 由于乙醇分子间取向力强。

解：乙醇分子间形成 O—H…O 氢键，而乙醚分子中，H 原子未与电负性大的 O 原子形成化学键，分子间无氢键，故答案 C 正确。

例 4.9 下列化合物熔点高低顺序为(　　)。

A. $SiCl_4 > KCl > SiBr_4 > KBr$；　　B. $KCl > KBr > SiBr_4 > SiCl_4$；

C. $SiBr_4 > SiCl_4 > KBr > KCl$；　　D. $KCl > KBr > SiCl_4 > SiBr_4$。

解：KCl、KBr 是离子晶体，$SiCl_4$、$SiBr_4$ 是分子晶体，离子晶体熔沸点高于分子晶体。$SiBr_4$ 的摩尔质量大于 $SiCl_4$，故 $SiBr_4$ 分子间作用力大于 $SiCl_4$；而 Cl^- 半径小于 Br^-，KCl 的晶格能高于 KBr。故答案 B 正确。

例 4.10 根据现代原子结构理论，核外电子的空间运动状态可用______来描述，它习惯上被称为______；Ψ^2 表示______，它的形象化表示称为______。

解：波函数 Ψ；原子轨道；电子的概率密度；电子云

例 4.11 乙炔是直线形分子，分子中有____个 σ 键和____个 π 键，两个碳原子采用____杂化轨道以____的方式叠加形成 σ 键，而 π 键是两个碳原子的____轨道以____的方式叠加形成的。

解：3；2；sp；头碰头；p；肩并肩

例 4.12 某元素原子序数为 33，该元素基态原子最外层电子构型为____，有____个未成对电子；该元素是____周期____族____区____金属元素。

解：$4s^2 4p^3$；3；四；ⅤA；p；非

例 4.13 HF、HCl、HBr、HI 四种卤化氢，键的极性依次递增的顺序为______，分子间取向力依次递增的顺序为______，色散力依次递增的顺序为______，沸点依次递增的顺序为______，酸性依次递增的顺序为______。

解：HI、HBr、HCl、HF；HI、HBr、HCl、HF；HF、HCl、HBr、HI；
HCl、HBr、HI、HF；HF、HCl、HBr、HI。

例 4.14 Mg 和 Al 第一至第四电离能 $I/(kJ \cdot mol^{-1})$ 数据如下：

Mg：738，1 451，7 733，10 540；

Al：578，1 817，2 745，11 578。

解释 $I_1 \sim I_4$ 升高并有突跃的原因，比较气态 Mg 原子和 Al 原子的金属性和二元素的常见氧化数。

解：Mg 失去 2 个最外层 s 电子后成稳定的电子构型，故 I_3 明显大于 I_2，常见氧化数为 +2；Al 失去 3 个最外层电子后成稳定的电子构型，故 I_4 明显大于 I_3，常见氧化数为 +3。Mg 元素第一、第二电离能之和小于 Al 元素第一、第二、第三电离能之和，所以气态 Mg 原子的金属性强于 Al。

（三）自　测　题

4.1　可证明电子能级量子化的实验是（　　）。

A. 阴极射线；　　B. 连续的分子吸收光谱；

C. 线状的原子发射光谱；　　D. 电子衍射。

4.2　确定基态碳原子中两个未成对电子运动状态的量子数分别为（　　）。

A. $2,0,0,+\frac{1}{2};2,0,0,-\frac{1}{2}$；　　B. $2,1,+1,+\frac{1}{2};2,1,+1,-\frac{1}{2}$；

C. $2,2,0,+\frac{1}{2};2,2,+1,+\frac{1}{2}$；　　D. $2,1,0,-\frac{1}{2};2,1,-1,-\frac{1}{2}$。

4.3　一多电子原子中，能量最高的电子是（　　）。

A. 3,1,1,−1/2；　　B. 3,1,0,−1/2；

C. 4,1,1,−1/2；　　D. 4,2,−2,−1/2。

4.4　某元素基态原子的电子构型为 $[Ar]3d^5 4s^2$，它在周期表中的位置是（　　）。

A. s 区，ⅡA；　　B. s 区，ⅤA；

C. d 区，ⅡB；　　D. d 区，ⅦB。

4.5　钻穿效应越大，则（　　）。

A. 原子的能量越高；　　B. 原子的能量越低；

C. 轨道能量越高；　　D. 轨道能量越低。

4.6　下列叙述错误的是（　　）。

A. Ψ^2 表示电子的概率密度；

B. Ψ^2 在空间分布的形象化图像称为电子云；

C. 基态氢原子中，$r=53$ pm 的薄球壳内，Ψ^2 最大；

D. Ψ^2 表示电子在空间某点出现的概率。

4.7　有关基态氢原子的波尔半径为 52.9 pm 的说法，正确的是（　　）。

A. 氢原子中 1s 电子在距核 52.9 pm 处做圆周运动；

B. 在距核 52.9 pm 的薄球壳内 1s 电子出现的概率最大；

C. 在距核 52.9 pm 的薄球壳内 1s 电子出现的概率密度最大；

D. 氢原子中 1s 电子在距核 52.9 pm 处 Ψ_{1s} 的值最大。

4.8　下列化合物中，化学键极性最小的是（　　）。

A. NaCl；　　B. $AlCl_3$；

C. PCl_5；　　D. SCl_6。

4.9 下列各对元素的第一电离能大小次序，排列错误的是(　　)。

A. Li<Be；　　B. Be<B；

C. O<N；　　D. F<Ne。

4.10 下列关于 Si 和 P 两元素的叙述，不正确的是(　　)。

A. 第一电子亲和能：P>Si；　　B. 原子半径：Si>P；

C. 第一电离能：P>Si；　　D. 作用于最外层电子的有效核电荷：P>Si。

4.11 在 CH_3—C≡C—Br 分子中，C—Br 之间的化学键是(　　)。

A. sp—p σ 键；　　B. sp^2—p σ 键；

C. sp—s σ 键；　　D. sp^2—s σ 键。

4.12 下列化合物，不含分子间氢键的是(　　)。

A. H_2O；　　B. CH_4；

C. CHF_3；　　D. HF。

4.13 下列物质(1)CaO；(2)MgO；(3)NH_3；(4)PH_3，熔点由高到低的顺序为(　　)。

A. (1)>(2)>(3)>(4)；　　B. (2)>(1)>(3)>(4)；

C. (2)>(1)>(4)>(3)；　　D. (1)>(2)>(4)>(3)。

4.14 24 号元素基态原子核外电子排布式为______，该元素位于周期表______周期______族；其+3 价离子核外电子排布式为______。

4.15 某元素基态原子，有量子数为 $n=4$、$l=0$、$m=0$ 的一个电子和 $n=3$、$l=2$ 的 10 个电子，该元素的价电子构型为______，位于周期表第______周期______族。

4.16 B、O、C、N 四种元素，第一电离能最大的是______，原子电负性最大的是______，原子半径最大的是______。

4.17 A 原子的 M 层比 B 原子的 M 层少 4 个电子，B 原子的 N 层比 A 原子的 N 层多 5 个电子，则 A 的元素符号为______，B 的元素符号为______，A 与 B 的单质在酸性溶液中反应得到的两种化合物分别为______、______。

4.18 邻硝基苯酚的熔、沸点比对硝基苯酚的熔、沸点要______，这是因为邻硝基苯酚存在______，而对硝基苯酚存在______，这两种异构体中，______较易溶于水。

4.19 在 $T=300$ K、$p=101.3$ kPa 时，HF(g)的密度为 3.22 $g \cdot L^{-1}$。计算其摩尔质量。计算结果与 M(HF)理论值是否相符？试解释之。已知 $M(HF)=20\ g \cdot mol^{-1}$。

4.20 钠的卤化物熔点随摩尔质量增大而降低，但硅的卤化物熔点随摩尔质量增大而升高，且钠的卤化物熔点远高于硅的卤化物，为什么？

自测题答案

4.1 C　4.2 D　4.3 D　4.4 D　4.5 D　4.6 C

4.7 B　4.8 D　4.9 B　4.10 A　4.11 A

4.12 B　4.13 B

4.14 $1s^2 2s^2 2p^6 3s^2 3p^6 3d^5 4s^1$；4；ⅥB；$1s^2 2s^2 2p^6 3s^2 3p^6 3d^3$

4.15 $3d^{10} 4s^1$；4；ⅠB

4.16 N； O； B

4.17 Fe； Br； $FeBr_2$； $FeBr_3$

4.18 低； 分子内氢键； 分子间氢键； 对硝基苯酚

4.19 $79.3\ g \cdot mol^{-1}$。由于 HF 分子间氢键使 HF 缔合为$(HF)_4$

4.20 钠的卤化物为离子型晶体，硅的卤化物为分子型晶体，故前者熔点高。钠的卤化物，随摩尔质量增大，阴离子半径增大，晶格能降低，故熔点降低。硅的卤化物，随摩尔质量增大，分子变形性增大，分子间色散力增大，故熔点升高。

五、分析化学概论

分析化学是研究物质的化学组成的科学。其中,定量分析的任务是测定物质中各组分的含量。按分析原理的不同,分析化学可分为化学分析和仪器分析两种不同的方法。化学分析法准确度高,但灵敏度较低,适用于常量组分的常量分析;仪器分析法灵敏度高,但测定结果的相对误差较大,适用于微量组分分析、痕量组分分析、微量分析和痕量分析。

(一)考 试 指 南

1.误差与数据处理

定量分析中,用误差表示准确度,用偏差表示精密度。

绝对误差指测定结果与真值的差:$E=x-T$;

相对误差指绝对误差与真值之比:$RE=E/T$。

所谓真值 T,常用标准值或理论值代替;测定结果 x,通常指多次平行测定结果的平均值。

偏差,分为绝对偏差 d_i、相对偏差 d_r、平均偏差 $\overline{d}$、相对平均偏差$\overline{d_r}$、标准偏差 s 等:

$$d_i=x_i-\overline{x}$$

$$d_r=\frac{d_i}{\overline{x}}$$

一组平行测定结果,绝对偏差或相对偏差的代数和等于 0,所以,绝对偏差或相对偏差的自由度 $f=n-1$。

$$\overline{d}=\frac{\sum_{i=1}^{n}|d_i|}{n}$$

$$\overline{d_r}=\frac{\overline{d}}{\overline{x}}$$

$$s=\sqrt{\frac{\sum_{i=1}^{n}d_i^2}{n-1}}$$

若只做了 2 次平行测定,精密度用相差和相对相差表示:

$$相差=|x_1-x_2|$$

$$相对相差=\frac{|x_1-x_2|}{\overline{x}}$$

测定结果的精密度高低主要取决于偶然误差(随机误差)的大小,准确度主要取决于系统误差和偶然误差的大小。因此,精密度低的结果肯定是不可靠的,精密度高的结果准确度不一定高。精密度是保证准确度的先决条件。

偶然误差是由某些无法避免、难以控制的因素造成的，其大小、方向均不确定。无限次平行测定结果的偶然误差符合正态分布规律，大误差出现的概率小，小误差出现的概率大，而且绝对值相等的正、负误差出现的概率相等。所以，在无系统误差存在的情况下，无限次平行测定结果的平均值 μ 应等于真值。但实际工作中不可能做无限次平行测定以减免偶然误差。在无系统误差存在的条件下，有限次平行测定结果不符合正态分布规律，故平均值 $\bar{x}$ 不等于真值 μ，我们只能在一定置信度下，估计出以平均值 $\bar{x}$ 为中心，包含总体平均值 μ 的置信区间：

$$\mu=\bar{x}\pm\frac{ts}{\sqrt{n}}$$

式中，s 为标准偏差，n 为测定次数，t 为校正系数。置信区间的大小与下列因素有关：选定的置信度 P 越大（估计的把握程度越大），t 值越大，置信区间越大，表示估计的精度越差（定量化学分析中一般取 $P=0.90$ 或 0.95）；测定次数 n 越大，t 值越小，计算所得的置信区间越小，表示估计的精度越高；s 越大，即测定的精密度越差，置信区间越大，表示估计的精度越差。所以，为了减免偶然误差对测定结果的影响，可对同一样品做多次平行测定（一般 3 次，对要求高的测定，一般 10～11 次），而且要求测定的精密度必须符合要求。

系统误差是由确定的原因造成的，所以它重复出现且具有一定的方向性，用作平行试验的方法不能减免。系统误差是否存在，需通过对照试验并应用统计学方法来检验。其中，试剂误差可通过空白试验来检验和减免。减免系统误差，特别重要的是减免方法误差。所以为提高测定的准确度，首先要选择科学、合理的测定方法，如对常量组分的分析，一般应选用化学分析法等。

另一类重要的误差称为测量误差。此类误差不同于由于仪器不准确而造成的仪器误差，而是由仪器的测量精度引起的。例如，50 mL 滴定管最小分度为 0.1 mL，所以其量液误差为 ±0.02 mL；万分之一分析天平的称量误差为 ±0.000 2 g 等。其特点是最大绝对误差基本确定，所以为减小测量误差，可采用适当加大被测量的方法。例如，滴定分析中为保证滴定管所造成的测量误差 ≤±0.1%，则滴定管放出液体积应 ≥20 mL；为保证天平所造成的测量误差 ≤±0.1%，样品质量应 ≥0.2 g。

由于可能出现较大的偶然误差，所以对可疑值的取舍必须采用科学的方法。比较简单的有 $4\bar{d}$ 法和 Q 值检验法，前者比较简单，但存在较大误差，只适用于处理要求不高的实验数据；后者没有充分利用测定数据，可靠性也较差。

2. 有效数字及其运算规则

有效数字是实际测量到的数字，其中除最后一位不甚准确外，其他数字均是准确的。科学实验中之所以使用有效数字，是因为它不但反映了被测量的大小，而且反映了测量误差的大小。例如，3 位有效数字的相对误差肯定大于正、负千分之一，应在正、负百分之几，4 位有效数字的相对误差应在正、负千分之几等。科学工作者必须掌握根据对误差的要求选用一定精度的仪器，根据仪器精度合理记录测量数据、科学计数法，并掌握有效数字的运算规则。进行有效数字加、减运算时，和或差的绝对误差主要由原数据中最大的绝对误差决定，所以和或差的有效数字最后一位应根据原数据中绝对误差最大数据来确定；进行有效数字乘、除运算时，积或商的相对误差主要由原数据中最大的相对误差决定，所以积或商的有效数字的位数应根据原数据中有效数字位数最少的数据来确定。运算时，按先修约、后运算的规定进行。

3.滴定分析概述

滴定分析是一种重要的化学分析方法，适用于常量组分的常量分析。终点误差是滴定分析中最重要的方法误差。所谓终点误差，是由于滴定终点与化学计量点不一致而造成的误差，其大小不仅和终点与计量点的差值大小有关，还与反应的完全程度，或更准确地说，与反应的转化率有关。反应进行得越完全，终点误差越小。例如，用 $c(\mathrm{NaOH}) = 0.1\ \mathrm{mol \cdot L^{-1}}$ 的氢氧化钠滴定 $c(\mathrm{HCl}) = 0.1\ \mathrm{mol \cdot L^{-1}}$ 的盐酸，化学计量点 pH = 7.0，在误差为 −0.1%～+0.1% 范围，溶液 pH 由 4.3 变化为 9.7。若用酚酞为指示剂，滴定终点 pH = 8.0，测定结果终点误差小于+0.1%；若改用 $c(\mathrm{NaOH}) = 0.001\ \mathrm{mol \cdot L^{-1}}$ 的氢氧化钠滴定 $c(\mathrm{HCl}) = 0.001\ \mathrm{mol \cdot L^{-1}}$ 的盐酸，化学计量点 pH 依然等于 7.0，在误差为 −0.1%～+0.1%范围，溶液 pH 由 6.3 变化为 7.7。若用酚酞为指示剂，滴定终点 pH 依然等于 8.0，但测定结果终点误差必然大于+0.1%。以上两例，虽然终点与计量点 pH 之差均等于 1.0，但因为前者反应转化率[$c(\mathrm{H^+})$ 从 $0.1\ \mathrm{mol \cdot L^{-1}}$ 降低到 $1\times10^{-7}\ \mathrm{mol \cdot L^{-1}}$]远高于后者[$c(\mathrm{H^+})$ 从 $0.001\ \mathrm{mol \cdot L^{-1}}$ 降低到 $1\times10^{-7}\ \mathrm{mol \cdot L^{-1}}$]，所以终点误差较小。因此，选择指示剂、保证反应进行得完全，是滴定分析中最重要、最关键的两个问题。

反应的完全程度，决定于反应的平衡常数 K、反应物浓度 c 以及副反应发生的程度。滴定分析中，须选用 K 较大的反应、在较高的浓度条件下进行，并经常需要抑制反应物发生副反应或促使生成物发生副反应，目的是保证滴定反应的完全程度，降低终点误差。

不要将"滴定反应必须无副反应，即按一定的反应式进行"与"滴定反应必须进行得完全"相混。前者是为了保证滴定剂与被测物之间有确定的计量关系，后者是为了降低终点误差。滴定反应还应速率快，并有适当的指示滴定终点的方法。

标准溶液是滴定分析中测定被测组分含量的基准，浓度必须准确已知。其配制分为直接法和标定法。

典型的滴定方式有直接滴定、返滴定、间接滴定和置换滴定四种。应掌握它们不同的应用条件。实际工作中有些滴定方式并不典型，在做分析结果计算时应注意。

4.滴定分析结果的计算(化学计量数比规则)

对于滴定反应 $b\mathrm{B} + t\mathrm{T} = p\mathrm{P} + q\mathrm{Q}$，反应中消耗的 B、T 物质的量之比 $\Delta n(\mathrm{B})/\Delta n(\mathrm{T})$ 等于b/t，这个规律称为化学计量数比规则，可用来进行滴定分析结果的计算。若 B 表示被测物中待测含量的物质，T 表示滴定剂，则：

$$-\Delta n(\mathrm{B}) = -(b/t)\Delta n(\mathrm{T}) = (b/t)c(\mathrm{T})V(\mathrm{T})$$

式中，$c(\mathrm{T})$，$V(\mathrm{T})$分别为滴定剂的物质的量浓度和体积。若要计算 B 的浓度，则：

$$c(\mathrm{B}) = (b/t)c(\mathrm{T})V(\mathrm{T})/V(\mathrm{B})$$

式中，$V(\mathrm{B})$为试样溶液的体积。若要计算 B 的质量分数，则：

$$w(\mathrm{B}) = (b/t)c(\mathrm{T})V(\mathrm{T})M(\mathrm{B})/m$$

式中，$M(\mathrm{B})$，m 分别为 B 的摩尔质量和试样质量。若要计算质量浓度，则：

$$\rho(\mathrm{B}) = (b/t)c(\mathrm{T})V(\mathrm{T})M(\mathrm{B})/V_{\mathrm{B}}$$

化学计量数比规则的基础是计量数之间的关系，所以在做计算时，必须首先写出正确的化学反应方程式。详细讨论见例题。

（二）例 题 解 析

例 5.1 欲测定土壤中 Se 的含量，可选用（　　）。

A. 滴定分析法；　　B. 重量分析法；

C. 气体分析法；　　D. 原子吸收分光光度法。

解：土壤中只含有痕量的 Se，应选用灵敏度高的仪器分析法定量测定。A、B、C 答案所列均为化学分析法；原子吸收分光光度法为一种仪器分析法，故答案 D 正确。

例 5.2 欲测定铁矿石中 Fe 的含量，应选用（　　）。

A. 直接电势分析法；　　B. 吸光光度法；

C. 氧化还原滴定法；　　D. 配位滴定法。

解：此属常量组分分析，应选用准确度高的化学分析法测定。答案 A、B 均为仪器分析法，不正确。铁矿石中共存的干扰物质较多，用配位滴定法测定步骤烦琐，故答案 D 不如答案 C。答案 C 正确。

例 5.3 关于系统误差，下列叙述正确的是（　　）。

A. 可做多次平行试验而减免；　　B. 具有方向性；

C. 无方向性；　　D. 可做空白试验而减免。

解：系统误差是由某些固定的原因造成的，做平行试验时会重复出现，具有确定的方向。故 A、C 不正确。空白试验只可检验和减免试剂误差，故 D 不正确。答案 B 正确。

例 5.4 关于偶然误差，下列叙述正确的是（　　）。

A. 偶然误差影响测定的精密度，对准确度无影响；

B. 偶然误差影响测定的准确度，对精密度无影响；

C. 偶然误差可通过对照试验而减免；

D. 做平行试验的目的是减免偶然误差。

解：偶然误差既影响精密度，又影响准确度，故 A、B 均不正确。对照试验可检验和减免系统误差，故 C 不正确。根据偶然误差出现的规律，做平行试验可减免，故答案 D 正确。

例 5.5 关于精密度，下列叙述最全面的是（　　）。

A. 与偶然误差大小有关；　　B. 与被测组分含量高低有关；

C. 与样品复杂程度有关；　　D. 与以上 3 因素均有关。

解：偶然误差越大、被测组分含量越低、样品越复杂，测定的精密度越差。故正确答案为 D。所以实际工作中，应根据组分含量高低以及样品的复杂程度，合理确定对精密度的要求。

例 5.6 使用万分之一分析天平称量物体质量，欲使测量误差≤±0.1%，则物体质量不得小于(　　)。

A. 0.1 g；　　B. 0.2 g；

C. 2 g；　　D. 0.2 mg。

解：万分之一分析天平的读数误差为±0.000 1 g，每称量一次需读数 2 次，故其测量误差为±0.000 2 g。根据相对误差定义可知，为保证测量误差≤±0.1%，物体质量 $m \geqslant \frac{\pm 0.000\ 2\ \text{g}}{\pm 0.1\%}$，即 $m \geqslant 0.2$ g。答案 B 正确。

例 5.7 使用 50 mL 滴定管进行滴定操作，欲使测量误差≤±0.1%，滴定时放出溶液体积不得小于(　　)。

A. 1 mL；　　B. 2 mL；

C. 10 mL；　　D. 20 mL。

解：50 mL 滴定管，最小分度为 0.1 mL，故读数误差为±0.01 mL。测量放出溶液体积时，需读数 2 次，所以误差为±0.02 mL。根据相对误差定义可知，为保证测量误差≤±0.1%，溶液体积 $V \geqslant \frac{\pm 0.02\ \text{mL}}{\pm 0.1\%}$，即 $V \geqslant 20$ mL。答案 D 正确。

例 5.8 下列数字，为 3 位有效数字的是(　　)。

A. 1.234；　　B. 0.03；

C. pH = 4.26；　　D. 0.003 00。

解：答案 A，3 前面两个 0 均只起定位作用，但是是 4 位有效数字。答案 B，两个 0 均只起定位作用，是 1 位有效数字。对数的首数仅起定位作用，不是有效数字，答案 C 为 2 位有效数字。答案 D，3 前面的三个 0 起定位作用，不是有效数字，3 后的两个 0 均为测量到的数字，0.003 00 为 3 位有效数字。答案 D 正确。

例 5.9 2.525+0.31、2.25×0.11，计算结果分别等于(　　)。

A. 2.83、0.24；　　B. 2.84、0.25；

C. 2.84、0.24；　　D. 2.83、0.25。

解：有效数字运算，按先一次修约到位(四舍六入五留双)、后运算的规定进行。

$$2.525 + 0.31 = 2.52 + 0.31 = 2.83$$
$$2.25 \times 0.11 = 2.2 \times 0.11 = 0.24$$

故答案 A 正确。

先运算后修约、或运算时先多保留一位，最后再修约，都是错误的做法：

$$2.525 + 0.31 = 2.835 = 2.84$$
$$2.25 \times 0.11 = 0.247 = 0.25$$

故答案 B、C、D 均不正确。

例 5.10 对一样品中某组分的质量分数进行 4 次平行测定，其中 3 次结果的偏差分别为+0.000 1，−0.000 4，+0.000 2。另一个偏差等于______。

解：偏差的代数和等于 0，故：

$$d_4 = 0 - (0.0001 - 0.0004 + 0.0002) = +0.0001$$

例 5.11 定量分析中，下列情况将引起系统误差还是偶然误差，或对测定结果无影响？

(1)双盘天平两臂不等长：__________。

(2)使用了失去部分结晶水的硼砂来标定盐酸：__________。

(3)配制样品溶液时，使用了未经干燥的容量瓶：__________。

(4)天平 0 点漂移：__________。

(5)用 HCl 滴定 NaOH 时，以甲基橙作为指示剂：__________。

(6)用 pH 计测定溶液酸度时，电源电压不稳定：__________。

(7)用 pH 计测定溶液酸度时，用来定位的标准缓冲溶液 pH 不准确：__________。

解：(1)系统误差；(2)系统误差；(3)无影响；(4)偶然误差；(5)系统误差；(6)偶然误差；(7)系统误差。

例 5.12 用 $c(\mathrm{NaOH}) = 0.1000\ \mathrm{mol \cdot L^{-1}}$ 的氢氧化钠分别滴定

(1)$c(\mathrm{HCl}) = 0.1000\ \mathrm{mol \cdot L^{-1}}$ 的盐酸，

(2)$c(\mathrm{HCl}) = 0.1000\ \mathrm{mol \cdot L^{-1}}$ 的盐酸与 NH_4Cl 混合溶液中的盐酸，

反应完成程度较高的为__________。

解：(2)中，反应物 NaOH 发生了副反应：

$$OH^- + NH_4^+ = NH_3 + H_2O$$

降低了滴定反应（主反应）的完成程度。故正确答案为：(1)。

例 5.13 若被测组分浓度过低，如滴定 $c(\mathrm{HAc}) = 0.001\ \mathrm{mol \cdot L^{-1}}$ 的醋酸，能否利用高浓度的滴定剂 $c(\mathrm{NaOH}) = 10\ \mathrm{mol \cdot L^{-1}}$ 的氢氧化钠进行滴定，以提高反应完成程度，降低测定误差？

解：如此，虽然提高了滴定反应的完成程度，但滴定剂用量大大减少，滴定管测量误差过大，故不可。滴定分析中，一般使用的滴定剂与被测物浓度基本相同。

例 5.14 对样品进行 4 次平行测定，被测组分的质量分数结果分别为：30.49%、30.52%、30.60%、30.12%。已知标准值为 30.50%。

(1)利用 $4\bar{d}$ 法判断数据 30.12%是否应舍弃；

(2)计算测定结果的相对误差、相对平均偏差、$P = 0.90$ 时的置信区间。

解：(1)先计算去除可疑值后其他数据的平均值和平均偏差：

$$\bar{x} = \frac{30.60\% + 30.52\% + 30.49\%}{3} = 30.54\%$$

$$\bar{d} = \frac{0.06\% + 0.02\% + 0.05\%}{3} = 0.04\%$$

再将可疑值与去除可疑值后其他数据的平均值之差与 $4\bar{d}$ 比较：

$$4\bar{d} = 0.16\%$$

$$|x_i - \bar{x}| = |30.12\% - 30.54\%| = 0.42\% > 4\bar{d}$$

故数据 30.12%应舍弃。

(2) $$RE=\frac{\overline{x}-T}{T}=\frac{30.54\%-30.50\%}{30.50\%}=+0.1\%$$

$$\overline{d_r}=\frac{\bar{d}}{T}=\frac{0.04\%}{30.50\%}=0.1\%$$

$$s=\sqrt{\frac{(0.06\%)^2+(0.02\%)^2+(0.05\%)^2}{3-1}}=0.06\%$$

查表：$n=3, P=0.90, t=2.92$，得：

$$\mu=\overline{x}\pm\frac{ts}{\sqrt{n}}=30.54\%\pm\frac{2.92\times0.06\%}{\sqrt{3}}=(30.54\pm0.10)\%$$

例 5.15 返滴定法测定某组分含量，结果按下式计算：

$$w=\frac{0.1023\ \text{mol}\cdot\text{L}^{-1}\times(0.02500\ \text{L}-0.01921\ \text{L})\times106.0\ \text{g}\cdot\text{mol}^{-1}}{0.5000\ \text{g}}$$

计算结果有几位有效数字？能否保证测定结果相对误差为千分之几？若不满足测定要求，应如何改进？

解： $$w=\frac{0.1023\ \text{mol}\cdot\text{L}^{-1}\times(0.02500\ \text{L}-0.01921\ \text{L})\times106.0\ \text{g}\cdot\text{mol}^{-1}}{0.5000\ \text{g}}$$

$$=\frac{0.1023\ \text{mol}\cdot\text{L}^{-1}\times0.00579\ \text{L}\times106.0\ \text{g}\cdot\text{mol}^{-1}}{0.5000\ \text{g}}=0.125$$

结果为 3 位有效数字，不能保证测定结果相对误差为千分之几。原因是被测物浓度过低。应提高被测物浓度后再测定。

例 5.16 计算标定 $c(\text{HCl})\approx0.1\ \text{mol}\cdot\text{L}^{-1}$ 的盐酸时基准物 Na_2CO_3 的称量范围。若所用基准物已吸水，用前又未经处理，标定结果将偏高还是偏低？

解：计算基准物的称量范围应考虑两个问题：标定时消耗标准溶液的体积应在 20～30 mL、基准物的质量应大于 0.2 g，以保证量液误差和称量误差均≤±0.1%。

$$Na_2CO_3+2HCl=2NaCl+H_2O+CO_2\uparrow$$

$$m(Na_2CO_3)=\frac{1}{2}c(\text{HCl})V(\text{HCl})M(Na_2CO_3)$$

$$V(\text{HCl})=20\ \text{mL}, m(Na_2CO_3)=0.11\ \text{g}$$

$$V(\text{HCl})=30\ \text{mL}, m(Na_2CO_3)=0.16\ \text{g}$$

若称 0.11 g，因分析天平称量绝对误差为±0.000 2 g，故称量结果的相对误差为

$$\frac{\pm0.0002\ \text{g}}{0.11\ \text{g}}=\pm0.2\%$$

原因是基准物 Na_2CO_3 的摩尔质量较小。遇到这类情况，可利用“称大样”方法降低称量误差。例如，可称取 1.1～1.6 g Na_2CO_3，溶解后在 250.0 mL 容量瓶中定容，每次用移液管吸取 25.00 mL 作标定用。

根据计算式

$$c(HCl)=\frac{2m(Na_2CO_3)}{V(HCl)M(Na_2CO_3)}$$

可知,若基准物含水,则标定时消耗 HCl 较少,$V(HCl)$偏低,因此计算结果偏高,产生正误差。

例 5.17 称取硼砂样品 1.000 g,用 $c(HCl)=0.200\ 0\ mol\cdot L^{-1}$ 的盐酸标准溶液 25.00 mL 滴定至终点。计算样品中 $w(Na_2B_4O_7\cdot 10H_2O)$、$w(B)$。

解:

$$Na_2B_4O_7\cdot 10H_2O + 2HCl = 2NaCl + 4H_3BO_3 + 5H_2O$$

$$\Delta n(Na_2B_4O_7\cdot 10H_2O)/\Delta n(HCl)=1/2$$

$$w(Na_2B_4O_7\cdot 10H_2O)=\frac{\frac{1}{2}c(HCl)V(HCl)M(Na_2B_4O_7\cdot 10H_2O)}{m_s}$$

$$=\frac{\frac{1}{2}\times 0.200\ 0\ mol\cdot L^{-1}\times 0.025\ 00\ L\times 381.4\ g\cdot mol^{-1}}{1.000\ g}$$

$$=0.953\ 6=95.36\%$$

$$w(B)=\frac{4M(B)}{M(Na_2B_4O_7\cdot 10H_2O)}\times w(Na_2B_4O_7\cdot 10H_2O)$$

$$=\frac{4\times 10.81\ g\cdot mol^{-1}}{381.4\ g\cdot mol^{-1}}\times 95.36\%=10.81\%$$

或

$$w(B)=\frac{2c(HCl)V(HCl)M(B)}{m_s}=10.81\%$$

例 5.18 写出用 KIO_3 做基准物标定 $Na_2S_2O_3$ 时 $c(Na_2S_2O_3)$ 的计算式。

解:

$$IO_3^- + 5I^- + 6H^+ = 3I_2 + 3H_2O$$

$$I_2 + 2S_2O_3^{2-} = 2I^- + S_4O_6^{2-}$$

计算间接滴定或置换滴定分析结果时,首先要根据反应式确定被测物与基准物质化学计量数的比值。

$$\Delta n(Na_2S_2O_3)/\Delta n(KIO_3)=6/1$$

所以

$$c(Na_2S_2O_3)=\frac{6m(KIO_3)}{M(KIO_3)V(Na_2S_2O_3)}$$

例 5.19 称取 $Ca(ClO_3)_2$ 样品 0.200 0 g,溶解后将溶液调节至强酸性,加入$c(Fe^{2+})=0.100\ 0\ mol\cdot L^{-1}$ 的硫酸亚铁标准溶液 26.00 mL,发生如下反应:

$$ClO_3^- + 6Fe^{2+} + 6H^+ = Cl^- + 6Fe^{3+} + 3H_2O$$

过量的 Fe^{2+} 用 $c(K_2Cr_2O_7)=0.020\ 00\ mol\cdot L^{-1}$ 的重铬酸钾标准溶液 10.00 mL 滴定至终点:

$$Cr_2O_7^{2-} + 6Fe^{2+} + 14H^+ = 2Cr^{3+} + 6Fe^{3+} + 7H_2O$$

计算 $w\{Ca(ClO_3)_2\}$。

解:返滴定法中,所用过量的第一种标准溶液,一部分与被测物作用,剩余部分被第二种标准溶液滴定。故第一种标准物质的物质的量减去其与第二种标准物质反应时所消耗的物质的量,等于与被测物反应时消耗的第一种标准物质的物质的量,进而即可得被测物的物质的量。

$$ClO_3^- + 6Fe^{2+} + 6H^+ = Cl^- + 6Fe^{3+} + 3H_2O$$

$$\Delta n(ClO_3^-) = \frac{1}{6}\Delta n(Fe^{2+}) \qquad \Delta n[Ca(ClO_3)_2] = \frac{1}{12}\Delta n(Fe^{2+})$$

$$Cr_2O_7^{2-} + 6Fe^{2+} + 14H^+ = 2Cr^{3+} + 6Fe^{3+} + 7H_2O$$

$$\Delta n(Fe^{2+}) = 6\Delta n(Cr_2O_7^{2-})$$

$$w\{Ca(ClO_3)_2\} = \frac{\frac{1}{12}(0.1000\ mol\cdot L^{-1}\times 0.02600\ L - 6\times 0.02000\ mol\cdot L^{-1}\times 0.01000\ L)\times 207.0\ g\cdot mol^{-1}}{0.2000\ g} = 12.08\%$$

（三）自　测　题

5.1　利用直接配制法配制 $c(AgNO_3) = 0.1000\ mol\cdot L^{-1}$ 的硝酸银标准溶液 1.000 L，已知 $M(AgNO_3) = 169.87\ g\cdot mol^{-1}$，称量时（　　）。

A. 必须用万分之一分析天平；

B. 应使用百万分之一分析天平；

C. 可使用千分之一分析天平；

D. 可使用台秤。

5.2　下列情况，将造成系统误差的为（　　）。

A. 将准确称量好的 $Na_2C_2O_4$ 加热分解为 Na_2CO_3 后用来标定盐酸时，部分 Na_2CO_3 分解为 Na_2O；

B. 盛放被测液前，锥形瓶未经干燥；

C. 碱式滴定管下端胶管内气泡未赶尽，部分气泡随滴定剂一起排出；

D. 用长期保存于玻璃试剂瓶中的 EDTA 测定水硬度。

5.3　能用直接配制法配制的标准溶液为（　　）。

A. $K_2Cr_2O_7$；　　B. $FeSO_4$；

C. $KMnO_4$；　　D. $Na_2S_2O_3$。

5.4　关于终点误差，下列叙述正确的是（　　）。

A. 终点误差是滴定终点与化学计量点之差；

B. 终点误差是化学计量点与滴定终点之差；

C. 终点误差可利用做平行试验而减免；

D. 终点误差大小与指示剂选择、滴定反应完成程度高低有关。

5.5　常用来表示 2 次平行测定结果精密度的为（　　）。

A. 标准偏差；　　B. 相对平均偏差；

C. 偏差；　　D. 相对相差。

5.6　以下操作，错误的为（　　）。

A. 滴定管使用前用试液淋洗 3 次；

B. 锥形瓶使用前用试液淋洗 3 次；

C. 容量瓶使用前，磨口和瓶塞用滤纸擦干；

D. 移液管使用前用试液淋洗 3 次。

5.7 关于滴定分析中的副反应，下列叙述正确的为(　　)。

A. 因其降低主反应的完成程度，滴定分析中要抑制一切副反应的发生；

B. 反应物发生副反应，可提高滴定反应完成程度；

C. 生成物发生副反应，可降低终点误差；

D. 副反应的发生必将增大滴定剂用量，造成正误差。

5.8 关于返滴定法，下列说法正确的为(　　)。

A. 若直接滴定反应完成程度差，可用返滴定方式测定；

B. 返滴定时，消耗的标准溶液体积必须大于 20 mL，以保证测定的准确度；

C. 所用 2 种标准溶液的浓度必须均准确已知；

D. 以上说法均不正确。

5.9 平行试验的目的是______，对照试验的目的是______，空白试验的目的是______。

5.10 滴定分析适用于______组分的______分析。

5.11 对一标准值为 0.321 5 的样品进行 4 次平行测定，结果分别为 0.325 5、0.326 0、0.325 8、0.326 0。测定结果的相对平均偏差为________，相对误差为________。由计算结果可知，测定过程中必定存在较大的________误差。

5.12 2.1 g = ________ mg；$c(H^+) = 4.0\times10^{-10}\ mol\cdot L^{-1}$，pH = ________；pH = 13.0，$c(H^+)$ = ________ $mol\cdot L^{-1}$。

5.13 测定某锅炉水垢中 SiO_2 的质量分数，5 次平行测定结果分别为 1.50%、1.51%、1.55%、1.68%和 1.63%。试用 $4\bar{d}$ 法判断数据 1.68%是否应弃去。

5.14 用凯氏法测定蛋白质含氮量。称样品 1.658 g，消化后，加碱蒸馏出的 NH_3 用盐酸吸收，过量的盐酸用 $c(NaOH) = 0.160\ 0\ mol\cdot L^{-1}$ 的氢氧化钠 9.15 mL 滴定至终点。另做空白试验，滴定消耗氢氧化钠 30.53 mL。计算 $w(N)$。(提示：做空白试验时，除不加入样品外，其他操作与测定时完全相同。另，请思考自测题 5.8 答案 C 为何不正确)

5.15 称取 KI 样品 0.518 g，用过量的 0.194 g $K_2Cr_2O_7$ 处理后，加热煮沸，除尽生成的碘。再加入过量的 KI，此时生成的碘需用 $c(Na_2S_2O_3) = 0.100\ 0\ mol\cdot L^{-1}$ 的硫代硫酸钠标准溶液 10.00 mL 滴定至终点。计算样品中 KI 的质量分数 $w(KI)$。

5.16 阿司匹林的主要成分是乙酰水杨酸。称取 0.300 0 g 阿司匹林样品，置于 V = 40.00 mL、$c(NaOH) = 0.112\ 3\ mol\cdot L^{-1}$ 的过量的氢氧化钠标准溶液中，使乙酰水杨酸完全水解为水杨酸根和乙酸根：

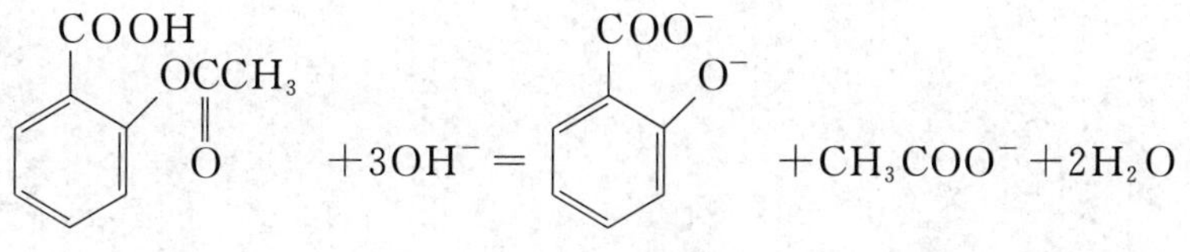

再用 $c(HCl) = 0.110\ 0\ mol\cdot L^{-1}$ 的盐酸标准溶液 19.28 mL 滴定至酚酞指示剂完全褪色。

此时发生下列两个反应：

$$HCl + NaOH = NaCl + H_2O$$

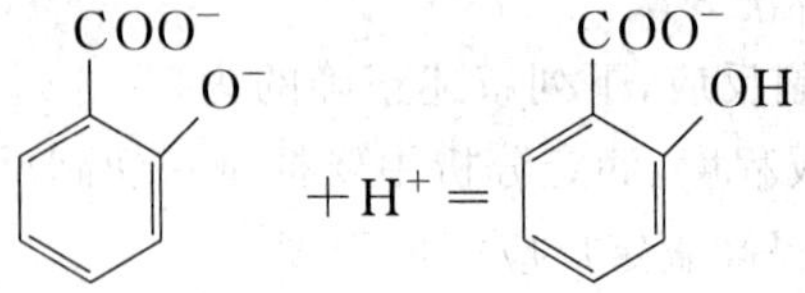

计算样品中乙酰水杨酸的质量分数。已知 $M(C_9H_8O_4) = 180.17\ g \cdot mol^{-1}$。

自测题答案

5.1 C　5.2 D　5.3 A　5.4 D　5.5 D　5.6 B　5.7 C

5.8 D

5.9 减免偶然误差；检验系统误差；检验试剂误差

5.10 常量；常量

5.11 0.05%；+1.3%；系统

5.12 2.1×10^3；9.40；1×10^{-13}

5.13 应保留

5.14 2.891%

5.15 94.8%

5.16 71.22%。提示：$c(NaOH)V(NaOH)-3n(x)=c(HCl)V(HCl)-n(x)$

六、酸碱平衡和酸碱滴定法

(一)考 试 指 南

1.酸碱质子理论

凡在一定条件下能给出质子的物质是酸,能接受质子的物质是碱,既能给出质子又能接受质子的物质是两性物质。质子理论不仅适用于水溶液,也适用于非水体系。

$$HB = H^+ + B^-$$

其中,HB 称为 B^- 的共轭酸,B^- 称为 HB 的共轭碱,HB-B^- 称为共轭酸碱对。酸碱反应的实质是共轭酸碱对之间质子的转移作用。

根据酸碱质子理论可知,酸碱反应中,酸失去的质子的数量必然与碱得到的质子数量相等,这种关系称为质子条件,其数学表达式称为质子条件式(PCE)或质子等恒式(PBE)。

2.水溶液中一些重要的酸碱反应

(1)水的质子自递反应　水是两性物质,既能给出质子,也能接受质子:

$$H_2O + H_2O = H_3O^+ + OH^-$$

或简写为

$$H_2O = H^+ + OH^-$$

反应的标准平衡常数 $K_w^{\ominus}$ 称为水的质子自递常数(或称水的离子积):

$$K_w^{\ominus} = \{c(H^+)/c^{\ominus}\}\{c(OH^-)/c^{\ominus}\}$$

常温下 $K_w^{\ominus}$ 一般取值 1.0×10^{-14}。

(2)一元弱酸(碱)在水溶液中的离解反应　此类反应是弱酸或弱碱与水分子之间的质子转移反应:

$$HB + H_2O = H_3O^+ + B^-$$

$$K_a^{\ominus} = \frac{\{c(H^+)/c^{\ominus}\}\{c(B^-)/c^{\ominus}\}}{c(HB)/c^{\ominus}}$$

$$B^- + H_2O = HB + OH^-$$

$$K_b^{\ominus} = \frac{\{c(OH^-)/c^{\ominus}\}\{c(HB)/c^{\ominus}\}}{c(B^-)/c^{\ominus}}$$

其中,$K_a^{\ominus}$、$K_b^{\ominus}$ 分别称为弱酸、弱碱的离解常数。离解常数的大小反映了弱酸(碱)在水溶液中离解趋势的大小。共轭酸碱离解常数之间的关系为:$K_a^{\ominus}(HB)K_b^{\ominus}(B^-) = K_w^{\ominus}$。

(3)多元弱酸弱碱的离解反应　多元弱酸(碱)在水溶液中的离解是分步进行的,每一步都有相应的离解常数。如 H_2CO_3 在水溶液中的离解:

$$H_2CO_3 + H_2O = H_3O^+ + HCO_3^-; \quad K_{a1}^{\ominus}(H_2CO_3) = 4.30\times10^{-7}$$
$$HCO_3^- + H_2O = H_3O^+ + CO_3^{2-}; \quad K_{a2}^{\ominus}(H_2CO_3) = 5.61\times10^{-11}$$

又如 CO_3^{2-} 在水溶液中的离解:

$$CO_3^{2-} + H_2O = OH^- + HCO_3^-; \quad K_{b1}^{\ominus}(CO_3^{2-}) = K_w^{\ominus}/K_{a2}^{\ominus}(H_2CO_3) = 1.78\times10^{-4}$$
$$HCO_3^- + H_2O = OH^- + H_2CO_3; \quad K_{b2}^{\ominus}(CO_3^{2-}) = K_w^{\ominus}/K_{a1}^{\ominus}(H_2CO_3) = 2.33\times10^{-8}$$

多元弱酸(碱)离解平衡的特点为:

①分步进行,总反应的离解常数等于各级离解常数的乘积。

②多元弱酸(碱)水溶液是多重平衡系统,各物质的平衡浓度同时满足所有平衡。

③一般多元弱酸(碱)的各级离解常数相差较大,且第一步离解出的 $H^+(OH^-)$ 对其后各步离解有强烈的抑制作用,故在计算多元弱酸(碱)水溶液的酸度时,一般可按一元弱酸(碱)体系处理,而忽略其后各步离解对溶液酸度的影响。

3.酸碱离解平衡的移动

(1)稀释定律　离解度 α 与酸(碱)离解常数 $K_a^{\ominus}(K_b^{\ominus})$ 都能反映弱酸(弱碱)离解能力的大小。在一定温度下,$K_a^{\ominus}(K_b^{\ominus})$ 是与浓度无关的常数,而离解度随浓度变化而变化。在一定温度下,对于同一弱电解质,随着溶液的稀释,其离解度 α 增大,此规律称为稀释定律。离解度与浓度的关系可依下式近似计算:

$$\alpha = \sqrt{\frac{K_a^{\ominus}}{c/c^{\ominus}}} \quad \text{或} \quad \alpha = \sqrt{\frac{K_b^{\ominus}}{c/c^{\ominus}}}$$

(2)同离子效应　在弱电解质溶液中加入与其含有相同离子的强电解质,导致弱电解质的离解度降低的现象称为同离子效应。向 HAc 溶液中加入 NaAc,使得 HAc 和 Ac^- 的离解平衡均逆向移动,导致 HAc 和 Ac^- 的离解度降低。可见,酸碱平衡中的同离子效应,实际为共轭酸碱对之间对离解反应的相互抑制作用。因此,可以通过调节共轭酸碱对的浓度比例控制溶液的 pH。

(3)介质酸度的影响　介质酸度影响弱酸(碱)的离解平衡,所以可通过调节 pH 控制溶液中共轭酸碱的浓度比例。

对于一元弱酸:

$$HB = H^+ + B^-$$

$$K_a^{\ominus} = \frac{\{c(H^+)/c^{\ominus}\}\{c(B^-)/c^{\ominus}\}}{c(HB)/c^{\ominus}}$$

$$pH = pK_a^{\ominus} - \lg\frac{c(HB)}{c(B^-)}$$

当 $pH = pK_a^{\ominus}$ 时,$c(HB) = c(B^-)$,即共轭酸碱浓度相等(或摩尔分数相等)。

当 $pH < pK_a^{\ominus}$ 时,$c(HB) > c(B^-)$,主要存在型体为 HB。

当 $pH > pK_a^\ominus$ 时，$c(HB) < c(B^-)$，主要存在型体为 B^-。

对于多元弱酸(碱)，如二元弱酸 H_2B，水溶液中同时存在多步离解平衡：

$$H_2B = H^+ + HB^-;\ pH = pK_{a1}^\ominus - \lg \frac{c(H_2B)}{c(HB^-)}$$

$$HB^- = H^+ + B^{2-};\ pH = pK_{a2}^\ominus - \lg \frac{c(HB^-)}{c(B^{2-})}$$

当 $pH = pK_{a1}^\ominus$ 时，$\frac{c(H_2B)}{c(HB^-)} = 1$，且若 $pK_{a1}^\ominus \ll pK_{a2}^\ominus$，则$\frac{c(HB^-)}{c(B^{2-})} \gg 1$，即此时有 $x(H_2B) = x(HB^-) \approx 50\%$，$x(B^{2-}) \approx 0$；当 $pH = pK_{a2}^\ominus$ 时，$\frac{c(HB^-)}{c(B^{2-})} = 1$，且若 $pK_{a1}^\ominus \ll pK_{a2}^\ominus$，则$\frac{c(H_2B)}{c(HB^-)} \ll 1$，即此时，$x(B^{2-}) = x(HB^-) \approx 50\%$，$x(H_2B) \approx 0$；当 $pH = \frac{1}{2}(pK_{a1}^\ominus + pK_{a2}^\ominus)$时，两性物质 HB^- 的摩尔分数达到其最大值，若 $pK_{a1}^\ominus \ll pK_{a2}^\ominus$，则可近似认为此时 $x(H_2B) = x(B^{2-}) \approx 0$，$x(HB^-) \approx 100\%$。

若多元弱酸(碱)相邻两步离解常数相差较大，则在水溶液中仅相邻的两种型体能大量共存，二者摩尔分数之和约为 100%；$pH < \frac{1}{2}(pK_{a1}^\ominus + pK_{a2}^\ominus)$时，多元弱酸(碱)主要以 H_nB 和 $H_{n-1}B^-$ 两种型体存在；$\frac{1}{2}(pK_{a1}^\ominus + pK_{a2}^\ominus) < pH < \frac{1}{2}(pK_{a2}^\ominus + pK_{a3}^\ominus)$时，主要以 $H_{n-1}B^-$ 和 $H_{n-2}B^{2-}$ 两种型体存在，其余可依此类推。由此表明，若多元弱酸(碱)相邻两步离解常数相差较大，则多元弱酸(碱)与碱(酸)的反应，可近似认为是分步进行的。

酸碱型体分布图可明确表示一定 pH 条件下酸碱各型体的摩尔分数。或可用图 6-1 简单表示一定 pH 条件下二元弱酸碱的主要存在型体。

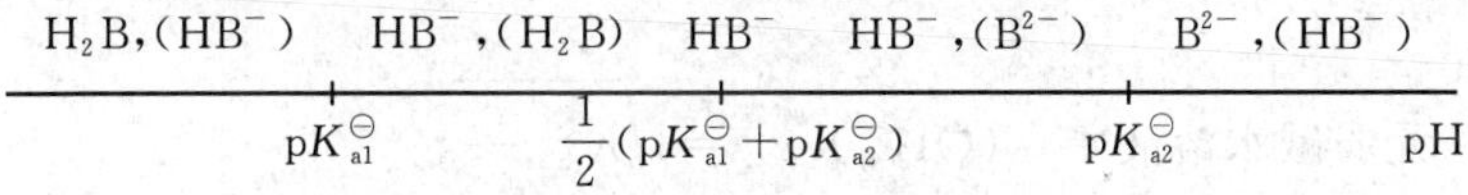

图 6-1　二元弱酸碱的主要存在型体与 pH

4. 酸碱缓冲溶液

具有抵抗加入少量强酸、强碱或适当的稀释作用而保持 pH 基本不变的溶液称为酸碱缓冲溶液。常用的 pH=3～11 的酸碱缓冲溶液中，含有一对或几对共轭酸碱，如 $HAc\text{-}Ac^-$、$NH_4^+\text{-}NH_3$、$H_2CO_3\text{-}HCO_3^-$、$H_2PO_4^-\text{-}HPO_4^{2-}$ 等。它们之所以具有缓冲作用，是由于共轭酸、碱相互对离解的强烈抑制。缓冲溶液 pH 可按下式计算：

$$pH = pK_a^\ominus - \lg \frac{c(A)}{c(B)}$$

$$pOH = pK_b^\ominus - \lg \frac{c(B)}{c(A)}$$

其中，$c(A)$、$c(B)$分别表示共轭酸碱的平衡浓度，但由于溶液中存在强烈的同离子效应，一般可用酸碱初始浓度代替。缓冲溶液的 pH 主要取决于所选共轭酸、碱的 $K_a^{\ominus}$、$K_b^{\ominus}$。

缓冲溶液的缓冲范围为：$pH=pK_a^{\ominus}\pm1$ 或 $pOH=pK_b^{\ominus}\pm1$。

所以配制缓冲溶液时，应选择 $pK_a^{\ominus}(pK_b^{\ominus})$ 与所配制溶液 pH(pOH) 相差不超过 ±1 的酸及其共轭碱(碱及其共轭酸)，并控制缓冲对的浓度比和浓度。

5.弱酸弱碱溶液的酸度计算

PCE 严格反映了酸碱水溶液中得失质子后产物平衡浓度之间的数量关系。将之与酸碱平衡关系式结合在一起，就可得出各种酸碱水溶液 pH 的精确计算式。

(1)一元弱酸(弱碱)水溶液酸度计算　对于一元弱酸，质子条件式(PCE)为：$c(H^+)=c(OH^-)+c(B^-)$。

将之与 $K_a^{\ominus}=\dfrac{\{c(H^+)/c^{\ominus}\}\{c(B^-)/c^{\ominus}\}}{c(HB)/c^{\ominus}}$ 结合，即可得一元弱酸水溶液酸度的精确计算式：

$$c(H^+)/c^{\ominus}=\sqrt{K_a^{\ominus}\{c(HB)/c^{\ominus}\}+K_w^{\ominus}}$$

若 $K_a^{\ominus}\{c/c^{\ominus}\}>20K_w^{\ominus}$，忽略水的质子自递反应产生的 H^+，得近似式：

$$c(H^+)/c^{\ominus}=\frac{-K_a^{\ominus}+\sqrt{(K_a^{\ominus})^2+4K_a^{\ominus}\{c_0(HB)/c^{\ominus}\}}}{2}$$

若 $K_a^{\ominus}\{c/c^{\ominus}\}\geqslant20K_w^{\ominus}$，忽略水的离解，同时 $\dfrac{c/c^{\ominus}}{K_a^{\ominus}}>500$(严格地讲，应为 $10^{2.81}$)，即弱酸离解度很小时，可用弱酸初始浓度代替平衡浓度，此时，精确计算式可简化为：

$$c(H^+)/c^{\ominus}=\sqrt{K_a^{\ominus}\frac{c}{c^{\ominus}}}$$

同理可得一元弱碱水溶液中：$c(OH^-)/c^{\ominus}=\sqrt{K_b^{\ominus}\dfrac{c}{c^{\ominus}}}$。

(2)多元弱酸(弱碱)水溶液酸度计算　对于二元弱酸 H_2B，PCE 为：$c(H^+)=c(OH^-)+c(HB^-)+2c(B^{2-})$。

若 $K_{a1}^{\ominus}\gg K_{a2}^{\ominus}$，则可忽略第二步离解，即可按照一元弱酸体系处理，方法同上(1)。

(3)两性物质水溶液酸度计算　一般来讲，两性物质溶液(如 NaHB)的酸度可用下式近似计算：

$$c(H^+)/c^{\ominus}=\sqrt{K_{a1}^{\ominus}(H_2B)K_{a2}^{\ominus}(H_2B)}$$

若为 NH_4Ac 等弱酸弱碱盐，则 $c(H^+)/c^{\ominus}=\sqrt{K_a^{\ominus}(NH_4^+)K_a^{\ominus}(HAc)}$。

即氢离子相对浓度约等于两性物质酸式离解常数与其共轭酸的酸式离解常数乘积的平方根。

上式又可改写为：

$$c(H^+)/c^{\ominus}=\sqrt{\frac{K_w^{\ominus}K_{a2}^{\ominus}(H_2B)}{K_{b2}^{\ominus}(B^{2-})}}$$

$$c(H^+)/c^{\ominus}=\sqrt{\frac{K_w^{\ominus}K_a^{\ominus}(NH_4^+)}{K_b^{\ominus}(Ac^-)}}$$

可见，两性物质水溶液呈酸性还是碱性，决定于其酸式离解常数与碱式离解常数的比值。

6. 酸碱指示剂

酸碱滴定中通常利用酸碱指示剂来指示滴定终点。酸碱指示剂一般是弱的有机酸或有机碱。指示剂的酸式型体与碱式型体结构不同，且具有明显不同的颜色。由于指示剂酸、碱型体的浓度比随 pH 变化而变化，故其颜色也随之变化。指示剂在水溶液中的离解平衡如下所示：

$$HIn = H^+ + In^-$$

指示剂的离解常数表达式为：$K_a^{\ominus}(HIn)=\frac{\{c(H^+)/c^{\ominus}\}\{c(In^-)/c^{\ominus}\}}{c(HIn)/c^{\ominus}}$

或
$$pH = pK_a^{\ominus} - \lg\frac{c(HIn)}{c(In^-)}$$

当 $c(HIn)=c(In^-)$时，$pH=pK_a^{\ominus}(HIn)$，溶液呈酸式色与碱式色的混合色，此时的 pH 称为指示剂的理论变色点；若 $c(HIn)/c(In^-)>10$，则肉眼只能看到酸式型体 HIn 的颜色；若 $c(HIn)/c(In^-)<1/10$，则只能看到碱式型体 In^- 的颜色。因此肉眼只能在 $pH=pK_a^{\ominus}(HIn)\pm1$ 范围内才能观察出指示剂颜色随 pH 变化而改变，此范围称为指示剂的理论变色范围。但实际测得的各种指示剂的变色范围并不都是 2，而是略有上下。如常见的指示剂酚酞、甲基红、甲基橙的实际变色范围分别是 8.2～10.0、4.4～6.2、3.1～4.4。实验表明，即使在指示剂变色范围内，溶液 pH 变化不小于 0.3，肉眼才能察觉到颜色的明显改变。有时为了提高测定的准确度，还可采用混合指示剂，使终点时变色更加敏锐。

7. 酸碱滴定的基本原理

在酸碱滴定法中，获得准确滴定结果的关键是：保证滴定反应的完成程度，并选择合适的指示剂，从而将终点误差控制在合理范围之内，如±0.1%或±0.2%等。为此，应研究滴定过程中，尤其在计量点附近一定误差范围内溶液 pH 随滴定剂加入的变化规律。若在计量点前、后一定误差范围内，溶液 pH 各有不小于 0.3 的变化，就可以选择指示剂指示终点，保证终点误差不超过要求。溶液 pH 随滴定剂加入的变化规律可用酸碱滴定曲线描述。

(1)强酸强碱的滴定　此类滴定反应式为：$H^+ + OH^- = H_2O$，反应的平衡常数 $K_t^{\ominus}=1/K_w^{\ominus}=10^{14}$，是水溶液中完成趋势最大的酸碱反应。

以 0.100 0 $mol\cdot L^{-1}$ 的 NaOH 滴定同浓度的 HCl，滴定曲线在化学计量点附近出现了 pH 突跃，若控制终点误差在±0.1%，则突跃范围为 4.30～9.70，若滴定方向相反，则 pH 突跃范围为 9.70～4.30。酸碱滴定中，pH 突跃是选择指示剂的依据：变色范围全部或部分落在 pH 突跃范围之内的指示剂都可用来指示终点。以上述强碱滴定强酸为例，可选用甲基橙、甲基红、酚酞作为指示剂。而滴定方向相反时，突跃范围为 9.70～4.30，只可选用甲基红作为指示剂。此时甲基橙的变色点已在突跃范围之外，故不能选用；由于从红色变为无色不易观察，酚酞也不适用。若滴定剂与被滴定物的浓度分别增大至 10 倍，突跃范围增加 2。若以 0.010 00 mol·L^{-1} 的 NaOH 滴定同浓度的 HCl，若控制终点误差在±0.1%，则突跃范围仅为 5.30～8.70，甲基橙不可选用。所以酸碱滴定中，滴定剂和待测溶液浓度均不可过低，一般控制在 0.1 mol·L^{-1} 左右。由以上分析可知，指示剂的选择，与突跃范围大小，即反应的完成程度高低，以及指示剂的变色范围、滴定方向、指示剂颜色变化方向及要求的误差范围等均有关。

(2)弱酸弱碱的滴定　一元弱酸的滴定，是用强碱滴定一元弱酸：$HB+OH^- = B^- + H_2O$，平衡常数 $K_t^\ominus = K_a^\ominus / K_w^\ominus$；一元弱碱的滴定，是用强酸滴定一元弱碱：$B^- + H_3O^+ = HB + H_2O$，平衡常数 $K_t^\ominus = K_b^\ominus / K_w^\ominus$。很明显，弱酸、弱碱的滴定反应完成趋势小于强酸、强碱滴定。由此可知，化学计量点附近一定误差范围内 pH 的突跃必定小于强酸强碱滴定。

以 0.100 0 mol·L^{-1} 的 NaOH 滴定同浓度的 HAc，若控制终点误差在±0.1%，则化学计量点附近 pH 突跃范围仅为 7.76～9.70，此时只能用酚酞指示终点，而不能用甲基橙或甲基红。一元弱酸滴定，突跃范围的大小不仅与浓度有关，而且与弱酸的强度有关，即 $K_a^\ominus$ 越小，反应的完全程度越差，突跃范围也越小。若突跃范围过小，肉眼将无法判断指示剂的变色，即不能准确滴定。

(3)一元弱酸(碱)可被准确滴定的条件　理论计算可证明，若 $\frac{c}{c^\ominus}K_a^\ominus \geqslant 10^{-8}$，则在化学计量点附近±0.2%范围，计量点前、后 $\Delta pH \geqslant 0.3$，pH 的变化仍可引起指示剂颜色明显变化，故可用之作为一元弱酸可被准确滴定的判断标准。同理，对于一元弱碱，可用 $\frac{c}{c^\ominus}K_b^\ominus \geqslant 10^{-8}$ 作为其可被滴定的标准($RE \leqslant \pm 0.2\%$)。

一般滴定剂和待测液浓度为 0.1 mol·L^{-1} 左右，故也可用 $K_a^\ominus \geqslant 10^{-7}$，$K_b^\ominus \geqslant 10^{-7}$ 作为判据。

(4)多元弱酸(碱)可被准确分步滴定的条件　二元弱酸 H_2B 被强碱滴定，有 2 个化学计量点，分别称为第一、第二计量点。当其被滴定至第一计量点时，除主反应 $H_2B + OH^- = HB^- + H_2O$ 外，必有滴定剂 OH^- 发生副反应：

$$HB^- + OH^- = B^{2-} + H_2O$$

因此，H_2B 的滴定，在第一计量点附近有无明显的 pH 突跃，就不仅与 c、$K_{a1}^\ominus(H_2B)$有关，还与副反应进行的程度有关。

若 $K_{a1}^\ominus / K_{a2}^\ominus \geqslant 10^5$，且 $\frac{c}{c^\ominus}K_{a1}^\ominus \geqslant 10^{-8}$，则副反应干扰较小，主反应完成程度较高，在第一计量点附近 pH 突跃足够大，即可被分步滴定至第一终点($RE \leqslant \pm 0.5\%$)；若 $\frac{c}{c^\ominus}K_{a2}^\ominus \geqslant 10^{-8}$，则第二级离解的 H^+ 继续被滴定，形成第二个 pH 突跃，即可继续被滴定至第二终点($RE \leqslant \pm 0.2\%$)。

若 $K_{a1}^\ominus / K_{a2}^\ominus \leqslant 10^5$，且 $\frac{c}{c^\ominus}K_{a1}^\ominus \geqslant 10^{-8}$，$\frac{c}{c^\ominus}K_{a2}^\ominus \geqslant 10^{-8}$，则只能形成一个 pH 突跃，即只能被滴定至第二终点($RE \leqslant \pm 0.2\%$)，不能实现分步滴定。

若 $K_{a1}^\ominus / K_{a2}^\ominus \geqslant 10^5$，且 $\frac{c}{c^\ominus}K_{a1}^\ominus \geqslant 10^{-8}$，但 $\frac{c}{c^\ominus}K_{a2}^\ominus \leqslant 10^{-8}$，则只能被滴定至第一终点($RE \leqslant \pm 0.5\%$)。

三元弱酸、四元弱酸的滴定以此类推。多元碱的分步滴定情况与多元酸类似，只需将判别式中的 $K_a^\ominus$ 改换为 $K_b^\ominus$。

(5)酸碱滴定中的返滴定法：强酸弱酸(强碱弱碱)混合溶液滴定简介。

①酸碱滴定中的返滴定法。酸碱滴定常需利用返滴定方式进行。例如，直接法测定氨水浓度时，由于 NH_3 在操作过程中不断挥发，会造成较大负误差，故需首先把一定量氨水样品加入一定量过量的 HCl 标准溶液中，然后用 NaOH 标准溶液回滴过量的 HCl。由于返滴定时是强酸碱之间的作用，常使初学者对以下的问题迷惑不解。

a. 化学计量点 pH 是否为 7.0？应为多少？突跃范围如何？

b. 能否利用返滴定法测定 $K_a^\ominus$ 或 $K_b^\ominus$ 小于 10^{-7} 的弱酸碱？

参见氨水被 HCl 直接滴定的滴定曲线。为简化起见，忽略体积变化。当滴定至化学计量点时，NH_3 已近乎全部转化为 NH_4^+，再继续滴加 HCl，溶液变为 NH_4^+ 和 HCl 的混合溶液，且随 HCl 增多，pH 逐渐下降。若此时向溶液中滴加 NaOH，随过量 HCl 被中和，溶液 pH 必沿滴定曲线反向逐渐上升，至 HCl 完全被中和，体系又变为 NH_4^+ 溶液时，pH=5.3，且计量点附近产生 pH 突跃(4.3～6.3)。简而言之，用 NaOH 滴定 NH_4^+ 和 HCl 混合液时，可近似认为滴定曲线与用 HCl 滴定 NH_3 时的滴定曲线形状相同，化学计量点 pH 及突跃范围也相同，只是走向相反，可选用甲基红指示剂，终点时颜色由红变橙。因此，弱酸(弱碱)无论用直接方式还是返滴定方式进行滴定，化学计量点 pH 及突跃范围都是一样的。由此可知，弱酸(碱)利用返滴定法滴定时，化学计量点 pH≠7.0，而与直接滴定时相同，突跃范围也相同，只是突跃方向相反，故一般可选用与直接方式滴定时相同的指示剂；且若弱酸 $K_a^\ominus<10^{-7}$ 或弱碱 $K_b^\ominus<10^{-7}$ 时，无论利用直接滴定方式抑或利用返滴定方式滴定，突跃均不明显，即凡不能用直接法滴定的弱酸碱，也不能用返滴定法滴定。

②强酸与弱酸混合溶液、强碱与弱碱混合溶液的滴定。返滴定法测定氨水，实际上是用 NaOH 滴定强酸 HCl 与弱酸 NH_4^+ 混合溶液。当强酸(碱)中含有弱酸(碱)时，由于弱酸(碱)也与滴定剂反应，使得主反应(强酸、强碱与滴定剂的反应)完成程度下降，突跃减小，故强酸(碱)不一定能被分步滴定。能否分步滴定混合溶液中的强酸，能否测定强酸与弱酸的总量，可根据以上分析得出的结论加以判断。

若混合溶液中的弱酸(碱)强度很弱，$K_a^\ominus(K_b^\ominus)<10^{-7}$，则可分步测定强酸(碱)含量。如可分步滴定 HCl 与 NH_4^+ 混合溶液中的 HCl；若混合溶液中的弱酸(碱)强度较强，$K_a^\ominus(K_b^\ominus)>10^{-7}$，则不可分步测定强酸(碱)含量，但可测定强酸(碱)与弱酸(碱)的总量。如不可分步滴定 NaOH 与 Na_2CO_3 混合溶液中的 NaOH，不可分步滴定 HCl 与 H_3PO_4 混合溶液中的 HCl。以上两种混合溶液中各组分含量可用双指示剂法测定。读者可思考本书自测题 5.16 中，为何乙酰水杨酸不可被分步滴定，以及水杨酸根为何只被滴定至水杨酸氢根。

8. 酸碱滴定法的应用

酸碱滴定法应用广泛，如食醋中总酸量的测定、铵盐中氮的测定(蒸馏法、甲醛法)、克氏定氮法、混合碱的测定等。

(二)例 题 解 析

例 6.1 根据酸碱质子理论,在水中,下列物质只能是酸的为(　　)。

A. $Al(H_2O)_6^{3+}$;　　B. CN^-;　　C. HPO_4^{2-};　　D. $H_2PO_4^-$。

解:CN^- 只能接受质子,答案 B 不正确;HPO_4^{2-} 和 $H_2PO_4^-$ 在水溶液中既能接受质子,又能给出质子,答案 C、D 不正确。水合铝离子在水中可将质子转移给水分子:

$$Al(H_2O)_6^{3+}+H_2O=Al(H_2O)_5(OH)^{2+}+H_3O^+$$

答案 A 正确。很多重金属水合离子,如水合铁离子、水合亚锡离子等,均为酸,在水中离解,最终可生成氢氧化物等沉淀。

例 6.2 NH_2^- 的共轭酸为(　　)。

A. H_3O^+;　　B. NH_3;　　C. NH_4^+;　　D. NH_2^-。

解:结构上,酸比其共轭碱仅仅多一个质子。故答案 B 正确。

例 6.3 向盐酸中加入等体积的水,溶液 pH 将(　　)。

A. 变为原溶液 pH 的 1/2;　　B. 升高 2;

C. 降低 2;　　D. 升高 lg2。

解:设原溶液中氢离子浓度为 $c_1(H^+)$,酸度为 pH_1;稀释后氢离子浓度为 $c_2(H^+)$,酸度为 pH_2。

$$c_2(H^+)=\frac{1}{2}c_1(H^+)$$

$$pH_2=-\lg\frac{c_2(H^+)}{c^\ominus}=-\lg\frac{c_1(H^+)}{2c^\ominus}=\lg 2+pH_1$$

答案 D 正确。

例 6.4 NaH_2PO_4 水溶液的 PCE 为(　　)。

A. $c(H^+)=c(HPO_4^{2-})+2c(PO_4^{3-})+c(OH^-)$;

B. $c(H^+)+c(H_3PO_4)=c(HPO_4^{2-})+c(PO_4^{3-})+c(OH^-)$;

C. $c(H^+)+c(H_3PO_4)=c(HPO_4^{2-})+2c(PO_4^{3-})$;

D. $c(H^+)+c(H_3PO_4)=c(HPO_4^{2-})+2c(PO_4^{3-})+c(OH^-)$。

解:选择溶液中大量存在并参与质子转移的物质 $H_2PO_4^-$ 和 H_2O 为零水准:

(1)$H_2PO_4^-+H_2O=H_3PO_4+OH^-$;

(2)$H_2PO_4^-+H_2O=H_3O^++HPO_4^{2-}$;

(3)$H_2PO_4^-+2H_2O=2H_3O^++PO_4^{3-}$;

(4)$H_2O+H_2O=H_3O^++OH^-$。

得 PCE:$c(H^+)+c(H_3PO_4)=c(HPO_4^{2-})+2c(PO_4^{3-})+c(OH^-)$

答案 A 未考虑反应(1);答案 B 未考虑 PO_4^{3-} 是 1 mol 零水准物质失 2 mol 质子的产物;答案 C 未考虑反应(4),均不正确。正确答案为 D。

例 6.5 欲配制 pH=9.0 的缓冲溶液,应选用(　　)。

A. HCOOH-HCOONa[$pK_a^\ominus(HCOOH)=3.75$];

B. HAc-NaAc($pK_a^\ominus(HAc)=4.76$)；

C. NH_4^+-NH_3[$pK_b^\ominus(NH_3)=4.74$]；

D. $H_2PO_4^-$-HPO_4^{2-}[$pK_{a2}^\ominus(H_3PO_4)=7.21$]。

解：配制缓冲溶液时，选择的缓冲体系中酸的 $pK_a^\ominus$ 与所要求的 pH 相差不超过 1.0。答案 C 中 $pK_b^\ominus(NH_3)=4.74$，则共轭酸的 $pK_a^\ominus(NH_4^+)=14-4.74=9.26$，在所要求的 pH±1 范围，故答案 C 正确。

例 6.6 将等体积、等浓度的 $Na_2C_2O_4$ 与 $NaHC_2O_4$ 水溶液混合后，溶液的 pH 为（　　）。

A. $pK_{a1}^\ominus(H_2C_2O_4)$；　　B. $pK_{a2}^\ominus(H_2C_2O_4)$；

C. $\frac{1}{2}(pK_{a1}^\ominus+pK_{a2}^\ominus)$；　　D. $pK_{a1}^\ominus-pK_{a2}^\ominus$。

解：二者混合后组成 $HC_2O_4^-$-$C_2O_4^{2-}$ 缓冲体系，则：

$$pH=pK_{a2}^\ominus(H_2C_2O_4)-\lg\frac{c(HC_2O_4^-)}{c(C_2O_4^{2-})}$$

二者浓度相等，故 $pH=pK_{a2}^\ominus(H_2C_2O_4)$，答案 B 正确。

例 6.7 在磷酸缓冲对的控制下，正常尿液 pH=6.30。尿液中磷酸缓冲对为（　　）。

A. H_3PO_4-PO_4^{3-}；　　B. H_3PO_4-$H_2PO_4^-$；

C. $H_2PO_4^-$-HPO_4^{2-}；　　D. HPO_4^{2-}-PO_4^{3-}。

已知：$pK_{a1}^\ominus=2.1$，$pK_{a2}^\ominus=7.2$，$pK_{a3}^\ominus=12.7$。

解：H_3PO_4 和 PO_4^{3-} 在水溶液中不能大量共存，故答案 A 不正确。

$\frac{1}{2}(pK_{a1}^\ominus+pK_{a2}^\ominus)<6.3<pK_{a2}^\ominus$，根据磷酸的 x-pH 图可知，答案 C 正确。

例 6.8 下列物质中，可用于标定 HCl 的基准物质是（　　）。

A. $KHC_8H_4O_4$；　　B. $Na_2B_4O_7\cdot10H_2O$；

C. $H_2C_2O_4\cdot2H_2O$；　　D. H_3BO_3。

解：$H_2C_2O_4$ 和 H_3BO_3 均为酸，不能被盐酸准确滴定，答案 C、D 不正确；

$$K_b^\ominus(HC_8H_4O_4^-)=K_{b2}^\ominus(C_8H_4O_4^{2-})=\frac{K_w^\ominus}{K_{a1}^\ominus(H_2C_8H_4O_4)}=\frac{1.0\times10^{-14}}{1.1\times10^{-3}}=9.1\times10^{-12}<10^{-7}$$

所以 $KHC_8H_4O_4$ 不能被盐酸准确滴定，答案 A 不正确。

硼砂溶于水，发生反应：

$$B_4O_7^{2-}+5H_2O=2H_3BO_3+2H_2BO_3^-$$

$$K_b^\ominus(H_2BO_3^-)=\frac{K_w^\ominus}{K_a^\ominus(H_3BO_3)}=1.7\times10^{-5}>10^{-7}$$

可被盐酸准确滴定。故答案 B 正确。又由于硼砂摩尔质量大，称量误差小，且易于制得纯品，是重要的标定酸标准溶液的基准物。

例 6.9 浓度均为 0.10 $mol\cdot L^{-1}$ 的下列物质的水溶液，能利用酸碱滴定法返滴定方式准确滴定的为（　　）。

A. H_3BO_3($pK_a^\ominus=9.22$)；　　B. NH_4NO_3($pK_b^\ominus(NH_3\cdot H_2O)=4.74$)；

C. H_2O_2($pK_a^\ominus=11.62$)；　　D. HCOOH($pK_a^\ominus=3.45$)。

解:答案 D 正确。其他答案中的 $K_a^\ominus<10^{-7}$,不能直接进行准确滴定,而凡是不能用直接法准确滴定的弱酸(碱),也不能用返滴定法进行准确滴定。

例 6.10 用 $c(NaOH)=0.1000\ mol\cdot L^{-1}$ 的 NaOH 标准溶液滴定等浓度的三元弱酸 H_3B($pK_{a1}^\ominus=2.12$,$pK_{a2}^\ominus=7.21$,$pK_{a3}^\ominus=12.66$),下列说法正确的是( )。

A. 有两个滴定终点,第一终点用酚酞,第二终点用甲基红指示;

B. 有两个滴定终点,第一终点用甲基红,第二终点用酚酞指示;

C. 只有一个终点,用酚酞指示;

D. 只有一个终点,用甲基红指示。

解: 题目考查的是多元酸的分步滴定问题。$K_{a1}^\ominus/K_{a2}^\ominus>10^5$,且$\frac{c}{c^\ominus}K_{a1}^\ominus\geqslant10^{-8}$,可形成第一个 pH 突跃,即可被分步滴定至第一终点;$K_{a2}^\ominus/K_{a3}^\ominus>10^5$,$\frac{c}{c^\ominus}K_{a2}^\ominus\approx10^{-8}$,可形成第二个 pH 突跃,即可继续被滴定至第二终点。但$\frac{c}{c^\ominus}K_{a3}^\ominus<10^{-8}$,故不能滴定到第三终点。

第一计量点时,溶液中主要型体为 H_2B^-。H_2B^- 是两性物质,故 $pH=\frac{1}{2}(pK_{a1}^\ominus+pK_{a2}^\ominus)=4.66$,可选甲基红作为指示剂。

第二计量点时,溶液中主要型体为 HB^{2-}。HB^{2-} 是两性物质,故 $pH=\frac{1}{2}(pK_{a2}^\ominus+pK_{a3}^\ominus)=9.94$,可选酚酞作为指示剂。

因此,答案 B 正确。

例 6.11 将 $c(H_3PO_4)=0.10\ mol\cdot L^{-1}$ 的磷酸与 $c(NaOH)=0.15\ mol\cdot L^{-1}$ 的氢氧化钠水溶液等体积混合后,溶液中磷酸的主要存在型体是什么?此时溶液 pH 等于多少?(H_3PO_4:$K_{a1}^\ominus=7.5\times10^{-3}$,$K_{a2}^\ominus=6.2\times10^{-8}$,$K_{a3}^\ominus=2.2\times10^{-13}$)

解:解决有关酸碱平衡问题时,首先要正确判断系统的主要组成,然后再根据系统的组成,合理忽略对系统性质影响很小的平衡,利用系统中存在的主要的平衡进行有关计算。

由题意可知,等体积混合后,磷酸与氢氧化钠中和生成 NaH_2PO_4,而此时氢氧化钠仍有剩余,可继续与部分 NaH_2PO_4 反应生成 Na_2HPO_4,据题意可得,溶液中 $c(NaH_2PO_4)=c(Na_2HPO_4)$,故此时磷酸主要存在型体为 NaH_2PO_4 和 Na_2HPO_4,此二者是决定溶液性质的最重要的成分,而 H_3PO_4 和 Na_3PO_4 浓度极低,可忽略。所以,只要考虑 NaH_2PO_4 和 Na_2HPO_4 之间的平衡就可近似计算溶液的酸度。

$$pH=pK_{a2}^\ominus(H_3PO_4)-\lg\frac{c(H_2PO_4^-)}{c(HPO_4^{2-})}=pK_{a2}^\ominus(H_3PO_4)=7.21$$

例 6.12 已知 $K_a^\ominus(HA)=K_{a1}^\ominus(H_2B)$。用 NaOH 标准溶液滴定相同浓度的 HA 和 H_2B(至第一化学计量点),在计量点附近±0.1%误差范围内,pH 突跃较大者为________。

解:H_2B 滴定到第一计量点,OH^- 发生副反应:$OH^-+HB^-=B^{2-}+H_2O$,主反应完成程度降低,pH 突跃较小。故答案为:HA。

例 6.13 $HC_2O_4^-$ 的 $K_a^\ominus$ 和 $K_b^\ominus$ 分别等于________和________,所以,$NaHC_2O_4$ 水溶液 pH ________ 7.0。

解：

$$K_{a}^{\ominus}=K_{a2}^{\ominus}(H_2C_2O_4)=6.4\times10^{-5}$$

$$K_{b}^{\ominus}=\frac{K_{w}^{\ominus}}{K_{a1}^{\ominus}(H_2C_2O_4)}=\frac{1.0\times10^{-14}}{5.9\times10^{-2}}=1.7\times10^{-13}$$

$K_{a}^{\ominus}>K_{b}^{\ominus}$，水溶液 pH<7.0。

例 6.14 计算下列溶液的 pH。

(1)0.10 mol·L^{-1}HAc；　(2)0.10 mol·L^{-1} Na_2S 水溶液；

(3)0.10 mol·L^{-1}NH_4Ac；　(4)0.10 mol·L^{-1}Na_2CO_3；

(5)0.20 mol·L^{-1}Na_2HPO_4；　(6)0.10 mol·L^{-1}NH_4Cl。

解：

(1)　$$\frac{c/c^{\ominus}}{K_{a}^{\ominus}}>500,c(H^+)/c^{\ominus}=\sqrt{K_{a}^{\ominus}\frac{c}{c^{\ominus}}}=\sqrt{1.79\times10^{-5}\times0.10}=1.3\times10^{-3}$$

$$pH=2.89$$

(2)　$$K_{b1}^{\ominus}(S^{2-})=\frac{K_{w}^{\ominus}}{K_{a2}^{\ominus}(H_2S)}=1.4$$

$$K_{b2}^{\ominus}(S^{2-})=\frac{K_{w}^{\ominus}}{K_{a1}^{\ominus}(H_2S)}=7.7\times10^{-8}$$

$K_{b1}^{\ominus}\gg K_{b2}^{\ominus}$，故可忽略第二步离解。但$\frac{c/c^{\ominus}}{K_{b1}^{\ominus}}<500$，故需依近似式计算。

$$S^{2-}+H_2O=HS^-+OH^-$$

$$c^{eq}/c^{\ominus}\qquad 0.10-x\qquad x\qquad x$$

$$K_{b1}^{\ominus}=\frac{x^2}{0.10-x}=1.4$$

得　$$c(OH^-)=0.094\ mol\cdot L^{-1}$$

$$pH=12.97$$

(3)NH_4Ac 为两性物质，则

$$c(H^+)/c^{\ominus}=\sqrt{K_{a}^{\ominus}(HAc)K_{a}^{\ominus}(NH_4^+)}$$

$$=\sqrt{K_{a}^{\ominus}(HAc)\frac{K_{w}^{\ominus}}{K_{b}^{\ominus}(NH_3\cdot H_2O)}}=1.0\times10^{-7}$$

$$pH=7.00$$

(4)$K_{b1}^{\ominus}(CO_3^{2-})\gg K_{b2}^{\ominus}(CO_3^{2-})$，故可按一元弱碱进行计算。

$$\frac{c/c^{\ominus}}{K_{b1}^{\ominus}(CO_3^{2-})}>500$$

$$c(OH^-)/c^{\ominus}=\sqrt{K_{b1}^{\ominus}(CO_3^{2-})\frac{c}{c^{\ominus}}}=\sqrt{1.78\times10^{-4}\times0.10}=4.2\times10^{-3}$$

$$pH=14-2.38=11.62$$

(5)Na_2HPO_4 为两性物质，则

$$c(H^+)/c^{\ominus}=\sqrt{K_{a2}^{\ominus}(H_3PO_4)K_{a3}^{\ominus}(H_3PO_4)}=1.7\times10^{-10}$$

$$pH=9.77$$

(6)$K_b^{\ominus}(NH_3\cdot H_2O)=1.8\times10^{-5}$，$K_a^{\ominus}(NH_4^+)=\dfrac{K_w^{\ominus}}{K_b^{\ominus}(NH_3\cdot H_2O)}=5.6\times10^{-10}$

$$\frac{c/c^{\ominus}}{K_a^{\ominus}(NH_4^+)}>500,c(H^+)/c^{\ominus}=\sqrt{K_a^{\ominus}(NH_4^+)\frac{c}{c^{\ominus}}}=\sqrt{5.6\times10^{-10}\times0.10}=7.5\times10^{-6}$$

$$pH=5.12$$

例 6.15 计算饱和氢硫酸水溶液[$c(H_2S)\approx0.10\ mol\cdot L^{-1}$]的 pH 及各离子浓度。已知 $K_{a1}^{\ominus}(H_2S)=1.3\times10^{-7}$，$K_{a2}^{\ominus}(H_2S)=7.5\times10^{-15}$。

解：氢硫酸为二元弱酸，$K_{a1}^{\ominus}(H_2S)\gg K_{a2}^{\ominus}(H_2S)$，故计算酸度时可按一元弱酸处理：

$$H_2S=H^++HS^-$$

$$\frac{c/c^{\ominus}}{K_{a1}^{\ominus}(H_2S)}>500,c(H^+)/c^{\ominus}=\sqrt{K_{a1}^{\ominus}(H_2S)\frac{c}{c^{\ominus}}}=\sqrt{1.3\times10^{-7}\times0.10}=1.1\times10^{-4}$$

$$pH=3.96$$

由于可忽略第二步离解，则 $c(HS^-)\approx c(H^+)=1.1\times10^{-4}\ mol\cdot L^{-1}$。

S^{2-} 由第二步离解产生，$K_{a2}^{\ominus}=\dfrac{\{c(H^+)/c^{\ominus}\}\{c(S^{2-})/c^{\ominus}\}}{c(HS^-)/c^{\ominus}}$，则

$$c(S^{2-})/c^{\ominus}=\frac{K_{a2}^{\ominus}c(HS^-)/c^{\ominus}}{c(H^+)/c^{\ominus}}\approx K_{a2}^{\ominus}$$

$$c(S^{2-})=7.1\times10^{-15}\ mol\cdot L^{-1}$$

由此可总结出一般规律，在二元弱酸溶液中，$c(B^{2-})/c^{\ominus}\approx K_{a2}^{\ominus}$。

例 6.16 向 $c(HCl)=0.050\ mol\cdot L^{-1}$ 的盐酸中通入 H_2S 至饱和[$c(H_2S)\approx0.10\ mol\cdot L^{-1}$]，计算此时溶液中硫离子浓度 $c(S^{2-})$。已知 $K_{a1}^{\ominus}(H_2S)=1.3\times10^{-7}$，$K_{a2}^{\ominus}(H_2S)=7.1\times10^{-15}$。

解：

$$H_2S+H_2O=H_3O^++HS^-\qquad K_{a1}^{\ominus}=\frac{\{c(H^+)/c^{\ominus}\}\{c(HS^-)/c^{\ominus}\}}{c(H_2S)/c^{\ominus}}$$

$$HS^-+H_2O=H_3O^++S^{2-}\qquad K_{a2}^{\ominus}=\frac{\{c(H^+)/c^{\ominus}\}\{c(S^{2-})/c^{\ominus}\}}{c(HS^-)/c^{\ominus}}$$

将两步标准平衡常数表达式结合，得

$$K_{a1}^{\ominus}K_{a2}^{\ominus}=\frac{\{c(H^+)/c^{\ominus}\}^2\{c(S^{2-})/c^{\ominus}\}}{c(H_2S)/c^{\ominus}}$$

$$c(S^{2-})/c^{\ominus}=\frac{K_{a1}^{\ominus}K_{a2}^{\ominus}\{c(H_2S)/c^{\ominus}\}}{\{c(H^+)/c^{\ominus}\}^2}=3.7\times10^{-20}$$

$$c(S^{2-})=3.7\times10^{-20}\ mol\cdot L^{-1}$$

例 6.17 已知 298 K 时，$c_0(HA)=0.010\ mol\cdot L^{-1}$ 的某一元弱酸水溶液的 pH=4.00，求该弱酸的 $K_a^\ominus$ 和离解度 α。

解:由 pH=4.00 得 $c(H^+)=1.0\times10^{-4}\ mol\cdot L^{-1}$

则
$$\alpha=\frac{c(H^+)}{c_0(HA)}=\frac{1.0\times10^{-4}}{0.010}=1\%$$

$$K_a^\ominus=\frac{\{c(H^+)/c^\ominus\}^2}{\{c_0(HA)-c(H^+)\}/c^\ominus}\approx\frac{\{c(H^+)/c^\ominus\}^2}{c_0(HA)/c^\ominus}=1.0\times10^{-6}$$

例 6.18 在血液中，H_2CO_3-HCO_3^- 缓冲溶液的功能之一是从细胞组织中快速除去运动后产生的乳酸(HLac)，已知 $K_a^\ominus(HLac)=1.8\times10^{-5}$。

(1)写出该反应方程式，并计算其平衡常数 $K^\ominus$。

(2)通常，血液中 $c(H_2CO_3)=1.4\times10^{-3}\ mol\cdot L^{-1}$，$c(HCO_3^-)=2.7\times10^{-2}\ mol\cdot L^{-1}$，近似计算血液的 pH。

解:

(1)反应方程式：
$$HLac+HCO_3^-=H_2CO_3+Lac^-$$

$$K^\ominus=\frac{K_a^\ominus(HLac)}{K_{a1}^\ominus(H_2CO_3)}=\frac{1.8\times10^{-5}}{4.3\times10^{-7}}=42$$

(2)
$$pH=pK_{a1}^\ominus-\lg\frac{c(H_2CO_3)}{c(HCO_3^-)}$$

代入数据得 pH=7.65。

例 6.19 称取基准物质 $H_2C_2O_4\cdot2H_2O$ 0.225 0 g，用 NaOH 溶液 21.05 mL 滴定至终点。计算 $c(NaOH)$。已知 $M(H_2C_2O_4\cdot2H_2O)=126.08\ g\cdot mol^{-1}$。

解:根据草酸的 $K_{a1}^\ominus$、$K_{a2}^\ominus$ 可知，滴定反应为

$$H_2C_2O_4+2NaOH=Na_2C_2O_4+2H_2O$$

$$c(NaOH)=\frac{2m(H_2C_2O_4\cdot2H_2O)}{M(H_2C_2O_4\cdot2H_2O)V(NaOH)}$$

$$=\frac{2\times0.225\ 0\ g}{126.08\ g\cdot mol^{-1}\times0.021\ 05\ L}=0.169\ 5\ mol\cdot L^{-1}$$

例 6.20 某纯碱试样 1.000 g，溶于水后，以酚酞为指示剂，用 $c(HCl)=0.250\ 0\ mol\cdot L^{-1}$ 的盐酸滴定到终点，消耗 20.40 mL；然后再加入甲基橙指示剂，用上述 HCl 滴定至橙色出现，又用去 28.46 mL，请判断此试样的组成，并计算各组分的质量分数。

解:本题目是利用双指示剂法测定混合碱的含量。

$$V_1=20.40\ mL,\ V_2=28.46\ mL,V_2>V_1$$

故混合碱的组成是 $NaHCO_3$ 和 Na_2CO_3。

$$w(Na_2CO_3)=\frac{c(HCl)V_1M(Na_2CO_3)}{m}$$

$$=\frac{0.250\,0\ mol\cdot L^{-1}\times 0.020\,40\ L\times 106.0\ g\cdot mol^{-1}}{1.000\ g}=54.06\%$$

$$w(NaHCO_3)=\frac{c(HCl)(V_2-V_1)M(NaHCO_3)}{m}$$

$$=\frac{0.250\,0\ mol\cdot L^{-1}\times(0.028\,46-0.020\,40)\ L\times 84.01\ g\cdot mol^{-1}}{1.000\ g}=16.9\%$$

例 6.21 某溶液可能含有下列物质：H_3PO_4，NaH_2PO_4，Na_2HPO_4，HCl。取该溶液 25.00 mL，加入甲基红指示剂，用 $c(NaOH)=0.250\,0\ mol\cdot L^{-1}$ 的氢氧化钠标准溶液滴定，终点时用去 31.20 mL。另取 25.00 mL 试液，加入酚酞指示剂，终点时用去氢氧化钠 42.34 mL。问该溶液中含有上述何种物质？其浓度为多少？

解：设以甲基红、酚酞为指示剂时所用氢氧化钠标准溶液的体积分别为 V_1、V_2。

(1)若溶液中只含有 NaH_2PO_4 或 Na_2HPO_4，或二者共存，则 $V_1=0$。

(2)若溶液中只含有 HCl，则 $V_1=V_2$。

(3)若溶液中只含有 H_3PO_4，则 $V_2=2V_1$。

(4)若溶液中含有 H_3PO_4 和 NaH_2PO_4，则 $V_2>2V_1$。

(5)若溶液中含有 HCl 和 H_3PO_4，则因 $K_{a1}^{\ominus}(H_3PO_4)>10^{-7}$，$K_{a1}^{\ominus}(H_3PO_4)/K_{a2}^{\ominus}(H_3PO_4)\approx 10^5$，HCl 不能被分步滴定，$H_3PO_4$ 将与其同时被滴定至 $H_2PO_4^-$，此时有一明显的 pH 突跃，计量点 pH 约等于 4.7，可用甲基红指示剂指示滴定终点；若用酚酞指示剂，则 H_3PO_4 可被滴定至 HPO_4^{2-}。故 $V_1<V_2<2V_1$，与题意相符。

综上所述，溶液中含有 HCl 和 H_3PO_4。以甲基红为指示剂时，滴定反应为

$$NaOH+HCl=NaCl+H_2O$$

$$NaOH+H_3PO_4=NaH_2PO_4+H_2O$$

以酚酞为指示剂时，滴定反应为

$$NaOH+HCl=NaCl+H_2O$$

$$2NaOH+H_3PO_4=Na_2HPO_4+2H_2O$$

$$c(H_3PO_4)=\frac{c(NaOH)[V_2(NaOH)-V_1(NaOH)]}{V}$$

$$=\frac{0.250\,0\ mol\cdot L^{-1}\times(42.34\ mL-31.20\ mL)}{25.00\ mL}=0.111\,4\ mol\cdot L^{-1}$$

$$c(HCl)=\frac{c(NaOH)\{V_1(NaOH)-[V_2(NaOH)-V_1(NaOH)]\}}{V}$$

$$=\frac{0.250\,0\ mol\cdot L^{-1}\times[31.20\ mL-(42.34\ mL-31.20\ mL)]}{25.00\ mL}$$

$$=0.200\,6\ mol\cdot L^{-1}$$

例 6.22 一 $c(NaOH)=0.104\,2\ mol\cdot L^{-1}$ 的氢氧化钠溶液，因暴露于空气中吸收了 CO_2。为了测定 CO_2 的吸收量，取该碱液 25.00 mL，用 $c(HCl)=0.108\,5\ mol\cdot L^{-1}$ 的盐酸 23.50 mL 滴定至酚酞终点。计算每升该碱液吸收了多少克 CO_2。若用之滴定醋酸，将会产

生正误差抑或负误差？

解：酸碱滴定中，CO_2 的影响经常导致较大的误差，对此必须十分注意。酸碱滴定中 CO_2 的影响主要来自如下几个方面。

(1)NaOH 试剂中含 Na_2CO_3，不经处理就配成标准溶液。用邻苯二甲酸氢钾或草酸标定含 Na_2CO_3 的 NaOH 溶液时，终点均为碱性，常以酚酞为指示剂。此时 Na_2CO_3 仅被中和为 HCO_3^-。用此标准溶液直接法滴定样品时，若终点为碱性，以酚酞为指示剂，对测定结果应无大影响；若终点为酸性，以甲基红或甲基橙为指示剂，此时 CO_3^{2-} 全部被中和为 CO_2，必造成负误差。

(2)除去 CO_2 并已标定好的 NaOH 标准溶液，因保存不当，吸收了空气中的 CO_2。用之以直接法滴定样品时，若终点为碱性，以酚酞为指示剂，则所吸收的 CO_2 一部分最终以 HCO_3^- 形式存在，必造成正误差；若终点为酸性，则所吸收的 CO_2 最终又以 CO_2 形式放出，对测定结果应无大影响。

设 25.00 mL 混合液中所含 NaOH 和 Na_2CO_3 的物质的量分别为 $n(NaOH)$ 和 $n(Na_2CO_3)$。因 $K_{b1}^{\ominus}(CO_3^{2-})=1.8\times10^{-4}>10^{-7}$，所以 NaOH 不能被单独分步滴定，在滴定至酚酞终点时，CO_3^{2-} 与氢氧化钠一起被中和，生成 HCO_3^-：

$$CO_3^{2-}+H^+=HCO_3^-$$

故 $$n(Na_2CO_3)+n(NaOH)=c(HCl)V(HCl)$$

又，氢氧化钠吸收二氧化碳反应为

$$CO_2+2NaOH=Na_2CO_3$$

故 $$2n(Na_2CO_3)+n(NaOH)=c(NaOH)V(NaOH)$$

结合以上两个方程，得

$$\begin{aligned}n(Na_2CO_3)&=c(NaOH)V(NaOH)-c(HCl)V(HCl)\\&=0.104\,2\ mol\cdot L^{-1}\times25.00\times10^{-3}\ L-0.108\,5\ mol\cdot L^{-1}\times23.50\times10^{-3}\ L\\&=5.525\times10^{-5}\ mol\end{aligned}$$

所以 $$\begin{aligned}m(CO_2)&=n(CO_2)M(CO_2)=n(Na_2CO_3)M(CO_2)\\&=5.525\times10^{-5}\ mol\times44.01\ g\cdot mol^{-1}\\&=2.432\times10^{-3}\ g\end{aligned}$$

1 L 溶液中吸收的 CO_2 的质量为 $2.432\times10^{-3}\ g\times\dfrac{1\,000\ mL}{25.00\ mL}=0.097\,28\ g$。用之滴定醋酸，终点为碱性，必造成正误差。

例 6.23

(1)可用 $\Delta c(H^+)$，也可用 ΔpH 表示溶液酸度的变化。二者的意义有何不同？

(2)以强酸的滴定为例，说明为何酸碱滴定曲线总以 pH 而非 $c(H^+)$ 为纵坐标(讨论时可忽略滴定过程中溶液体积的变化)？

解：

(1) $$\Delta c(H^+)=c_2(H^+)-c_1(H^+)$$

$$\Delta pH=pH_2-pH_1=-\lg\frac{c_2(H^+)}{c^{\ominus}}+\lg\frac{c_1(H^+)}{c^{\ominus}}=\lg\frac{c_1(H^+)}{c_2(H^+)}$$

由上可知，$\Delta c(H^+)$ 表示的是 $c(H^+)$ 变化的绝对量，而 ΔpH 表示的是 $c(H^+)$ 变化率。

(2)每滴入1滴强碱,$\Delta c(H^+)$相等。但由于近化学计量点时,溶液中$c(H^+)$已很小,故$c(H^+)$变化率较开始滴定时大得多,出现pH突跃;而且在变色范围内,只要$\Delta pH \geqslant 0.3$,酸碱指示剂即变色。不是因$c(H^+)$变化绝对量的大小,而是$c(H^+)$只要变为原来的1/2(或2倍),指示剂就可变色,指示终点。故酸碱滴定曲线总用pH为纵坐标,反映一定误差范围内化学计量点附近$c(H^+)$变化率是否足够大,能否使指示剂变色。

若以$c(H^+)$为纵坐标,则滴定曲线为一条直线,不能反映计量点附近酸度的突变,无法作为选择指示剂的依据。

推而广之,各种类型的滴定,特点均为化学计量点附近被测物浓度变化率最大,而不是浓度变化最大。故沉淀滴定、配位滴定、氧化还原滴定中,滴定曲线纵坐标分别为pAg、pM′、$\varphi^{\ominus\prime}$,并且滴定反应完全程度越高,计量点附近被测物浓度变化率越大,引起突跃范围越大。所以反应完全程度是决定各种滴定分析终点误差的重要因素之一。

(三)自 测 题

6.1 下列各组物质中,不属于共轭酸碱对的为( )。

A. HCl和Cl^-; B. NH_4^+ 和 NH_3;

C. HCO_3^- 和 CO_3^{2-}; D. H_3O^+和OH^-。

6.2 将pH=4.0的强酸溶液与pH=12.0的强碱溶液等体积混合,则混合后溶液的pH约为( )。

A. 4.0; B. 8.0; C. 11.7; D. 12.0。

6.3 将$NH_3 \cdot H_2O$溶液稀释1倍,溶液pH( )。

A. 变为原溶液的$\frac{1}{2}$; B. 降低lg2;

C. 升高lg2; D. 降低$\frac{1}{2}$lg2。

6.4 将$c(HAc)=0.10\ mol \cdot L^{-1}$的HAc溶液和$c(NaAc)=0.10\ mol \cdot L^{-1}$的NaAc溶液等体积混合后,溶液的pH=4.8,若将此混合溶液再与等体积的水混合,则稀释后的溶液的pH为( )。

A. 2.4; B. 4.8; C. 7.0; D. 9.6。

6.5 向$c(HAc)=0.10\ mol \cdot L^{-1}$的HAc水溶液中,加入一定量的$NH_4Ac$固体,则会使( )。

A. HAc的$K_a^{\ominus}$ 增大; B. 溶液的pH不变;

C. 溶液的pH升高; D. 溶液的pH降低。

6.6 水溶液中能大量共存的一组物质是( )。

A. H_3PO_4、PO_4^{3-}; B. $H_2PO_4^-$、PO_4^{3-};

C. H_3PO_4、HPO_4^{2-}; D. HPO_4^{2-}、PO_4^{3-}。

6.7 欲配制pH=3.0的缓冲溶液,应选用( )。

A. HCOOH-HCOONa($pK_a^{\ominus}(HCOOH)=3.75$);

B. HAc-NaAc($pK_a^{\ominus}(HAc)=4.76$);

C. NH_4^+-NH_3($pK_b^\ominus(NH_3 \cdot H_2O)=4.74$);

D. $H_2PO_4^-$-HPO_4^{2-}($pK_{a2}^\ominus(H_3PO_4)=7.21$)。

6.8 浓度均为 $0.10\ mol \cdot L^{-1}$ 的下列化合物的水溶液,pH 最高的是( )。

A. Na_2CO_3; B. NaCl; C. $NaHCO_3$; D. NH_4Cl。

6.9 已知 $K_a^\ominus(HCN)=4.0\times10^{-10}$,则 $c(KCN)=0.20\ mol \cdot L^{-1}$ 的 KCN 水溶液的 pH 约为( )。

A. 2.65; B. 5.05; C. 8.95; D. 11.35。

6.10 将 $c(H_3PO_4)=0.10\ mol \cdot L^{-1}$ 的磷酸与 $c(NaOH)=0.25\ mol \cdot L^{-1}$ 的氢氧化钠水溶液等体积混合后,溶液 pH 为( )。已知 H_3PO_4 的 $K_{a1}^\ominus=7.5\times10^{-3}$,$K_{a2}^\ominus=6.2\times10^{-8}$,$K_{a3}^\ominus=2.2\times10^{-13}$。

A. 2.12; B. 7.20; C. 9.93; D. 12.66。

6.11 滴定分析法定量测定水果中果酸时,宜选用的指示剂为( )。

A. 甲基橙; B. 甲基红; C. 酚酞; D. 铬黑 T。

6.12 滴定分析中,选择指示剂时可不必考虑的因素是( )。

A. 滴定方向; B. 指示剂的变色范围;

C. 指示剂的颜色变化; D. 指示剂的分子结构。

6.13 用已知浓度的 NaOH 溶液滴定相同浓度的不同弱酸时,弱酸的 $K_a^\ominus$ 越大,则( )。

A. 消耗 NaOH 的量越多; B. 滴定突跃越大;

C. 消耗 NaOH 的量越少; D. 滴定终点时指示剂颜色变化越不明显。

6.14 用 NaOH 标准溶液滴定同浓度的一元弱酸,若弱酸和 NaOH 的浓度都增大 9 倍,则在相同的终点误差范围内,滴定突跃范围变化的情况是( )。

A. 突跃范围增加 2; B. 突跃范围减少 2;

C. 突跃范围增加 1; D. 突跃范围减少 1。

6.15 下列浓度均为 $0.1\ mol \cdot L^{-1}$ 的弱酸或弱碱,能用酸碱滴定法直接准确滴定的是( )。

A. 苯酚($K_a^\ominus=1.1\times10^{-10}$); B. H_3BO_3($K_a^\ominus=7.3\times10^{-10}$);

C. 羟胺($K_b^\ominus=1.07\times10^{-8}$); D. HF ($K_a^\ominus=3.5\times10^{-4}$)。

6.16 焦磷酸($pK_{a1}^\ominus=1.52$, $pK_{a2}^\ominus=2.37$, $pK_{a3}^\ominus=6.60$, $pK_{a4}^\ominus=9.25$)可被氢氧化钠滴定至( )。

A. 第一计量点; B. 第二计量点; C. 第三计量点; D. 第四计量点。

6.17 用硼砂标定 $c(HCl)=0.1\ mol \cdot L^{-1}$ 的盐酸时,应选用的指示剂是( )。

A. 甲基橙; B. 甲基红; C. 酚酞; D. 百里酚酞。

6.18 蒸馏法测定铵盐中 N 含量时,能用作吸收液的是( )。

A. 硼砂; B. HCl; C. HAc; D. NH_4Cl。

6.19 蒸馏法测定 NH_4^+($K_a^\ominus=5.6\times10^{-10}$),蒸出的 NH_3 用 H_3BO_3($K_a^\ominus=5.8\times10^{-10}$)溶液吸收,然后用标准 HCl 滴定。所用 H_3BO_3( )。

A. 浓度必须准确已知; B. 必须准确量取;

C. 浓度、体积均须准确已知； D. 无须准确量取。

6.20 用返滴法测定氨水的含量，最合适的指示剂是（ ）。

A. 中性红（$\mathrm{p}K_a^{\ominus}=7.0$）； B. 甲基红（$\mathrm{p}K_a^{\ominus}=5.0$）；

C. 酚酞（$\mathrm{p}K_a^{\ominus}=9.1$）； D. 甲基橙（$\mathrm{p}K_a^{\ominus}=3.4$）。

6.21 用 $c(\mathrm{NaOH})=0.100\ 0\ \mathrm{mol\cdot L^{-1}}$ 的 NaOH 溶液滴定 $c(\mathrm{HCl})=0.100\ 0\ \mathrm{mol\cdot L^{-1}}$ 的 HCl 和 $c(\mathrm{NH_4Cl})=0.050\ 00\ \mathrm{mol\cdot L^{-1}}$ 的氯化铵混合溶液中的盐酸，合适的指示剂是（ ）。

A. 甲基橙； B. 甲基红； C. 中性红； D. 酚酞。

6.22 在 $c(\mathrm{H^+})=0.010\ \mathrm{mol\cdot L^{-1}}$、$c(\mathrm{H_2CO_3})=0.010\ \mathrm{mol\cdot L^{-1}}$ 的碳酸水溶液中，$c(\mathrm{CO_3^{2-}})/\mathrm{mol\cdot L^{-1}}$ 约为（ ）。已知 $\mathrm{H_2CO_3}$：$K_{a1}^{\ominus}=4.3\times10^{-7}$，$K_{a2}^{\ominus}=5.6\times10^{-11}$。

A. 2.4×10^{-15}； B. 5.6×10^{-11}；

C. 2.4×10^{-8}； D. 2.4×10^{-6}。

6.23 可用来标定盐酸、氢氧化钠标准溶液的基准物分别为（ ）。

A. 氢氧化钠、盐酸； B. 硼砂、邻苯二甲酸氢钾；

C. 邻苯二甲酸氢钾、草酸； D. 碳酸钠、硼砂。

6.24 $\mathrm{NH_4^+}$、$\mathrm{S^{2-}}$、$\mathrm{H_2C_2O_4}$、$\mathrm{HC_2O_4^-}$、$\mathrm{H_2PO_4^-}$ 等物质中，在水中只能作为酸的是________，只能作为碱的是________，既可作为酸又可作为碱的是________。

6.25 HCN 水溶液和 $\mathrm{Na_2C_2O_4}$ 水溶液的质子条件式分别为________、________。

6.26 甲基橙的 $\mathrm{p}K_a^{\ominus}=3.4$，其理论变色范围的 pH 应为________。

6.27 常温下 $c(\mathrm{HA})=0.10\ \mathrm{mol\cdot L^{-1}}$ 的 HA 溶液的 pH 为 3.0，则 $c(\mathrm{NaA})=0.10\ \mathrm{mol\cdot L^{-1}}$ 的 NaA 溶液的 pH 为________。

6.28 在 $c(\mathrm{NH_3\cdot H_2O})=0.10\ \mathrm{mol\cdot L^{-1}}$ 的氨水溶液中加入适量固体 $\mathrm{NH_4Cl}$，则氨的离解度________，溶液的 pH ________。

6.29 欲配制 1.0 L pH=5.0 的缓冲溶液，其中 $c(\mathrm{HAc})=0.20\ \mathrm{mol\cdot L^{-1}}$，需要 $c(\mathrm{HAc})=1.0\ \mathrm{mol\cdot L^{-1}}$ 的 HAc 溶液________ mL，$c(\mathrm{NaAc})=1.0\ \mathrm{mol\cdot L^{-1}}$ 的 NaAc 溶液________ mL。已知 $K_a^{\ominus}(\mathrm{HAc})=1.79\times10^{-5}$。

6.30 $\mathrm{H_2C_2O_4}$ 的 $\mathrm{p}K_{a1}^{\ominus}=1.2$，$\mathrm{p}K_{a2}^{\ominus}=4.2$。当溶液 pH=1.2 时，草酸的主要存在型体是________，当 $x(\mathrm{HC_2O_4^-})$ 达到最大时的 pH=________。

6.31 $c(\mathrm{NaOH})=0.100\ 0\ \mathrm{mol\cdot L^{-1}}$ 的氢氧化钠滴定同浓度的一元弱酸 HB（$\mathrm{p}K_a^{\ominus}=4.0$），在误差为±0.1%时，pH 突跃范围为 7.0～9.7。若弱酸的 $\mathrm{p}K_a^{\ominus}=3.0$，则突跃范围为________。

6.32 向浓度均为 $0.100\ 0\ \mathrm{mol\cdot L^{-1}}$、体积均为 10 mL 的氢氧化钠溶液、氨水中，各加入 1 滴 $c(\mathrm{HCl})=0.100\ 0\ \mathrm{mol\cdot L^{-1}}$ 的盐酸，溶液 pH 降低较大的为________。

6.33 有一碱液，可能是 NaOH、$\mathrm{Na_2CO_3}$、$\mathrm{NaHCO_3}$，也可能是它们的混合物。今用 HCl 标准溶液滴定，酚酞终点时消耗 HCl V_1 mL。若取同样量碱液用甲基橙为指示剂滴定，终点时用去 HCl V_2 mL。试由 V_1 与 V_2 关系判断碱液组成。

(1)$V_1=V_2$ 时，组成为________。

(2)$V_2=2V_1$ 时，组成为________。

(3)$V_1<V_2<2V_1$ 时，组成为________。

(4)$V_2>2V_1$ 时，组成为________。

(5)$V_1=0$、$V_2>0$ 时，组成为________。

6.34 已知 $c(HCN)=0.010\ mol\cdot L^{-1}$ 的氢氰酸水溶液中，HCN 的解离度为 0.006 3%，求此溶液的 pH 和氢氰酸的离解常数。

6.35 计算 10 mL $c(NH_3\cdot H_2O)=0.30\ mol\cdot L^{-1}$ 的氨水溶液与 10 mL $c(HCl)=0.10\ mol\cdot L^{-1}$ 的盐酸混合后溶液的 pH。已知 $pK_b^{\ominus}(NH_3\cdot H_2O)=4.74$。

6.36 KHC_2O_4 能否被酸滴定？能否被碱滴定？滴定达化学计量点时溶液 pH 约为多少？应选择何种指示剂指示终点？设化学计量点时产物浓度为 $0.1\ mol\cdot L^{-1}$，$K_{a1}^{\ominus}(H_2C_2O_4)=5.6\times10^{-2}$，$K_{a2}^{\ominus}(H_2C_2O_4)=5.1\times10^{-5}$。

6.37 某二元弱酸 H_2B，已知 pH=1.92 时，$c(H_2B)=c(HB^-)$；pH=6.22 时，$c(HB^-)=c(B^{2-})$。请计算：(1)H_2B 的 $K_{a1}^{\ominus}$ 和 $K_{a2}^{\ominus}$；(2)当溶液中 HB^- 型体浓度达最大时，pH 是多少？(3)若用 $c(NaOH)=0.100\ 0\ mol\cdot L^{-1}$ 的 NaOH 溶液滴定 $c(H_2B)=0.100\ 0\ mol\cdot L^{-1}$ 的 H_2B，滴定至第一和第二化学计量点时，溶液的 pH 各为多少？应选择何种指示剂？

6.38 标定 HCl 标准溶液时，先称取基准物 $Na_2C_2O_4$ 0.304 2 g，将其灼烧成 Na_2CO_3 后，溶于水，以甲基橙为指示剂，用 HCl 滴定至终点，用去 22.38 mL，计算 $c(HCl)$。已知 $M(Na_2C_2O_4)=134.0\ g\cdot mol^{-1}$。

6.39 将 2.000 g 磷酸样品稀释至 250.0 mL 后，取 25.00 mL，以甲基红为指示剂，用 $c(NaOH)=0.094\ 60\ mol\cdot L^{-1}$ 的氢氧化钠标准溶液 21.30 mL 滴定至终点，计算 $w(H_3PO_4)$ 和 $w(P_2O_5)$。已知 $M(H_3PO_4)=97.99\ g\cdot mol^{-1}$，$M(P_2O_5)=141.9\ g\cdot mol^{-1}$。

6.40 将 0.164 0 g 硫酸铵样品溶于水后加入甲醛，反应 5 min，用 $c(NaOH)=0.097\ 60\ mol\cdot L^{-1}$ 的 NaOH 溶液滴定至酚酞变色，用去 23.09 mL，计算样品中 $w(N)$ 和 $w\{(NH_4)_2SO_4\}$。已知 $M(N)=14.01\ g\cdot mol^{-1}$，$M\{(NH_4)_2SO_4\}=132.2\ g\cdot mol^{-1}$。

6.41 称取混合碱(可能含有 NaOH、Na_2CO_3 和 $NaHCO_3$ 及其他杂质)2.400 0 g，溶解稀释至 250.0 mL，取两份 25.00 mL 溶液，一份以酚酞为指示剂，耗去 $c(HCl)=0.100\ 0\ mol\cdot L^{-1}$ 的 HCl 30.00 mL；另一份以甲基橙为指示剂，耗去同样浓度的 HCl 35.00 mL，问混合碱的组成是什么？求出各组分的质量分数。已知 $M(NaOH)=40.00\ g\cdot mol^{-1}$，$M(Na_2CO_3)=106.0\ g\cdot mol^{-1}$，$M(NaHCO_3)=84.01\ g\cdot mol^{-1}$。

6.42 有一试样可能是 Na_3PO_4、NaH_2PO_4 和 Na_2HPO_4，也可能是 H_3PO_4、NaH_2PO_4 及 Na_2HPO_4 的混合物。称取 1.000 g，用甲基红为指示剂，以 $c(NaOH)=0.200\ 0\ mol\cdot L^{-1}$ 的 NaOH 滴定，用去 7.50 mL；另取相同质量的试样，以酚酞为指示剂，用 NaOH 滴定至终点需 25.40 mL，计算样品中各组分的质量分数。已知 $M(H_3PO_4)=97.99\ g\cdot mol^{-1}$，$M(NaH_2PO_4)=120.0\ g\cdot mol^{-1}$，$M(Na_2HPO_4)=141.9\ g\cdot mol^{-1}$，$M(Na_3PO_4)=163.9\ g\cdot mol^{-1}$。

6.43 如何配制 $SnCl_2$、KCN 水溶液？为什么？

6.44 氨态氮肥不得与草木灰(内含 K_2CO_3)混合施用，为什么？

自测题答案

6.1 D　6.2 C　6.3 D　6.4 B　6.5 C　6.6 D

6.7 A　6.8 A　6.9 D　6.10 D　6.11 C　6.12 D

6.13 B　6.14 C　6.15 D　6.16 B　6.17 B　6.18 B

6.19 D　6.20 B　6.21 B　6.22 A　6.23 B

6.24 NH_4^+、$H_2C_2O_4$；S^{2-}；$HC_2O_4^-$、$H_2PO_4^-$

6.25 $c(H^+)=c(OH^-)+c(CN^-)$

$c(OH^-)=c(H^+)+c(HC_2O_4^-)+2c(H_2C_2O_4)$

6.26 2.4～4.4

6.27 9.0

6.28 降低；降低

6.29 200；356

6.30 $H_2C_2O_4$ 和 $HC_2O_4^-$；2.7

6.31 6.0～9.7

6.32 氨水

6.33 NaOH；Na_2CO_3；NaOH、Na_2CO_3；$NaHCO_3$、Na_2CO_3；$NaHCO_3$

6.34 pH=6.20，$K_a^\ominus=4.0\times10^{-11}$

6.35 9.56

6.36 不能；能；8.65；酚酞

6.37 (1)1.2×10^{-2}，6.02×10^{-7}；(2)4.07；(3)4.07，9.37，甲基橙，酚酞

6.38 0.202 9 $mol\cdot L^{-1}$

6.39 98.72%，71.48%

6.40 19.25%，90.83%

6.41 $w(NaOH)=41.67\%$；$w(Na_2CO_3)=22.08\%$

6.42 $w(H_3PO_4)=14.70\%$；$w(NaH_2PO_4)=24.96\%$

6.43 将 $SnCl_2$ 溶于盐酸，将 KCN 溶于 KOH，防止水解。并将金属锡加入配好的 $SnCl_2$ 中，防止 Sn^{2+} 被氧化。

6.44 水溶液中，碳酸根离解产生 OH^-，使 NH_4^+ 转化为氨气而逸去。

七、沉淀溶解平衡和沉淀滴定法

(一)考 试 指 南

1.沉淀溶解平衡和溶度积常数

按溶解度的大小,电解质可分为易溶电解质和难溶电解质(溶解度小于 0.01 g/100 g 水)。在难溶电解质的饱和溶液中,存在着固态物质与水溶液中离子之间的化学平衡,即沉淀-溶解平衡,这是一种多相平衡。对于组成为 A_nB_m 型的难溶电解质来说,其饱和水溶液中存在如下平衡:

$$A_nB_m(s) \underset{沉淀}{\overset{溶解}{\rightleftharpoons}} nA^{m+}(aq) + mB^{n-}(aq)$$

其标准平衡常数表达式为:$K_{sp}^{\ominus}=\{c^{eq}(A^{m+})/c^{\ominus}\}^n\{c^{eq}(B^{n-})/c^{\ominus}\}^m$。

其中,$K_{sp}^{\ominus}$ 称为难溶电解质的溶度积常数,简称溶度积,其数值只与温度有关,而与浓度无关。

2.溶度积与溶解度的换算

溶度积与溶解度都可用来表示物质的溶解能力,因此它们之间可以进行相互换算。若无副反应,且溶解后完全离解,则各种类型的难溶电解质的溶度积($K_{sp}^{\ominus}$)与溶解度($S/mol \cdot L^{-1}$)的关系为:

(1)AB 型,如 AgCl、$BaSO_4$。

$$K_{sp}^{\ominus}=(S/c^{\ominus})^2$$

(2)A_2B 型或 AB_2 型,如 Ag_2CrO_4、$Mg(OH)_2$。

$$K_{sp}^{\ominus}(A_2B)=(2S/c^{\ominus})^2(S/c^{\ominus})=4(S/c^{\ominus})^3$$

$$K_{sp}^{\ominus}(AB_2)=(S/c^{\ominus})(2S/c^{\ominus})^2=4(S/c^{\ominus})^3$$

(3)A_3B 型或 AB_3 型,如 Ag_3PO_4、$Fe(OH)_3$。

$$K_{sp}^{\ominus}=27(S/c^{\ominus})^4$$

需要注意的是:只有对于同一类型的难溶电解质,方可直接利用溶度积常数比较溶解度的大小,$K_{sp}^{\ominus}$ 较大者其溶解度也大。而不同类型的难溶电解质,由于溶度积与溶解度之间的关系不同,需计算后才能进行比较。

3.溶度积原理

沉淀溶解反应的反应商 Q 称为反应的离子积。对于难溶电解质 A_nB_m,其离子积可表示为：$Q=\{c(A^{m+})/c^{\ominus}\}^n\{c(B^{n-})/c^{\ominus}\}^m$。根据化学热力学原理，通过比较 $K_{sp}^{\ominus}$ 和 Q 的大小可以判断沉淀溶解平衡移动的方向，即沉淀的生成或溶解。

若 $Q>K_{sp}^{\ominus}$，溶液处于过饱和状态，平衡向沉淀生成的方向移动，有沉淀生成，即 $Q>K_{sp}^{\ominus}$ 是沉淀生成的条件。

若 $Q=K_{sp}^{\ominus}$，溶液为饱和溶液，处于沉淀溶解平衡状态。

若 $Q<K_{sp}^{\ominus}$，溶液未达到饱和，若溶液中存在难溶电解质固体，则会发生溶解，即 $Q<K_{sp}^{\ominus}$ 是沉淀溶解的条件。

4.沉淀溶解平衡的移动

根据溶度积原理可知，若改变溶液中构晶离子的浓度，必使沉淀溶解平衡或向沉淀生成、或向沉淀溶解方向移动。

利用同离子效应，向溶液中加入适当过量的含有某一构晶离子的试剂，则沉淀的溶解度减小，可使沉淀反应进行得更完全（被沉淀离子浓度小于 $10^{-5}\ mol \cdot L^{-1}$ 时，可认为已被定性沉淀完全，小于 $10^{-6}\ mol \cdot L^{-1}$ 时，可认为已被定量沉淀完全）。但沉淀剂加入太多，会引起盐效应或其他副反应，反而使沉淀的溶解度增大。通常沉淀剂以过量 50%为宜。

很多难溶电解质的阴离子是较强的碱，由于可与 H^+ 结合成不易离解的弱酸，Q 减小，故在酸中的溶解度往往比其在纯水中时大。所以对于难溶氢氧化物、难溶弱酸盐，降低溶液 pH 会促进难溶电解质的溶解。例如，将金属硫化物 MS 溶于强酸的反应 $MS+2H^+=M^{2+}+H_2S$，标准平衡常数 $K^{\ominus}=\dfrac{K_{sp}^{\ominus}(MS)}{K_{a1}^{\ominus}(H_2S)K_{a2}^{\ominus}(H_2S)}$，即沉淀的溶度积越大，所生成的酸越弱，难溶电解质溶于强酸反应的完全程度就越高，此类反应的标准平衡常数越大。有些溶度积较大的沉淀，甚至可以溶于铵盐水溶液中。所以通常可利用控制酸度生成难溶氢氧化物或难溶硫化物的方法实现金属离子的分离。

若难溶电解质在水中的离解产物能与加入的配位剂、氧化（还原）剂发生反应，Q 减小，也会引起沉淀溶解平衡向溶解方向移动。如用氨水溶解 AgCl 沉淀，用硝酸溶解 CuS、Ag_2S 等。又如 CdS、SnS、Sb_2S_3 等易溶于盐酸，而较难溶于其他强酸，就是因为溶于盐酸时发生了配位反应。

5.分步沉淀与沉淀转化

向混合离子溶液中逐滴滴加沉淀剂，使得离子被先后沉淀下来的现象称为分步沉淀。分步沉淀的基本原则是离子积 Q 最先达到其溶度积 $K_{sp}^{\ominus}$ 的离子首先被沉淀下来，换言之，产生沉淀时所需沉淀剂浓度较小者先被沉淀。影响分步沉淀的因素是溶度积的大小、沉淀的类型、被沉淀离子的初始浓度。分步沉淀可用于溶液中离子的分离及沉淀滴定中。

向含有砖红色 Ag_2CrO_4 沉淀的体系中滴加 NaCl 溶液，沉淀由砖红色转化为白色，Ag_2CrO_4 转化为 AgCl。这种由一种沉淀转化为另一种沉淀的过程叫沉淀的转化。沉淀的转化过程可表示为

$$Ag_2CrO_4(s) = 2Ag^+(aq) + CrO_4^{2-}(aq)$$

$$2Ag^+(aq) + 2Cl^-(aq) = 2AgCl(s)$$

总反应式为 $$Ag_2CrO_4(s) + 2Cl^-(aq) = 2AgCl(s) + CrO_4^{2-}(aq)$$

$$K^\ominus = \frac{K_{sp}^\ominus(Ag_2CrO_4)}{\{K_{sp}^\ominus(AgCl)\}^2}$$

沉淀转化的完全程度主要取决于沉淀的类型、沉淀溶度积的大小及试剂浓度。

6.沉淀滴定法

沉淀滴定法是以沉淀反应为基础的一种滴定分析方法。应用最广的是生成难溶性银盐的反应(银量法):

$$Ag^+ + X^- = AgX\downarrow \quad (X^-\text{代表 } Cl^-、Br^-、I^-、CN^-、SCN^-\text{等})$$

根据所选指示剂的不同,银量法可分为莫尔(Mohr)法、佛尔哈德(Volhard)法、法扬司(Fajans)法等。

(1)莫尔法　在中性或弱碱性溶液(一般 pH 为 6.5~10.5)中,以 K_2CrO_4 作指示剂,用 $AgNO_3$ 标准溶液直接滴定 Cl^- 或 Br^-,以砖红色的 Ag_2CrO_4 沉淀的出现指示终点。其作用原理是分步沉淀。为使 Ag_2CrO_4 沉淀恰好在计量点附近出现,控制好 K_2CrO_4 的浓度和溶液的酸度是关键。实验证明,K_2CrO_4 的浓度以 0.005 $mol\cdot L^{-1}$ 为宜。若溶液碱性太强,则生成 Ag_2O 沉淀;若酸性太强,Ag_2CrO_4 会发生溶解,均将造成较大的终点误差。测定 Ag^+ 时,可先加入过量的 NaCl 标准溶液,然后用 $AgNO_3$ 标准溶液返滴定。莫尔法操作简单,但干扰较多,如在滴定酸度条件下,可与 CrO_4^{2-} 生成沉淀的 Ba^{2+}、Pb^{2+} 等阳离子,以及可与 Ag^+ 生成沉淀的 PO_4^{3-}、S^{2-} 等阴离子。

(2)佛尔哈德法　在酸性溶液中,以铁铵矾[$NH_4Fe(SO_4)_2\cdot 12H_2O$]作指示剂的银量法称为佛尔哈德法,可分为直接滴定法和返滴定法两种。直接滴定法是在 HNO_3 介质中,以铁铵矾为指示剂,用 KSCN 或 NH_4SCN 标准溶液直接滴定 Ag^+,至溶液中出现红色时表示到达终点。测定 Cl^-、Br^-、I^- 等卤素离子,应采用返滴定法:在含有卤素离子的 HNO_3 介质中,首先加入一定量过量的 $AgNO_3$ 标准溶液,然后以铁铵矾为指示剂,用 NH_4SCN 标准溶液返滴定过量的 $AgNO_3$。测定 Cl^- 时,应采用加入硝基苯等方法,防止 AgCl 转化为 AgSCN 而引起误差。佛尔哈德法的最大优点是在强酸性介质中进行,所以干扰较少。

(3)法扬司法　此方法是以吸附指示剂指示滴定终点的银量法。吸附指示剂是一些有机染料,其阴离子被胶体微粒吸附后引起的颜色变化,可以指示滴定终点。在应用时需注意:由于颜色变化发生在沉淀的表面,因此应尽量使沉淀的比表面大一些;溶液的浓度不能太稀,否则生成的沉淀很少,观察终点比较困难;避免在强光下操作,因为卤化银沉淀对光敏感,很快转化为灰黑色,影响终点的观察;各种吸附指示剂的特性差异很大,对滴定条件(特别是酸度)的要求有所不同,适用范围也不相同。

（二）例题解析

例 7.1 PbI_2 在水中、浓度为 c 的 KI 水溶液中，溶解度与溶度积的关系分别为（ ）。

A. $K_{sp}^{\ominus}=(S/c^{\ominus})^3$、$S=\dfrac{K_{sp}^{\ominus}c^{\ominus}}{(c/c^{\ominus})^2}$； B. $K_{sp}^{\ominus}=(S/c^{\ominus})^3$、$S=\dfrac{K_{sp}^{\ominus}c^{\ominus}}{2(c/c^{\ominus})}$；

C. $K_{sp}^{\ominus}=(2S/c^{\ominus})^3$、$S=\dfrac{K_{sp}^{\ominus}c^{\ominus}}{(2c/c^{\ominus})^2}$； D. $K_{sp}^{\ominus}=4(S/c^{\ominus})^3$、$S=\dfrac{K_{sp}^{\ominus}c^{\ominus}}{(c/c^{\ominus})^2}$。

解：

$$PbI_2(s)=Pb^{2+}(aq)+2I^-(aq)$$

$$K_{sp}^{\ominus}=\{c(Pb^{2+})/c^{\ominus}\}\{c(I^-)/c^{\ominus}\}^2$$

在水中，$c(Pb^{2+})=S$，$c(I^-)=2S$，$K_{sp}^{\ominus}=(S/c^{\ominus})(2S/c^{\ominus})^2=4(S/c^{\ominus})^3$；

在 KI 溶液中，$S=c(Pb^{2+})$，$c(I^-)=c$，故答案 D 正确。

例 7.2 下列物质，难溶于强酸的为（ ）。

A. $Co(OH)_3$； B. CaC_2O_4；

C. CuI； D. $BaCrO_4$。

解：答案 A 与 B 中，其阴离子分别为强碱和较强的碱，故易溶于强酸，答案 A 与 B 不正确。CrO_4^{2-} 在酸中转化为 $Cr_2O_7^{2-}$：$2CrO_4^{2-}+2H^+=Cr_2O_7^{2-}+H_2O$，所以铬酸盐均可溶于强酸，答案 D 不正确。CuI 中，阴离子为 I^-，不易接受质子，不溶于强酸，故答案 C 正确。

例 7.3 下列试剂中能使 $CaSO_4(s)$ 溶解度增大的是（ ）。

A. NH_4Ac； B. Na_2SO_4； C. $CaCl_2$； D. H_2O。

解：答案 A 正确。这是产生了盐效应的结果，因为溶液中离子浓度增加，使离子强度增大，因而异号离子间作用增大，使离子活度降低，沉淀-溶解平衡向溶解方向移动。加入 B 和 C 都会引起同离子效应，导致 $CaSO_4$ 溶解度降低。

例 7.4 莫尔法测定所用指示剂及其作用原理为（ ）。

A. K_2CrO_4、分步沉淀； B. $K_2Cr_2O_7$、分步沉淀；

C. 铁铵矾、沉淀转化； D. 荧光黄、吸附作用。

解：答案 A 正确。

例 7.5 莫尔法测定 Cl^- 和 Ag^+ 时，所用滴定剂分别为（ ）。

A. $AgNO_3$、NaCl； B. $AgNO_3$、$AgNO_3$；

C. $AgNO_3$、曙红； D. $AgNO_3$、NH_4SCN。

解：因为指示剂 CrO_4^{2-} 与 Ag^+ 反应生成沉淀，所以莫尔法测定 Ag^+ 时必须用返滴定法，故 A 不正确；曙红是法扬司法中所用指示剂，NH_4SCN 是佛尔哈德法中所用滴定剂，故 C、D 不正确。正确答案为 B。

例 7.6 已知 $K_{sp}^{\ominus}\{Ca(OH)_2\}=5.6\times10^{-6}$，$Ca(OH)_2$ 饱和溶液的 pH 为________。

解：

$$Ca(OH)_2(s)=Ca^{2+}(aq)+2OH^-(aq)$$

$c^{eq}/(mol\cdot L^{-1})$ S $2S$

$$K_{sp}^{\ominus}\{Ca(OH)_2\}=\{c(Ca^{2+})/c^{\ominus}\}\{c(OH^-)/c^{\ominus}\}^2=4(S/c^{\ominus})^3=5.6\times10^{-6}$$

$$S=1.1\times10^{-2}\ \text{mol}\cdot\text{L}^{-1}$$

$$\text{pH}=14-[-\lg(2\times1.1\times10^{-2})]=12.34$$

例 7.7 298 K 时，AgCl 的溶解度为 1.33×10^{-5} mol · L^{-1}，则 AgCl 的溶度积等于________。

解： $$AgCl(s)=Ag^{+}(aq)+Cl^{-}(aq)$$

平衡时 $$c(Ag^{+})=c(Cl^{-})=1.33\times10^{-5}\ \text{mol}\cdot\text{L}^{-1}$$

所以 $$K_{sp}^{\ominus}(AgCl)=\{c(Ag^{+})/c^{\ominus}\}\{c(Cl^{-})/c^{\ominus}\}$$

$$=(1.33\times10^{-5})^{2}=1.77\times10^{-10}$$

例 7.8 已知 298 K 时，$K_{sp}^{\ominus}(AgCl)=1.77\times10^{-10}$，$K_{sp}^{\ominus}(AgBr)=5.35\times10^{-13}$，$K_{sp}^{\ominus}(Ag_2CrO_4)=1.12\times10^{-12}$。三者的溶解度由大到小的次序为________。

解： $$S(AgCl)=c^{\ominus}\sqrt{K_{sp}^{\ominus}(AgCl)}=1.33\times10^{-5}\ \text{mol}\cdot\text{L}^{-1}$$

$$S(AgBr)=c^{\ominus}\sqrt{K_{sp}^{\ominus}(AgBr)}=7.31\times10^{-7}\ \text{mol}\cdot\text{L}^{-1}$$

$$S(Ag_2CrO_4)=c^{\ominus}\sqrt[3]{\frac{K_{sp}^{\ominus}(Ag_2CrO_4)}{4}}=6.54\times10^{-5}\ \text{mol}\cdot\text{L}^{-1}$$

三种物质的溶解度大小顺序为：$Ag_2CrO_4>AgCl>AgBr$。

AgCl 与 AgBr 同属于 AB 型沉淀，可直接利用溶度积的大小判断溶解度的大小，$K_{sp}^{\ominus}(AgCl)>K_{sp}^{\ominus}(AgBr)$，则 $S(AgCl)>S(AgBr)$。而 Ag_2CrO_4 为 A_2B 型沉淀，尽管 $K_{sp}^{\ominus}(AgCl)>K_{sp}^{\ominus}(Ag_2CrO_4)$，但 $S(AgCl)<S(Ag_2CrO_4)$。因此，对于类型不同的沉淀，需要计算后才能比较溶解度的大小。

例 7.9 $BaSO_4$ 在 $c(Na_2SO_4)=0.10$ mol · L^{-1} 的硫酸钠溶液中和在纯水中的溶解度分别为________和________。已知 $K_{sp}^{\ominus}(BaSO_4)=1.07\times10^{-10}$。

解：在纯水中， $$BaSO_4(s)=Ba^{2+}(aq)+SO_4^{2-}(aq)$$

$c^{eq}/(\text{mol}\cdot\text{L}^{-1})$ S S

$S/c^{\ominus}=\sqrt{K_{sp}^{\ominus}(BaSO_4)}$ 则 $S=1.03\times10^{-5}\ \text{mol}\cdot\text{L}^{-1}$

在 0.10 mol · L^{-1} Na_2SO_4 溶液中，$BaSO_4(s)=Ba^{2+}(aq)+SO_4^{2-}(aq)$

$c^{eq}/(\text{mol}\cdot\text{L}^{-1})$ S' $S'+0.10$

因为 S' 很小，故 $S'+0.10\approx0.10$

$S'/c^{\ominus}=K_{sp}^{\ominus}(BaSO_4)/0.10$ 则 $S'=1.07\times10^{-9}\ \text{mol}\cdot\text{L}^{-1}$

由计算结果可知，加入 Na_2SO_4 后，$BaSO_4$ 的溶解度大大下降。在实际工作中，往往可以利用同离子效应使被沉淀离子沉淀得更完全。

例 7.10 在一含有 $CaCO_3$ 和 CaF_2 沉淀的溶液中，$c(CO_3^{2-})=1.0\times10^{-6}$ mol · L^{-1}，则 $c(F^{-})$ 等于________。已知 $K_{sp}^{\ominus}(CaCO_3)=8.7\times10^{-9}$，$K_{sp}^{\ominus}(CaF_2)=1.5\times10^{-10}$。

解： $$CaCO_3(s)=Ca^{2+}(aq)+CO_3^{2-}(aq)$$

$$CaF_2(s)=Ca^{2+}(aq)+2F^{-}(aq)$$

此为多重平衡系统，Ca^{2+} 浓度可同时满足以上两个平衡，所以

$$\frac{K_{sp}^{\ominus}(CaCO_3)}{c(CO_3^{2-})/c^{\ominus}}=\frac{K_{sp}^{\ominus}(CaF_2)}{\{c(F^-)/c^{\ominus}\}^2}$$

代入数据得：$c(F^-)=1.3\times10^{-4}\ mol\cdot L^{-1}$。

例 7.11　根据 $\Delta_f G_m^{\ominus}$ 的数据，计算 298 K 时 $K_{sp}^{\ominus}(AgCl)$。

解：

$$AgCl(s)=Ag^+(aq)+Cl^-(aq)$$

$$\Delta_r G_m^{\ominus}=[\Delta_f G_m^{\ominus}(Ag^+,aq)+\Delta_f G_m^{\ominus}(Cl^-,aq)]-\Delta_f G_m^{\ominus}(AgCl,s)=$$
$$(77.12\ kJ\cdot mol^{-1}-131.3\ kJ\cdot mol^{-1})-(-109.8\ kJ\cdot mol^{-1})=55.62\ kJ\cdot mol^{-1}$$

$$\Delta_r G_m^{\ominus}=-RT\ln K_{sp}^{\ominus}$$

$$\ln K_{sp}^{\ominus}(AgCl)=\frac{-55.62\times10^3}{8.314\times298}=-22.45$$

$$K_{sp}^{\ominus}(AgCl)=1.77\times10^{-10}$$

例 7.12　通过计算，说明下列条件下能否生成沉淀。

(1)在 10 mL $c(MnSO_4)=0.0015\ mol\cdot L^{-1}$ 的硫酸锰溶液中，加入 5 mL $c(NH_3\cdot H_2O)=0.15\ mol\cdot L^{-1}$ 的氨水溶液。

(2)若在上述 10 mL $c(MnSO_4)=0.0015\ mol\cdot L^{-1}$ 的硫酸锰溶液中，先加入 0.495 g 硫酸铵固体(设加入固体后溶液体积不变)，然后再加入 5 mL $c(NH_3\cdot H_2O)=0.15\ mol\cdot L^{-1}$ 的氨水溶液。已知 $K_{sp}^{\ominus}\{Mn(OH)_2\}=2.06\times10^{-13}$。

解：

(1)考虑溶液混合引起体积变化

$$c(Mn^{2+})=0.0010\ mol\cdot L^{-1},\ c(NH_3\cdot H_2O)=0.050\ mol\cdot L^{-1}$$

$$\frac{c(NH_3\cdot H_2O)/c^{\ominus}}{K_b^{\ominus}}>500,c(OH^-)/c^{\ominus}=\sqrt{K_b^{\ominus}\frac{c}{c^{\ominus}}}=\sqrt{1.77\times10^{-5}\times0.050}$$

$$c(OH^-)=9.41\times10^{-4}\ mol\cdot L^{-1}$$

$Q=\{c(Mn^{2+})/c^{\ominus}\}\{c(OH^-)/c^{\ominus}\}^2=0.0010\times(9.41\times10^{-4})^2=8.85\times10^{-10}$

$Q>K_{sp}^{\ominus}\{Mn(OH)_2\}$，所以有沉淀生成。

(2)考虑溶液混合引起体积变化，$c(Mn^{2+})=0.0010\ mol\cdot L^{-1}$，$c(NH_3\cdot H_2O)=0.050\ mol\cdot L^{-1}$，$c(NH_4^+)=0.50\ mol\cdot L^{-1}$

$$c(OH^-)/c=K_b^{\ominus}\frac{c(NH_3\cdot H_2O)/c^{\ominus}}{c(NH_4^+)/c^{\ominus}}=1.77\times10^{-5}\times\frac{0.05}{0.50}=1.77\times10^{-6}$$

$$c(OH^-)=1.77\times10^{-6}\ mol\cdot L^{-1}$$

$$Q=\{c(Mn^{2+})/c^{\ominus}\}\{c(OH^-)/c^{\ominus}\}^2=0.0010\times(1.77\times10^{-6})^2=3.13\times10^{-15}$$

$$Q<K_{sp}^{\ominus}\{Mn(OH)_2\}$$

因此不会有沉淀生成。$Mn(OH)_2$、$Mg(OH)_2$、$Ca(OH)_2$ 等溶度积较大的难溶氢氧化物均可溶解于铵盐水溶液中。

例 7.13　海水中 Mg^{2+} 浓度 $c(Mg^{2+})$ 大约为 $0.059\ mol\cdot L^{-1}$。在工业提取镁的过程中，需首先把 Mg^{2+} 转化成 $Mg(OH)_2$ 沉淀。若加入碱后，某海水样品中的 $c(OH^-)=2.0\times10^{-3}\ mol\cdot L^{-1}$，则

(1)在沉淀后，溶液中剩余 Mg^{2+} 浓度 $c(Mg^{2+})$ 为多少？已知 $K_{sp}^{\ominus}\{Mg(OH)_2\}=5.6\times10^{-12}$。

(2)在以上条件下，Mg^{2+} 是否被沉淀完全？

解：

(1)溶液中 $c(OH^-)=2.0\times10^{-3}\ mol\cdot L^{-1}$，代入溶度积常数表达式：

$$K_{sp}^{\ominus}\{Mg(OH)_2\}=\{c(Mg^{2+})/c^{\ominus}\}\{c(OH^-)/c^{\ominus}\}^2$$

得
$$c(Mg^{2+})=1.4\times10^{-6}\ mol\cdot L^{-1}$$

(2)$1.4\times10^{-6}\ mol\cdot L^{-1}<10^{-5}\ mol\cdot L^{-1}$，故在该条件下，$Mg^{2+}$ 已被沉淀完全。

例 7.14 溶液中含有 Ag^+、Pb^{2+}、Ba^{2+}，它们的浓度均为 $1.0\times10^{-2}\ mol\cdot L^{-1}$。逐滴加入 K_2CrO_4 溶液，试通过计算说明上述离子被沉淀下来的先后顺序。已知 $K_{sp}^{\ominus}(Ag_2CrO_4)=1.12\times10^{-12}$，$K_{sp}^{\ominus}(PbCrO_4)=1.77\times10^{-14}$，$K_{sp}^{\ominus}(BaCrO_4)=1.17\times10^{-10}$。

解：

Ag^+ 开始沉淀时所需 $c(CrO_4^{2-})$：$c(CrO_4^{2-})/c^{\ominus}=K_{sp}^{\ominus}(Ag_2CrO_4)/\{c(Ag^+)/c^{\ominus}\}^2$

$$c(CrO_4^{2-})=1.12\times10^{-8}\ mol\cdot L^{-1}$$

Pb^{2+} 开始沉淀时所需 $c(CrO_4^{2-})$：$c(CrO_4^{2-})/c^{\ominus}=K_{sp}^{\ominus}(PbCrO_4)/\{c(Pb^{2+})/c^{\ominus}\}$

$$c(CrO_4^{2-})=1.77\times10^{-12}\ mol\cdot L^{-1}$$

Ba^{2+} 开始沉淀时所需 $c(CrO_4^{2-})$：$c(CrO_4^{2-})/c^{\ominus}=K_{sp}^{\ominus}(BaCrO_4)/\{c(Ba^{2+})/c^{\ominus}\}$

$$c(CrO_4^{2-})=1.17\times10^{-8}\ mol\cdot L^{-1}$$

根据产生沉淀时所需沉淀剂浓度较小者先被沉淀的原则，最先被沉淀的应是 Pb^{2+}，随后被沉淀的是 Ag^+，最后是 Ba^{2+}。

例 7.15 将沉淀 AgI 分别用 Na_2CO_3 和 $(NH_4)_2S$ 溶液进行处理，问沉淀能否转化？为什么？已知 $K_{sp}^{\ominus}(AgI)=1.5\times10^{-16}$，$K_{sp}^{\ominus}(Ag_2S)=1.6\times10^{-49}$，$K_{sp}^{\ominus}(Ag_2CO_3)=8.1\times10^{-12}$。

解：

$$2AgI+CO_3^{2-}=Ag_2CO_3+2I^- \qquad K^{\ominus}=\frac{\{K_{sp}^{\ominus}(AgI)\}^2}{K_{sp}^{\ominus}(Ag_2CO_3)}=2.8\times10^{-21}\ll10^{-6}$$

即 AgI 不易转化为 Ag_2CO_3。

$$2AgI+S^{2-}=Ag_2S+2I^- \qquad K^{\ominus}=\frac{\{K_{sp}^{\ominus}(AgI)\}^2}{K_{sp}^{\ominus}(Ag_2S)}=1.4\times10^{17}\gg10^6$$

即 AgI 能转化为 Ag_2S。

例 7.16 含有浓度均为 $0.10\ mol\cdot L^{-1}$ 的 Fe^{3+} 和 Mg^{2+} 的混合溶液，欲用 NaOH 使两种离子分离，即将 Fe^{3+} 定性沉淀完全，而将 Mg^{2+} 留在溶液中，问应将 NaOH 浓度控制在什么范围？已知 $K_{sp}^{\ominus}\{Fe(OH)_3\}=1.1\times10^{-36}$，$K_{sp}^{\ominus}\{Mg(OH)_2\}=5.6\times10^{-12}$。

解：欲使 Fe^{3+} 沉淀完全，所需 OH^- 的最低浓度为

$$c(OH)^-=c^{\ominus}\sqrt[3]{\frac{K_{sp}^{\ominus}\{Fe(OH)_3\}}{c(Fe^{3+})/c^{\ominus}}}=2.2\times10^{-11}\ mol\cdot L^{-1}$$

欲使 Mg^{2+} 开始沉淀，所需 OH^- 的浓度为

$$c(OH^-)=c^{\ominus}\sqrt{\frac{K_{sp}^{\ominus}\{Mg(OH)_2\}}{c(Mg^{2+})/c^{\ominus}}}=7.5\times10^{-6}\ mol\cdot L^{-1}$$

即应将溶液中 NaOH 浓度控制在 $4.8\times10^{-11}\sim7.1\times10^{-6}\ mol\cdot L^{-1}$。

例 7.17 向一 $c(Mn^{2+})=c(Pb^{2+})=0.1\ mol\cdot L^{-1}$ 的溶液中通入 H_2S 至饱和，欲将二者定量分离，溶液酸度应控制在什么范围？已知 $K_{sp}^{\ominus}(MnS)=1.4\times10^{-15}$，$K_{sp}^{\ominus}(PbS)=3.4\times10^{-28}$，$K_{a1}^{\ominus}(H_2S)=1.3\times10^{-7}$，$K_{a2}^{\ominus}(H_2S)=7.1\times10^{-15}$。

解：

MnS 开始沉淀时：$c(S^{2-})/c^{\ominus}=\dfrac{K_{sp}^{\ominus}(MnS)}{c(Mn^{2+})/c^{\ominus}}=\dfrac{1.4\times10^{-15}}{0.10}=1.4\times10^{-14}$

PbS 沉淀完全时：$c(S^{2-})/c^{\ominus}=\dfrac{K_{sp}^{\ominus}(PbS)}{c(Pb^{2+})/c^{\ominus}}=\dfrac{3.4\times10^{-28}}{1.0\times10^{-6}}=3.4\times10^{-22}$

根据 $c(S^{2-})/c^{\ominus}=\dfrac{K_{a1}^{\ominus}K_{a2}^{\ominus}c(H_2S)/c^{\ominus}}{\{c(H^+)/c^{\ominus}\}^2}$

可得　MnS 开始生成时：$c(S^{2-})=1.4\times10^{-14}\ mol\cdot L^{-1}$，$c^{eq}(H^+)=8.1\times10^{-5}\ mol\cdot L^{-1}$

pH=4.1

PbS 沉淀完全时：$c(S^{2-})=3.4\times10^{-22}\ mol\cdot L^{-1}$，$c^{eq}(H^+)=0.50\ mol\cdot L^{-1}$

根据反应：$H_2S+Pb^{2+}=PbS\downarrow+2H^+$

$0.50\ mol\cdot L^{-1}-0.20\ mol\cdot L^{-1}=0.30\ mol\cdot L^{-1}$

故：将溶液酸度调节至不高于 $c(H^+)=0.30\ mol\cdot L^{-1}$，且 pH 不高于 4.1 即可实现二者定量分离。

实际工作中，可通入硫化氢气体至饱和（$\sim0.1\ mol\cdot L^{-1}$），利用调节介质酸度控制溶液中硫离子浓度的方法实现离子分离。

例 7.18 称取可溶性氯化物 0.226 6 g，加水溶解后，加入 $c(AgNO_3)=0.1120\ mol\cdot L^{-1}$ 的硝酸银标准溶液 30.00 mL，过量的 $AgNO_3$ 用 $c(NH_4SCN)=0.1183\ mol\cdot L^{-1}$ 的硫氰酸铵标准溶液滴定，用去 6.50 mL。计算试样中氯的质量分数。

解：本题涉及佛尔哈德法中的返滴定方式。

$$w(Cl)=\frac{\{c(AgNO_3)V(AgNO_3)-c(NH_4SCN)V(NH_4SCN)\}M(Cl)}{m_s}$$

$$=\frac{(0.1120\ mol\cdot L^{-1}\times0.03000\ L-0.1183\ mol\cdot L^{-1}\times0.00650\ L)\times35.45\ g\cdot mol^{-1}}{0.2266\ g}$$

$$=40.54\%$$

（三）自　测　题

7.1　难溶电解质 A_2B 在水溶液中达到沉淀溶解平衡时，$c(A^+)/c^{\ominus}=x$，$c(B^{2-})/c^{\ominus}=y$，则难溶电解质 A_2B 的 $K_{sp}^{\ominus}$ 等于（　　）。

A. $x^2\sqrt{y}$；　　B. x^2y；　　C. xy；　　D. $(2x)^2y$。

7.2 $Ca(OH)_2$($K_{sp}^{\ominus}=5.5\times10^{-6}$)、$Mg(OH)_2$($K_{sp}^{\ominus}=5.6\times10^{-12}$)、AgCl($K_{sp}^{\ominus}=1.77\times10^{-10}$)三种物质在纯水中的溶解度,下列说法正确的是(　　)。

A. $Mg(OH)_2$ 的溶解度最小;　　B. $Ca(OH)_2$ 的溶解度最小;

C. AgCl 的溶解度最小;　　D. $K_{sp}^{\ominus}$ 最小的溶解度最小。

7.3 在下列介质中,$Mn(OH)_2$ 溶解度最大的为(　　)。

A. 纯水;　　B. 0.1 $mol\cdot L^{-1}$ 的 NaOH 溶液;

C. 0.1 $mol\cdot L^{-1}$ 的氨水;　　D. 0.1 $mol\cdot L^{-1}$ 的 $MnCl_2$ 溶液。

7.4 下列有关分步沉淀的叙述,正确的是(　　)。

A. 溶解度小者先沉淀出来;

B. 沉淀时所需沉淀剂浓度最小者先沉淀出来;

C. 溶度积较小者先沉淀出来;

D. 被沉淀离子浓度较大者先沉淀出来。

7.5 下列难溶物,不可能溶于强酸的是(　　)。

A. $Fe(OH)_3$;　　B. CuBr;　　C. BaC_2O_4;　　D. Ag_2CrO_4。

7.6 CuS 沉淀可溶解于(　　)。

A. 热浓硝酸;　　B. 浓氨水;　　C. 盐酸;　　D. 醋酸。

7.7 反应 $PbSO_4(s)+S^{2-}(aq)=PbS(s)+SO_4^{2-}(aq)$的平衡常数 $K^{\ominus}$ 等于(　　)。

A. $K_{sp}^{\ominus}(PbS)-K_{sp}^{\ominus}(PbSO_4)$;　　B. $K_{sp}^{\ominus}(PbSO_4)-K_{sp}^{\ominus}(PbS)$;

C. $K_{sp}^{\ominus}(PbS)/K_{sp}^{\ominus}(PbSO_4)$;　　D. $K_{sp}^{\ominus}(PbSO_4)/K_{sp}^{\ominus}(PbS)$。

7.8 向 $CaCO_3$ 和 CaC_2O_4 混合物中加入足量醋酸,结果是(　　)。

A. $CaCO_3$ 溶解;　　B. CaC_2O_4 溶解;

C. 二者全溶;　　D. 二者全不溶。

7.9 佛尔哈德法所用指示剂和滴定剂分别为(　　)。

A. K_2CrO_4、$AgNO_3$;

B. $NH_4Fe(SO_4)_2\cdot12H_2O$、$NH_4SCN$;

C. NH_4SCN、$NH_4Fe(SO_4)_2\cdot12H_2O$;

D. NH_4SCN、$AgNO_3$。

7.10 欲将 AgCl、AgBr、AgI 混合物中的 AgCl 分离出来,适宜的试剂为(　　)。

A. NH_3;　　B. $Na_2S_2O_3$;

C. Zn;　　D. $(NH_4)_2CO_3$。

7.11 PbI_2 在 $c(KI)=0.1\ mol\cdot L^{-1}$ 的碘化钾水溶液中的溶解度为________。已知 $K_{sp}^{\ominus}(PbI_2)=8.49\times10^{-9}$。

7.12 相同温度下,$BaSO_4$ 在 K_2SO_4 溶液中的溶解度比在纯水中的溶解度______,这种作用称为______;而 $BaSO_4$ 在 KNO_3 溶液中的溶解度比在纯水中的溶解度______,这种作用称为______。

7.13 某混合离子溶液中,$c(Ag^+)=c(Sr^{2+})=c(Pb^{2+})=c(Ba^{2+})=0.010\ mol\cdot L^{-1}$,若向溶液中逐滴加入 K_2CrO_4,沉淀出现的先后顺序为________。已知 $K_{sp}^{\ominus}(Ag_2CrO_4)=1.1\times10^{-12}$,$K_{sp}^{\ominus}(PbCrO_4)=2.8\times10^{-13}$,$K_{sp}^{\ominus}(SrCrO_4)=2.2\times10^{-5}$,

$K_{sp}^{\ominus}(BaCrO_4) = 1.2 \times 10^{-10}$。

7.14 反应①$CaC_2O_4 + HAc = HC_2O_4^- + Ca^{2+} + Ac^-$ 的标准平衡常数等于________；反应② $CaC_2O_4 + 2HAc = H_2C_2O_4 + Ca^{2+} + 2Ac^-$ 的标准平衡常数等于________。已知 $K_{a1}^{\ominus}(H_2C_2O_4) > K_a^{\ominus}(HAc)$，故草酸钙与醋酸反应，主要按反应式________进行。

7.15 已知 $K_{sp}^{\ominus}(PbI_2) = 8.4 \times 10^{-9}$，$K_{sp}^{\ominus}(PbCrO_4) = 2.8 \times 10^{-13}$，若将 $PbCrO_4$ 沉淀转化为 PbI_2 沉淀，则转化反应的离子方程式为________________，其标准平衡常数 $K^{\ominus} =$ __________。

7.16 饮用含有过量 SO_4^{2-} 的水会引起腹泻，故规定饮用水中 SO_4^{2-} 浓度不得超过 2.60×10^{-3} mol·L^{-1}。若天然水流经含有石膏的土壤，被 $CaSO_4$ 饱和，请问此水还能饮用吗？已知 $K_{sp}^{\ominus}(CaSO_4) = 7.10 \times 10^{-5}$。

7.17 在 $c(MgCl_2) = 0.010$ mol·L^{-1} 和 $c(NH_3 \cdot H_2O) = 0.10$ mol·L^{-1} 的混合溶液中，NH_4^+ 的浓度至少为多大时才能防止生成 $Mg(OH)_2$ 沉淀？

7.18 一溶液含有 Fe^{2+} 和 Fe^{3+}，浓度均为 0.10 mol·L^{-1}，如果要求 $Fe(OH)_3$ 定性沉淀完全，而 $Fe(OH)_2$ 不沉淀，需要控制 pH 在什么范围？已知 $K_{sp}^{\ominus}\{Fe(OH)_3\} = 2.6 \times 10^{-39}$，$K_{sp}^{\ominus}\{Fe(OH)_2\} = 4.9 \times 10^{-17}$。

7.19 向含有 $c(Mn^{2+}) = c(Ni^{2+}) = 0.10$ mol·L^{-1} 的溶液中通入 $H_2S(g)$ 至饱和以实现此二离子的定性分离，应控制溶液的 pH 在什么范围？已知 $K_{sp}^{\ominus}(NiS) = 1.1 \times 10^{-21}$，$K_{sp}^{\ominus}(MnS) = 4.7 \times 10^{-14}$，$K_{a1}^{\ominus}(H_2S) = 1.3 \times 10^{-7}$，$K_{a2}^{\ominus}(H_2S) = 7.1 \times 10^{-15}$。

7.20 向 $c(Cl^-) = c(CrO_4^{2-}) = 0.10$ mol·L^{-1} 的混合溶液中滴加 $AgNO_3$ 溶液，问哪种离子先被沉淀出来？若加入足够的 $AgNO_3$ 溶液，能否将两种离子定性完全分离？已知 $K_{sp}^{\ominus}(AgCl) = 1.77 \times 10^{-10}$，$K_{sp}^{\ominus}(Ag_2CrO_4) = 1.12 \times 10^{-12}$。

7.21 正常人的尿液 pH=6.30，其中磷酸各种型体的总浓度为 0.20 mol·L^{-1}，已知 H_3PO_4 的 $K_{a1}^{\ominus} = 7.5 \times 10^{-3}$，$K_{a2}^{\ominus} = 6.2 \times 10^{-8}$，$K_{a3}^{\ominus} = 2.2 \times 10^{-13}$，$K_{sp}^{\ominus}\{Ca_3(PO_4)_2\} = 2.07 \times 10^{-33}$，计算说明：

(1)在尿液中，磷酸主要以哪两种型体存在？

(2)其中 $c(PO_4^{3-})$ 为多大？

(3)尿道结石的主要成分是 $Ca_3(PO_4)_2$，为防止结石的产生，尿液中游离的 Ca^{2+} 浓度不得高于多少？

7.22 称取 0.302 8 g 含有 KCl 和 KBr 的试样，溶于水后用 $c(AgNO_3) = 0.101\,4$ mol·L^{-1} 的硝酸银标准溶液进行滴定，用去 30.20 mL。试计算混合物中 KCl 和 KBr 的质量分数。

7.23 提纯粗食盐时，加入氯化钡将硫酸根等阴离子沉淀后，为何必须过滤除去沉淀后，才可向溶液中加入碳酸钠将钙、镁以及过量的钡等阳离子沉淀？已知 $K_{sp}^{\ominus}(BaSO_4) = 1.0 \times 10^{-10}$，$K_{sp}^{\ominus}(BaCO_3) = 2.6 \times 10^{-9}$。

7.24 计算反应 $CdS + 2H^+ = Cd^{2+} + H_2S$ 的标准平衡常数，并判断 CdS 是否易溶于强酸？实验证明 CdS 易溶于盐酸，试解释之，并写出有关反应式。已知 $K_{sp}^{\ominus}(CdS) = 1.4 \times 10^{-29}$，$K_{a1}^{\ominus}(H_2S) = 1.3 \times 10^{-7}$，$K_{a2}^{\ominus}(H_2S) = 7.1 \times 10^{-15}$。

7.25 请设计一利用沉淀滴定法测定 $BaCl_2$ 中氯的质量分数 w(Cl)的方案。

自测题答案

7.1 B　7.2 C　7.3 A　7.4 B　7.5 B　7.6 A　7.7 D

7.8 A　7.9 B　7.10 D

7.11 $8.49\times10^{-7}\ mol\cdot L^{-1}$

7.12 小，同离子效应；大，盐效应

7.13 $PbCrO_4$、Ag_2CrO_4、$BaCrO_4$、$SrCrO_4$

7.14 $\frac{K_{sp}^{\ominus}(CaC_2O_4)K_a^{\ominus}(HAc)}{K_{a2}^{\ominus}(H_2C_2O_4)}$，$\frac{K_{sp}^{\ominus}(CaC_2O_4)\{K_a^{\ominus}(HAc)\}^2}{K_{a1}^{\ominus}(H_2C_2O_4)K_{a2}^{\ominus}(H_2C_2O_4)}$，①

7.15 $PbCrO_4(s)+2I^-(aq)=PbI_2(s)+CrO_4^{2-}(aq)$，$K_{sp}^{\ominus}(PbCrO_4)/K_{sp}^{\ominus}(PbI_2)=3.3\times10^{-5}$

7.16 $c(SO_4^{2-})=8.4\times10^{-3}\ mol\cdot L^{-1}$，不能饮用

7.17 $0.076\ mol\cdot L^{-1}$

7.18 2.80～6.34

7.19 3.03～4.85

7.20 AgCl 先沉淀，不能完全分离

7.21 $H_2PO_4^-$ 和 HPO_4^{2-}；$9.7\times10^{-9}\ mol\cdot L^{-1}$；$2.8\times10^{-6}\ mol\cdot L^{-1}$

7.22 $w(KCl)=34.15\%$，$w(KBr)=65.85\%$

7.23 若不过滤除去 $BaSO_4$，则加入 Na_2CO_3 时，$BaSO_4$ 会部分转化为 $BaCO_3$，导致硫酸根残余。

7.24 1.5×10^{-8}，不易溶于强酸。CdS 能溶于盐酸是因为发生了配位反应，反应式为

$$CdS+2HCl=CdCl_2+H_2S$$

7.25 称量 $BaCl_2$ 样品→溶解→加入硝酸调节酸度→加入一定量过量的 $AgNO_3$ 标准溶液→煮沸→过滤→洗涤→滤液中加入指示剂铁铵矾→用 NH_4SCN 标准溶液返滴定过量的 Ag^+。$w(Cl)=\frac{\{c(AgNO_3)V(AgNO_3)-c(NH_4SCN)V(NH_4SCN)\}M(Cl)}{m_s}$。

（若利用莫尔法，应先除去 Ba^{2+}，步骤烦琐）

八、氧化还原反应和氧化还原滴定法

(一)考 试 指 南

氧化还原反应是元素氧化数发生变化的化学反应。氧化数降低的过程,即得到电子的过程称为还原,氧化数升高的过程,即失去电子的过程称为氧化。氧化和还原是同时发生的,且氧化数降低的总数与升高的总数相等。在氧化还原反应中,氧化数降低,即得到电子的物质称为氧化剂;氧化数升高,即失去电子的物质称为还原剂。反应中的氧化剂得到电子后必然生成相应的还原产物,还原剂失去电子后也必然得到相应的氧化产物。将氧化剂和其还原产物、还原剂和其氧化产物组成的物质对称为氧化还原电对,简称为电对。氧化还原电对中,氧化数较高的物质称为氧化态,氧化数较低的物质称为还原态。一般用"氧化态/还原态"表示电对,如 Cu^{2+}/Cu 等。

原电池是将化学能转变成电能的装置。原电池使氧化、还原反应在不同的空间进行,是研究氧化还原反应以及物质在水溶液中氧化、还原能力的最基本的物理模型。氧化还原反应中,一个电对是氧化态物质得到电子,相应的过程称为还原半反应。另一个电对的还原态物质失去电子,相应的过程称为氧化半反应。在原电池中,两个半反应分别在两个电极上进行,所以半反应也被称为电极反应。两个半反应(电极反应)合起来就构成了一个完整的电池反应,也就是氧化还原反应。原电池中,发生还原反应的电极称为正极,发生氧化反应的电极称为负极。

原电池的结构用原电池符号表示。书写原电池符号原则如下。

①从左到右,依次写出原电池的负极和正极。要注明物质的状态,溶液要标出其浓度,气体要标出其分压。

②用竖立的短线表示相界面,竖立的双线表示盐桥。

③左端标出负极的符号,右端标出正极的符号。

如标准状态下,Zn-Cu 原电池电池反应为 $Zn(s)+Cu^{2+}(1\ mol\cdot L^{-1})=Cu(s)+Zn^{2+}(1\ mol\cdot L^{-1})$,原电池符号为:

$$(-)Zn(s)|Zn^{2+}(1\ mol\cdot L^{-1})\parallel Cu^{2+}(1\ mol\cdot L^{-1})|Cu(s)(+)$$

反应正向自发进行的原电池,正极的电势高于负极的电势。所以可用电极所具有的电势高低来定量标度物质在水溶液中氧化还原能力的高低。因电极所具有的电势绝对值不可测得,电化学中,用"电极电势"表示电极所具有的电势的相对值。指定温度下,某电极与标准氢电极组成的原电池的电动势称为该电极的电极电势 φ。该原电池中,指定标准氢电极为负极。标准氢电极的电极电势等于 0 V。在标准状态下测得的电极电势称为电极的标准电极电势 $\varphi^{\ominus}$。电极电势与电极反应的写法无关。

电极电势是用来定量标度物质在水溶液中氧化还原能力的物理量。具有较高电极电势的电极中，氧化态物质在指定条件、水溶液中具有较强的氧化性，具有较低电极电势的电极中，还原态物质在指定条件、水溶液中具有较强的还原性。这里所谓的“指定条件”，是指浓度、压力和温度条件。通常在手册中给出25℃时电极的标准电极电势。

原电池电动势等于正、负极电极电势之差：$\varepsilon=\varphi(+)-\varphi(-)$。

标准状态下，原电池电动势等于正、负极标准电极电势之差：$\varepsilon^{\ominus}=\varphi^{\ominus}(+)-\varphi^{\ominus}(-)$。

热力学可证得氧化还原反应的摩尔吉布斯自由能变与原电池电动势的关系：

$$\Delta_r G_m=-nF\varepsilon$$
$$\Delta_r G_m^{\ominus}=-nF\varepsilon^{\ominus}$$

因此，可根据两个电极的电极电势的高低判断氧化还原反应的自发方向：电极电势较高电极中的氧化态物质自发与电极电势较低电极中的还原态物质反应，即若 $\varphi(A/B)>\varphi(C/D)$，则反应：

$$A+D=B+C$$

正向自发，即自发的氧化还原反应，总是较强的氧化剂与较强的还原剂之间的作用。

标准状态下，反应的自发方向可根据标准电极电势判断。

能斯特方程给出了电极电势与标准电极电势的关系。对电极 $aA+ne^-=bB$，

$$\varphi(A/B)=\varphi^{\ominus}(A/B)+\frac{2.303\,RT}{nF}\lg\frac{\{c(A)/c^{\ominus}\}^a}{\{c(B)/c^{\ominus}\}^b}$$

式中，$c(A)$、$c(B)$分别为氧化态、还原态物质的浓度，若A、B为气体，则应以气体相对分压代入方程；若有未发生氧化数变化的物质参加了电极反应，它们的浓度或分压也必须代入方程；固体、纯液体、稀薄溶液中的溶剂在方程中不出现。n 为电极反应电荷数，单位为1。25℃时，$\frac{2.303RT}{F}=0.059\ V$。能斯特方程的计算结果与电极反应写法无关。

由能斯特方程可以看出，一定温度下，增大氧化态的浓度(压力)，电极电势升高，即氧化态物质氧化能力增强；增大还原态的浓度(压力)，电极电势减小，即还原态物质的还原能力增强。因此，可利用各种改变浓度或气体压力的手段(如控制介质酸度、利用沉淀反应、配位反应等)，控制水溶液中的氧化还原反应的自发方向及反应完成程度。

氧化还原反应的标准平衡常数与反应的标准摩尔吉布斯自由能变之间有如下关系：

$$\Delta_r G_m^{\ominus}=-RT\ln K^{\ominus}$$

因为
$$\Delta_r G_m^{\ominus}=-nF\varepsilon^{\ominus}$$

所以有
$$\lg K^{\ominus}=\frac{nF\varepsilon^{\ominus}}{2.303RT}$$

25℃时，
$$\frac{F}{2.303RT}=\frac{1}{0.059\ V}$$

式中，n 为氧化还原反应电荷数，单位为1，n 与反应式的书写形式有关。$\varepsilon^{\ominus}$ 为正极(发生还原反应的电极)与负极(发生氧化反应的电极)标准电极电势之差。

将元素的各种不同氧化数物质按氧化数由高到低的顺序从左到右排列，每两种物质之间用短线连接，在短线上标出相应电对的标准电极电势，就构成了元素的标准电极电势图。可以

通过元素的标准电极电势图判断物质在标准状态时，能否在水溶液中发生歧化反应，还可求算未知电对的标准电极电势，等等。

利用氧化还原反应进行的滴定分析法称为氧化还原滴定法。在滴定过程中，一般用氧化剂作滴定剂。随着滴定的进行，被滴定的溶液的电极电势不断变化，达到化学计量点附近时会产生一定的电势突跃，这时指示剂变色，显示滴定终点。

氧化还原滴定 $n_2Ox_1+n_1Red_2=n_1Ox_2+n_2Red_1$ 中，若两电对均可逆且对称，则在 25℃时，±0.1％误差范围内电势的突跃为：

$$\left(\varphi_2^{\ominus'}+\frac{3\times0.059}{n_2}\right)\text{V}\sim\left(\varphi_1^{\ominus'}-\frac{3\times0.059}{n_1}\right)\text{V}$$

化学计量点电势为：

$$\varphi=\frac{n_1\varphi_1^{\ominus'}+n_2\varphi_2^{\ominus'}}{n_1+n_2}$$

即电势突跃范围的大小主要取决于 $\Delta\varphi^{\ominus'}$。

控制反应条件改变 $\varphi^{\ominus'}$ 以改善主反应的完成程度，是氧化还原滴定法中最重要的问题。例如，利用沉淀反应以完成碘量法对铜的测定，利用配位反应消除 Fe^{3+} 对碘量法测铜的干扰，以及利用配位反应使 $K_2Cr_2O_7$ 测定 Fe^{2+} 的突跃范围向下延伸等，均为这一原理的重要应用。滴定速度、温度和酸度条件也往往是氧化还原滴定成败的关键。

氧化还原滴定中常用的指示剂有 3 种。

①自身指示剂。利用滴定剂本身的颜色显示滴定终点。

②氧化还原指示剂。此类指示剂具有氧化还原性，且氧化态与还原态具有不同颜色。随滴定剂的加入，溶液电极电势不断变化，引起指示剂颜色改变。其变色范围为 $\varphi^{\ominus'}\pm\frac{2.303RT}{nF}$。

③特殊指示剂。如可溶性淀粉可指示碘量法滴定终点。

常用的氧化还原滴定有下列几种方法。

1.高锰酸钾法

高锰酸钾法是用高锰酸钾作滴定剂的氧化还原滴定法。该方法一般在强酸性溶液中进行，基本反应为：

$$MnO_4^-+8H^++5e^-=Mn^{2+}+4H_2O,\ \varphi^{\ominus}(MnO_4^-/Mn^{2+})=1.51\text{ V}$$

高锰酸钾标准溶液可直接滴定还原性物质；与草酸钠或硫酸亚铁配合，利用返滴定方式可测定氧化性物质；利用间接滴定方式可测定 Ca^{2+} 等无氧化还原能力的物质。高锰酸钾的优点是氧化能力强，应用广泛，且自身可指示终点。缺点是高锰酸钾标准溶液必须用间接法配制，且不稳定，久置后必须重新标定；选择性差；一般不能在盐酸介质中进行。

常用 $Na_2C_2O_4$ 作基准物标定 $KMnO_4$ 标准溶液。操作时要特别注意酸度、温度、滴定速度等条件的控制。

因 $\varphi^{\ominus}(MnO_4^-/MnO_2)>\varphi^{\ominus}(MnO_2/Mn^{2+})$，故绝对不可用还原剂滴定高锰酸钾，否则将有 MnO_2 生成。

2. **重铬酸钾法**

重铬酸钾法是用重铬酸钾作标准溶液的氧化还原滴定法。反应在强酸介质中进行，基本反应为：

$$Cr_2O_7^{2-}+14H^++6e^-=2Cr^{3+}+7H_2O,\varphi^{\ominus}(Cr_2O_7^{2-}/Cr^{3+})=1.33\ V$$

直接滴定方式可测定还原性物质。与 $FeSO_4$ 配合，利用返滴定方式可测定氧化性物质。重铬酸钾法需使用氧化还原指示剂指示滴定的终点。重铬酸钾法的优点是重铬酸钾氧化能力较高锰酸钾低，故选择性好，可在盐酸介质中进行，且重铬酸钾试剂纯度高、性质稳定，可用直接法配制标准溶液。

重铬酸钾法测 Fe^{2+} 时，使用二苯胺磺酸钠作指示剂，介质中必须加入磷酸，主要目的是利用磷酸可与滴定产物 Fe^{3+} 生成无色稳定的配合物，降低了 $\varphi^{\ominus'}(Fe^{3+}/Fe^{2+})$，使主反应完成程度增加，滴定终点附近电势突跃范围向下拉伸，突跃范围增大，使得指示剂变色点落在突跃范围之内。

3. **碘量法**

碘是中等强度的氧化剂，碘离子是中等强度的还原剂：

$$I_2+2e^-=2I^-,\varphi^{\ominus}(I_2/I^-)=0.54\ V$$

利用碘的氧化性，用碘标准溶液滴定还原性物质的滴定方法称为直接碘量法；利用碘离子的还原性，可被氧化性物质氧化为碘，然后用 $Na_2S_2O_3$ 标准溶液滴定生成的碘（$I_2+2S_2O_3^{2-}=2I^-+S_4O_6^{2-}$），从而定量测定氧化性物质的方法称为间接碘量法。碘量法中用可溶性淀粉作指示剂。

碘标准溶液、硫代硫酸钠标准溶液都需用间接法配制，可用 As_2O_3、$K_2Cr_2O_7$ 分别作为此二溶液的标定剂。

防止碘的挥发、碘离子被空气氧化，以及间接碘量法中防止硫代硫酸钠遇酸分解、碘在碱性介质中歧化等，均为碘量法中必须注意的重要问题。

（二）例题解析

例 8.1 $Ag^++e^-=Ag$ 电极的标准电极电势 $\varphi^{\ominus}=0.8\ V$，电极 $2Ag=2Ag^++2e^-$ 的标准电极电势等于（　　）。

A. $-0.8\ V$；　B. $-1.6\ V$；　C. $0.8\ V$；　D. $1.6\ V$。

解：电极电势是电极与标准氢电极组成的原电池的电动势，与电极反应的书写形式无关，故答案 C 正确。

例 8.2 下列电极的电极电势与介质酸度无关的为（　　）。

A. MnO_4^-/MnO_4^{2-}；　B. MnO_4^-/Mn^{2+}；

C. $Cu(NH_3)_4^{2+}/Cu$；　D. O_2/H_2O。

解：B、D 电极的电极反应中，均有 H^+ 参加，故答案 B、D 均不正确；C 电极，电极反应为 $Cu(NH_3)_4^{2+}+2e^-=Cu+4NH_3$，虽无 H^+ 参与电极反应，但介质酸度影响配合物的稳定性，高酸度时溶液中游离的 Cu^{2+} 浓度较高，使电极电势升高，故答案 C 不正确。A 电极，电极反应为 $MnO_4^- + e^- = MnO_4^{2-}$，无 H^+ 或 OH^- 参加，且氧化态、还原态物质均不能结合 H^+，故答案 A 正确。

例 8.3 下列电极，标准电极电势最高的为（　　）。

A. Ag^+/Ag；　B. $AgCl/Ag$；　C. $AgBr/Ag$；　D. AgI/Ag。

解：对 Ag^+/Ag 电极，加入沉淀剂并使得平衡后沉淀剂浓度为 1 mol·L^{-1} 时，该电极的电极电势称为所得第二类电极的标准电极电势。与标准 Ag^+/Ag 电极比较，氧化态物质 Ag^+ 浓度降低，故 B、C、D 电极的标准电极电势均低于 Ag^+/Ag 电极。答案 A 正确。

例 8.4 下列电极，标准电极电势最高的是（　　）。已知 CuI、CuBr、CuCl 的溶度积依次升高。

A. Cu^{2+}/Cu^+；　B. Cu^{2+}/CuI；　C. $Cu^{2+}/CuBr$；　D. $Cu^{2+}/CuCl$。

解：答案 B 正确。

例 8.5 298 K，利用反应 $Zn^{2+}(1.0\times10^{-5}\ mol\cdot L^{-1}) + Cu = Zn + Cu^{2+}(0.10\ mol\cdot L^{-1})$ 设计一原电池，其电动势和反应的标准平衡常数以及反应的自发方向分别为（　　）。已知 $\varphi^\ominus(Zn^{2+}/Zn) = -0.76$ V，$\varphi^\ominus(Cu^{2+}/Cu) = 0.34$ V。

A. -1.22 V，4×10^{-42}，逆向；　B. -1.22 V，5×10^{-38}，逆向；

C. 1.22 V，2×10^{37}，正向；　D. 1.22 V，2×10^{41}，正向。

解：$Zn^{2+} + 2e^- = Zn$

$$\varphi(Zn^{2+}/Zn) = \varphi^\ominus(Zn^{2+}/Zn) + \frac{2.303RT}{2F}\lg\{c(Zn^{2+})/c^\ominus\} = -0.76\ V + \frac{0.059\ V}{2}\lg(1.0\times10^{-5}) = -0.91\ V$$

$Cu^{2+} + 2e^- = Cu$

$$\varphi(Cu^{2+}/Cu) = \varphi^\ominus(Cu^{2+}/Cu) + \frac{2.303RT}{2F}\lg\{c(Cu^{2+})/c^\ominus\} = 0.34\ V + \frac{0.059\ V}{2}\lg 0.10 = 0.31\ V$$

原电池电动势等于正极电极电势减负极电极电势。正极是发生还原反应的电极，故 Zn^{2+}/Zn 为正极。得：$\varepsilon = -0.91\ V - 0.31\ V = -1.22\ V$

$$\lg K^\ominus = \frac{nF\varepsilon^\ominus}{2.303RT} = \frac{nF\{\varphi^\ominus(+) - \varphi^\ominus(-)\}}{2.303RT} = \frac{2\times(-0.76\ V - 0.34\ V)}{0.059\ V} = -37.3$$

得 $K^\ominus = 5\times10^{-37}$

根据 $\varepsilon < 0$，或根据 $Q > K^\ominus$，可知反应逆向自发，故答案 B 正确。答案 A，错用 ε 计算标准平衡常数，不正确；答案 C，将正负极颠倒，认为标准电极电势高者为正极，不正确；答案 D，将正负极颠倒，且错用 ε 计算标准平衡常数，不正确。

例 8.6 常用来标定 $KMnO_4$ 标准溶液的基准物为（　　）。

A. $Na_2C_2O_4$；　B. $Na_2B_4O_7\cdot10H_2O$；　C. $Na_2S_2O_3$；　D. KIO_3。

解：答案 A 正确。$Na_2S_2O_3$ 除与 I_2 反应有确定的计量关系，与其他氧化剂反应均不按确定的反应式进行，且试剂不纯，故答案 C 不正确。

例 8.7 可用来标定碘标准溶液的基准物和反应条件为（　　）。

A. As_2O_5，强酸性；　B. As_2O_5，pH=8；

C. As_2O_3，强酸性；　　　　　D. As_2O_3，pH=8。

解：As_2O_5 不具有还原性，不能与碘反应，故答案 A、B 均不正确。As_2O_3 溶于碱后，得 AsO_2^-，根据电极反应 $H_3ASO_4 + 2H^+ + 2e^- = HAsO_2 + 2H_2O$ 可知，强酸性介质中，$\varphi(H_3ASO_4/HAsO_2)$ 升高，$HAsO_2$ 还原性很差，不能被碘氧化，故答案 C 不正确。答案 D 正确。

例 8.8 高锰酸钾法滴定，用来调节介质酸度的为(　　)。

A. 硫酸；　B. 盐酸；　C. 硝酸；　D. 醋酸。

解：$\varphi(MnO_4^-/Mn^{2+})$ 随介质酸度升高而升高，且在近中性介质中高锰酸根还原产物为 MnO_2，所以高锰酸钾法常在强酸介质中进行，因此答案 D 不正确；硝酸具有氧化性，会引入误差，故答案 C 不正确；高锰酸钾氧化 Cl^-，故答案 B 不正确。答案 A 正确。

例 8.9 用 KIO_3 为基准物标定 $Na_2S_2O_3$ 溶液，反应式为__________，所用滴定方式称为________。

解：$IO_3^- + 5I^- + 6H^+ = 3I_2 + 3H_2O$，$I_2 + 2S_2O_3^{2-} = 2I^- + S_4O_6^{2-}$；置换滴定法。

例 8.10 根据碱性介质中氯元素的标准电极电势图 $ClO_3^- \xrightarrow{0.50\ V} ClO^- \xrightarrow{0.40\ V} Cl_2 \xrightarrow{1.36\ V} Cl^-$，可计算出 $\varphi^\ominus(ClO^-/Cl^-)$ 等于________。碱性介质、标准状态下，可发生歧化的是__________。氯气在碱性介质中的歧化反应式为__________。

解：
$$\varphi^\ominus(ClO^-/Cl^-) = \frac{n_1\varphi^\ominus(ClO^-/Cl_2) + n_2\varphi^\ominus(Cl_2/Cl^-)}{n_1+n_2}$$
$$= \frac{\varphi^\ominus(ClO^-/Cl_2) + \varphi^\ominus(Cl_2/Cl^-)}{1+1} = 0.88\ V$$

根据标准电极电势图计算有关标准电极电势，在确定电极反应电荷数 n 时，应保证该元素在不同氧化态物质中原子个数相同。如此例中，应根据电极反应 $\frac{1}{2}Cl_2 + e^- = Cl^-$ 确定该电极反应电荷数为 1，而不可根据 $Cl_2 + 2e^- = 2Cl^-$ 错误认为反应电荷数为 2。

$\varphi^\ominus(Cl_2/Cl^-) > \varphi^\ominus(ClO^-/Cl_2)$，$\varphi^\ominus(ClO^-/Cl^-) > \varphi^\ominus(ClO_3^-/ClO^-)$，故 Cl_2 和 ClO^- 可发生歧化。

$$Cl_2 + 2OH^- = ClO^- + Cl^- + H_2O$$

ClO^- 不发生歧化，是因为动力学原因，该反应速率极慢。故应注意，根据电极电势判断氧化还原反应自发方向，仅从热力学方面分析了反应的可能性，实际能否发生，还必须考虑反应速率的影响。

例 8.11 甘汞电极 Hg_2Cl_2/Hg 与 Hg_2^{2+}/Hg 电极的标准电极电势，________较高。甘汞电极的电极反应为________，能斯特方程为________，其电极电势受________浓度的控制，故饱和甘汞电极的电极电势十分________，常作________电极使用。

解：因甘汞电极中，氧化态物质 Hg_2^{2+} 浓度较低，所以 Hg_2^{2+}/Hg 电极标准电极电势较高；

$Hg_2Cl_2 + 2e^- = 2Hg + 2Cl^-$；$\varphi(Hg_2Cl_2/Hg) = \varphi^\ominus(Hg_2Cl_2/Hg) - \frac{2.303RT}{F}\lg\{c(Cl^-)/c^\ominus\}$；

电极电势受未发生氧化数变化的 Cl^- 浓度控制；饱和甘汞电极中，Cl^- 浓度恒定，故电极电势十分稳定，常作参比电极使用。

例 8.12 计算在 25℃，$c(HCl)=10\ mol\cdot L^{-1}$的盐酸中，当其他物质均为标准状态时，反应 $MnO_2+2Cl^-+4H^+=Mn^{2+}+Cl_2\uparrow+2H_2O$ 的自发方向及反应的标准平衡常数。已知 $\varphi^{\ominus}(MnO_2/Mn^{2+})=1.22\ V$，$\varphi^{\ominus}(Cl_2/Cl^-)=1.36\ V$。

解：$MnO_2+4H^++2e^-=Mn^{2+}+2H_2O$

$$\varphi(MnO_2/Mn^{2+})=\varphi^{\ominus}(MnO_2/Mn^{2+})+\frac{2.303RT}{2F}\lg\frac{\{c(H^+)/c^{\ominus}\}^4}{c(Mn^{2+})/c^{\ominus}}=1.34\ V$$

$Cl_2+2e^-=2Cl^-$

$$\varphi(Cl_2/Cl^-)=\varphi^{\ominus}(Cl_2/Cl^-)+\frac{2.303RT}{2F}\lg\frac{\{p(Cl_2)/p^{\ominus}\}}{\{c(Cl^-)/c^{\ominus}\}^2}=1.30\ V$$

故反应正向自发。

$$\lg K^{\ominus}=\frac{2F\varepsilon^{\ominus}}{2.303RT}=\frac{2\times(1.22\ V-1.36\ V)}{0.059\ V}=-4.75$$

$K^{\ominus}=1.8\times10^{-5}$

例 8.13 计算 $Hg_2^{2+}=Hg^{2+}+Hg$ 在 25℃时的标准平衡常数，以及在 Hg_2^{2+} 水溶液中 Hg^{2+} 与 Hg_2^{2+} 之浓度比。标准状态下，Hg_2^{2+} 是否易于歧化？在一含有 HgS 和 Hg_2S 沉淀的溶液中，Hg^{2+} 与 Hg_2^{2+} 之浓度比又为多少？此二沉淀能否大量共存？写出有关反应式，并判断向 Hg_2^{2+} 溶液中通入 H_2S，将生成何产物。试分析 Hg_2^{2+} 在何条件下易于歧化？已知 $\varphi^{\ominus}(Hg^{2+}/Hg_2^{2+})=0.92\ V$，$\varphi^{\ominus}(Hg_2^{2+}/Hg)=0.79\ V$，$K_{sp}^{\ominus}(HgS)=4\times10^{-53}$，$K_{sp}^{\ominus}(Hg_2S)=1\times10^{-45}$。

解：$Hg_2^{2+}=Hg^{2+}+Hg$，反应转移电荷数 $n=1$

$$\lg K^{\ominus}=\frac{F\varepsilon^{\ominus}}{2.303RT}=\frac{(0.79\ V-0.92\ V)}{0.059\ V}=-2.20,K^{\ominus}=6.3\times10^{-3}$$

$$K^{\ominus}=\frac{c(Hg^{2+})}{c(Hg_2^{2+})}=6.3\times10^{-3}$$，故 Hg_2^{2+} 不易于歧化。

在含有 HgS 和 Hg_2S 沉淀的溶液中，$\frac{c(Hg^{2+})}{c(Hg_2^{2+})}=\frac{K_{sp}^{\ominus}(HgS)}{K_{sp}^{\ominus}(Hg_2S)}=4\times10^{-8}<6.3\times10^{-3}$

故此二沉淀不能大量共存，将发生反应：$Hg_2S=HgS+Hg$。向 Hg_2^{2+} 溶液中通入 H_2S，将生成 HgS。

若 Hg^{2+} 生成难溶沉淀或稳定的配合物，使 $\varphi(Hg^{2+}/Hg_2^{2+})$降低到低于 $\varphi(Hg_2^{2+}/Hg)$，则 Hg_2^{2+} 歧化。

例 8.14 称取氯化钡样品 0.439 2 g，溶解后加入过量 K_2CrO_4。过滤并洗涤得到的沉淀，然后将之溶解于盐酸，再加入过量的 KI，并用 $c(Na_2S_2O_3)=0.100\ 7\ mol\cdot L^{-1}$ 的硫代硫酸钠 20.61 mL 滴定至终点。计算样品中 $BaCl_2$ 的质量分数。

解：$Ba^{2+}+CrO_4^{2-}=BaCrO_4\downarrow$

$2BaCrO_4+2H^+=2Ba^{2+}+Cr_2O_7^{2-}+H_2O$

$Cr_2O_7^{2-}+6I^-+14H^+=2Cr^{3+}+3I_2+7H_2O$

$I_2+2S_2O_3^{2-}=2I^-+S_4O_6^{2-}$

$$w(BaCl_2)=\frac{c(Na_2S_2O_3)V(Na_2S_2O_3)M(BaCl_2)}{3m}=32.79\%$$

(三)自 测 题

8.1 原电池 $Zn^{2+}+2Ag = Zn+2Ag^{+}$ 的标准电动势等于(　　)。

A. $\varepsilon^{\ominus}=\varphi^{\ominus}(Zn^{2+}/Zn)-2\varphi^{\ominus}(Ag^{+}/Ag)$；

B. $\varepsilon^{\ominus}=\{\varphi^{\ominus}(Ag^{+}/Ag)\}^{2}-\varphi^{\ominus}(Zn^{2+}/Zn)$；

C. $\varepsilon^{\ominus}=\varphi^{\ominus}(Ag^{+}/Ag)-\varphi^{\ominus}(Zn^{2+}/Zn)$；

D. $\varepsilon^{\ominus}=\varphi^{\ominus}(Zn^{2+}/Zn)-\varphi^{\ominus}(Ag^{+}/Ag)$。

8.2 已知：$\varphi^{\ominus}(Sn^{4+}/Sn^{2+})=0.154$ V，$\varphi^{\ominus}(Fe^{3+}/Fe^{2+})=0.771$ V，$\varphi^{\ominus}(Cl_2/Cl^{-})=1.36$ V；

$\varphi^{\ominus}(Cr_2O_7^{2-}/Cr^{3+})=1.33$ V，$\varphi^{\ominus}(Ag^{+}/Ag)=0.799$ V，$\varphi^{\ominus}(Cu^{2+}/Cu)=0.337$ V，$\varphi^{\ominus}(I_2/I^{-})=0.54$ V。能使含 Sn^{2+}、Fe^{2+}、Cl^{-} 混合液中的 Sn^{2+}、Fe^{2+} 氧化成 Sn^{4+}、Fe^{3+}，而 Cl^{-} 不被氧化的氧化剂为(　　)。

A. $K_2Cr_2O_7$；　B. $AgNO_3$；　C. $CuSO_4$；　D. I_2。

8.3 已知 $K_{sp}^{\ominus}(CuI)<K_{sp}^{\ominus}(CuBr)<K_{sp}^{\ominus}(CuCl)$，则 $\varphi^{\ominus}(Cu^{2+}/CuI)$，$\varphi^{\ominus}(Cu^{2+}/CuBr)$，$\varphi^{\ominus}(Cu^{2+}/CuCl)$ 由低到高的顺序为(　　)。

A. $\varphi^{\ominus}(Cu^{2+}/CuI)<\varphi^{\ominus}(Cu^{2+}/CuBr)<\varphi^{\ominus}(Cu^{2+}/CuCl)$；

B. $\varphi^{\ominus}(Cu^{2+}/CuBr)<\varphi^{\ominus}(Cu^{2+}/CuI)<\varphi^{\ominus}(Cu^{2+}/CuCl)$；

C. $\varphi^{\ominus}(Cu^{2+}/CuCl)<\varphi^{\ominus}(Cu^{2+}/CuI)<\varphi^{\ominus}(Cu^{2+}/CuBr)$；

D. $\varphi^{\ominus}(Cu^{2+}/CuCl)<\varphi^{\ominus}(Cu^{2+}/CuBr)<\varphi^{\ominus}(Cu^{2+}/CuI)$。

8.4 下列叙述不正确的为(　　)。

A. 有 H^{+} 或 OH^{-} 参加反应的电极，电极电势肯定与介质酸度有关；

B. 无 H^{+} 或 OH^{-} 参加反应的电极，电极电势肯定与介质酸度无关；

C. 任意温度下，标准氢电极的电极电势均等于 0 V；

D. 电极 $Fe(HPO_4)_2^{-}/Fe^{2+}$ 的电极电势与酸度有关。

8.5 下列电极的电极电势与介质酸度无关的为(　　)。

A. ClO_4^{-}/ClO_3^{-}；　B. ClO_3^{-}/ClO^{-}；　C. ClO^{-}/Cl_2；　D. Cl_2/Cl^{-}。

8.6 Fe(Ⅱ)在碱性介质中比在酸性介质中更易被空气氧化，原因为(　　)。

A. 碱性介质中，氧气氧化性增强；

B. $\varphi^{\ominus}\{Fe(OH)_3/Fe(OH)_2\}>\varphi^{\ominus}(Fe^{3+}/Fe^{2+})$；

C. $Fe(OH)_3$ 的溶度积远小于 $Fe(OH)_2$ 的溶度积；

D. 碱性介质中，氧气氧化性减弱。

8.7 用 $K_2Cr_2O_7$ 为基准物标定 $Na_2S_2O_3$ 时，加入过量的硫酸和碘化钾的目的是(　　)。

A. 加快反应速率；　B. 提高反应完成程度；

C. 防止碘挥发；　D. 以上叙述均正确。

8.8 重铬酸钾法测定铁，加入磷酸时应注意(　　)。

A. 做平行试验时，为保证条件一致，磷酸必须同时加入；

B. 加入磷酸后，应放置 5 min 后再滴定；

C. 加入磷酸后，应马上滴定；

D. 加入量应准确量取。

8.9 碘量法测铜时，为防止 Fe^{3+} 干扰，可采取的措施为(　　)。

A. 调节介质为碱性，使 Fe^{3+} 生成沉淀；

B. 加入 $SnCl_2$，将其还原为 Fe^{2+}；

C. 加入 NH_4F；

D. 加入 EDTA。

8.10 已知 $\varphi^{\ominus}(Cu^{2+}/Cu)=0.34\ V$，$\varphi^{\ominus}(Cu^{+}/Cu)=0.52\ V$，则 $\varphi^{\ominus}(Cu^{2+}/Cu^{+})$ 等于(　　)。

A. 0.16 V；　　B. 0.18 V；　　C. 0.36 V；　　D. 0.43 V。

8.11 碘量法测铜时，碘化钾起________剂、________剂、________剂作用。

8.12 分别计算下列反应。

(1) $Fe^{2+}+\frac{1}{4}O_2+H^{+}=Fe^{3+}+\frac{1}{2}H_2O$。

(2) $Fe(OH)_2+\frac{1}{4}O_2+\frac{1}{2}H_2O=Fe(OH)_3$。

在 25℃时的标准平衡常数，并讨论 Fe(Ⅱ)的还原性、在空气中的稳定性与介质酸度的关系。

已知 $\varphi^{\ominus}(Fe^{3+}/Fe^{2+})=0.77\ V$，$\varphi^{\ominus}\{Fe(OH)_3/Fe(OH)_2\}=-0.54\ V$，
$\varphi^{\ominus}(O_2/H_2O)=1.23\ V$，$\varphi^{\ominus}(O_2/OH^{-})=0.40\ V$。

8.13 计算 298 K 时下列反应的标准摩尔吉布斯自由能变、摩尔吉布斯自由能变、标准平衡常数，并试用三种方法判断反应自发方向。

(1) $Sn^{2+}(0.050\ mol\cdot L^{-1})+Pb=Pb^{2+}(0.050\ mol\cdot L^{-1})+Sn$。

(2) $3Fe^{2+}(1.0\ mol\cdot L^{-1})+NO_3^{-}(1.0\ mol\cdot L^{-1})+4H^{+}(1.0\times10^{-3}\ mol\cdot L^{-1})=3Fe^{3+}(1.0\ mol\cdot L^{-1})+NO(100\ kPa)+2H_2O$。

已知 $\varphi^{\ominus}(Sn^{2+}/Sn)=-0.138\ V$，$\varphi^{\ominus}(Pb^{2+}/Pb)=-0.126\ V$，$\varphi^{\ominus}(NO_3^{-}/NO)=0.957\ V$，$\varphi^{\ominus}(Fe^{3+}/Fe^{2+})=0.771\ V$。

8.14 过二硫酸铵 $(NH_4)_2S_2O_8$ 是强氧化剂，可将 Mn^{2+} 氧化为紫色的 MnO_4^{-}，此反应在定性分析中用来检验 Mn^{2+}。但若试液中 Mn^{2+} 浓度较高，将得到红褐色混浊液，使鉴定反应失败。试分析为什么。已知 $\varphi^{\ominus}(MnO_4^{-}/MnO_2)=1.51\ V$，$\varphi^{\ominus}(MnO_2/Mn^{2+})=1.22\ V$。

8.15 工业品过氧化氢中，加有乙酰苯胺等还原性物质作稳定剂，故不适于用高锰酸钾法测定过氧化氢的浓度。试写出用碘量法测定过氧化氢浓度的原理、试验方案及有关反应式。已知 $\varphi^{\ominus}(I_2/I^{-})=0.54\ V$，$\varphi^{\ominus}(H_2O_2/H_2O)=1.78\ V$。

8.16 一定体积的 $KMnO_4$ 溶液恰能氧化一定质量的 $KHC_2O_4\cdot H_2C_2O_4\cdot 2H_2O$。用 $c(NaOH)=0.200\ 0\ mol\cdot L^{-1}$ 的氢氧化钠中和同样质量的 $KHC_2O_4\cdot H_2C_2O_4\cdot 2H_2O$，所需氢氧化钠溶液的体积恰为所需 $KMnO_4$ 溶液体积之半。计算 $c(KMnO_4)$。

8.17 称取含有 KI 的样品 1.000 g，溶于水后，加入 10.00 mL $c(KIO_3)=0.050\ 00\ mol\cdot L^{-1}$ 的碘酸钾溶液，反应完全后，煮沸除去生成的 I_2。再加入过量的 KI 与剩余的碘酸钾反应，生成的碘用 $c(Na_2S_2O_3)=0.100\ 8\ mol\cdot L^{-1}$ 的硫代硫酸钠 21.14 mL 滴定至终点。计算样品中 KI 的质量分数。已知 $M(KI)=166.00\ g\cdot mol^{-1}$。

8.18　一含 As_2O_3 和 As_2O_5 及惰性杂质的样品，溶于碱后，在 pH= 8.0 条件下用 $c(I_2)=0.050\ 00\ mol \cdot L^{-1}$ 的碘溶液 20.00 mL 滴定至终点。滴定后向溶液中加入酸使其呈强酸性，再加入过量 KI，生成的碘用 $c(Na_2S_2O_3)=0.500\ 0\ mol \cdot L^{-1}$ 的硫代硫酸钠 10.00 mL 滴定至终点。计算样品中 As_2O_3 和 As_2O_5 的质量。已知 $M(As_2O_3)=197.8\ g \cdot mol^{-1}$，$M(As_2O_5)=229.8\ g \cdot mol^{-1}$。

自测题答案

8.1　D　8.2　B　8.3　D　8.4　B　8.5　D　8.6　C　8.7　D

8.8　C　8.9　C　8.10　A　8.11　沉淀剂；还原剂；配位剂

8.12　(1)$K^{\ominus}=6.3\times10^{7}$　(2)$K^{\ominus}=8.6\times10^{15}$；Fe(Ⅱ)在碱性介质中还原性增强，易被氧化为 $Fe(OH)_3$。

8.13　(1)$\Delta_rG_m^{\ominus}=2.32\ kJ \cdot mol^{-1}$，$\Delta_rG_m=2.32\ kJ \cdot mol^{-1}$，$K^{\ominus}=0.39$；逆向自发

(2)$\Delta_rG_m^{\ominus}=-53.8\ kJ \cdot mol^{-1}$，$\Delta_rG_m=14.5\ kJ \cdot mol^{-1}$，$K^{\ominus}=2.9\times10^{9}$；逆向自发

8.14　由于反应 $2MnO_4^- + 3Mn^{2+} + 2H_2O = 5MnO_2\downarrow + 4H^+$ 发生

8.15　$H_2O_2 + 2I^- + 2H^+ = I_2 + 2H_2O$；$I_2 + 2S_2O_3^{2-} = 2I^- + S_4O_6^{2-}$

利用过氧化氢的氧化性，酸性介质中加入过量 KI，生成的碘用硫代硫酸钠滴定。近终点时加入淀粉指示剂。

8.16　$0.026\ 67\ mol \cdot L^{-1}$

8.17　12.02%

8.18　0.098 90 g；0.172 4 g

九、配位化合物和配位滴定法

（一）考 试 指 南

1.配位化合物的基本概念

配位化合物（简称配合物）是一类组成复杂的化合物，如$[Cu(NH_3)_4]SO_4$、$K_3[Fe(CN)_6]$、$[Ni(CO)_4]$等。这些物质中均含有稳定的复杂结构单元，如$[Cu(NH_3)_4]^{2+}$、$[Fe(CN)_6]^{3-}$、$[Ni(CO)_4]$。这种含有稳定的结构单元的复杂化合物就是配合物。配合物中所含稳定的结构单元称为配位个体，如$[Ni(CO)_4]$（也称为配合物）、$[Cu(NH_3)_4]^{2+}$和$[Fe(CN)_6]^{3-}$，后二者分别称为配阳离子和配阴离子；含有配离子的化合物统称为配合物。位于配位个体结构中心的原子或离子称为中心原子，与中心原子结合的分子、离子称为配体（也称为配位体）。配体中具有孤电子对的、直接与中心原子以配位键结合的原子称为配位原子。直接与中心原子结合的配位原子的数目称为中心原子的配位数。对于单齿配体（表 9-1），配位数等于配体的个数。对于多齿配体，配位数不等于配体的个数。

表 9-1　常见单齿配体及其名称

配体	名称	配体	名称
H_2O	水	OH^-	羟基
NH_3	氨	CN^-	氰基
CO	羰基	NH_2^-	氨基
NO	亚硝酰基	NO_2^-	硝基
F^-	氟	ONO^-	亚硝酸根
Cl^-	氯	SCN^-	硫氰酸根
Br^-	溴	NCS^-	异硫氰酸根
I^-	碘	$S_2O_3^{2-}$	硫代硫酸根

配合物的命名与简单无机化合物命名相似，如阴离子在前，阳离子在后，叫作某化某、某酸某、某酸。配合物内界的命名顺序为：配体数（汉字）—配体—合—中心原子及其氧化数（罗马数字）。若外界为氢离子，则在配阴离子后缀以“酸”字。

若内界有两种以上的配体，命名时则规定：无机配体在前，有机配体在后；先列阴离子配体，后列阳离子、中性分子配体；同类配体按配位原子元素符号的英文顺序排列；配位原子相同时，含原子数目少的配体列在前面；不同配体间以中点“·”隔开。

2.螯合物

螯合物是由多齿配体与中心原子形成的具有环状结构的配合物。例如，Cu^{2+}可与多齿配体乙二胺($NH_2CH_2CH_2NH_2$，简写为 en)形成螯合物 $[Cu(en)_2]^{2+}$。具有五元环、六元环的螯合物最为稳定。

由于螯环的形成而使螯合物具有特殊稳定性的效应称为螯合效应。螯合效应可以做以下简单解释，例如反应：

$$[Ni(H_2O)_6]^{2+}(aq)+6NH_3(aq)=[Ni(NH_3)_6]^{2+}(aq)+6H_2O\ (aq) \quad (1)$$

$$[Ni(H_2O)_6]^{2+}(aq)+3en\ (aq)=[Ni(en)_3]^{2+}(aq)+6H_2O(aq) \quad (2)$$

反应(1)中 6 个 NH_3 分子替换出 6 个 H_2O 分子，反应前后质点数不变。反应(2)中 3 个乙二胺分子能置换出 6 个 H_2O 分子，反应后系统的质点数增多，从熵增的角度更有利，所以生成的 $[Ni(en)_3]^{2+}$ 稳定性较高。

3.配位化合物的价键理论

配合物的价键理论认为，配体中配位原子价层轨道含有孤电子对，而中心原子价层含有空轨道。形成配合物时，中心原子价层的空轨道发生杂化，生成的空的杂化轨道与配位原子中含有孤电子对的轨道叠加，形成配位键，使中心原子与配体键合。

若中心原子全部以外层轨道(ns、np、nd 等)参与杂化和成键作用，这样得到的配合物称为外轨型配合物。若中心原子有(n－1)d 等内层轨道参与杂化和成键作用，这样得到的配合物称为内轨型配合物。一些配合物的杂化轨道和空间构型见表 9-2。

表 9-2 配合物的杂化轨道和空间构型

配位数	杂化轨道类型	空间构型	配离子类型	实例
2	sp	直线形	外轨型	$[Ag(CN)_2]^-$，$[Cu(NH_3)_2]^+$
3	sp^2	平面三角形	外轨型	$[HgI_3]^-$，$[CuCl_3]^-$
4	sp^3	正四面体形	外轨型	$[Zn(NH_3)_4]^{2+}$，$[Co(SCN)_4]^{2-}$
4	dsp^2	平面正方形	内轨型	$[PtCl_4]^{2-}$，$[Cu(NH_3)_4]^{2+}$
6	sp^3d^2	正八面体形	外轨型	$[Fe(H_2O)_6]^{2+}$，$[FeF_6]^{3-}$
6	d^2sp^3	正八面体形	内轨型	$[Fe(CN)_6]^{3-}$，$[Cr(NH_3)_6]^{3+}$

在形成外轨型配合物时，中心原子的电子排布不受配体的影响，保持其原有的价电子结构，有最大可能的未成对电子数。在形成内轨型配合物时，中心原子的电子排布受配体的影响发生重排，其原有的价电子结构发生变化，未成对电子数可能减少到最小。内轨型配合物一般比外轨型配合物稳定性好，在水溶液中的稳定常数也一般较大。外轨型和内轨型配合物在磁性上也不相同。外轨型配合物可能有最多的未成对电子，这些未成对电子自旋平行，因此，外轨型配合物多表现为顺磁性，磁矩较高；内轨型配合物的未成对电子很少甚至完全没有，因此，它们是弱的顺磁性物质，磁矩小，或为抗磁性物质。确定配合物是外轨型还是内轨型，磁矩数据往往是重要的依据。磁矩 μ 与未成对电子数 n 符合以下近似关系。

$$\mu\approx\sqrt{n(n+2)}$$

影响形成内轨型或外轨型配合物的因素主要有如下几点。

(1)中心原子的电子层构型　内层没有 d 轨道或 d 轨道全满(d^{10})的中心原子一般只形成

外轨型配合物。一般来讲,内层 d 电子数为 4、5、6、7 的中心原子,易于生成内轨型配合物。

(2)配位原子的电负性　配体中的配位原子(C、N 等)的电负性较小,易给出孤对电子,对中心原子的电子结构影响较大,通常易形成内轨型配合物。配体的配位原子(F、O 等)电负性较大,对内层 d 电子的作用较弱,其孤对电子进入中心原子外层的杂化轨道,倾向于生成外轨型配合物。

4.配位平衡

(1)配离子的稳定常数　水溶液中发生的配合反应,如:

$$Cu^{2+}(aq)+4NH_3(aq)=[Cu(NH_3)_4]^{2+}(aq)$$

标准平衡常数 $K_f^\ominus$ 称为配离子的稳定常数。$K_f^\ominus$ 越大,说明配位反应进行完全的趋势越大。

(2)配位平衡的移动　若向配合-离解反应的平衡系统中加入某种物质(如酸、碱、沉淀剂、氧化还原剂或其他配位剂等),若它能与配离子溶液中的中心原子或配体发生反应,则将使配合-离解反应的平衡发生移动。

①配位平衡与酸碱平衡。碱性配体如 F^-、NH_3、CN^-、SCN^- 以及有机酸根离子等,能与 H^+ 结合生成难解离的弱酸,引起配体的浓度下降,使配位平衡向着离解的方向移动。此种由于介质酸度升高而使配合物稳定性下降的作用称为配体酸效应。如:

$$[FeF_6]^{3-}+6H^+=Fe^{3+}+6HF$$

$$K^\ominus=\frac{1}{\{K_f^\ominus[FeF_6]^{3-}\}\{K_a^\ominus(HF)\}^6}$$

显然,$K_f^\ominus$ 越小(配合物的稳定性越小),$K_a^\ominus$ 越小(生成的弱酸越弱),$K^\ominus$ 越大,反应正向进行的趋势越强,配离子越易解离。

若介质碱性过高,有些金属离子会形成氢氧化物等沉淀,也会使配合物稳定性下降,此种作用称为中心原子水解效应。

②配位平衡与沉淀平衡。向配离子的平衡系统中加入沉淀剂,若金属离子和沉淀剂生成沉淀,可使配位平衡向着离解的方向移动。反之,若向沉淀中加入能与金属离子形成配合物的配位剂,则沉淀可转化为配离子而溶解。如:

$$AgCl(s)+2NH_3=[Ag(NH_3)_2]^++Cl^-$$

$$K^\ominus=\{K_f^\ominus[Ag(NH_3)_2]^+\}\{K_{sp}^\ominus(AgCl)\}$$

由此可见,沉淀的溶度积越大、配合物稳定性越高,沉淀越易生成配合物而溶解。反之,生成沉淀的 $K_{sp}^\ominus$ 越小,配合物稳定性越小,则配离子越易离解转化为沉淀。

③配位平衡与氧化还原平衡。配位平衡系统中如果发生氧化还原反应,将产生两种情况,一种情况是配合物中的金属离子发生氧化还原反应,如:

$$2[Fe(NCS)_6]^{3-}+Sn^{2+}=2Fe^{2+}+12NCS^-+Sn^{4+}$$

加入的 Sn^{2+} 可将 Fe^{3+} 还原为 Fe^{2+},使 Fe^{3+} 浓度降低,使配位平衡向离解方向移动(配离子被破坏)。

另一种情况是由于金属离子生成配合物，改变了其氧化还原能力，使氧化还原平衡发生移动，例如，在 Fe^{3+} 溶液中加入 I^- 会有 I_2 析出，但如果在此溶液中加入 NaF，则 F^- 与 Fe^{3+} 生成 $[FeF_6]^{3-}$ 配合物，降低了 Fe^{3+} 的浓度，减弱了 Fe^{3+} 的氧化能力，使氧化还原平衡向 I_2 氧化 Fe^{2+} 的方向移动：$2Fe^{2+}+I_2+12F^-=2[FeF_6]^{3-}+2I^-$。

④配离子之间的转化。在一种配离子溶液中，加入能与中心原子形成更稳定配离子的配位剂，则发生配离子之间的转化。一般情况下，$K_f^\ominus$ 小的配合物容易转化为 $K_f^\ominus$ 大的配合物，且两种配离子的稳定常数相差越大，转化越完全。

5.配位滴定法

配位滴定法是以配位反应为基础的滴定分析方法。有机配位剂乙二胺四乙酸（简称 EDTA），能与除第一主族金属离子外的几乎所有金属离子形成稳定性高、螯合比为 1∶1 的配合物，因此在配位滴定中得到广泛的应用。

EDTA 分子中两个羧基上的 H^+ 会转移到氨基氮上，在水溶液中，两个羧酸根可以再接受两个 H^+ 而形成 H_6Y^{2+}，因此 EDTA 是六元酸，在水溶液中存在着 H_6Y^{2+}、H_5Y^+、H_4Y、H_3Y^-、H_2Y^{2-}、HY^{3-}、Y^{4-} 七种型体。在 EDTA 各型体中，只有 Y^{4-} 与金属离子形成稳定的配合物，因此，溶液的酸度（或说酸效应）便成为影响 MY 配合物稳定性，即影响滴定反应完成程度的一个极重要的因素。

配位滴定中，随着配位滴定剂（如 EDTA）的加入，溶液中金属离子浓度不断减小，在化学计量点附近，溶液的 pM 发生突跃，此时可用金属指示剂的颜色变化来指示滴定终点的到达。根据终点误差公式可知，EDTA 准确滴定金属离子（终点误差≤±0.1%）的条件为

$$\frac{c(\mathrm{M})}{c^\ominus}K_f'(\mathrm{MY})\geqslant 10^6$$

式中，$K_f'(\mathrm{MY})$ 为配合物 MY 的条件稳定常数，$c(\mathrm{M})$ 为计量点时金属离子的分析浓度。配位滴定中 EDTA 标准溶液及被测物质浓度通常控制在 0.02 $mol\cdot L^{-1}$ 左右，因此也常用 $\lg K_f'(\mathrm{MY})\geqslant 8.0$ 作为配位滴定可行性的判据。

单一离子滴定时，使主反应完成程度降低的副反应一般是 EDTA 的酸效应和中心原子水解效应。若只考虑 EDTA 的酸效应，单一金属离子被准确滴定的条件是

$$\lg K_f'(\mathrm{MY})=\lg K_f^\ominus(\mathrm{MY})-\lg\alpha_{\mathrm{Y(H)}}\geqslant 8.0$$

由上式可以计算得到各种金属离子可被准确滴定的最大 $\lg\alpha_{\mathrm{Y(H)}}$ 值，再经计算或查表即可得其相应的 pH，此 pH 即为滴定单一金属离子所允许的最低 pH（最高酸度）。为防止水解效应的发生，可根据金属离子氢氧化物的溶度积近似计算出滴定单一离子时的最高 pH（最低酸度）。若在选定的滴定 pH 条件下，被测离子水解，可加入辅助配位剂或用返滴定方式测定。配位滴定中，介质酸度需用缓冲溶液调节，所用缓冲液不应干扰主反应的进行。

对于混合离子溶液中某离子的分步滴定，除酸效应外，还必须考虑干扰离子引起的副反应对主反应完成程度的影响。可利用控制酸度、配位掩蔽法、氧化还原掩蔽法、沉淀掩蔽法等措施降低副反应发生的程度，保证 $\frac{c(\mathrm{M})}{c^\ominus}K_f'(\mathrm{MY})\geqslant 10^6$。

6.金属指示剂

金属指示剂是有机配位剂,能与金属离子形成与其本身颜色不同的配合物。

滴定前,将指示剂加到被测金属离子 M 的溶液中,金属离子 M 与指示剂 In 形成配合物 MIn:

$$\underset{\text{(甲色)}}{\mathrm{M} + \mathrm{In}} = \underset{\text{(乙色)}}{\mathrm{MIn}}$$

溶液显乙色。由于 MIn 配合物的稳定性比该金属离子与 EDTA 生成的配合物 MY 的稳定性差,当滴定到化学计量点附近时,发生置换反应,释放出游离的指示剂 In:

$$\underset{\text{(乙色)}}{\mathrm{MIn}} + \mathrm{Y} = \mathrm{MY} + \underset{\text{(甲色)}}{\mathrm{In}}$$

溶液由乙色突变为甲色,表示终点到达。实验表明,只有在 $\Delta pM \geqslant 0.2$ 时才能观察出颜色变化,这是可否被准确滴定判据得来的重要依据。

由于金属指示剂本身是弱酸(碱),且具有酸碱指示剂的性质,介质酸度会影响其本身的颜色,而且会影响其变色点。所以使用金属指示剂时必须注意适宜的酸度条件。除此之外,应避免封闭作用和指示剂僵化现象的发生。

7.配位滴定的方式

配位滴定有多种不同的滴定方式。除直接滴定外,测定对指示剂有封闭作用、或缺少合适的指示剂、或与 EDTA 配位的速率很慢、或本身为易水解的离子时,可采用返滴定方式进行测定。例如,由于 Al^{3+} 与 EDTA 配位的速率缓慢,且在滴定反应酸度下水解,还对二甲酚橙指示剂有封闭作用,用 EDTA 滴定 Al^{3+} 时采用返滴定方式进行。间接滴定、置换滴定以及析出法,也是配位滴定中重要的滴定方式。

(二)例 题 解 析

例 9.1 关于配合物中心原子的配位数,下列说法错误的是( )。

A. 直接与中心原子配合的配体数目; B. 直接与中心原子配合的配位原子数目;

C. 中心原子接受配体的孤对电子对数; D. 中心原子与配体所形成的 σ 配位键数目。

解:中心原子配位数指直接与中心原子连接的配位原子数,故多齿配体形成配合物时,配位数与配体个数可能不同,故答案 A 正确。配合物是中心原子提供的空轨道接受配位原子提供的孤电子对,形成配位键而形成的,配位键为 σ 键,答案 B、C、D 同义,均不是正确答案。

例 9.2 $[CaY]^{2-}$ 配离子中,中心原子 Ca^{2+} 的配位数为( )。

A. 1; B. 2; C. 4; D. 6。

解:Y^{4-} 是 6 齿配体,Ca^{2+} 可利用 sp^3d^2 杂化轨道与之键合,故答案 D 正确。

例 9.3 配合物$[Cr(OH)(H_2O)(C_2O_4)(en)]$的名称为( )。

A. 一(乙二胺)·一草酸·一水·一羟基合铬(Ⅲ);

B. 一水·一羟基·一草酸·一(乙二胺)合铬(Ⅲ);

C. 一羟基·一水·一草酸根·一(乙二胺)合铬(Ⅲ);

D. 一羟基·一水·一草酸根·一(乙二胺)合铬(Ⅱ)。

解:中心原子氧化数为+3,故答案 D 不正确;命名时,配体按先无机配体、后有机配体顺序,故答案 A 不正确;按先离子配体、后分子配体顺序,且配体 $C_2O_4^{2-}$ 应称为草酸根,OH^- 应称为羟基,故答案 B 不正确。答案 C 正确。

例 9.4 四(异硫氰酸根)·二氨合铬(Ⅲ)酸铵的化学式为(　　)。

A. $NH_4[Cr(NH_3)_2(NSC)_4]$;　　B. $(NH_4)_2[Cr(NH_3)_2(NSC)_4]$;

C. $NH_4[Cr(NSC)_4(NH_3)_2]$;　　D. $NH_4[Cr(SCN)_4(NH_3)_2]$。

解:异硫氰酸根,配位原子为 N,故答案 D 不正确;配离子电荷数为−1,故答案 B 不正确;化学式中配体先后顺序与命名法中规定相同,故答案 A 不正确。答案 C 正确。

例 9.5 下列物质中,不可能作为配合物中配体的为(　　)。

A. C_2H_6;　　B. CO;　　C. NO_2^-;　　D. CH_3COO^-。

解:配位体中,配位原子外层必须含有孤电子对,故答案 A 正确。

例 9.6 Fe(Ⅲ)形成的八面体形外轨型配合物中,Fe^{3+} 接受孤对电子的空轨道是(　　)。

A. d^2sp^3;　　B. sp^3d^2;　　C. p^3d^3;　　D. sd^5。

解:八面体形配合物,中心原子杂化轨道只可能是 d^2sp^3 或 sp^3d^2,故答案 C、D 不正确;外轨型配合物,无内层 d 轨道参加成键,故答案 A 不正确。答案 B 正确。

例 9.7 Ni^{2+} 形成的八面体形配合物(　　)。

A. 只可能是外轨型;　　B. 只可能是内轨型;

C. 可能是内轨型,也可能是外轨型;　　D. 是抗磁性物质。

解:八面体形配合物,中心原子杂化轨道只可能是 d^2sp^3 或 sp^3d^2。Ni^{2+} 的电子构型为 $3d^8$,不可能提供 2 条空的 3d 轨道,形成的八面体形配合物只可能是外轨型,故答案 B、C 不正确;形成配合物后,中心原子上有 2 个自旋相同的未成对电子,是顺磁性物质,故答案 D 不正确。答案 A 正确。

例 9.8 下列配合物为内轨型的是(　　)。

A. $[Fe(CN)_6]^{3-}$;　　B. $[Ag(CN)_2]^-$;　　C. $[AlCl_4]^-$;　　D. $[FeF_6]^{3-}$。

解: Ag^+,电子构型为 $3d^{10}$,全满,Al^{3+} 价层结构为 $2s^22p^6$,无 d 轨道,均不可能形成内轨型配合物,故答案 B、C 不正确;配位原子 F,电负性大,生成外轨型配合物,故答案 D 不正确。配位原子 C,电负性小,倾向生成内轨型配合物,故答案 A 正确。

例 9.9 $[Cu(NH_3)_4]^{2+}$ 和 $[Zn(NH_3)_4]^{2+}$,分别为正方形和正四面体形构型。中心原子采用的杂化轨道分别为(　　)。

A. sp^3、sp^3;　　B. dsp^2、sp^3;　　C. dsp^2、dsp^2;　　D. sp^3、dsp^2。

解:答案 B 正确。

例 9.10 向 $[Zn(NH_3)_4]^{2+}$ 溶液中通入氨气,则(　　)。

A. $K_f^{\ominus}\{[Zn(NH_3)_4]^{2+}\}$ 增大;　　B. $K_f^{\ominus}\{[Zn(NH_3)_4]^{2+}\}$ 减小;

C. 溶液中 $c(Zn^{2+})$ 增大;　　D. 溶液中 $c(Zn^{2+})$ 减小。

解: 标准平衡常数与浓度无关,故答案 A、B 不正确;同离子效应使配合物离解度降低,故答案 C 不正确。答案 D 正确。

例 9.11 下列物质，在强酸性介质中不分解的为(　　)。

A. $[HgI_4]^{2-}$；　　B. $[Ag(S_2O_3)_2]^{3-}$；

C. $[Zn(NH_3)_4]^{2+}$；　　D. $[Co(ONO)_6]^{3-}$。

解: 配体酸效应对配合物稳定性的影响，与配体碱性有关。B、C、D 中，配体均为碱，故均不正确。HI 是强酸，I^- 碱性极弱，不易接受质子，故答案 A 正确。

例 9.12 利用生成 $Fe(SCN)_3$ 红色配合物定性检查 Fe^{3+} 时，反应在强酸介质中进行，目的是(　　)。

A. 防止配体酸效应；　　B. 防止中心原子水解效应；

C. 防止配合物被氧化；　　D. 使反应进行更完全。

解: 强酸介质中，配体酸效应强烈，反应进行得不完全，故答案 A、D 不正确；Fe(Ⅲ)不可能被氧化，故答案 C 不正确。Fe^{3+} 易水解生成氢氧化铁沉淀，故答案 B 正确。

例 9.13 配位滴定中，必须严格控制介质酸度，原因是(　　)。

A. 保证主反应完成程度；

B. 使得指示剂本身颜色与其和被测离子生成的配合物颜色明显不同；

C. 指示剂变色点与酸度有关；

D. 以上答案均正确。

解: 答案 D 正确。

例 9.14 用 EDTA 测定 M 离子时，EDTA 的酸效应系数为(　　)。

A. $\alpha_{Y(H)}=\dfrac{c(MY)+c(H_6Y)+c(H_5Y)+c(H_4Y)+c(H_3Y)+c(H_2Y)+c(HY)+c(Y)}{c(Y)}$；

B. $\alpha_{Y(H)}=\dfrac{c(Y)}{c(MY)+c(H_6Y)+c(H_5Y)+c(H_4Y)+c(H_3Y)+c(H_2Y)+c(HY)+c(Y)}$；

C. $\alpha_{Y(H)}=\dfrac{c(H_6Y)+c(H_5Y)+c(H_4Y)+c(H_3Y)+c(H_2Y)+c(HY)+c(Y)}{c(Y)}$；

D. $\alpha_{Y(H)}=\dfrac{c(Y)}{c(H_6Y)+c(H_5Y)+c(H_4Y)+c(H_3Y)+c(H_2Y)+c(HY)+c(Y)}$。

解: EDTA 酸效应系数，指未与金属离子配位的，即 EDTA 总浓度与游离的 Y 浓度的比值，故答案 C 正确。

例 9.15 已知 $\lg K_f(CaY^{2-})=10.70$，$\lg K_f(MgY^{2-})=8.70$。pH=8.0 时和 pH=10.0 时，EDTA 的 $\lg\alpha_{Y(H)}$ 分别等于 2.27、0.45。用 $c(EDTA)=0.02\ mol\cdot L^{-1}$ 的 EDTA 标准溶液滴定浓度均约为 $0.02\ mol\cdot L^{-1}$ 的 Ca^{2+} 和 Mg^{2+} 混合溶液时，下列说法正确的是(　　)。

A. pH=8.0 时，$\lg K_f'(CaY^{2-})=8.43$，故可分步滴定 Ca^{2+}；

B. pH=8.0 时，$\lg K_f'(CaY^{2-})=8.43$，$\lg K_f'(MgY^{2-})=6.43$，但由于 Mg^{2+} 的干扰，不能分步滴定 Ca^{2+}；

C. pH=10.0 时，$\lg K_f'(CaY^{2-})=10.25$，$\lg K_f'(MgY^{2-})=8.25$，故可滴定二离子总量；

D. pH=10.0 时，$\lg K_f'(CaY^{2-})<8.0$，但可滴定二离子总量。

解: pH=8.0 时，在此混合溶液中，计算 $\lg K_f'(CaY^{2-})$ 时不仅要考虑酸效应，同时要考虑 Mg^{2+} 引起的副反应，$\lg K_f'(CaY^{2-})<8.0$，故答案 A 不正确；同理，答案 B、C 不正确。pH=10.0 时，$\lg K_f'(CaY^{2-})<8.0$，不可分步滴定 Ca^{2+}，但第一化学计量点后，Ca^{2+} 已与 EDTA 形

成稳定配合物，此时滴定，和单独滴定 Mg^{2+} 情况相同，$\lg K_f'(MgY^{2-})=8.25$，终点时有明显 pMg 突跃，故答案 D 正确。

例 9.16 配合物 $K_3[Fe(CN)_6]$，中心原子成键轨道是________，配离子空间构型为________，属于______轨型。

解：d^2sp^3；正八面体形；内

例 9.17 向含有 $[Ag(NH_3)_2]^+$、Cl^- 的溶液中加入硝酸，有____色______生成，反应式为__________。

解：白；AgCl 沉淀；$[Ag(NH_3)_2]^+ + Cl^- + 2H^+ = AgCl\downarrow + 2NH_4^+$。

例 9.18 Fe^{3+} 能与磷酸生成稳定配合物 $[Fe(HPO_4)_2]^-$，故 $\varphi^\ominus\{[Fe(HPO_4)_2]^-/Fe^{2+}\}$ 比 $\varphi^\ominus(Fe^{3+}/Fe^{2+})$________，即 Fe^{2+} 的还原能力________。

解：电对中氧化态物质 Fe^{3+} 因生成配合物而降低，故 $\varphi^\ominus\{[Fe(HPO_4)_2]^-/Fe^{2+}\}$ 比 $\varphi^\ominus(Fe^{3+}/Fe^{2+})$低，还原态物质 Fe^{2+} 还原能力增强。

例 9.19 AgCl、AgBr、AgI，不溶于氨水的为________，能溶于饱和碳酸铵的为________。

解：$AgX + 2NH_3 = [Ag(NH_3)_2]^+ + X^-$，$K^\ominus = K_{sp}^\ominus(AgX)\cdot K_f^\ominus\{[Ag(NH_3)_2]^+\}$

对于 AgCl、AgBr、AgI，$K^\ominus$ 分别等于 2.0×10^{-2}、5.9×10^{-6}、9.4×10^{-10}。前二者，$K^\ominus > 10^{-6}$，后者远远小于 10^{-6}，故 AgCl、AgBr 可溶于氨水，AgI 不溶。AgCl 溶于氨水完成趋势较高，甚至可溶于饱和碳酸铵中。

例 9.20 反应 $[Ag(NH_3)_2]^+ + Cl^- + 2H^+ = AgCl + 2NH_4^+$ 的标准平衡常数等于________。已知 $K_b^\ominus(NH_3)=1.8\times10^{-5}$，$K_f^\ominus\{[Ag(NH_3)_2]^+\}=1.1\times10^7$，$K_{sp}^\ominus(AgCl)=1.8\times10^{-10}$。

解：$K^\ominus = \dfrac{(K_b^\ominus)^2}{K_f^\ominus K_{sp}^\ominus (K_w^\ominus)^2} = 1.6\times10^{21}$。

例 9.21 随介质酸度的增高，EDTA 的酸效应系数______，金属离子与 EDTA 配合物的条件平衡常数 K'______，配位反应进行的完成程度______。

解：EDTA 酸效应系数随酸度增大而增大，因此 K' 减小，反应完成程度降低。

例 9.22 使用铬黑 T 指示剂适宜的 pH 范围是________，在此酸度条件下，指示剂本身呈______色，其与金属离子配合物的颜色为______。

解：8～11；蓝；红色。

例 9.23 配位滴定中，介质酸度一定要用缓冲溶液调节，否则，随滴定进行，介质酸度______，使反应完成程度______。

解：EDTA 标准溶液，是由 EDTA 二钠盐配成，故滴定过程有 H^+ 生成：

$$H_2Y^{2-} + M^{2+} = MY^{2-} + 2H^+$$

介质酸度升高，使滴定反应完成程度降低，且可能会影响指示剂颜色及其变色点。

例 9.24 将 $c(AgNO_3)=0.20\ mol\cdot L^{-1}$ 的硝酸银溶液 20 mL 与 $c(NH_3)=1.0\ mol\cdot L^{-1}$ 的氨水 20 mL 混合，求混合液中银离子浓度。若将上溶液调节到 pH=0，试判断会发生什么变化？计算反应的标准平衡常数，并予以解释。

解：由于反应的标准平衡常数较大，且 NH_3 大大过量，故设平衡时

$c(Ag^+)=x\ mol\cdot L^{-1}$

$c(NH_3)=(0.50-0.20+2x)\ mol\cdot L^{-1}\approx(0.50-0.20)\ mol\cdot L^{-1}$

$c\{[Ag(NH_3)_2]^+\}=(0.10-x)\ mol\cdot L^{-1}\approx 0.10\ mol\cdot L^{-1}$

并做近似计算：

	Ag^+	+	$2NH_3$	=	$[Ag(NH_3)_2]^+$
$c_0/(mol\cdot L^{-1})$	0.10		0.50		
$c^{eq}/(mol\cdot L^{-1})$	x		0.50−0.20		0.10

$$K_f^{\ominus}\{[Ag(NH_3)_2]^+\}=\frac{c\{[Ag(NH_3)_2]^+/c^{\ominus}\}}{\{c(Ag^+)/c^{\ominus}\}\{c(NH_3)/c^{\ominus}\}^2}=\frac{0.10}{0.30^2x}=1.1\times10^7$$

$c(Ag^+)=1.0\times10^{-7}\ mol\cdot L^{-1}$

$[Ag(NH_3)_2]^++2H^+\rightleftharpoons Ag^++2NH_4^+$

$$K_1^{\ominus}=\frac{\{K_b^{\ominus}(NH_3)\}^2}{K_f^{\ominus}\{[Ag(NH_3)_2]^+\}\{K_w^{\ominus}\}^2}=\frac{(1.8\times10^{-5})^2}{1.1\times10^7\times(1.0\times10^{-14})^2}=2.9\times10^{11}$$

反应标准平衡常数很大，说明反应进行得十分彻底，即在 pH=0 时$[Ag(NH_3)_2]^+$配离子基本被破坏。

例 9.25 欲使 0.10 mol AgBr 完全溶解于 1.0 L $Na_2S_2O_3$ 溶液中，此溶液的最低浓度 $c(Na_2S_2O_3)$应为多少？

解：

	$AgBr(s)+2S_2O_3^{2-}$	$\rightleftharpoons$	$[Ag(S_2O_3)_2]^{3-}$	+	Br^-
$c^{eq}/(mol\cdot L^{-1})$	x		0.10		0.10

$$K^{\ominus}=\frac{\{c[Ag(S_2O_3)_2]^{3-}/c^{\ominus}\}\{c(Br^-)/c^{\ominus}\}}{\{c(S_2O_3^{2-})/c^{\ominus}\}^2}=K_f^{\ominus}\{[Ag(S_2O_3)_2]^{3-}\}\cdot K_{sp}^{\ominus}(AgBr)$$

$$=2.9\times10^{13}\times5.4\times10^{-13}=16$$

故：
$$\frac{0.10^2}{x^2}=16$$

$$x=0.025$$

$c_0(S_2O_3^{2-})=(0.025+2\times0.10)mol\cdot L^{-1}=0.23\ mol\cdot L^{-1}$

由计算结果可知，AgBr 易溶于硫代硫酸钠溶液。

例 9.26 计算用 $c(EDTA)=0.02\ mol\cdot L^{-1}$ 的 EDTA 标准溶液滴定 $c(Al^{3+})=0.02\ mol\cdot L^{-1}$ 的铝离子时，溶液的最低 pH 和最高 pH。仅从保证主反应的完成程度角度考虑，此滴定应如何进行？

解：$\lg K_f^{\ominus}(AlY^-)=16.3$

$\lg\alpha_{Y(H)}=\lg K_f^{\ominus}(AlY^-)-8.0=8.3$

查表得最低 pH≈ 4.1

$K_{sp}^{\ominus}\{Al(OH)_3\}=2\times10^{-33}$

为保证 Al^{3+} 不会因水解效应而生成氢氧化铝，$c(OH^-)$最大值可依下式计算：

$$c(OH^-)/c^{\ominus}=\sqrt[3]{\frac{K_{sp}^{\ominus}}{c(Al^{3+})/c^{\ominus}}}=\sqrt[3]{\frac{2\times10^{-33}}{0.02}}=4.6\times10^{-11}$$

得最高 pH≈ 3.7

最低 pH 高于最高 pH，在 pH ≥ 4.1 时，Al^{3+} 水解生成氢氧化铝沉淀，使滴定反应无法进行。故从保证滴定反应完成程度角度考虑，此测定可利用返滴定方式进行。

例 9.27 在 25.00 mL 含 Ni^{2+}、Zn^{2+} 的溶液中，加入 50.00 mL 0.015 00 mol·L^{-1} EDTA 溶液，用 0.010 00 mol·L^{-1} Mg^{2+} 返滴定过量 EDTA，用去 17.52 mL，然后加入二巯丙醇解蔽 Zn^{2+}，释放出 EDTA，再用去 22.00 mL Mg^{2+} 溶液滴定。计算原试液中 Ni^{2+}、Zn^{2+} 的浓度。

解：

$$c(Zn^{2+})=0.010\,00\ \text{mol}\cdot\text{L}^{-1}\times\frac{22.00\ \text{mL}}{25.00\ \text{mL}}=0.008\,800\ \text{mol}\cdot\text{L}^{-1}$$

$$c(Zn^{2+})+c(Ni^{2+})=\frac{0.015\,00\ \text{mol}\cdot\text{L}^{-1}\times50.00\ \text{mL}-0.010\,00\ \text{mol}\cdot\text{L}^{-1}\times17.52\ \text{mL}}{25.00\ \text{mL}}$$

$$=0.022\,99\ \text{mol}\cdot\text{L}^{-1}$$

所以 $c(Ni^{2+})=0.014\,19\ \text{mol}\cdot\text{L}^{-1}$

（三）自 测 题

9.1 下列物质中，不可能作为配合物中配体的为（ ）。

A. H_2O； B. NH_4^+； C. NO； D. C_5H_5N。

9.2 一 Co^{3+} 形成的配合物，磁矩等于 0。此配合物的构型肯定为（ ）。

A. 直线形； B. 正方形； C. 四面体形； D. 八面体形。

9.3 CN^- 作为配体形成的配合物，稳定常数一般远大于 F^- 作为配体形成的配合物，一个重要原因是（ ）。

A. 前者受酸效应影响小；

B. 后者易受水解效应影响；

C. 前者一般为内轨型配合物，后者一般为外轨型配合物；

D. 前者一般为八面体构型，配位数较高，后者一般为直线形，配位数较低。

9.4 利用 $Na_3[Co(ONO)_6]$ 试剂定性检验 K^+ 时，适宜的介质条件为（ ）。

A. 硫酸； B. 硝酸； C. 醋酸； D. 氢氧化钠。

9.5 $[Ag(NH_3)_2]^+$、$[Ag(SCN)_2]^-$、$[Ag(S_2O_3)_2]^{3-}$、$[Ag(CN)_2]^-$ 的 $\lg K_f^{\ominus}$ 分别等于 7.03、7.57、13.46、21.10。下列电极的标准电极电势最高的为（ ）。

A. $[Ag(NH_3)_2]^+/Ag$； B. $[Ag(SCN)_2]^-/Ag$；

C. $[Ag(S_2O_3)_2]^{3-}/Ag$； D. $[Ag(CN)_2]^-/Ag$。

9.6 下列配体能作为螯合剂的是（ ）。

A. SCN^-； B. H_2NNH_2；

C. NO_2^-； D. $H_2NCH_2CH_2NH_2$。

9.7 关于 EDTA，下列叙述正确的为（ ）。

A. EDTA 是四元酸，在水溶液中有 5 种存在型体；

B. EDTA 的酸效应系数越大，滴定反应的完成程度越高；

C. EDTA 滴定，不能在强酸介质中进行；

D. EDTA 各种存在型体中，一般只有 Y^{4-} 能与金属离子形成稳定的螯合物。

9.8 关于 EDTA 金属离子配合物的条件稳定常数，下列叙述正确的是（ ）。

A. $K'=\frac{K_f}{\alpha_{Y(H)}}$；

B. $K'=K_f-\alpha_{Y(H)}$；

C. 只要有副反应发生，K' 一定降低；

D. 无论是单一离子滴定，还是混合离子分步滴定，均必须满足 $\frac{cK'}{c^{\ominus}}\geqslant 10^6$ 才可保证终点误差不超过 ±0.1%。

9.9 在 Ca^{2+}、Mg^{2+} 的混合液中，用 EDTA 标准溶液测定 Ca^{2+}，要消除 Mg^{2+} 的干扰，宜采用（ ）。

A. 控制酸度法；　　B. 配位掩蔽法；

C. 沉淀掩蔽法；　　D. 氧化还原掩蔽法。

9.10 下列有关金属离子指示剂的叙述，不正确的是（ ）。

A. 理论变色点与溶液的 pH 有关；

B. 同一指示剂指示不同离子滴定时，变色范围不同；

C. 与金属离子形成的配合物稳定性要适当；

D. 选用金属指示剂时，不必考虑溶液酸度。

9.11 配合物 $K_2[HgI_4]$ 的名称为______，其中中心原子以______杂化轨道成键，配离子为______构型，属于______轨型配合物。其碱性溶液称为______试剂，分析化学中可用之定性、定量测定______。

9.12 反应 $AgBr+2S_2O_3^{2-}=[Ag(S_2O_3)_2]^{3-}+Br^-$ 的标准平衡常数 $K^{\ominus}=$______。$Na_2S_2O_3$ 的商品名称为________或________。已知 $K_{sp}^{\ominus}(AgBr)=5.4\times10^{-13}$，$K_f^{\ominus}\{[Ag(S_2O_3)_2]^{3-}\}=2.9\times10^{13}$。

9.13 已知 $\varphi^{\ominus}\{[Co(ONO)_6]^{3-}/[Co(ONO)_6]^{4-}\}<\varphi^{\ominus}\{Co^{3+}/Co^{2+}\}$，由此可知，$K_f^{\ominus}\{[Co(ONO)_6]^{3-}\}$______ $K_f^{\ominus}\{[Co(ONO)_6]^{4-}\}$。

9.14 Fe^{3+} 与磷酸反应，生成配合物______，使 $\varphi(Fe^{3+}/Fe^{2+})$______，Fe^{2+} 的还原性____。重铬酸钾法测定 Fe^{2+} 时，试液中加入磷酸后，若不马上滴定，结果必将偏____。

9.15 EDTA 滴定法测定水硬度时，用______缓冲溶液调节溶液 pH 等于____，以____为指示剂，终点时溶液由____色变为____色。

9.16 将 $c(AgNO_3)=0.20\ mol\cdot L^{-1}$ 的硝酸银溶液与 $c(NH_3)=0.80\ mol\cdot L^{-1}$ 的氨水等体积混合。计算混合液中 $c(Ag^+)$ 和 $c\{[Ag(NH_3)_2]^+\}$。

9.17 加酸于 $c\{[Ag(NH_3)_2]^+\}=c(NH_3)=0.10\ mol\cdot L^{-1}$ 的银氨配离子溶液中，为保证配离子能稳定存在（离解度≤1.0%），溶液 pH 不应低于多少？

9.18 向 100 mL 含 $c\{[Ag(S_2O_3)_2]^{3-}\}=0.10\ mol\cdot L^{-1}$、$c(S_2O_3^{2-})=0.20\ mol\cdot L^{-1}$ 的二(硫代硫酸根)合银(Ⅰ)配离子溶液中加入等体积的 KCl 或 KI 溶液。为使有 AgCl 或 AgI 沉淀生成，$c(KCl)$、$c(KI)$ 最低各为多少？

9.19 用 $c(EDTA)=0.02\ mol\cdot L^{-1}$ 的 EDTA 标准溶液滴定 $c(Zn^{2+})=0.02\ mol\cdot L^{-1}$

的锌离子，要求终点误差不超过±0.1%，计算最低 pH 和最高 pH。

9.20 测定一含 Sn、Pb 的混合试样时，称取该试样 0.200 0 g，用 HCl 溶解后，准确加入 100.00 mL 的 0.020 00 mol·L^{-1} EDTA，充分反应后，调节溶液 pH=5.5。以二甲酚橙为指示剂，用 0.030 00 mol·L^{-1} Zn^{2+} 标准溶液滴定，用去 20.20 mL。之后，加入足量的 NH_4F，反应后再用上述 Zn^{2+} 标准溶液滴定，用去 34.60 mL。计算试样中 Sn 和 Pb 的质量分数(提示：Sn^{2+} 可与 F^- 生成稳定配合物)。

9.21 测定铝盐的含量时，称取试样 0.255 0 g，溶解后加入 0.050 00 mol·L^{-1} EDTA 溶液 50.00 mL，加热煮沸，冷却后调节溶液至 pH=5.0，加入二甲酚橙指示剂，以 0.020 00 mol·L^{-1} $Zn(Ac)_2$ 溶液滴至终点，消耗 25.00 mL，求试样中 $w(Al_2O_3)$。

9.22 称取含磷试样 0.200 0 g，处理成试液，将其中磷氧化成 PO_4^{3-}，并使之形成 $MgNH_4PO_4$ 沉淀。沉淀经洗涤过滤后，再溶于盐酸中，并用 NH_3-NH_4Cl 缓冲液调节 pH=10，以铬黑 T 为指示剂，用 0.020 00 mol·L^{-1} 的 EDTA 20.00 mL 滴至终点，计算试样中磷的质量分数。

9.23 如何用简单的化学方法检验蒸馏水中是否含有微量 Ca^{2+}、Mg^{2+}、Al^{3+}、Cu^{2+} 等金属离子？如何得知所含杂质里是否有 Al^{3+}、Cu^{2+}？

自测题答案

9.1 B　9.2 D　9.3 C　9.4 C　9.5 A

9.6 D　9.7 D　9.8 D　9.9 C　9.10 D

9.11 四碘合汞(Ⅱ)酸钾；sp^3，正四面体；外；奈斯勒；NH_4^+

9.12 15；海波；大苏打

9.13 ＞

9.14 $[Fe(HPO_4)_2]^-$；降低；增强；低(空气中 O_2 将氧化 Fe^{2+})

9.15 NH_3-NH_4Cl；10；铬黑 T；红；纯蓝

9.16 2.3×10^{-7} mol·L^{-1}；0.10 mol·L^{-1}

9.17 7.73

9.18 2×10^3 mol·L^{-1}；1.8×10^{-3} mol·L^{-1}

9.19 4.0；7.6

9.20 66.61%；36.88%

9.21 39.98%

9.22 6.19%

9.23 用氨-氯化铵缓冲溶液调节 pH=10.0，加入铬黑 T，若呈红色，表示含有金属离子。再滴加 EDTA 溶液，若加入少许，溶液颜色变纯蓝，则杂质离子不可能含 Al^{3+}、Cu^{2+}、Fe^{3+} 等，若加入很多依然不变色，则含有 Al^{3+}、Cu^{2+}、Fe^{3+}(Al^{3+}、Cu^{2+}、Fe^{3+} 封闭铬黑 T 指示剂)。

十、分光光度法

分光光度法，属于光谱分析中的一种。光与物质相互作用，由于物质对某些波长的光的吸收，将产生与原来入射光谱不同的新光谱，或使某些波长的光强度减弱。建立在这种原理上的分析方法称为吸光光度法，分光光度法是其中的一种。分光光度法灵敏度远高于化学分析法，检测限一般可达 10^{-6}～10^{-5} mol·L^{-1}，广泛应用于工、农业的分析工作中。

（一）考 试 指 南

不同的物质微粒由于结构不同而具有不同的量子化能级，其能级差也各不相同，因此物质对光的吸收具有选择性。物质的颜色就是由于物质对不同波长的光具有选择性吸收而产生的。将各种波长的单色光依次通过一定浓度的某一溶液，测定该溶液对各种光的吸收程度，以波长为横坐标，吸光度为纵坐标作图，可以得到一条曲线，称为该物质溶液的吸收光谱曲线或吸收曲线。光吸收程度最大处的波长称为最大吸收波长，用 λ_{max} 表示。在最大吸收波长处，物质溶液对光的吸收最灵敏：即使浓度很低，也有较强的吸收，且浓度稍有差异，吸光度也会有较大变化。所以在利用分光光度法进行定量测定时，一般总选择最大吸收波长作为入射光。相同物质不同浓度的溶液，光吸收曲线的形状相似，λ_{max} 不变，但吸收曲线的高度不同。有色物质溶液总是主要选择性地吸收与其本身颜色呈互补色的色光。

1. 朗伯-比尔定律

当一束平行单色光垂直照射通过均匀无散射的溶液时，溶液的吸光度与吸光物质的浓度、液层厚度成正比，该定律称为朗伯-比尔定律。所谓吸光度，为入射光强度与透射光强度比值的对数：$A=\lg\dfrac{I_0}{I_t}$。朗伯-比尔定律数学表达式为 $A=abc$，式中 A 为吸光度，a 为吸光系数，b 为液层厚度，c 为吸光物质的浓度。当浓度单位为 mol·L^{-1}、液层厚度单位为 cm 时，吸光系数称为摩尔吸光系数 ε，其单位为 L·mol^{-1}·cm^{-1}。ε 是吸光物质在特定波长下的特征常数，它与入射光波长、溶液的性质以及温度等因素有关，而与溶液的浓度和液层厚度等因素无关。物质对光的吸收程度也可以用透光度 T 来表示，T 与吸光度 A 之间的关系是：

$$A=\lg\frac{1}{T}$$

2. 定量方法和吸光度的测定

朗伯-比尔定律是吸光光度法进行定量测定的理论基础。在保持入射光波长不变、液层厚度相同的条件下，测定一系列已知准确浓度的标准溶液的吸光度，并以吸光度为纵坐标、浓度为横坐标作图，得一条通过原点的直线，称为工作曲线或标准曲线。在相同条件下，测定待测液的吸光度，根据标准曲线，即可计算出其浓度。

根据吸光度定义 $A=\lg\frac{I_0}{I_t}$ 可知，必须分别测定出入射光强度和透射光强度后才可得到吸光度。所以，测定吸光度时首先必须做空白试验以测定入射光强度 I_0。为减免干扰物质以及比色皿对测定的干扰，需用参比溶液做空白，即首先用参比溶液调节分光光度计指示 $T=100\%$。

3. 引起偏离朗伯-比尔定律的因素

朗伯-比尔定律所描述的吸光度与被测物质的浓度之间的关系应该是一条通过坐标原点的直线。但实际工作中，特别是浓度较高时，常出现标准曲线偏离线性的现象，这种现象称为偏离朗伯-比尔定律。偏离朗伯-比尔定律的原因很多。物理原因主要是单色光不纯所引起的，化学原因主要是溶液本身的化学变化所引起的，包括被测溶液浓度过高，溶质的缔合、解离、互变异构及分解等化学变化。

4. 显色反应的特点和显色条件的选择

可见分光光度法进行测定的先决条件是被测组分溶液有颜色。但大多数物质溶液颜色较浅或无色，必须加入某种适当的试剂与被测组分反应生成有色化合物，然后再进行测定。此反应称为显色反应，加入的试剂称为显色剂。常用的显色反应有配位反应和氧化还原反应等，最主要的是配位反应。显色反应需满足以下要求：①选择性好，干扰少；②灵敏度足够高；③有色化合物与显色剂之间颜色差异要大，一般要求显色剂与有色化合物的 $\Delta\lambda_{max}>60$ nm；④有色化合物的组成恒定、稳定性好。显色反应要在适当的显色条件下进行，包括显色剂的用量、溶液的酸度、显色反应的时间和温度以及所使用的溶剂等。

5. 测量条件的选择

为了减小仪器测量误差，应控制溶液的吸光度在 0.2～0.8。

（二）例题解析

例 10.1 吸光度和透光度的关系是（　　）。

A. $A=\lg T$；　B. $A=\lg\left(\frac{1}{T}\right)$；　C. $T=\lg\left(\frac{1}{A}\right)$；　D. $A=1/T$。

解：答案 B 正确。

例 10.2 下列说法正确的是（　　）。

A. 随溶液浓度增大，最大吸收波长变长；

B. 在保持入射光波长、液层厚度不变条件下，溶液浓度变小，其吸光度变小；

C. 改变入射光波长，摩尔吸光系数不会改变；

D. 液层厚度加倍，溶液的摩尔吸光系数也加倍。

解：溶液的最大吸收波长与溶液浓度无关，答案 A 不正确；摩尔吸光系数会随入射光波长改变而改变，与液层厚度无关，故答案 C、D 不正确。根据朗伯-比尔定律可知，答案 B 正确。

例 10.3 为减小测量误差，对吸光度过高的溶液进行吸光度测量时可采取的措施为（　　）。

A. 将溶液浓缩后再测定；　　B. 改变入射光波长；

C. 加大光源亮度；　　　　　　　　D. 换用光程较短的比色皿。

解：浓缩后，溶液吸光度更大，故答案 A 不正确；对标准溶液和被测溶液吸光度测量时，必须使用相同波长的入射光，否则将不符合光吸收定律，故答案 B 不正确；做空白试验调节仪器指示 $T=100\%$，目的是测定入射光强度，之后，入射光强度不得变化，故答案 C 不正确。液层厚度减小，吸光度减小，故答案 D 正确。

例 10.4　利用吸光光度法定量测定时，应读取溶液吸光度而不是透光度，这是因为________。

解：在保持入射光波长及液层厚度一定时，吸光度与溶液浓度呈直线关系。

例 10.5　分光光度计表头上，均匀标尺为________，不均匀标尺为________，二者的关系为________。

解：透光度 T；吸光度 A；$A=-\lg T$。

例 10.6　吸光光度法定量测定中，光吸收曲线是以________为纵坐标、________为横坐标绘制的。绘制光吸收曲线的目的为________。

解：A；λ；选择入射光波长。

例 10.7　显色反应应满足(1)________，(2)________，(3)________，(4)________等条件。

解：(1)显色剂与显色产物色差大；(2)选择性好；(3)灵敏度高；(4)生成的有色物质组成恒定，具有一定的稳定性。

例 10.8　吸取浓度为 0.056 g·L^{-1} 的铁溶液 2.0 mL 于 50 mL 容量瓶中，经显色后定容。用 1.0 cm 比色皿于 508 nm 处测得该试液的吸光度 $A=0.400$，计算该有色物质的摩尔吸光系数 ε。已知 $M(\text{Fe})=55.85\ \text{g}\cdot\text{mol}^{-1}$。

解：显色液内 Fe 的浓度为 $c=\dfrac{0.056\ \text{g}\cdot\text{L}^{-1}\times2.0\times10^{-3}\ \text{L}}{50\times10^{-3}\ \text{L}\times55.85\ \text{g}\cdot\text{mol}^{-1}}=4.0\times10^{-5}\ \text{mol}\cdot\text{L}^{-1}$

$$\varepsilon=\frac{A}{bc}=\frac{0.400}{1.00\ \text{cm}\times4.0\times10^{-5}\ \text{mol}\cdot\text{L}^{-1}}=1.0\times10^{4}\ \text{L}\cdot\text{mol}^{-1}\cdot\text{cm}^{-1}$$

(三)自　测　题

10.1　用可见吸光度法测定 $KMnO_4$ 溶液浓度时，应选择的入射光颜色是(　　)。

A. 橙色；　　B. 绿色；　　C. 青色；　　D. 红色。

10.2　光吸收曲线可以用于定性分析，是因为吸收曲线(　　)。

A. 只有一个吸收峰；　　B. 不与其他物质的吸收曲线相交；

C. 形状与物质结构相关；　　D. 形状与浓度无关。

10.3　符合光吸收定律的有色溶液，稀释后，其最大吸收波长 λ_{max} 的位置(　　)。

A. 向长波方向移动；　　B. 向短波方向移动；

C. 不移动，但吸光度降低；　　D. 不移动，但吸光度增大。

10.4　对一定波长的入射光，某物质溶液的摩尔吸光系数 ε 大，则说明(　　)。

A. 溶液的浓度大；　　B. 光通过该物质溶液时的光程长；

C. 该物质对此波长的光吸收能力强；　　D. 定量测定该物质时，干扰较小。

10.5 在分光光度分析中,吸光度 A 在________范围内,即透光率 T 在________范围内时,仪器测量误差较小,当吸光度为________或透光率为________时,仪器测量误差最小。

10.6 在分光光度分析中,若试剂和显色剂均无色,被测试液中存在有色干扰物质,则应选__________作参比溶液。

10.7 溶液的吸光度为 0.30 时,透光度为____;溶液透光度为 60%时,吸光度为____。

10.8 一定波长下,用 2 cm 比色皿测得某 Al^{3+}-铬天青 S 溶液的透光度 $T=60.0\%$;若改用 3 cm 比色皿,该溶液吸光度 $A=$__________。

10.9 分光光度法中,做空白试验的意义是__________。用参比溶液做空白试验的目的是____。

10.10 若显色剂本身对入射光有吸收,则可选__________做参比。

10.11 在完全相同测定条件下,浓度为 c_1 的物质 A 溶液、浓度为 c_2 的物质 B 溶液,透光度和吸光度分别为 T_1、A_1 和 T_2、A_2。浓度为 c_1 的物质 A、浓度为 c_2 的物质 B 混合溶液,透光度和吸光度分别为__________和__________。

10.12 称取 0.132 0 g 分析纯$(NH_4)_2SO_4$,溶解后定容至 1 L,取 10.00 mL 该溶液,显色后定容至 50.00 mL,测得其吸光度为 0.350。另取试样 0.100 0 g,经处理后定容至 100.0 mL,取 1.00 mL 样品溶液,显色后定容至 50.00 mL,在同一条件下测得吸光度为 0.382,求样品中 NH_4^+ 和 N 的质量分数。已知 $M\{(NH_4)_2SO_4\}=132.0\ g\cdot mol^{-1}$, $M(N)=14.01\ g\cdot mol^{-1}$, $M(NH_4^+)=18.04\ g\cdot mol^{-1}$。

自测题答案

10.1 B　10.2 C　10.3 C　10.4 C

10.5 0.2~0.8;65%~15%;0.434;36.8%

10.6 试液

10.7 50%;0.22

10.8 0.333

10.9 测定入射光强度;避免比色皿、杂质的干扰

10.10 试剂

10.11 T_1T_2;A_1+A_2

10.12 $w(N)=30.6\%$,$w(NH_4^+)=39.4\%$

十一、电势分析法

电势分析法是以测量原电池电动势或其变化为基础的分析方法。电势分析法分直接电势法和电势滴定法。直接电势法是通过测量工作电池的电动势直接测定有关离子活度或浓度的方法，如溶液 pH 的测定等；电势滴定法则是通过测量滴定过程中工作电池电动势的变化来确定滴定终点的一种滴定分析法，适用于各种滴定分析，对反应完成程度较低、没有合适指示剂、深色溶液或混浊溶液等难以用指示剂判断终点的滴定分析特别有利。

(一)考 试 指 南

1.电势分析法的基本原理

在直接电势分析中，将一个指示电极和一个参比电极共同插入待测物质的溶液中，组成工作电池。由于指示电极的电极电势与待测离子活度的关系符合能斯特方程，故通过测定工作电池的电动势即可求得待测离子的活度或浓度。

2.参比电极和指示电极

在一定温度下电极电势恒定，不受溶液组成影响的电极，称为参比电极。参比电极是测量电池电动势的基准。常用的参比电极有饱和甘汞电极、银-氯化银电极等；指示电极的电极电势随待测离子活度或浓度变化而变化，符合能斯特方程。理想的指示电极应该能够快速、稳定地响应待测离子。应用比较广泛的指示电极是离子选择性电极。

3.离子选择性电极的测定方法

离子选择性电极之所以能应用于测定有关离子的活度，是因为其膜电势与待测离子活度之间的关系符合能斯特方程，$\varphi=K\pm\frac{2.303RT}{nF}\lg a(M^{n\pm})$，式中“+”表示电极响应的是阳离子，“−”则为阴离子。膜电势是由于离子交换、离子迁移而产生的。

将待测离子的离子选择性电极和参比电极组成工作电池，电池电动势在一定温度条件下与待测离子的活度的对数呈线性关系：$\varepsilon=K'\pm\frac{2.303RT}{nF}\lg a(M)$。通过测量电池电动势就可以求出待测离子的活度或浓度。具体的测量方法有标准曲线法、标准加入法等。

pH 玻璃膜电极是最早研制的离子选择电极，其电极电势与待测液 pH 呈良好的线性关系，是目前最重要的氢离子指示电极。玻璃电极使用前必须在纯水中浸泡 24 h 以上，既为其表面水化，产生对氢离子的响应，也为使不对称电势趋于最小并达到稳定。

以 pH 玻璃电极为指示电极，饱和甘汞电极(或银-氯化银电极)为参比电极，同插入试液中，即组成 pH 电势测定用工作电池。该工作电池的电动势与溶液 pH 呈线性关系：

$$\varepsilon = K'' + \frac{2.303RT}{F}\text{pH}$$

由于K''中包含不对称电势，测定时，必须用已知准确 pH 的缓冲溶液作标准进行定位操作，以消除不对称电势的影响。其原理是被测液 pH(pH_x)与标准缓冲溶液 pH(pH_s)的差与两原电池电动势之差呈线性关系：

$$pH_x = pH_s + \frac{F(\varepsilon_x - \varepsilon_s)}{2.303RT}$$

此式称为 pH 的操作定义。

标准缓冲溶液应与试液温度相同，且 pH 相差不超过 3。

利用标准曲线法测定离子浓度时，为保证工作电池电动势与被测物相对浓度的对数呈线性关系，必须保证标准溶液和被测液中离子强度较高、相等且恒定，使活度系数相同。因此要在标准溶液和被测液中分别加入等量的总离子强度调节缓冲液(简称 TISAB)。TISAB 中同时含有掩蔽剂，以掩蔽干扰离子，且含有酸碱缓冲对，以调节溶液酸度，使电极在适宜 pH 条件下工作。以工作电池电动势 ε 为纵坐标、$\lg\{c(\text{M})/c^{\ominus}\}$或 pM 为横坐标作图，可得标准曲线。

电势滴定法是用电势法确定滴定终点的滴定分析方法。随滴定剂的加入，待测离子浓度不断变化，引起工作电池电动势不断变化；在化学计量点附近，被测离子浓度变化率达最大值，引起工作电池电动势的变化达最大值。因此可利用二阶导数法确定滴定终点：$\frac{d^2\varepsilon}{dV^2}=0$ 处为滴定终点。

(二)例题解析

例 11.1 电极电势随待测离子活度不同而改变的电极称为(　　)。

A. 参比电极；　B. 指示电极；　C. 正极；　D. 负极。

解:参比电极是在一定温度下电极电势恒定，不受溶液组成影响的电极，故答案 A 不正确；指示电极在工作电池中可作为正极，也可作为负极，故答案 C、D 不正确。指示电极的电极电势随待测离子活度或浓度变化而变化，故答案 B 正确。

例 11.2 电势分析法中所测量的物理量为(　　)。

A. 指示电极的电极电势；　B. 参比电极的电极电势；

C. 膜电势；　D. 工作电池的电动势。

解:答案 D 正确。

例 11.3 电势法测定 pH 的理论依据是(　　)。

A. 玻璃膜膜电势与溶液 pH 呈线性关系；　B. 玻璃电极电极电势与 pH 呈线性关系；

C. $pH_x = pH_s + \frac{F(\varepsilon_x - \varepsilon_s)}{2.303RT}$；　D. $\frac{d^2\varepsilon}{dV^2}=0$。

解:由于不对称电势的影响，无法根据膜电势或玻璃电极电极电势直接测定溶液 pH，故答案 A、B 不正确；答案 D 是电势滴定终点，故答案 D 不正确。电势法测定 pH 的原理是被测液 pH(pH_x)与标准缓冲溶液 pH(pH_s)的差与两原电池电动势之差呈线性关系，故答案 C

正确。

例 11.4 25℃,用玻璃电极测定 pH 时,溶液 pH 每增大 1.0,则(　　)。

A. 工作电池电动势增大 59 mV;　B. 工作电池电动势降低 59 mV;

C. 不对称电势增大 59 mV;　D. 不对称电势降低 59 mV。

解:根据 pH 的操作定义可知,答案 A 正确。

例 11.5 电势分析法测定离子浓度时,工作曲线横坐标、纵坐标分别为(　　)。

A. c(M)、ε;　B. pM、ε;　C. pM、φ;　D. c(M)、φ。

解:电势分析法测定的是工作电池电动势,不是指示电极电极电势,故答案 C、D 均不正确;工作电池电动势与 pM 呈线性关系,故答案 A 不正确。答案 B 正确。

例 11.6 TISAB 的中文名称为______,其作用为______、______和______。

解:总离子强度调节缓冲液;保证标准溶液和被测液中离子强度较高、相等且恒定;掩蔽干扰离子;调节适宜酸度。

例 11.7 25℃,下列工作电池电动势 $\varepsilon = 0.000$ V

(－)pH 玻璃电极|pH＝7.00 缓冲溶液‖饱和甘汞电极(＋)

当用一未知溶液代替缓冲溶液时,测得电动势为 0.031 V。计算该溶液的 pH。

解:$pH_x = pH_s + \dfrac{F(\varepsilon_x - \varepsilon_s)}{2.303RT}$

$$pH = 7.00 + \frac{0.031\ V - 0.000\ V}{0.059\ V} = 7.53$$

例 11.8 电势分析法工作电池中的两支电极分别称为什么电极?各有何特点?

解:一支为指示电极。它的电极电势随试液中待测离子的活度(或浓度)的变化而变化,用以指示待测离子活度(或浓度)。另一支为参比电极。在一定温度下,它的电极电势稳定不变,不随试液中待测离子的活度(或浓度)的变化而变化。

例 11.9 电势分析法的基本依据是什么?

解:电势分析法以测量工作电池的电动势为基础,根据电池电动势与溶液中某种离子的活度(或相对浓度)的对数之间的线性关系来测定待测物质活度(或相对浓度)。

(三)自　测　题

11.1 关于膜电势,下列叙述正确的为(　　)。

A. 膜电势是因为发生电子转移而产生的;

B. 膜电势是因为离子交换和离子迁移而产生的;

C. 当膜内、外溶液中离子活度相等时,膜两侧电势差肯定为 0 V;

D. 膜电势与内、外溶液中离子活度之差呈线性关系。

11.2 在电势分析法中,指示电极的电极电势与待测离子活度的关系是(　　)。

A. 电极电势与离子活度成正比;　B. 符合能斯特方程;

C. 符合扩散电流公式;　D. 电极电势与离子活度的对数成正比。

11.3 电势滴定终点位置在(　　)。

A. $\dfrac{d^2\varepsilon}{dV^2} = 0$ 处;　B. $\dfrac{d\varepsilon}{dV} = 0$ 处;

C. $\frac{d^2\varepsilon}{dV^2}$取最大值处；　　　　　　D. $\varepsilon=0$ 处。

11.4　pH 玻璃电极在使用前，必须做的处理是__________，目的是________；在测定未知溶液 pH 前，必须用________做定位操作，目的是__________。

11.5　25℃时，将氟离子选择性电极与参比电极插入一 $c(F^-)=0.001\ 00\ mol\cdot L^{-1}$ 的溶液中组成工作电池(氟电极作正极)，其电动势为 0.158 V。再将此二电极插入一待测液中组成工作电池，其电动势为 0.217 V。两溶液中离子强度相等。计算待测液中 $c(F^-)$。

自测题答案

11.1　B　　11.2　B　　11.3　A

11.4　在水中浸泡 24 h；使玻璃膜水化，产生膜电势，降低不对称电势并使其稳定；标准 pH 缓冲溶液；消除不对称电势对测定的影响

11.5　$1.00\times10^{-4}\ mol\cdot L^{-1}$

第二部分

有 机 化 学

有机化学考试主要考查考生全面掌握有机化学的基础知识和基本理论的程度，要求考生具有一定的分析和解决有机化学问题的能力。

根据教育部考试中心 2018 年化学考试大纲的规定，化学试卷中有机化学部分、无机及分析化学部分各占 50%，其中单选题 30 小题，共 60 分，填空题 35 空，共 35 分，计算、分析与合成题，8 小题，共 55 分。

一、考试内容和考题类型

有机化学的考试内容主要包括四个方面：有机化学的基本理论；有机化合物的结构和命名；有机化合物的理化性质和反应机理；基本有机反应的综合应用。考题类型一般较少且比较固定，主要有填空题、选择题、鉴别题、推导结构题和合成设计题。其中，填空题和选择题涉及的考试内容最为广泛，可以是以上四个方面考试内容的任何内容。鉴别题主要考察的是各类化合物鉴别反应的综合应用。推断题和合成设计题难度较大，主要考察的是各类化合物的化学反应的综合应用，尤其是具有有机制备价值的化学反应的综合应用。合成设计题还常常涉及一些常用而重要的基团保护反应及一些常用的合成设计策略的运用。

下面就以上四个方面的考试内容做一简要介绍。各知识点的出题概率分别用不同数目的星号表示。五颗星(★★★★★)表示出题的概率为 80%～100%，四颗星(★★★★)表示出题的概率为 60%～79%，三颗星(★★★)表示出题的概率为 40%～59%，两颗星(★★)表示出题的概率为 20%～39%，一颗星(★)表示出题的概率＜20%。

1. 有机化学的基本理论

有机化学的基本理论主要有：原子轨道的杂化理论；原子或基团的电子效应理论；酸碱理论；氢键和分子间作用力理论。

原子轨道杂化理论★★★★：重点考察 C、O、N、S 等原子的三种轨道杂化方式(sp^3、sp^2 和 sp)及其相应的杂化轨道(sp^3 轨道、sp^2 轨道和 sp 轨道)在空间的分布取向、电负性大小及其形成共价键的特点(极性、稳定性等)。此外，碳自由基、碳负离子和碳正离子的轨道杂化方式也是常考的内容。原子轨道杂化理论是正确理解有机分子的键角、立体结构、共价键极性和共价键类型(σ 键和 π 键)的基础。

例题 1　下列哪种化合物的 C—H 键极性最强？

A. 乙烯；　　B. 乙炔；　　C. 乙烷。

例题 2　下列哪种化合物为平面结构？

A. 正己烷；　　B. 环己烷；　　C. 环己烯；　　D. 苯。

例题 3　下列哪种化合物的键角大于 109°28′？

A. CH_4；　　B. H_2O；　　C. NH_3；　　D. $H_3C\cdot$。

例题 4　下列哪种化合物中含有 sp 杂化的 C 原子？

A. 丙酮；　　B. 乙醇；　　C. 丙二烯；　　D. 苯酚。

例题5　下列分子中,中心原子为sp杂化的是________。(2009年考题。注:指农科联考考题,下同)

A. H_2O;　　B. NH_3;　　C. BH_3;　　D. CO_2。

例题6　甲基碳正离子是________杂化,该离子有________个杂化轨道和________个p轨道。(2009年考题)

例题7　下列化合物中同时具有三种杂化类型碳原子的是(　　)。

A. 3-甲基-1-丁炔;　　B. 1-甲基环己烯;　　C. 4-甲基苯甲腈;　　D. 异戊二烯。

例题8　反应 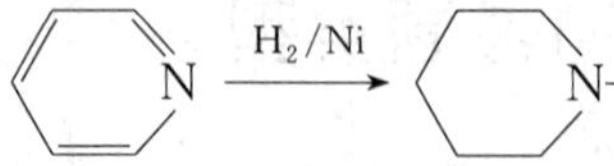 中,N原子的杂化状态(　　)。

A. 没有发生变化;　　B. 由sp^3杂化变到sp^2杂化;

C. 由sp^2杂化变到sp杂化;　　D. 由sp^2杂化变到sp^3杂化。

答案　例题1:B　例题2:D　例题3:D　例题4:C　例题5:D　例题6:sp^2;3;1　例题7:C　例题8:D。

电子效应理论★★★★★:重点考察电子效应的类型(吸电子诱导效应;供电子诱导效应;π-π共轭效应;p-π共轭效应;σ-π超共轭效应;σ-p超共轭效应;吸电子共轭效应;供电子共轭效应)、定义、特点及其对化学键键长、键极性、键稳定性和成键电子分布密度的影响。电子效应理论是有机化学中最常用和最重要的理论之一,利用该理论可以由化合物的结构定性预测其可能的反应及反应的难易程度,判断化合物或反应中间体的稳定性或活泼性等。

例题1　下列哪种化合物的甲基C—H键极性最强?

A. 氯乙烷;　　B. 1-氯丙烷;　　C. 1-氯丁烷;　　D. 1,1-二氯乙烷。

例题2　下列哪种化合物的O—C键最不容易发生异裂?

A. 乙醇;　　B. 乙醚;　　C. 苯酚;　　D. 四氢呋喃。

例题3　下列哪种反应中间体最稳定?

A. 甲基自由基;　　B. 乙基自由基;　　C. 异丙基自由基;　　D. 叔丁基自由基。

例题4　下列哪种化合物中苯环上的π电子云密度低于苯?

A. 苯甲醚;　　B. 苯酚;　　C. 甲苯;　　D. 氯苯。

例题5　下列哪个化合物中的取代基与苯环形成p-π共轭体系?(2009年考题)

A. 氯苯;　　B. 氯化苄;　　C. 苯甲酸;　　D. 苯磺酸。

例题6　下列碳正离子中最稳定的是(　　)。

A. 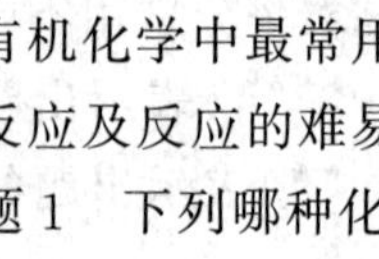;　　B. 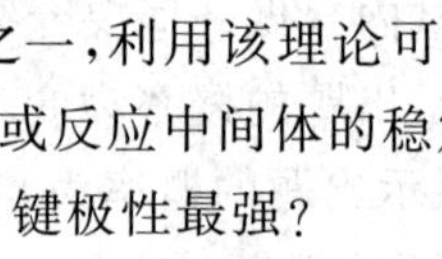;

C. 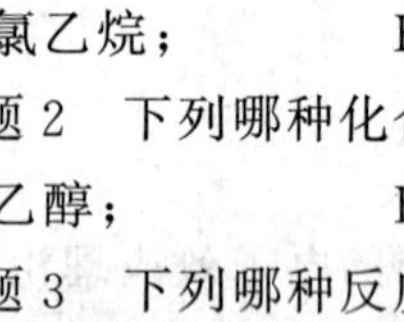;　　D. 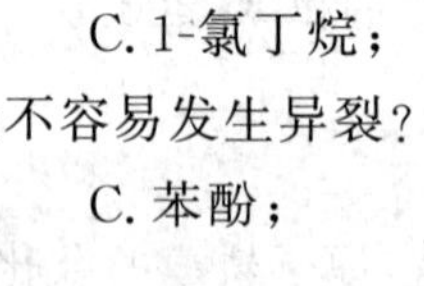。

例题 7　对反应 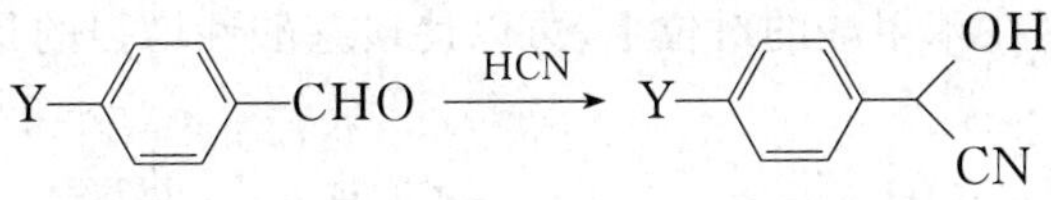 来说，反应物分子中的 Y 是(　　)时反应活性最高。

A. 乙基；　　B. 乙氧基；　　C. 乙酰基；　　D. 氯甲基。

例题 8　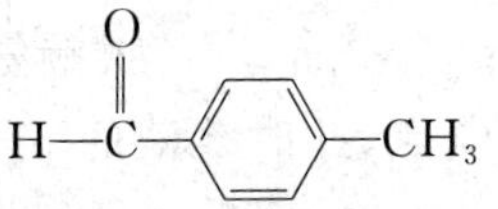 分子中同时存在(　　)效应。

A. p-π 共轭和 σ-p 超共轭；　　B. π-π 共轭和 σ-p 超共轭；

C. p-π 共轭和 σ-π 超共轭；　　D. π-π 共轭和 σ-π 超共轭。

例题 9　下列自由基的稳定性次序是(　　)。

$CH_3\dot{C}HCH_3$	$C_6H_5\dot{C}HC_6H_5$	$CH_2{=}CH\dot{C}H_2$	$CH_3CH_2\dot{C}H_2$
(a)	(b)	(c)	(d)

A. (d)＞(a)＞(b)＞(c)；　　B. (a)＞(d)＞(b)＞(c)；

C. (b)＞(d)＞(a)＞(c)；　　D. (b)＞(c)＞(a)＞(d)。

答案　例题 1：D　例题 2：C　例题 3：D　例题 4：D　例题 5：A　例题 6：C。

例题 7　C(注：醛与氢氰酸的反应是亲核加成反应，Y 基团的电子效应能使醛的羰基碳原子正电荷密度升高，反应活性升高。乙基和乙氧基都是供电子基，使羰基碳原子的正电荷密度降低，乙酰基对醛羰基碳原子存在 $-C$ 效应和 $-I$ 效应，氯甲基仅存在 $-I$ 效应，总的结果是乙酰基的吸电子效应强于氯甲基。)

例题 8　D(注：苯环与 C=O 双键之间存在 π-π 共轭，苯环上的甲基与苯环之间存在 σ-π 超共轭。)

例题 9　D(注：碳自由基是 sp^2 杂化，p-π 共轭效应对自由基的稳定作用强于 σ-p 超共轭效应，与苯环和双键之间能通过 p-π 共轭得到稳定，与饱和碳原子之间能通过 σ-π 超共轭得到稳定，共轭效应强于超共轭效应。(b)是二苯甲基自由基，两个苯环产生的共轭使自由基更稳定。)

酸碱理论★★★★：重点考察内容是酸碱理论的类型(酸碱质子理论；酸碱电子理论)和各自对酸碱的定义；质子酸的酸性强度与分子结构的关系；酸碱的共生关系；酸碱反应对共价键的极化作用。酸碱催化反应是有机化学中最常见和最重要的反应类型之一，酸碱反应对共价键的极化作用是理解酸碱催化有机反应的基础。

例题 1　下列哪种化合物的酸性最强？

A. 苯酚；　　B. 对甲苯酚；　　C. 对硝基苯酚；　　D. 2,4-二硝基苯酚。

例题 2　下列哪种化合物既能与 NaOH 溶液反应，又能与浓硫酸发生质子化反应？

A. 正丙胺；　　B. 乙醚；　　C. 吡咯；　　D. 乙酸。

例题 3　下列哪种反应不能被酸催化？

A. 乙酸乙酯的水解；　　B. 苯与溴的溴代反应；

C. 醇的分子内脱水反应；　　D. 甲烷的氯代反应。

例题 4　下列哪种化合物能与 $NaHCO_3$ 反应？

A. 苯硫酚；　　B. 乙醇；　　C. 乙炔；　　D. 苯酚。

例题 5　下列基团连接在苯甲酸的对位上，可以使羧基酸性增强的是________。(2008 年考题)

A. —Cl；　　B. —OH；　　C. $—OCH_3$；　　D. $—CH_3$。

例题 6　下列氨基酸在 pH＝4.0 的溶液中，以负离子形式存在的是________。(2008 年考题)

A. 谷氨酸；　　B. 甘氨酸；　　C. 丙氨酸；　　D. 赖氨酸。

例题 7　将某中性氨基酸溶于水，调节溶液 pH 至等电点，此时溶液的 pH 是________。(2009 年考题)

A. 小于 7；　　B. 大于 7；　　C. 等于 7；　　D. 无法确定。

答案　例题 1：D；例题 2：C，D；例题 3：D；例题 4：A；例题 5：A；例题 6：A；例题 7：A

氢键和分子间作用力★★★：重点考察内容是氢键和分子间作用力对有机化合物物理性质(沸点、熔点、溶解性、密度、黏度)的影响。为此，要求考生掌握氢键的形成条件及特点，分子间作用力的类型(色散力、取向力、诱导力)及影响分子间作用力的主要因素。

例题 1　下列哪种化合物的沸点最高？

A. 正戊烷；　　B. 异戊烷；　　C. 新戊烷；　　D. 己烷。

例题 2　下列哪种化合物的熔点最高？

A. 1，2-二氯乙烷；　　B. 顺-1，2-二氯乙烯；

C. 反-1，2-二氯乙烯；　　D. 反-2-丁烯。

例题 3　在理论上，下列哪种化合物与水形成的氢键数最多？

A. 乙醇；　　B. 乙胺；　　C. 乙酸；　　D. 乙酰胺。

例题 4　下列哪种化合物的沸点最低？

A. 邻硝基苯酚；　　B. 间硝基苯酚；　　C. 对硝基苯酚；　　D. 2，4-二硝基苯酚。

例题 5　下列哪种化合物的沸点最大？

A. 乙醇；　　B. 乙胺；　　C. 乙酸；　　D. 乙醛。

例题 6　下列哪种化合物的水溶性最大？

A. 正丁醇；　　B. 正戊醇；　　C. 乙醚；　　D. 叔丁醇。

例题 7　下列化合物中，熔点最高的是________。(2008 年考题)

A. $CH_3CHCOOH$；(CH 上连 OH)

B. $CH_3CHCOOH$；(CH 上连 Br)

C. $CH_3CHCOOH$；(CH 上连 Cl)

D. $CH_3CHCOOH$。(CH 上连 NH_2)

答案　例题 1：D；例题 2：C；例题 3：D；例题 4：A；例题 5：C；例题 6：D；例题 7：D。

2. 有机化合物的结构★★★★★

有机化合物结构是有机化学最基本的内容，在几乎所有基础有机化学的考试中都占有相当大的比例，考研也不例外，因此与有机化合物结构相关的内容应引起考生的足够重视。

对于有机化合物结构的主要考查内容是：化合物名称和结构的互相“转化”★★★★★。要求考生熟练掌握各类化合物的命名规则(重点是系统命名法规则)及有机分子结构的不同表示方法(构造式,构象式,纽曼(Newman)投影式,费歇尔(Fischer)投影式,哈沃斯(Haworth)式)。在这类题中,常常会重点考查考生对原子或基团次序规则的掌握及其在不同立体构型(几何异构和旋光异构)表示过程中的应用能力,复官能团化合物的命名,稠环芳烃及杂环、糖、多肽等生物分子的特殊命名法则。

例题 1　内消旋酒石酸的 Newman 投影式是________。(2008 年考题)

A. 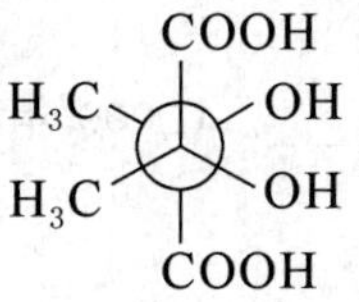；　　B. 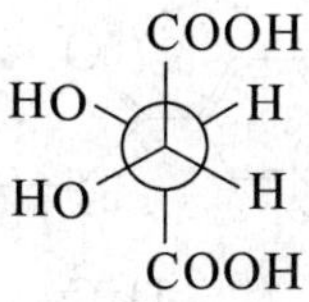；

C. 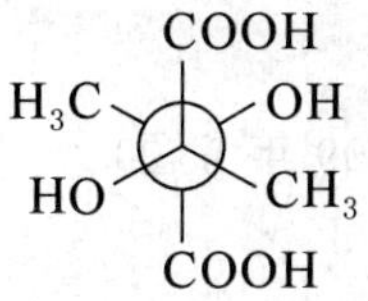；　　D. 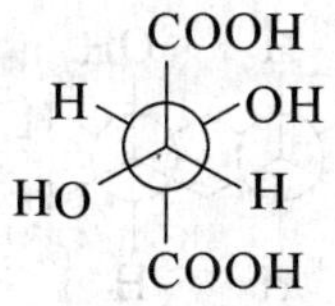。

例题 2　化合物 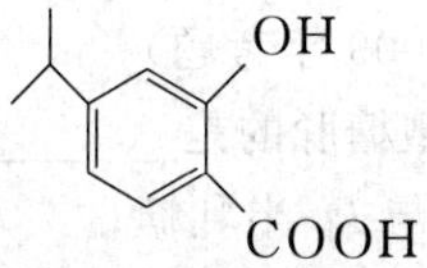 的系统命名法是________。(2008 年考题)

A. 3-羟基-4-羧基异丙苯；　　B. 2-羧基-5-异丙基苯酚；

C. 4-异丙基-2-羟基苯甲酸；　　D. 1-异丙基-3-羟基-4-羧基苯。

例题 3　同时含有伯、仲、叔、季碳原子的化合物是________。(2008 年考题)

A. 2,2,4-三甲基戊烷；　　B. 2,3,4-三甲基戊烷；

C. 2,2,3,3-四甲基戊烷；　　D. 2,2,4,4-四甲基戊烷。

例题 4　1-甲基-4-叔丁基环己烷最稳定的异构体是________。(2008 年考题)

A. 顺式；　　B. 反式；

C. a,a-型；　　D. a, e-型。

例题 5　化合物 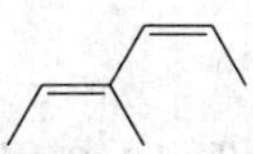 的系统命名是________。(2008 年考题)

A. (2*E*,4*E*)-3-甲基-2,4-己二烯；　　B. (2*E*,4*Z*)-3-甲基-2,4-己二烯；

C. (2*Z*,4*E*)-4-甲基-2,4-己二烯；　　D. (2*E*,4*E*)-4-甲基-2,4-己二烯。

例题 6　分子式为 $C_5H_{10}O$ 的化合物不可能是________。(2008 年考题)

A. 饱和环醚；　　B. 饱和脂肪醛；

C. 饱和脂肪醇；　　D. 不饱和环醚。

例题 7　丙酰乙酸异丙酯的结构式是________。(2008 年考题)

例题 8　*S*-2-丁醇用 *D*、*L* 标记法标记时,其构型是________型。(2008 年考题)

例题 9　相对分子质量为 60 的某酸性化合物,其实验式是 CH_2O,结构式为________。(2008 年考题)

例题 10　*R*-乳酸的 Fischer 投影式是________。(2008 年考题)

例题 11 化合物 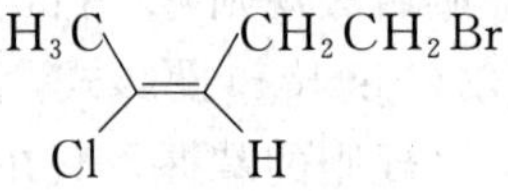 的系统命名法是________。(2008 年考题)

例题 12 α-D-呋喃-2-脱氧核糖的 Haworth 式是________。(2008 年考题)

例题 13 化合物 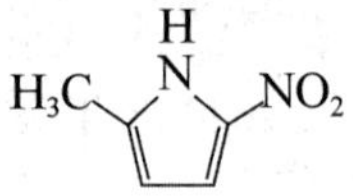 的系统命名是________。(2008 年考题)

例题 14 化合物 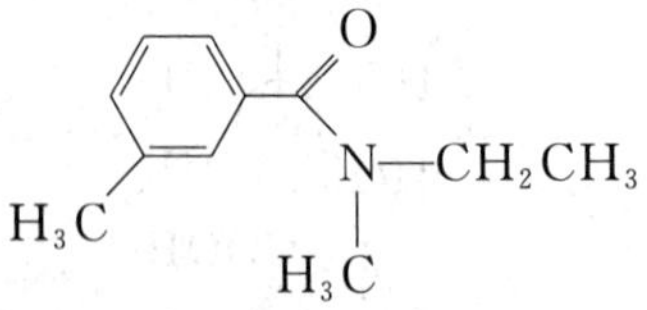 的系统命名是________。(2009 年考题)

例题 15 化合物 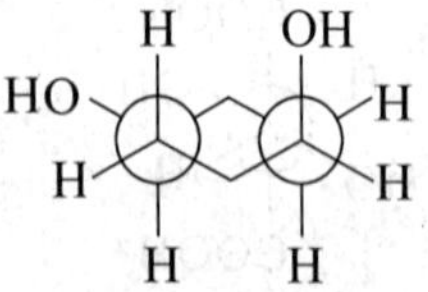 的系统命名是________。(2009 年考题)

例题 16 水合三氯乙醛的结构式是________。(2009 年考题)

例题 17 下列各组糖中,与苯肼作用生成不同构型糖脎的是________。(2008 年考题)

A. D-葡萄糖与 D-果糖; B. D-葡萄糖与 D-半乳糖;

C. D-甘露糖与 D-果糖; D. D-葡萄糖与 D-甘露糖。

(注:此题涉及结构和反应)

例题 18 下列化合物中,不是饱和脂肪酸的为________。(2009 年考题)

A. 亚油酸; B. 硬脂酸; C. 软脂酸; D. 柠檬酸。

答案 例题 1:D; 例题 2:C; 例题 3:A; 例题 4:B; 例题 5:B; 例题 6:D;

例题 7: 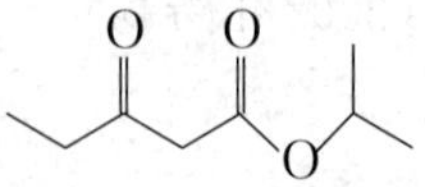 ; 例题 8:D; 例题 9:CH_3CO_2H; 例题 10: 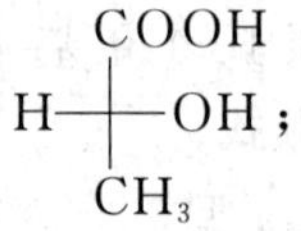 ;

例题 11:(2E)-2-氯-5-溴-2-戊烯; 例题 12: 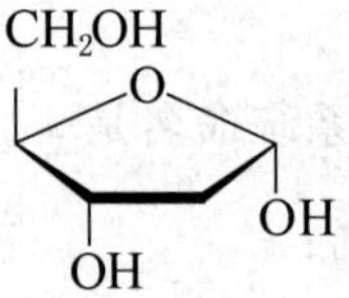 ; 例题 13:2-甲基-5-硝基吡咯;

例题 14:N,3-二甲基-N-乙基苯甲酰胺;例题 15:顺-1,4-环己二醇; 例题 16: 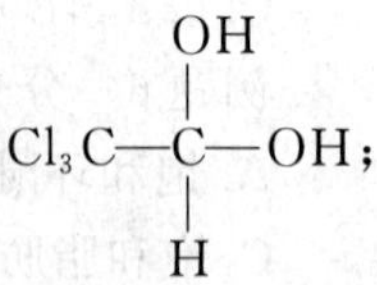 ;

例题 17:B; 例题 18:A。

3.有机化合物的性质和反应机理★★★★★

有机化合物的性质包括物理性质和化学性质两个方面。

物理性质的考查内容主要是物质的沸点、熔点、溶解性(水溶性和脂溶性)、光学活性、极性、密度等与分子结构的关系或规律，主要涉及氢键、分子间作用力等。这一部分内容已在本节“1.有机化学的基本理论”的氢键和分子间作用力理论部分讨论过了，在此不再赘述。

在所有有机化学的考试中，化学性质都是其重点，也是其难点，有关化学性质的内容所占分值一般都在60%以上。化学性质包括定性鉴别化学反应和制备化学反应，前者主要用于有机化合物的定性鉴别，如酚与三氯化铁的颜色反应，后者主要用于有机化合物的合成。当然，有些反应既可以用于鉴别，也可用于合成，如甲苯与酸性高锰酸钾的氧化反应。定性鉴别反应的特点是，反应过程中会产生人体视觉或嗅觉容易感知的气体、气味、沉淀或混浊、颜色变化，且反应在一定的范围内具有很强的专属性。如果待鉴别的几个化合物都能与某一试剂发生类似的反应但产生同一现象的快慢有明显差异时，该反应也可用于鉴别反应。如Lucas试剂与叔醇和仲醇的反应。合成反应的最显著特点是反应产率较高，副反应较少。

关于有机反应的考题类型，主要有完成反应式（填写反应物或产物）、化学鉴别题、结构推断题和有机合成设计题等。四种题型的难度依次增加。完成反应式相对比较简单，主要考查学生对各类有机物的基本化学反应的掌握程度，基本上都属于官能团转化反应。

在农科基础有机化学中，一般都或多或少地涉及一些重要的反应机理。但在以往农科联考考研大纲中，仅要求考生掌握亲核取代反应（S_N1，S_N2）的机理，其他的反应机理只做了解来对待。了解的意思就是考生应该知道一些重要反应的机理类型（自由基取代反应、亲电加成反应、亲电取代反应、亲核加成反应、亲核取代反应），但不要求考生一定要掌握反应机理的详细过程和规律。

例题1　下列反应中，不能用于制备醇的是________。（2008年考题）

A. 格氏试剂与羰基化合物加成；　　B. 硼氢化钠与羰基化合物反应；

C. 腈的水解反应；　　D. 卤代烃的水解。

例题2　下列可用于制备化合物 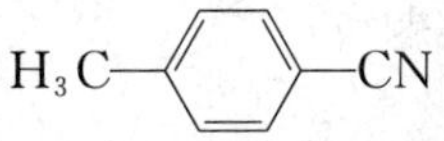 的方法是________。（2008年考题）

A. 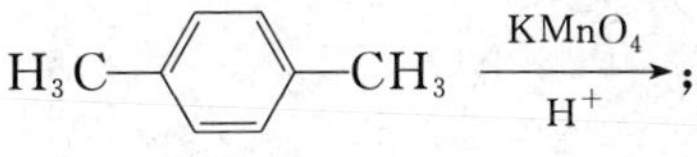；　　B. 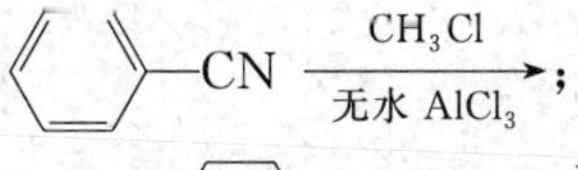；

C. 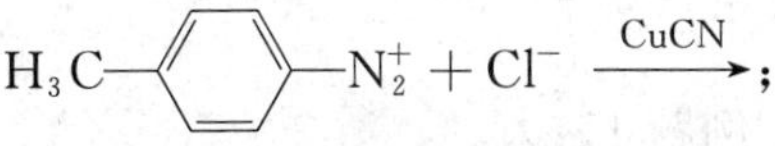；　　D. 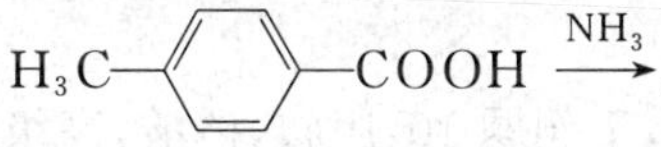。

例题3　下列化合物在碱性水溶液中，最容易按单分子取代反应历程水解成醇的是________。（2008年考题）

A. 伯卤代烃；　　B. 仲卤代烃；　　C. 叔卤代烃；　　D. 芳香基卤代烃。

例题4　*S*-2-溴戊烷在氢氧化钠的水溶液中水解，发生构型转化，产物的名称为________；此反应主要是按________反应历程进行的。（2008年考题）（注：此题涉及反应、反应机理和命名）

例题5　完成反应式（只写出主产物）：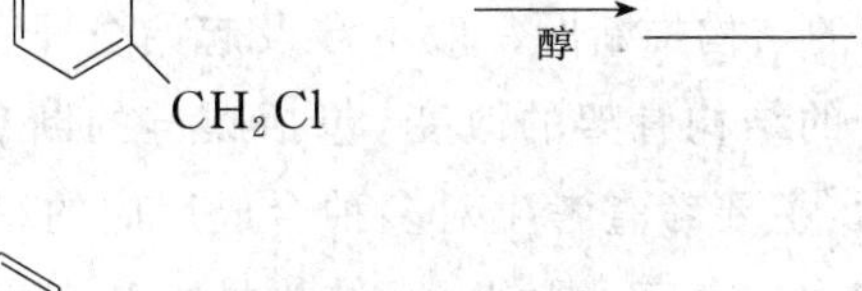________。（2008年考题）

例题6　完成反应式（只写出主产物）： $+CH_3CH_2I \longrightarrow$ ________。（2008年考题）

例题 7　完成反应式(只写出主产物)：

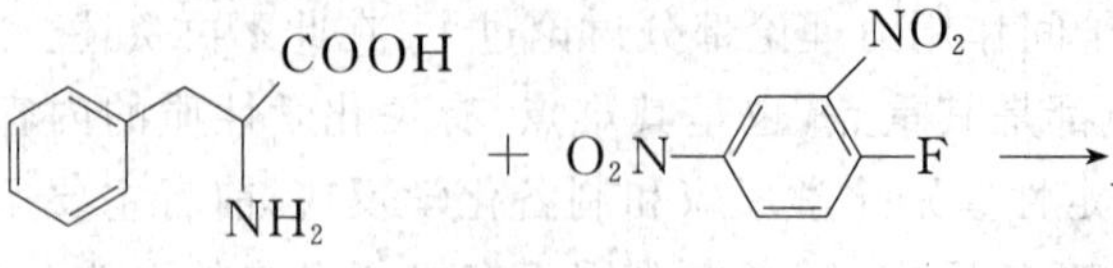

______。(2008 年考题)

例题 8　完成反应式(只写出主产物)：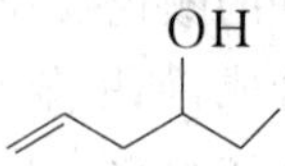 $\xrightarrow[\triangle]{\text{浓 } H_2SO_4}$ ______。(2008 年考题)

例题 9　完成反应式(只写出主产物)：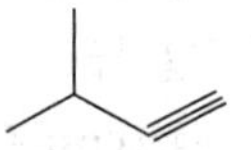 $+ H_2O \xrightarrow[H_2SO_4]{HgSO_4}$ ______。(2008 年考题)

例题 10　脑磷脂彻底水解后，生成的物质有______、______、______和甘油。(2008 年考题)(注：该题涉及脑磷脂的分子组成和酯的水解性质)

例题 11　油脂的不饱和度越高，该油脂的碘值越______。(2008 年考题)
(注：该题涉及碘值的定义和 C═C 双键的加成反应)

答案　例题 1：C；例题 2：C；例题 3：C；例题 4：*R*-2-戊醇，S_N2；例题 5：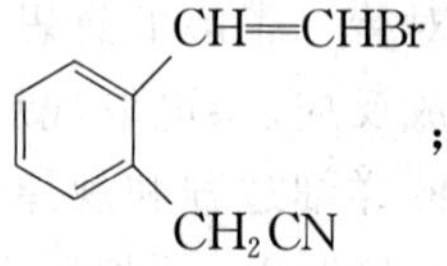；

例题 6：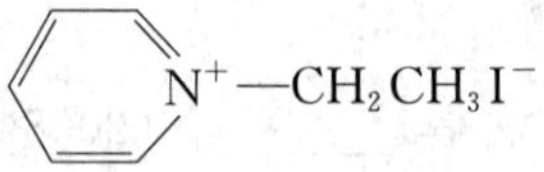；例题 7：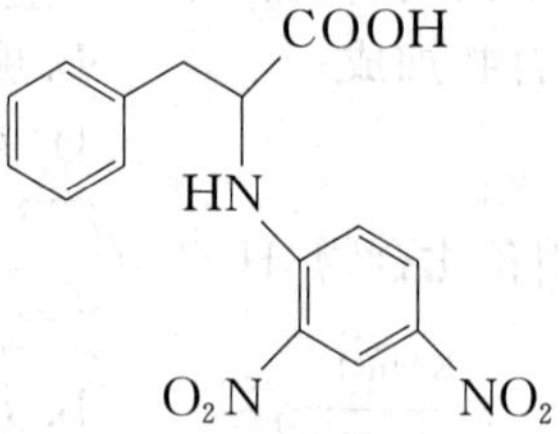；例题 8：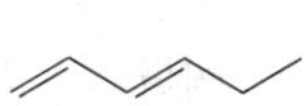；

例题 9：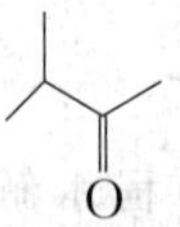；例题 10：胆胺，磷酸，高级脂肪酸；例题 11：大。

4.基本有机反应的综合应用

与基本有机反应的综合应用有关的题型主要是化学鉴别题、结构推断题和有机合成设计。化学鉴别题比化学反应的填空题要难一些，要求考生掌握每类化合物的鉴别反应以及每种鉴别反应的适用对象或范围，实际上考查的是考生对不同化合物的化学性质差异的掌握程度。结构推断题常将鉴别反应和制备反应结合在一起，所涉及的化学反应常常涵盖多种官能团的反应。简单的结构推断题一般不涉及起始分子的结构骨架变化，而复杂的结构推断题常涉及起始分子的结构骨架的改变，包括碳链的断裂或延长、环的开裂或形成等。合成设计题的难度最大，主要考查考生对多种合成反应的综合应用能力以及由目标物到起始物的逆向合成分析能力。关于化学鉴别、结构推断和有机合成设计的题型和解题示例将在后面做专门讨论。

例题 1　下列化合物中，不易与 $NaHSO_3$ 发生加成反应的是________。（2008 年考题。答案：A）

A. 3-戊酮；　　B. 戊醛；　　C. 2-戊酮；　　D. 2-甲基丁醛。

例题 2　下列化合物中，能与水合茚三酮发生显色反应的是________。（2016 年考题。答案：D）

A. 溴乙烷　　B. 环己醇　　C. 葡萄糖　　D. 丙氨酸

例题 3　用简便并能产生明显现象的化学方法，分别鉴别下列两组化合物（用流程图表示鉴别过程）：

（1）苯甲醛、环己基甲醛、苯乙酮。（2008 年考题。解题提示：Tollens 试剂；Fehling 试剂或碘仿反应）

（2）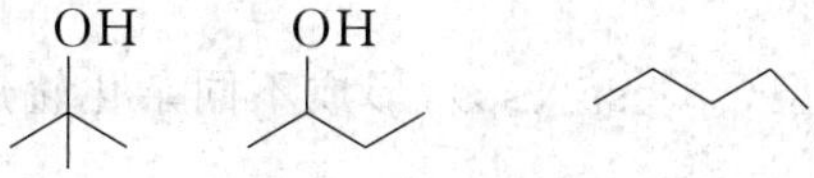
OH。（2008 年考题。解题提示：Lucas 反应）

（3）2，4，6-三硝基苯酚、2，4，6-三甲基苯酚。（2009 年考题。解题提示：$NaHCO_3$）

（4）1-己炔、1-己烯、正己烷、甲苯。（2009 年考题。解题提示：Br_2/CCl_4；$Ag(NH_3)_2^+$；$KMnO_4/H^+$）

二、复习要点

(一)有机化学概论

本章涉及与有机分子的结构和理化性质有关的最基础的知识。

1.碳原子的原子轨道杂化及其杂化轨道的类型和特性

掌握有机物分子中碳原子三种杂化轨道的类型(sp^3、sp^2、sp),形成不同杂化轨道的原子轨道组合形式、空间分布、电负性大小★★★★。

了解 O、N、S 等杂原子的杂化轨道的类型和特点★★。

2.共价键的类型与特性

掌握σ键和π键的成键方式、空间特征、对称特征、反应性能等方面的特点和差异,掌握非极性σ键和极性σ键在化学反应中(包括化学键的断裂方式和反应机理两个方面)的区别★★★★。

掌握孤立π键和共轭π键、非极性π键和极性π键在反应性能和选择性方面的异同★★★。

了解共价键的键长★、键角★★★、键能★、键的极性★★★★和可极化性★★等属性,掌握由共价键属性产生的有机物分子共价键强度★、立体形状★★★、分子极性★★★★及化学反应活性★★★。

3.有机物的物理性质与分子间作用力

掌握同系物的沸点和溶解性规律★,不同官能团对沸点和溶解性的影响★★★★★,氢键对沸点和溶解性的影响★★★★★,认识“相似相溶性质”★★★。

(二)饱和脂肪烃

1.烷烃的命名

重点掌握烷烃的系统命名法★★★★★,能正确选择碳链母体,对母体碳链进行正确编号,对含有支链的取代基进行命名,用文字正确地写出化合物的名称。

2.同分异构现象与烷烃的构象

熟练掌握烷烃的碳骼(碳链)异构和构象异构,了解构象异构的产生原因;掌握不同构象异构体之间的稳定性差异★★★★★;掌握构象式的表示方法(Newman 投影式★★★★和透视式★★★)。

3.烷烃结构特征与反应性

掌握烷烃的卤代反应,自由基反应机理,不同级别碳自由基的稳定性规律★★★及其对反应选择性的影响★★,自由基取代反应的条件★★,反应产物的特点★。

4.环烷烃的结构特征与反应性

掌握环丙烷的结构特点和反应类型，掌握取代环丙烷与不对称试剂（如 HX）发生开环加成反应的选择性★★★。

5.环己烷的构型和构象

掌握环己烷的最稳定构象（椅式构象）★★和环上两种类型 C—H 键（e 键和 a 键）。

掌握取代环己烷的最稳定构象表示方法★★★★★，取代基的取向（位于 e 键或 a 键）与分子稳定性的关系，构象转变过程中环上 C—H 键取向的变化。

重点掌握二取代环己烷的构造（位置异构）和构型（顺反异构）与最稳定构象中取代基的取向特征★★★★★。

掌握取代环烷烃顺、反异构体的构型标记方法★★。

（三）不饱和脂肪烃

1.烯烃

掌握烯烃的系统命名，包括几何异构的表示方法★★★★★。

掌握烯烃的亲电加成反应（与卤素、卤化氢、水、硫酸、次卤酸等试剂）和应用，重点是马氏（Markovikov）规则及其在预测不对称双键与不对称亲电试剂反应产物方面的应用★★★★★。

了解亲电加成反应机理★，掌握碳正离子的稳定性规律★★★★及碳正离子的重排★★。

了解几种反马氏规则的反应类型（双键上连有吸电子基的不对称烯烃的亲电加成、硼氢化反应、过氧化物存在时的溴化氢加成）和应用★。

掌握高锰酸钾和臭氧对烯烃的氧化反应及应用★★★★。两类反应的应用主要涉及有机合成和结构推断。

烯烃的主要加成反应（以丙烯为例）：

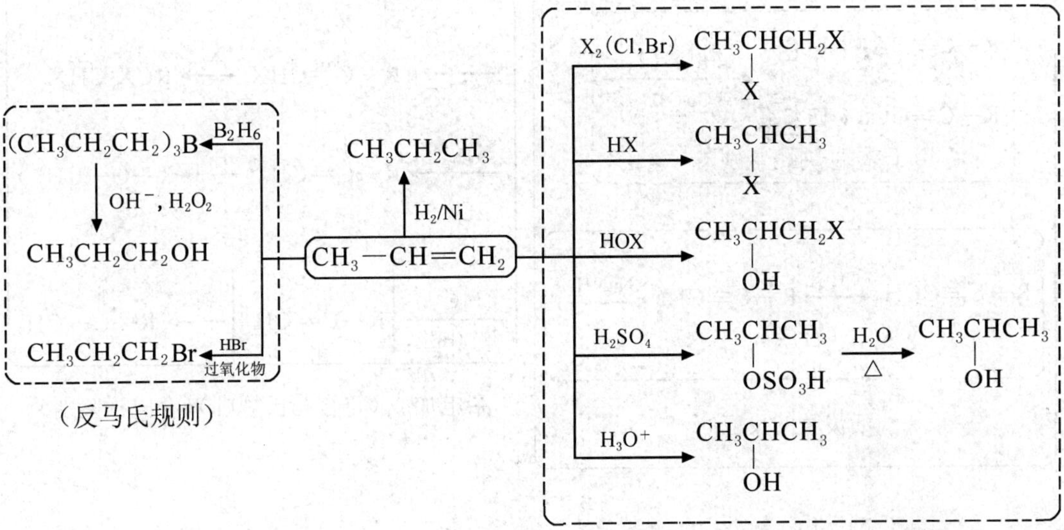

（反马氏规则）　　　　（符合马氏规则）

烯烃的氧化反应

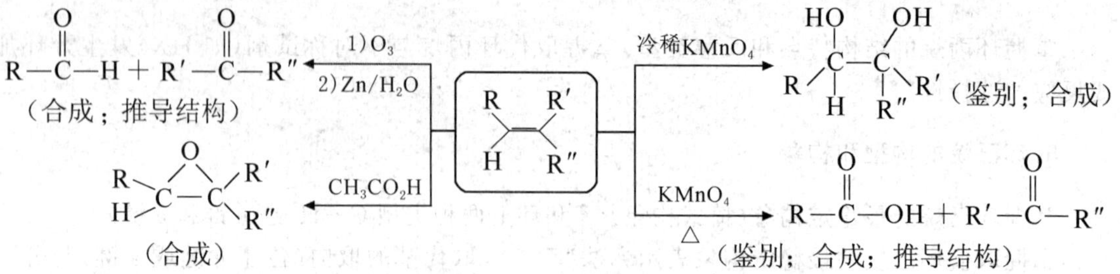

2. **炔烃**

掌握炔烃的官能团和系统命名★★。

掌握炔烃的加成反应★★★和氧化反应★★★。

掌握端基炔(RC≡CH)的成盐反应[$Ag(NH_3)_2^+$、$Cu(NH_3)_2^+$、$NaNH_2$、格氏试剂等]及炔化钠、炔基卤化镁作为亲核试剂的应用★★★★。此外,还要掌握炔化亚铜和炔化银在末端炔鉴别方面的应用★★★。

炔烃的主要反应:

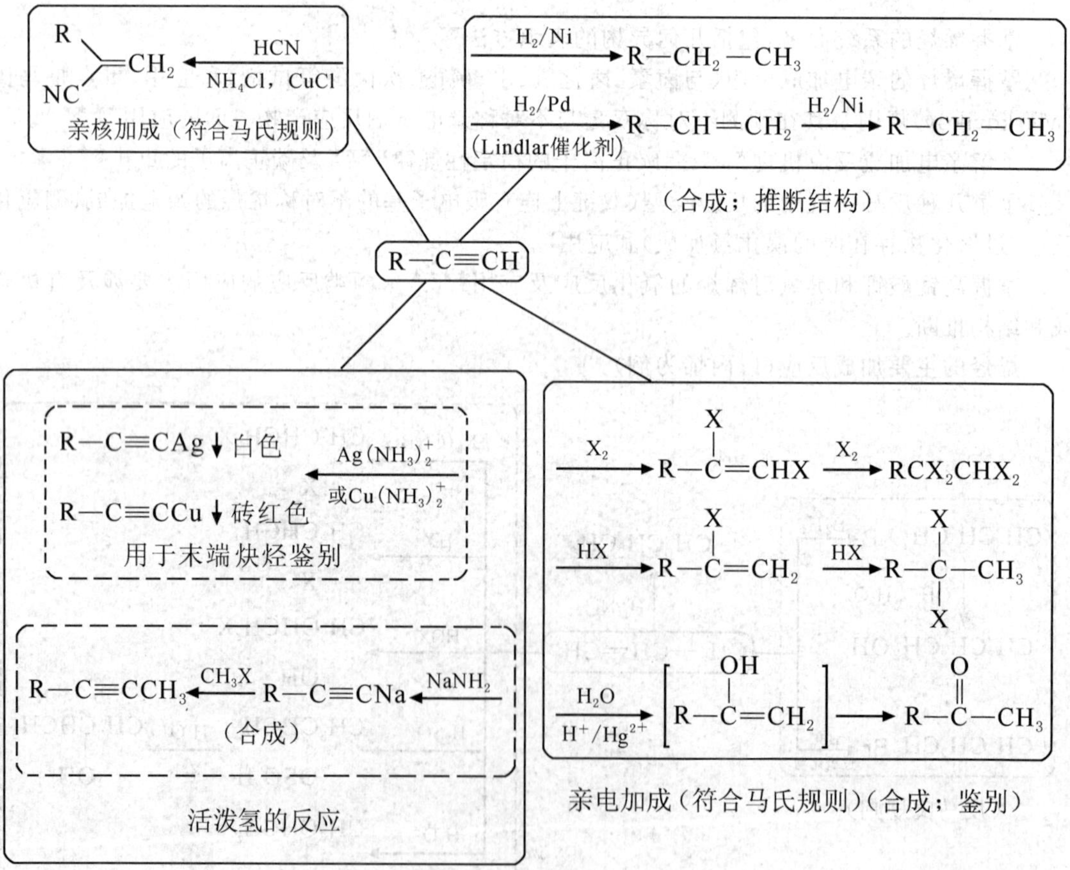

3.共轭二烯烃

掌握共轭二烯烃的亲电加成反应(1,2-亲电和1,4-加成)★和双烯合成反应(Diels-Alder反应)★★★★。

共轭二烯烃的主要反应(以1,3-丁二烯为例):

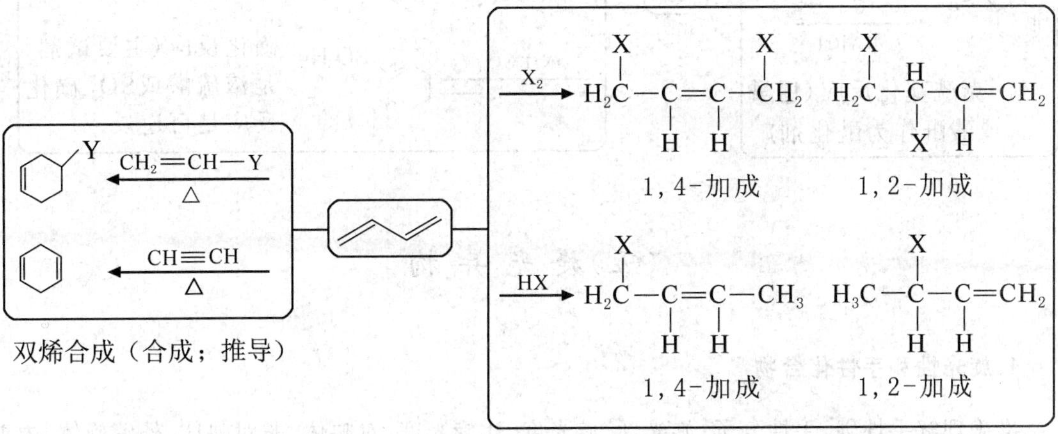

4.掌握不饱和烃的鉴别反应(与高锰酸钾、溴水的反应及末端炔的成盐反应)★★★★★

(四)芳　香　烃

1.休克尔芳香性判据

理解芳香性的结构要求和化学性质特征。

掌握休克尔(Hückel)规则在芳香性判定方面的应用★★★★,重点化合物是苯、萘、环戊二烯负离子、环丙烯正离子、环庚三烯正离子等化合物。

2.苯的化学性质

掌握苯环上的主要亲电取代反应(卤代★★★★★、硝化★★★★★、磺化★★、烷基化★★★★★、酰基化★★★★)。

掌握苯环侧链烃基的氧化反应★★★★和α-H的卤代反应★★★。

掌握芳环上不同取代基的定位规律,并能熟练应用定位规律判断取代芳烃发生亲电取代反应的主要位置和产物以及利用取代基的定位规律设计合理的合成路线★★★★★。

掌握萘的亲电取代反应★。

苯的主要取代反应:

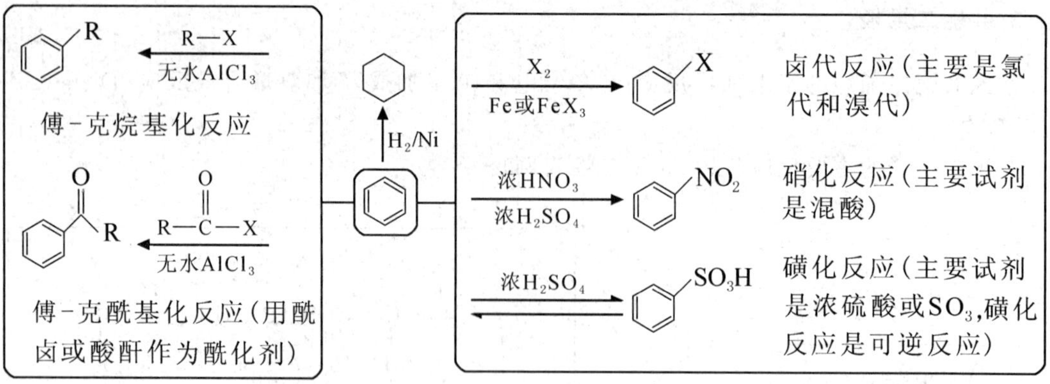

(五)旋光异构

1.旋光性和手性化合物

准确理解手性碳、手性分子、旋光性、旋光度、比旋光度、对映体、非对映体、外消旋体、内消旋体等基本概念★★。

掌握手性碳原子和手性分子间关系★★★。

掌握对映体和非对映体、外消旋体和内消旋体的理化性质差异★★★★。

2.构型标记

掌握手性碳原子绝对构型的标记方法(*R*/*S* 构型标记)★★★★★及单糖和氨基酸的相对构型标记方法(*D*/*L* 构型标记)★★。

掌握透视式★★★、Fischer 投影式★★★★★、Newman 投影式★★★★中的手性碳原子的构型标记方法以及手性分子的透视式、Fischer 投影式、Newman 投影式的表示方法。

掌握含手性碳的手性环状化合物的构型标记★★。

(六)卤代烃

掌握卤代烃的系统命名,重点是含卤素原子的多官能团化合物的命名★★★。

掌握卤代烃的分类★,掌握结构与反应活性的关系★★★★。

掌握卤代烃主要取代反应,重点掌握亲核取代反应机理(S_N1,S_N2)★★★★★。

掌握卤代烃的消除反应的札依采夫(Saytzeff)规则和应用★★★。

理解亲核取代反应和消除反应的竞争关系(双分子反应的竞争关系和单分子反应的竞争关系)及反应条件方面的差异★。

掌握不同卤代烃的化学鉴别方法★★★。

掌握烃基卤化镁的制备方法和应用★★★★★。

卤代烃的主要取代反应：

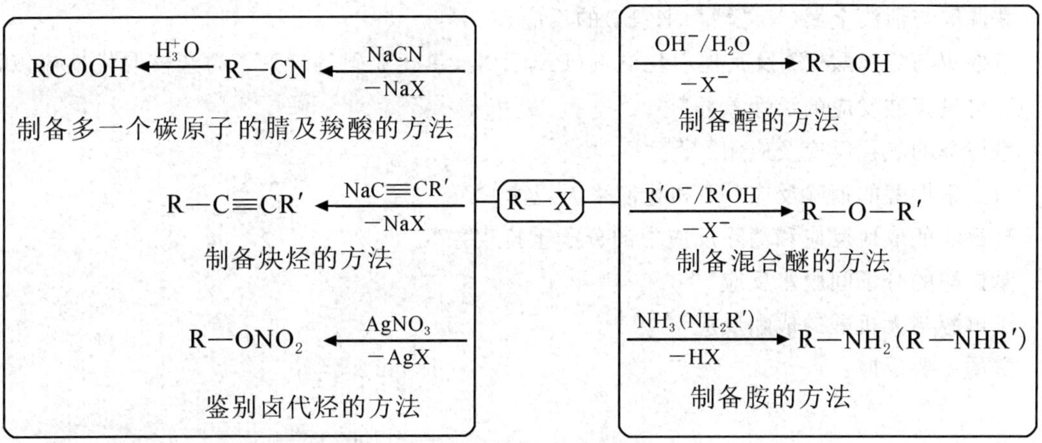

卤代烃的消除反应：

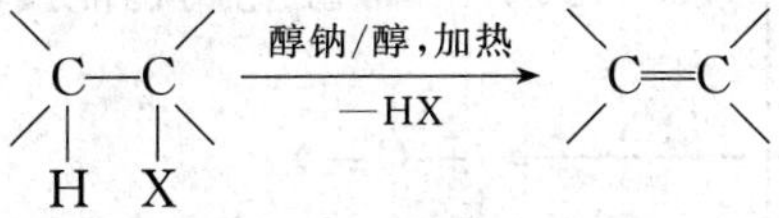

格氏试剂的制备与主要应用：

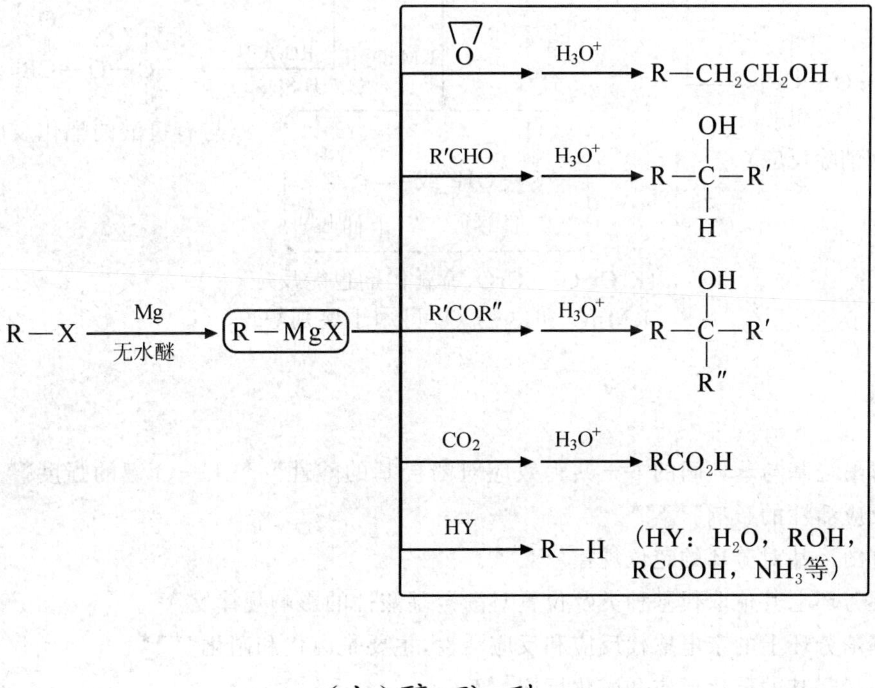

（七）醇、酚、醚

1. 醇

掌握醇的系统命名，包括单官能团化合物★★和多官能团化合物★★★★。

掌握醇的酸性★★★和碱性特征★★。

掌握醇的分类★和反应活性★★★。

掌握醇与活泼金属(Na★★★★、K、Li)的反应。

掌握醇与氢卤酸★★★及其他卤化试剂(PX_3、PX_5、氯化亚砜等)★★★★的亲核取代反应以及不同醇与氢卤酸反应的活性差异★。

掌握醇的氧化反应及应用★★★★★。

重点掌握醇的消除反应★★★和札依采夫规律★★★。

理解醇的取代反应和消除反应中的分子重排现象★。

掌握醇的分子间脱水反应★★。

了解醇与无机酸的成酯反应★★★★★。

醇的主要反应：

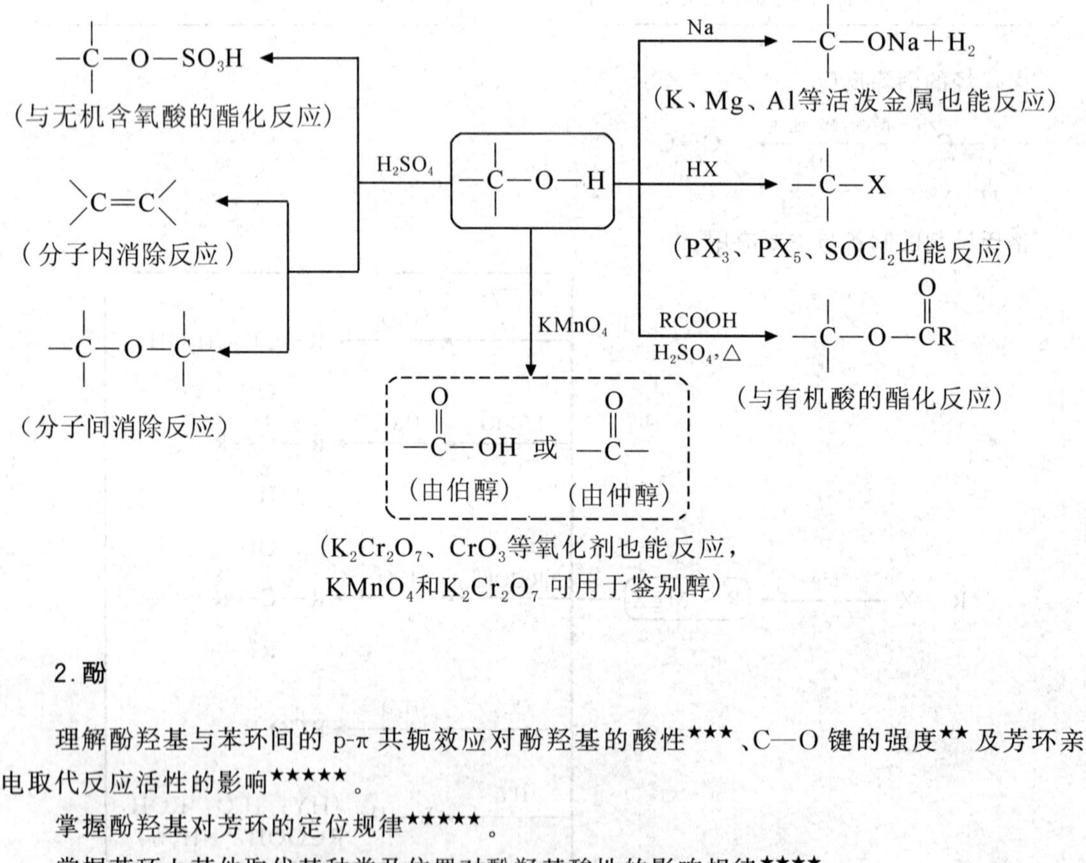

2. 酚

理解酚羟基与苯环间的 p-π 共轭效应对酚羟基的酸性★★★、C—O 键的强度★★及芳环亲电取代反应活性的影响★★★★★。

掌握酚羟基对芳环的定位规律★★★★★。

掌握芳环上其他取代基种类及位置对酚羟基酸性的影响规律★★★★。

掌握酚芳环上的亲电取代反应和反应活性，主要是卤代和硝化★★★★。

掌握酚羟基的酯化反应和醚化反应★★★。

掌握酚的鉴别反应($FeCl_3$ 反应、溴水反应)。

酚的主要反应：

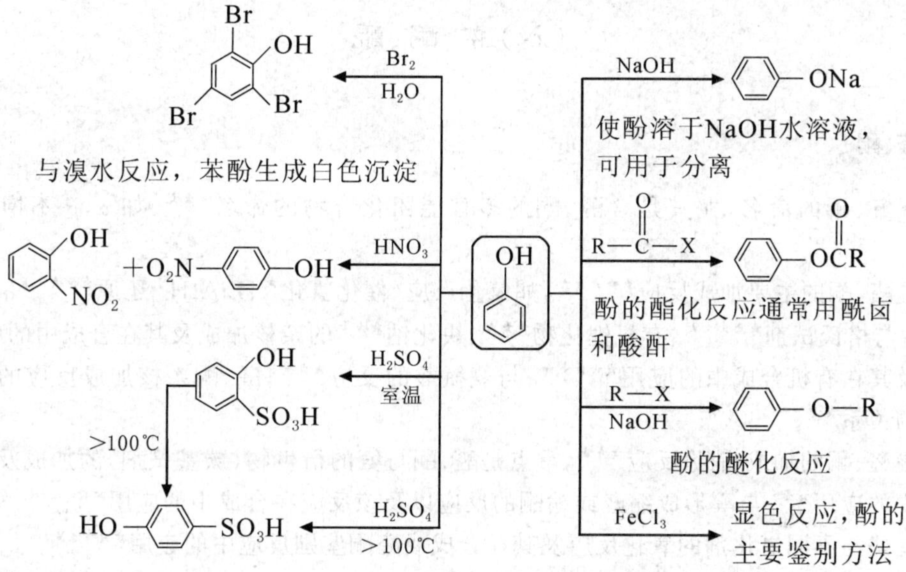

3. 醚

掌握醚的碱性和质子化反应，理解质子化反应在极化 C—O 键方面的作用。

掌握氢碘酸对醚键的裂解反应及其应用，重点是对不对称醚（包括芳基脂肪醚）的裂解反应★★★。

掌握醚的过氧化物鉴别和化学消除方法★★。

醚的主要反应：

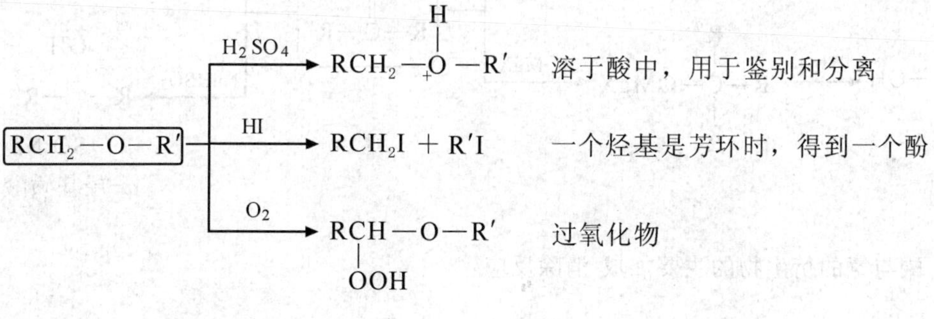

4. 环氧乙烷

掌握环氧乙烷与水、氨或胺、醇、卤化氢、格氏试剂等的开环加成反应，重点是与格氏试剂的反应及反应位点的选择性规律★★★。

5. 醇、酚、醚

熟练掌握醇、酚、醚的鉴别★★★。

(八)醛、酮、醌

1.醛、酮

掌握醛、酮的命名,尤其是含醛、酮的多官能团化合物的命名★★★,如 α,β-不饱和醛或酮等。

掌握醛、酮的主要加成反应★★★★★,如氢化反应(催化氢化★、$LiAlH_4$ 还原★★★、$NaBH_4$ 还原★★★);与格氏试剂★★★★★、有机锂化物★★★、炔化钠★★★的亲核加成及其在合成中的应用;羟醛缩合及其在有机合成中的应用★★★★★;与氢氰酸的反应★★★;醛、酮亲核加成反应的难易与其结构的关系★★。

掌握醛、酮的加成-消除反应★★★,重点是醛、酮与氨的衍生物(羰基试剂)的加成及其在鉴别反应中的应用★★;与醇形成缩醛或缩酮的反应以及该反应在合成中的应用★★。

掌握醛与不同氧化剂的氧化反应及其在合成或醛酮鉴别反应中的应用★★★★★。

掌握含 α-H 的醛的羟醛缩合反应★★★★。

掌握甲基酮(包括乙醛和甲基仲醇)的卤仿反应及其在合成和鉴别方面的应用★★。

掌握不含 α-H 的醛的歧化反应★★★。

熟练掌握醛和酮的鉴别★★★★★。

醛、酮的主要加成反应:

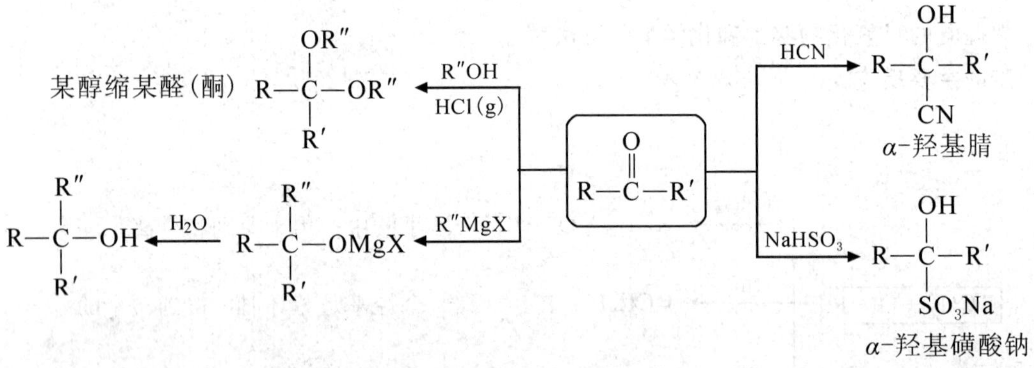

醛、酮与氨的衍生物的主要加成-消除反应:

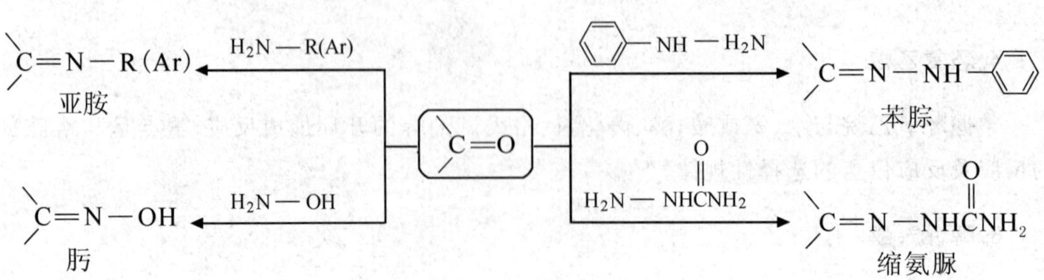

含 α-H 的醛、酮(甲基酮)的反应：

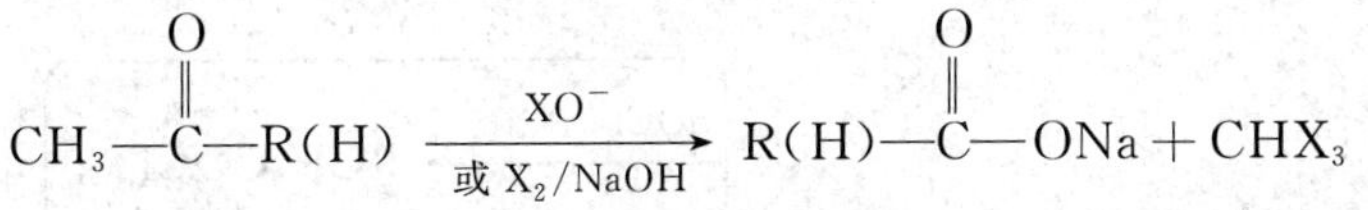

卤仿反应，用于鉴别与合成。

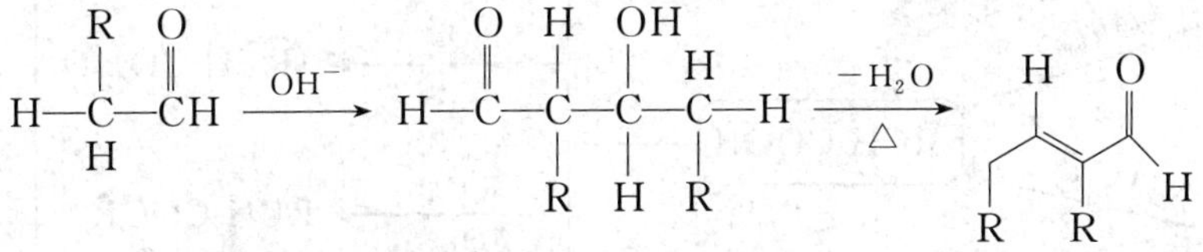

羟醛缩合，用于合成

醛、酮的主要还原反应：

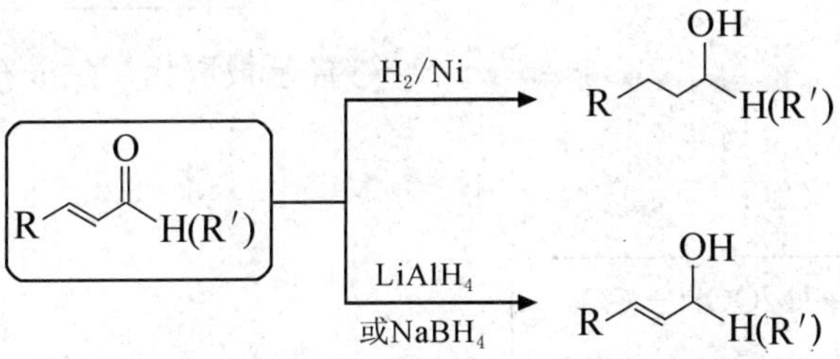

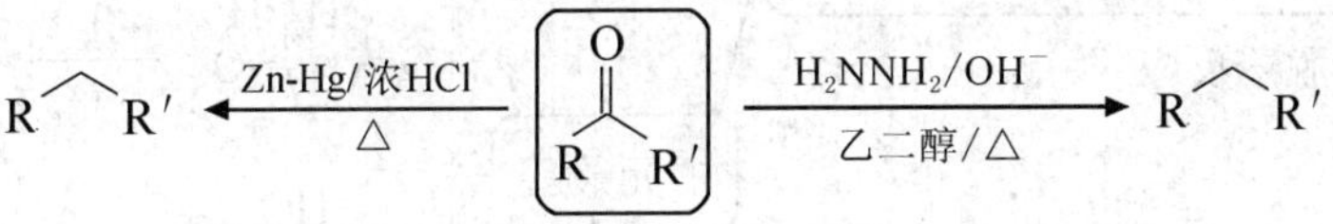

2. 醌

了解醌的结构特征★。

(九)羧酸、羧酸衍生物、取代酸

1. 羧酸

掌握羧酸的命名，重点是含有其他官能团的羧酸★★★及二元或多元酸的命名★★。

掌握取代基电子效应对羧酸酸性强度的影响规律★★★。

掌握羧基中—OH 的取代反应及其在合成羧酸衍生物方面的应用，重点是生成酯和酰卤的反应★★★★★。

掌握脂肪酸 α-H 的卤代反应★★。

掌握 $LiAlH_4$ 对羧基的还原反应★★。

掌握不同二元羧酸的受热反应(脱水★★★、脱羧★★、脱水又脱羧★★)。

掌握甲酸、乙二酸的氧化反应★。

羧酸的主要反应：

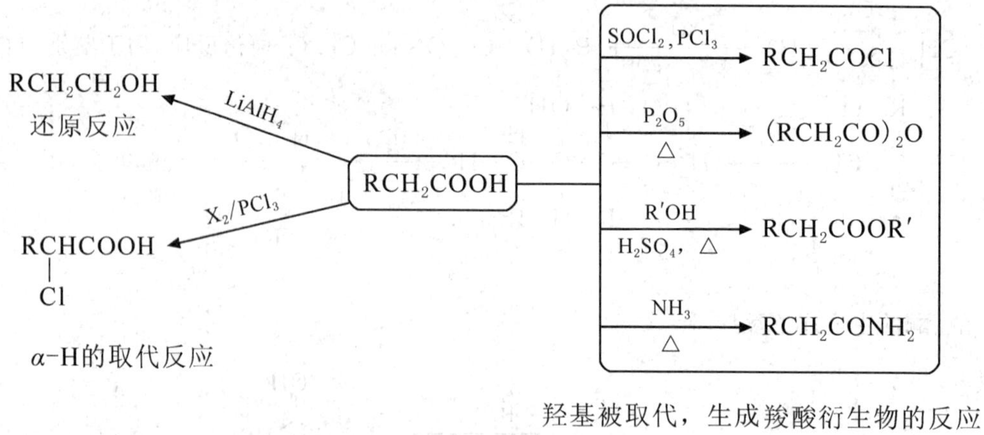

二元羧酸的热分解反应：

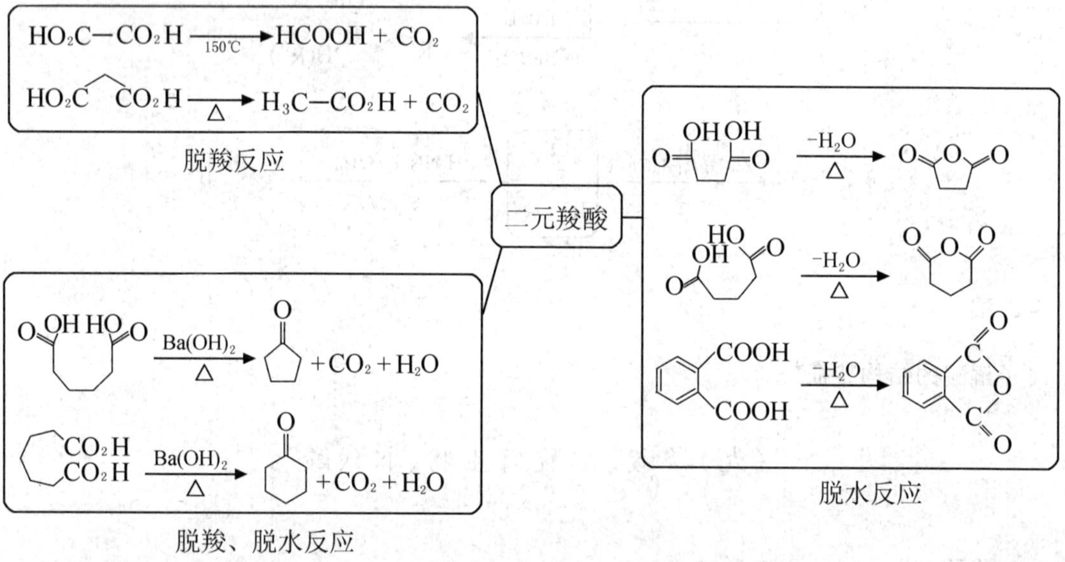

2. 羧酸衍生物

掌握四类羧酸衍生物的命名，重点是酰胺★★★★，尤其是环酰胺、N-取代酰胺、环亚酰胺。

掌握羧酸衍生物的水解、醇解、氨解反应和反应活性顺序及在合成中的应用★★★★★。

掌握含 α-H 的酯的 Claisen 缩合反应，重点是相同酯的分子间缩合、含 α-H 的和不含 α-H 的酯的分子间缩合及二酯的分子内缩合及应用★★。

掌握酰胺的 Hofmman 降解反应及应用★★★。

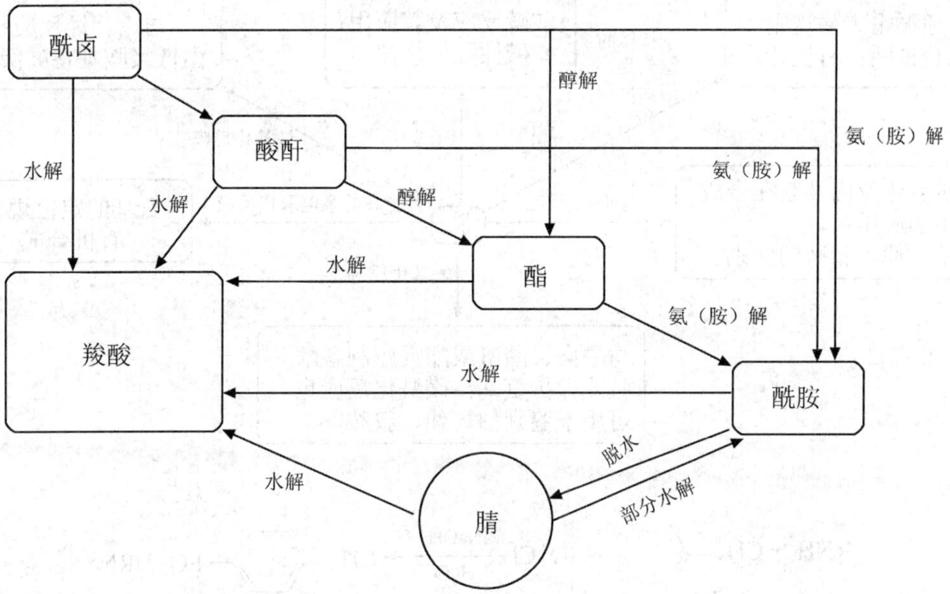

羧酸和羧酸衍生物的相互转化
（由左上角到右下角，化合物的活性依次降低）

3.取代酸

掌握羟基酸和羰基酸的命名，尤其是一些天然化合物的俗名如乳酸、苹果酸、酒石酸、丙酮酸等★★。

掌握羟基酸的脱水反应★★★，重点是β-羟基酸、γ及δ羟基酸的脱水反应。

掌握α-羟基酸与弱氧化剂的氧化反应★★。

掌握α-羰基酸的酸催化脱羧及氧化脱羧反应★。

掌握β-羰基酸的脱羧反应★★★。

掌握乙酰乙酸乙酯的互变异构现象及其鉴别方法★★★。

重点掌握乙酰乙酸乙酯和丙二酸二乙酯作为有机合成中间体在有机合成中的应用★★★（参见本书“有机合成”一节的“乙酰乙酸乙酯和丙二酸二乙酯合成法”）。

（十）胺

掌握胺的命名★★★★，重点是仲胺和叔胺。

掌握胺的结构与其碱性强弱的关系★★★。

掌握利用硝基苯还原制备苯胺的方法★★。

掌握胺的烷基化反应★★、酰基化反应★★★★及应用。

掌握伯胺与亚硝酸的反应及其在合成中的应用★★。

掌握芳香重氮盐制备及其取代反应★★★★和偶联反应★★在有机合成中的应用。

掌握季铵盐和季铵碱的制备和理化性质（溶解性、酸碱性）★★。

掌握亚硝酸法和磺酰化法（兴斯堡反应）在鉴别伯、仲、叔胺方面的应用★★★★。

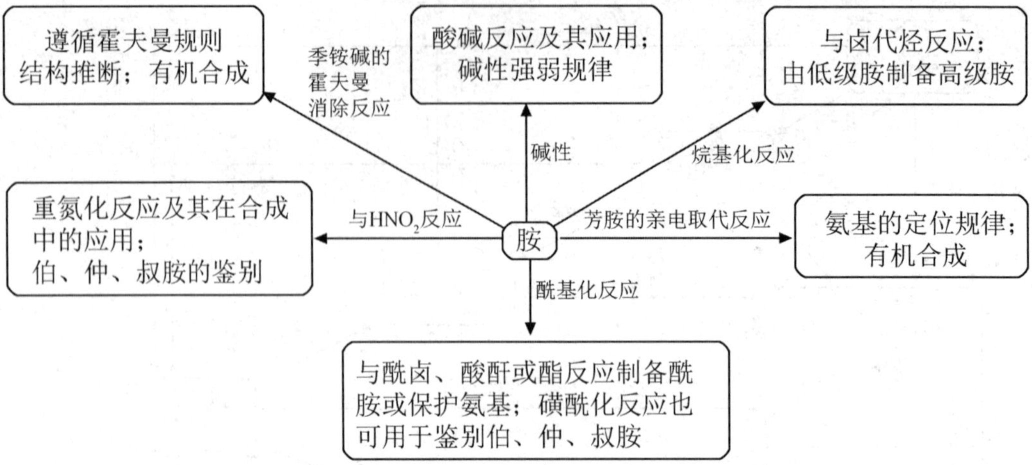

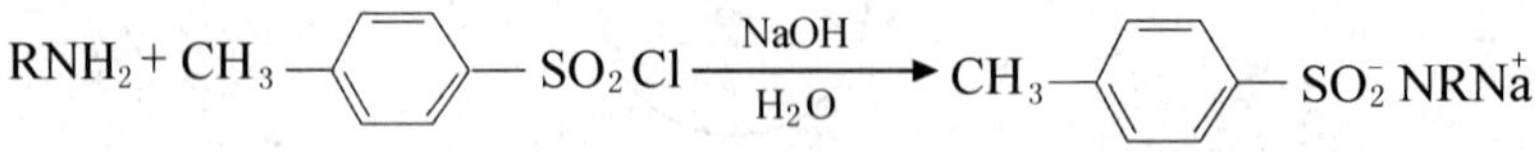

磺酰胺结晶溶解于氢氧化钠水溶液

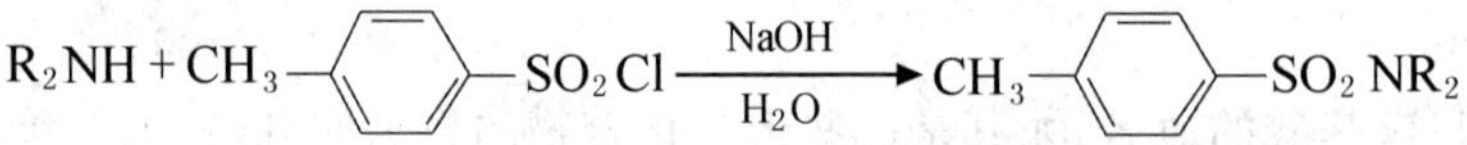

磺酰胺结晶不溶于氢氧化钠水溶液

R_3N 不能酰化，没有结晶生成

兴斯堡（Hinsberg）鉴别反应

HNO_2 + { $RNH_2 \longrightarrow ROH + N_2$ 常温下，芳伯胺和脂肪伯胺均放出气体

$R_2NH \longrightarrow R_2N-NO$ 芳仲胺生成黄色固体，脂肪仲胺生成黄色油状物

$R_3N \longrightarrow R_3NH_2^+NO_2^-$ 芳叔胺生成草绿色固体，脂肪叔胺溶于反应液 }

亚硝酸 (HNO_2) 鉴别反应

（十一）杂环化合物

掌握主要杂环化合物的基本结构和系统命名，重点是呋喃、吡咯、噻吩、吡啶、咪唑、吲哚、嘌呤、嘧啶等的衍生物★★★。

掌握呋喃、吡咯、噻吩和吡啶四类化合物的卤代、硝化和磺化反应及其位置选择性★★。

掌握呋喃的 Diels-Alder 反应，吡啶的碱性、吡咯的酸性★★★。

了解单核苷酸的结构组成和成键特点★。

（十二）碳水化合物

掌握 *D*-葡萄糖、甘露糖、半乳糖、果糖、核糖和脱氧核糖的链状 Fischer 投影式、环状 Haworth 式和构象式的写法★★★★★。

掌握单糖的变旋现象及其化学本质★、差向异构化反应★、氧化反应★★、还原反应★★★、成脎反应★★★★、成苷反应★★★、酯化反应★★★和糖苷水解★★★反应。

掌握麦芽糖、果糖和乳糖的组成和结构特点。

掌握醛糖和酮糖、还原糖和非还原糖、单糖和双糖及多糖的化学鉴别方法★★★。

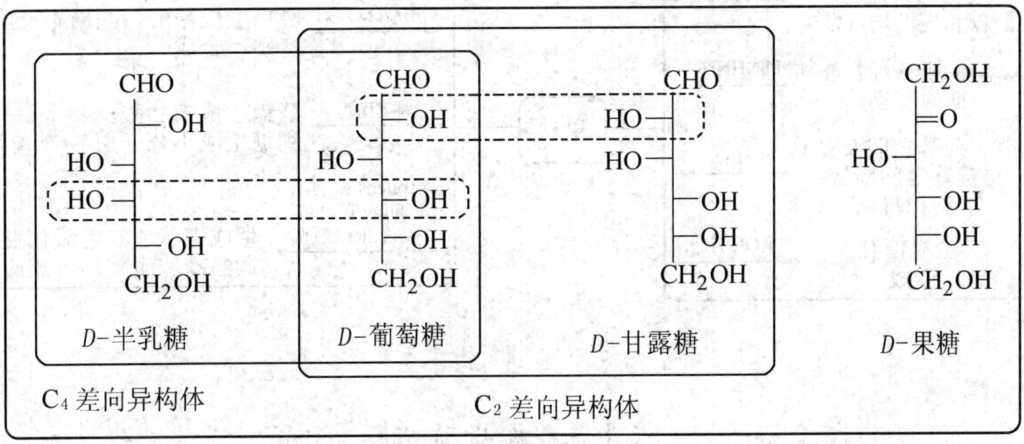

常见且重要的天然 *D*-六碳糖的开链结构的 Fischer 投影式

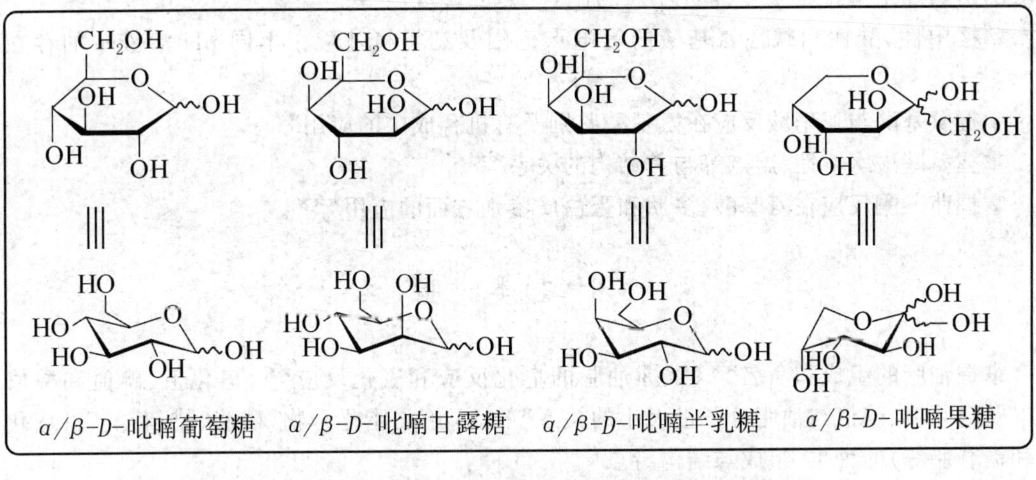

重要的天然 *D*-吡喃六碳糖的 Haworth 式和构象式

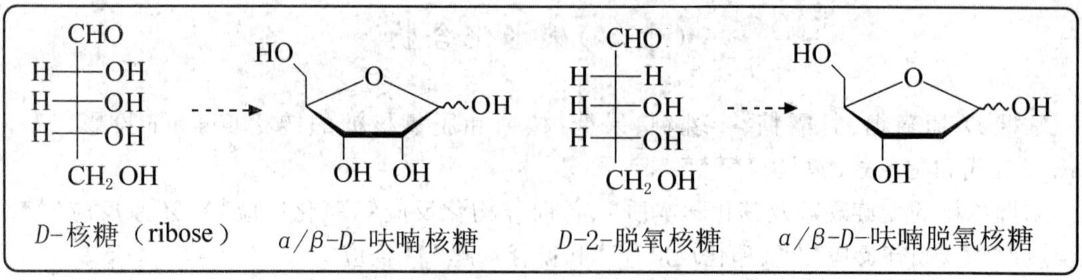

重要的天然D-吡喃五碳糖的Fischer投影式和Haworth式

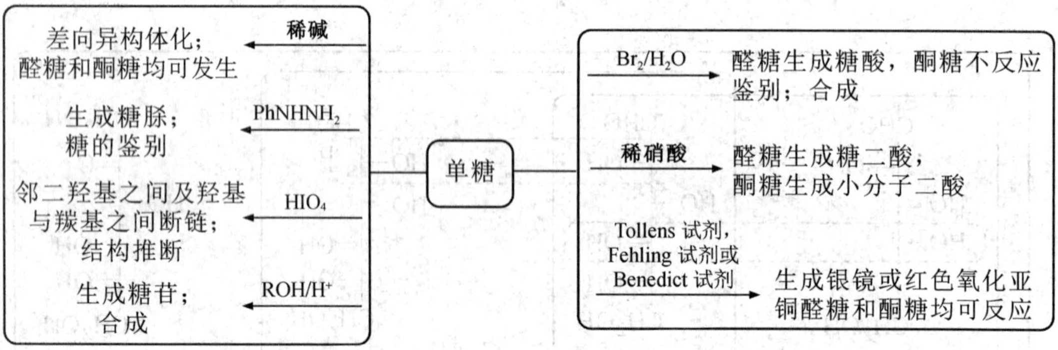

（十三）氨基酸、肽

掌握组成蛋白质的常见天然 α-氨基酸的命名（重点是俗名）及常见酸性氨基酸和碱性氨基酸的俗名和结构特点★★。掌握小肽的命名★。

掌握中性、酸性和碱性氨基酸的等电点范围及三类氨基酸在不同 pH 溶液中的存在形式★★★★。

掌握氨基酸与亚硝酸反应在氨基酸鉴别及有机合成中的应用★★。

掌握氨基酸水溶性、熔点等与其结构的关系★★。

掌握茚三酮反应在氨基酸、多肽和蛋白质鉴别方面的应用★★★。

（十四）类　脂

掌握油脂的组成和命名★★；掌握油脂的皂化反应和氢化反应★★，皂化值、碘值和酸值含义以及皂化值、碘值与油脂分子量大小的关系★★。了解类脂化合物（磷脂、蜡、萜类、甾族化合物和糖苷脂等）的种类、组成与结构特点★。

三、基本概念、基本理论和基本知识

(一)有机化合物的命名

有机化合物的命名方法有系统命名法(IUPAC 法)、普通命名法、俗名等几种,其中系统命名法适用于所有化合物;普通命名法只用于少数简单有机物;俗名主要是根据有机化合物的来源、存在形式或特殊性质来命名的,主要针对一些天然化合物,特别是结构复杂的天然化合物。如乳酸、水杨酸、酒石酸、苹果酸以及各种氨基酸等。

1.链状有机化合物的系统命名法

(1)母体化合物的确定　母体化合物由含主官能团的主链决定。母体化合物的类别由主官能团决定。主官能团由"官能团优先次序"来确定。

$-CO_2H$,$-SO_3H$,$-CO_2R$,$-COCl$,$-CONH_2$,$-CN$,$-CHO$,$-\overset{O}{\overset{\|}{C}}-$,$-OH$,
$-SH$,$-NH_2$,($C\equiv C$,$-Ar$,$C=C$,$-R$),$-OR$,$-NO_2$,$-X$(F,Cl,Br,I)

上图中排在前面的官能团相对于排在较后的官能团为主官能团。命名多官能团化合物时,主官能团之外的其他官能团以取代基来对待。多数情况下,$-OR$ 、$-NO_2$、$-X$ 等基团只做取代基来对待。

(2)主链的选择

①单官能团的化合物　选择含官能团的最长碳链作为主链。选择主链时,考虑因素的优先次序是:官能团所在碳链,碳链长度,碳链上取代基的多少,取代基的位次。只有在满足前一要求的前体下,才能考虑后一要求。当某一因素遇到两种或多种选择时,取代基最多[如化合物(1)]和取代基位次最低者[如化合物(2)]优先。

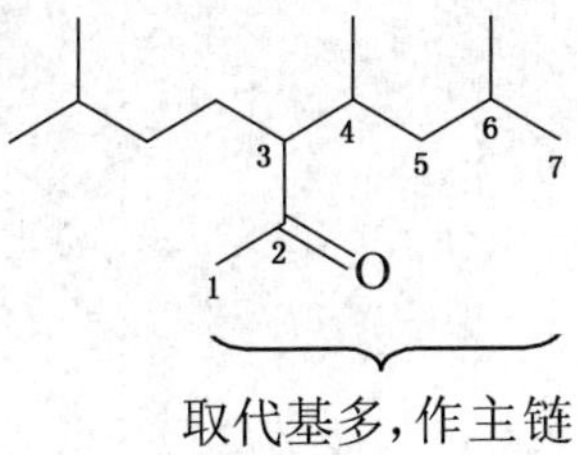

取代基多,作主链

(1)

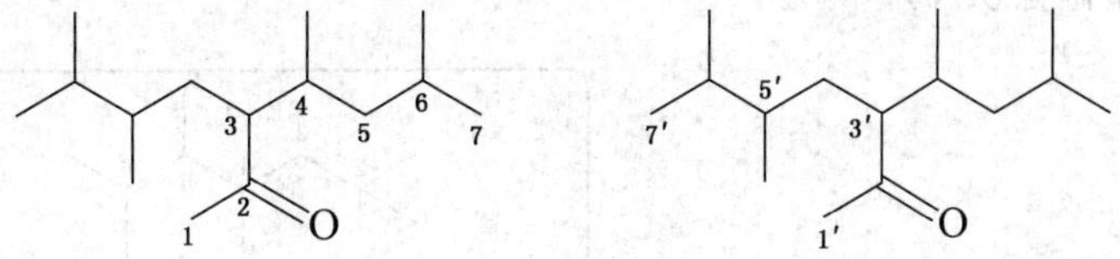

主链选择正确　　主链选择错误

(2)

②多个官能团的化合物　对于多个官能团化合物,以含主官能团的最长碳链为主链;当含主官能团的最长碳链有两条或两条以上时,选择其中含有双键、三键的碳链为主链,如化合物(3)。

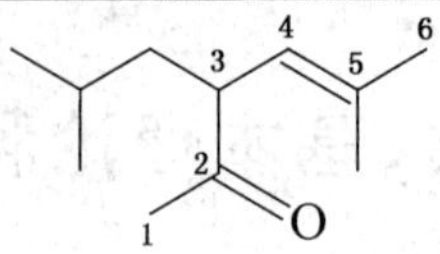

(3)

5-甲基-3-异丁基-4-己烯-2-酮

5-甲基-3-(2-甲基丙基)-4-己烯-2-酮

(3)碳链的编号

①从距离主官能团最近的一端开始。若主官能团位于碳链中间，则从距取代基最近的一端开始。

②对于复杂的取代基，如含支链的取代基，需要先按照以上选择主链的原则对取代基也确定“主链”，编号从与主链直接相连的取代基的第一个碳原子开始，并在其右上角打一撇“′”，以示与主链编号的区别，或者将取代基及其编号一起置于括号内[如化合物(3)]，此时取代基碳链编号不加“′”，取代基主链在分子主链上的位次置于其名称或括号前。

③对于主链中同时含有 $C=C$ 键和 $C\equiv C$ 键，且不含其他较优官能团的化合物，主链编号的原则是从距离不饱和键(不管是 $C=C$ 键还是 $C\equiv C$ 键)最近的一端开始。当 $C=C$ 键和 $C\equiv C$ 键位于主链对称位置时，规定编号一般从双键开始。但需注意，在书写或口述化合物名称时，始终将“炔”置于名称的最后，即位于名称的最右端，如化合物(4)和(5)。

1-庚烯-6-炔
(注意名称书写格式，
不是1-烯基-6-庚炔)

(4)

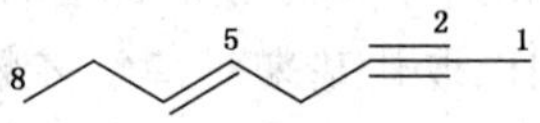

正确编号

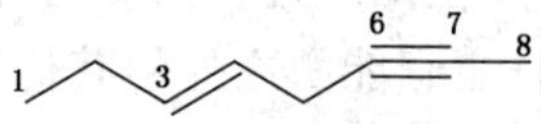

错误编号

5-辛烯-2-炔

(5)

④当主链上的对称位置上存在几个相同取代基时，遵循所有取代基编号之和最小的原则，如化合物(6)。

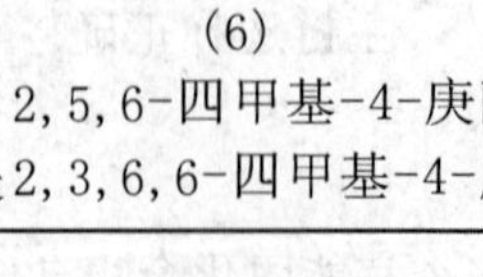

(6)

2,2,5,6-四甲基-4-庚醇

不是2,3,6,6-四甲基-4-庚醇

(4)命名　命名时，母体名称、取代基名称及官能团和取代基的编号需要按照一定的顺序进行排列，即“取代基位次-取代基名称-(主)官能团位次-母体”。官能团或取代基的位置编号只能放在其对应官能团或取代基名称的前面；若主链上有多个不同取代基时，在“取代基次序规则"中较优的取代基距离母体较近[如化合物(7)];若主链上有多个不同取代基时,该取代基的名称只能出现一次,取代基的数目用相应的中文数字表示,并置于该取代基名称的前面[如化合物(8)],取代基的位次按其数字由小到大的顺序依次排列于取代基名称的前面。位次之间用逗号隔开。

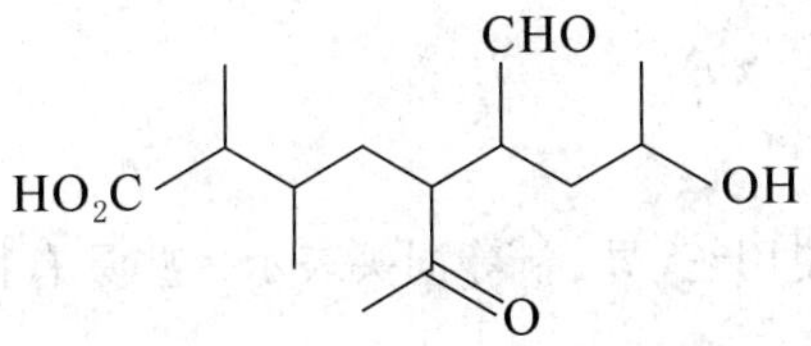

(7)

2,3-二甲基-6-甲酰基-5-乙酰基-8-羟基壬酸
(注意多个取代基在命名时的次序)

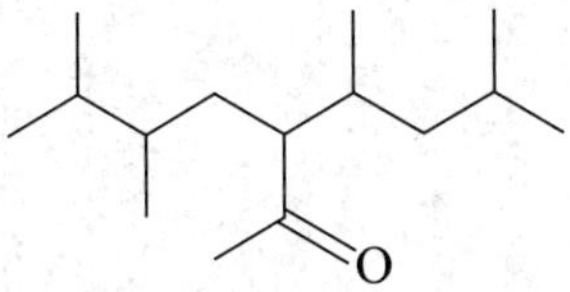

(8)

4,6-二甲基-3-(2,3-二甲基丁基)-2-庚酮
(注意主链的选择及取代基的编号与命名)

取代基次序规则:

对于单原子取代基(如卤素、氢原子等),原子序数大者为"优先"基团。对于两个互为同位素的原子,质量大者为较优基团。

例如,I > Br > Cl > S > P > F > O > N > C > D > H。

对于多原子取代基或基团,比较两个取代基中的第一个原子(即成基原子),较优原子所在的基团为较优基团。若两个基团的成基原子相同,进一步比较两个成基原子所直接连接的其他原子,依次进行等位比较,直至区分出二者的优先次序。当一个取代基有几个等位原子时,应选择其中较优的原子进行两个取代基的等位比较。

对于双键或三键来说,可以将其视为两个或三个单键来处理。

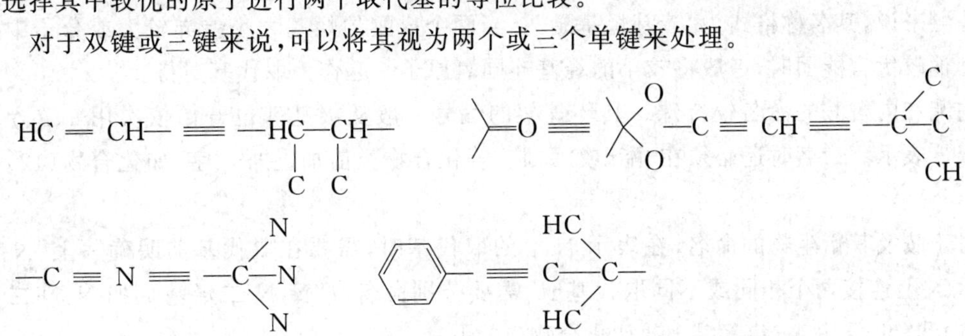

当两个取代基的构造相同而构型不同时，*R* 构型较 *S* 构型为优，*Z* 构型较 *E* 构型为优。

当分子内存在立体异构时，命名时需要在名称中表明分子的构型，如化合物(9)。

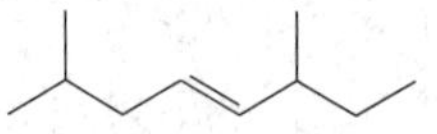

E-2,6-二甲基-4-辛烯
（注意主链的编号和构型标记）

(9)

命名的补充说明：

①在普通命名法中，经常使用正、异、新等词头表示一些具有特定结构的化合物或取代基，系统命名法中不用。

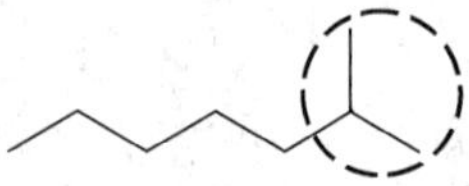

“异”

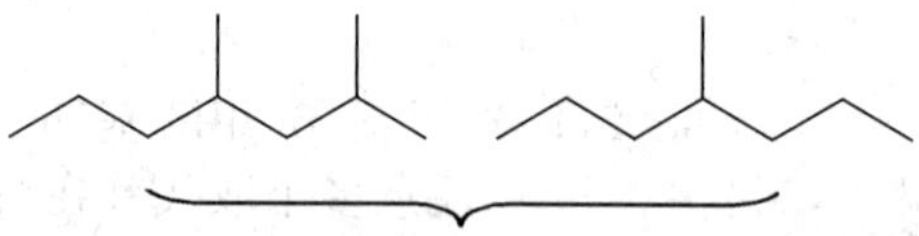

不能用“异”

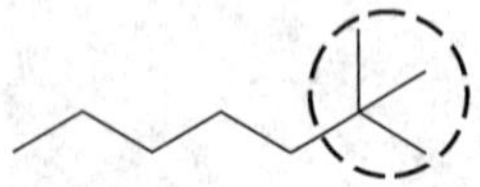

“新”

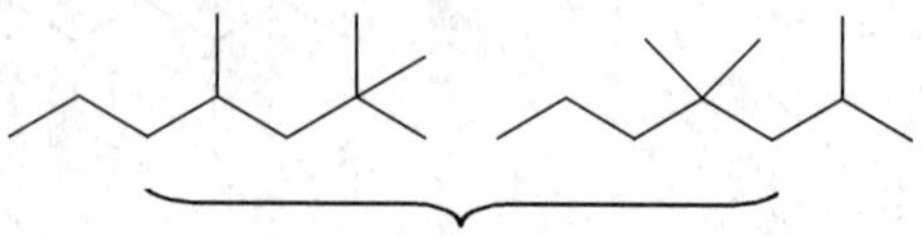

不能用“新”

在系统命名法中，少数结构简单的烷基可以借用普通法名称：

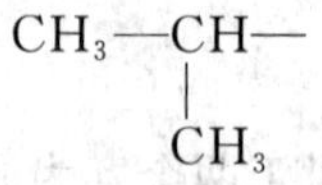

异丙基
(1-甲基乙基)

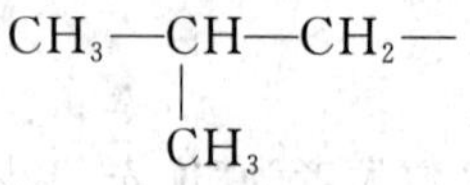

异丁基
(2-甲基丙基)

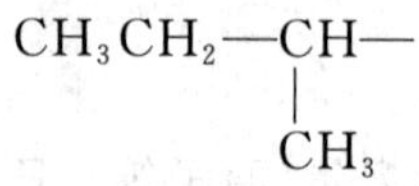

仲丁基
(1-甲基丙基)

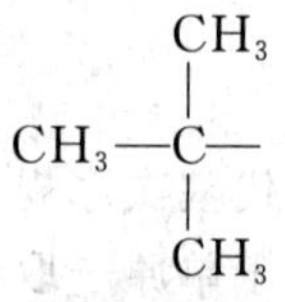

叔丁基
(1,1-二甲基乙基)

②卤代烃的卤原子、硝基化合物中的硝基在选择主链时可作为官能团，但在命名时只作取代基。

③醚有两种命名方法。当两个成醚的烃基结构相同或相近时，一般以醚为类名进行命名。对于芳香醚来说，其名称格式为“芳基烃基醚”。当两个成醚的烃基大小差异较大或分子中同时含有其他较优官能团时，一般将较小的烃基连同氧原子一起作为取代基对待。

④内酯和内酰胺的命名较特殊。其环骨架的编号一般从羰基邻位开始依次用 α、β、γ、δ 等希腊字母表示。命名时还必须在“酯”或“酰胺”等化合物类前加上“内”字，如化合物(12)和(13)。

⑤对于胺及其衍生物的命名，在表示 N 上的取代基时，需要在取代基前明确写上“N-”。若要表示 N 上连接两个相同或不同取代基时，需要分别命名成“N,N-二烃基”(如 N,N-二甲基甲酰胺)和“N-烃基 A-N′-烃基 B”[如化合物(10)]。

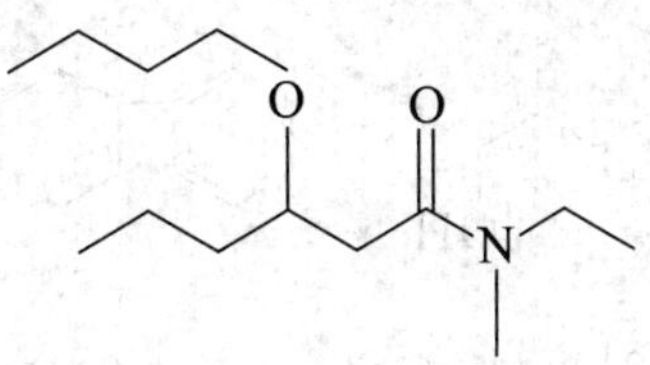

(10)

N-甲基-N-乙基-3-丁氧基己酰胺

(注意主官能团的选择及N取代基的命名)

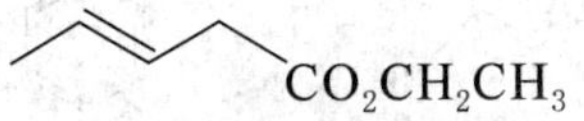

(11)

3-戊烯酸乙酯

(主链只有5个碳原子)

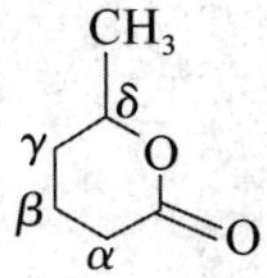

(12)

5-甲基-δ-戊内酯

(注意环骨架的编号方法)

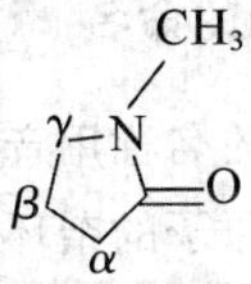

(13)

N-甲基-γ-丁内酰胺

(注意环骨架的编号方法)

2.碳环化合物的系统命名

(1)脂环族化合物　单环脂环烃有三种情况。第一种是以环为母体,多用于环上取代基简单且分子中没有主官能团(官能团次序中烃基以前的官能团)的化合物,如化合物(14);第二种是当有较优官能团直接与环相连时,将环和官能团一起作为母体来对待,如化合物(16);第三种是以环为取代基,主要用于环之外存在较优官能团的化合物的命名,如化合物(15)。环上碳原子的编号有两种情况。当环为母体时,从环上官能团或连有较优取代基的原子开始编号,如化合物(14);当环为取代基时,从环上成基原子开始编号,如化合物(15)。环上其他原子究竟以顺时针编号还是以逆时针编号应遵循给环上取代基或其他官能团以最小位次的原则。

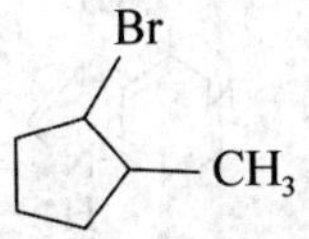

(14)

1-甲基-2-溴环戊烷

(环上没有较优的官能团, 环为母体)

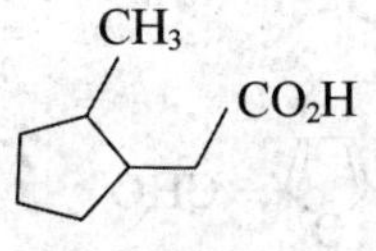

(15)

2-(2′-甲基环戊基)乙酸

(链上有较优的官能团,环作为取代基)

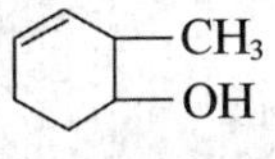

(16)

2-甲基-3-环己烯醇

(环和官能团一起作为母体)

(2)芳香族化合物　与单环脂环烃的命名类似,也有 3 种情况。当环上仅连有烷基、硝基、卤素等取代基时,以芳环为母体,如化合物(19);当芳环上直接连接有较芳环为优的官能团(如羟基、羧基、羰基等)时,将芳环和官能团一起作为母体来对待,如化合物(20);当芳环上连有复杂取代基[即取代基命名较复杂,如化合物(22)]或取代基中含有较优官能团时,将芳环作为取代基对待,如化合物(21)。

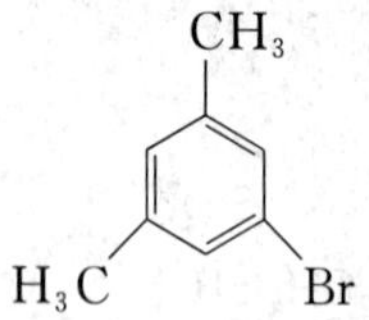

(19)

5-溴-1,3-二甲(基)苯（芳环作母体）

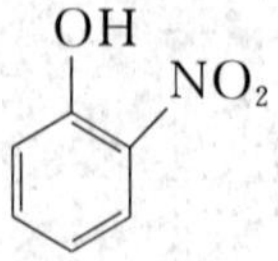

(20)

2-硝基苯酚或邻硝基苯酚(羟基是官能团)

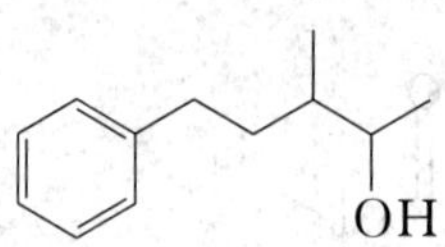

(21)

3-甲基-5-苯基-2-戊醇（苯环作取代基）

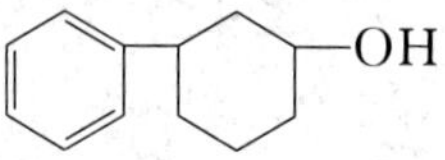

(22)

3-苯基环己醇（苯环作取代基）

3.杂环化合物的命名

(1)杂环母核的名称用音译名命名。

(2)含一个杂原子的杂环编号从杂原子开始。

(3)对于含多个杂原子的单杂环来说,环原子编号规则是从其中一个杂原子开始并使其他杂原子的位次最小。多数情况下,编号的起点和顺序都是固定的。当环上含多个不同杂原子时,按 O、S、N 顺序编号,如化合物(23)。

(4)对于含取代基的单杂环化合物,在进行环上原子编号时,首先考虑(2)、(3)的规定,其次才考虑取代基因素。

(5)稠杂环化合物的编号遵循先小环后大环并从小环的杂原子开始编号的规则;稠杂环和含多个杂原子的单杂环的编号类似,其编号的起点和顺序都是固定不变的且不受环上取代基的位置的影响,如化合物(24)。

呋喃

噻吩

吡咯

吡啶

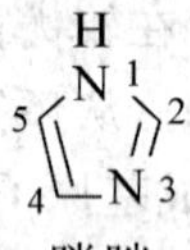

咪唑

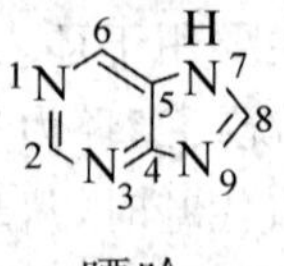

嘌呤

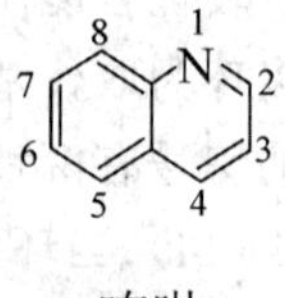

喹啉

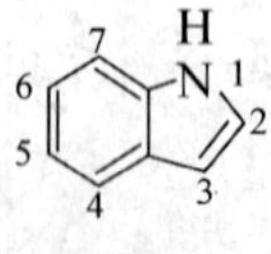

吲哚

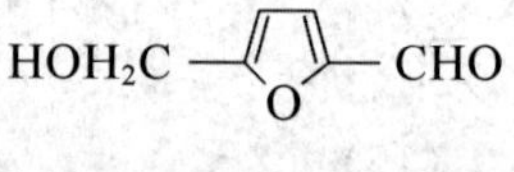

5-羟甲基-2-呋喃甲醛

（从 O 开始给主要官能团以最低的编号,杂环和主要官能团构成母体）

(23)

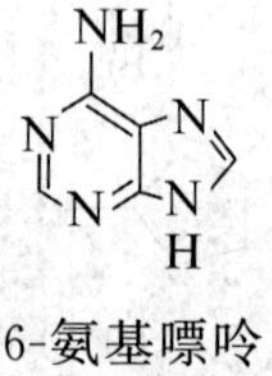

6-氨基嘌呤

（杂环上的编号不受取代基的种类和位置的影响）

(24)

例 3.1 命名下列化合物

$CH_3OCH{=}CHCH_3$

(1)

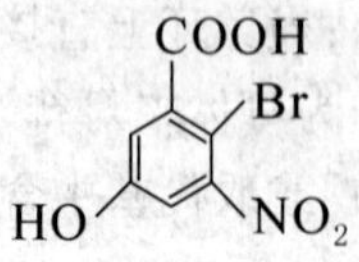

(2)

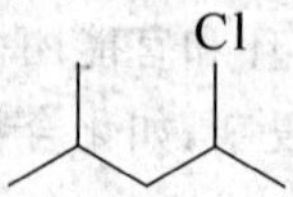

(3)

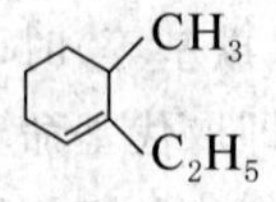

(4)

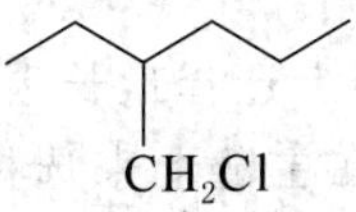
(5)

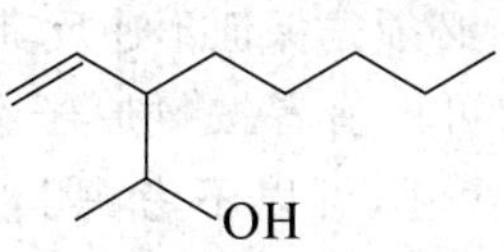
(6)

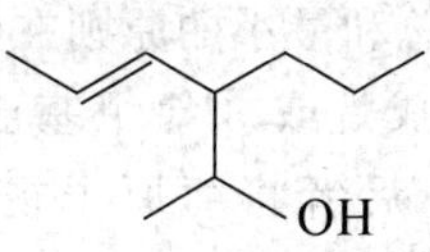
(7)

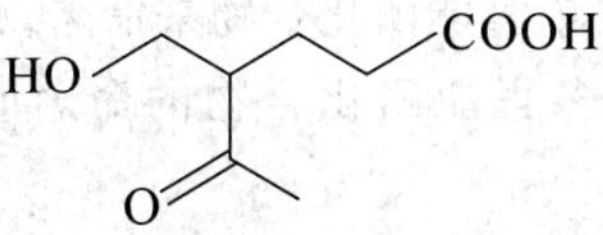
(8)

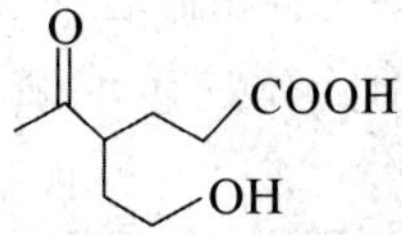
(9)

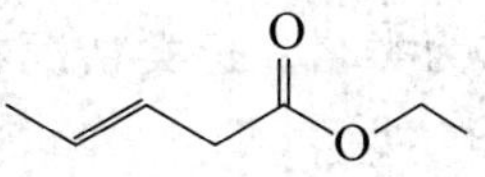
(10)

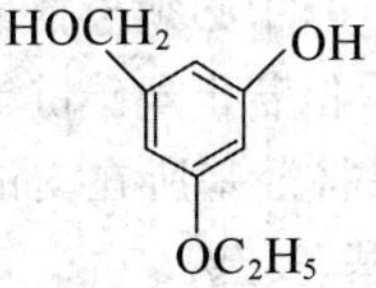
(11)

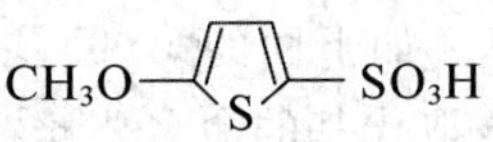
(12)

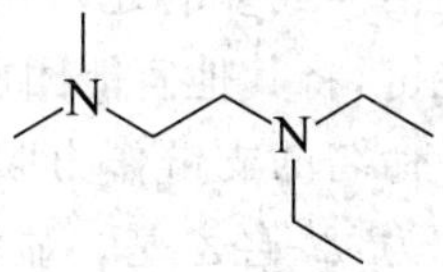
(13)

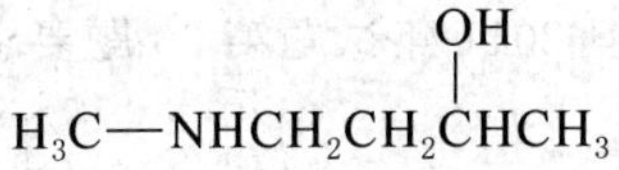
(14)

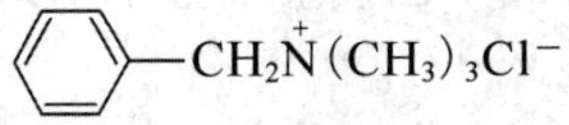
(15)

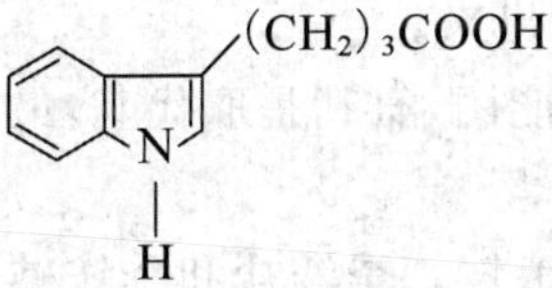
(16)

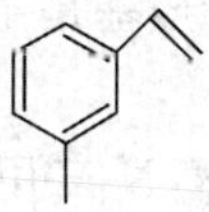
(17)

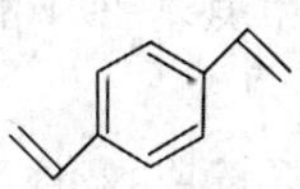
(18)

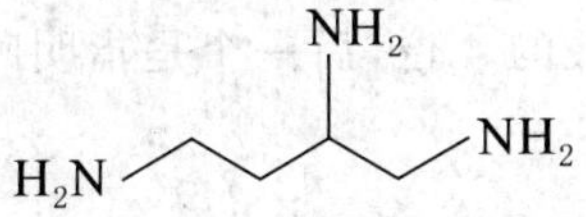
(19)

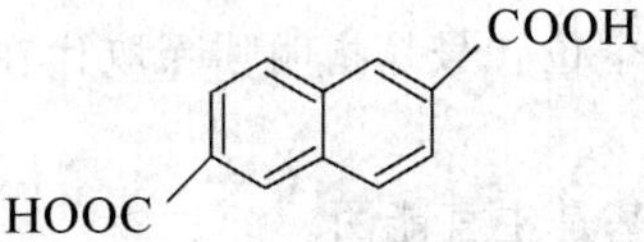
(20)

解析：

(1)1-甲氧基丙烯。也可以命名为甲基丙烯基醚。

(2)3-硝基-5-羟基-2-溴苯甲酸。在官能团序列中羧基为首，分子中有羧基就要命名为羧酸。3个取代基按取代基次序先、后出现。

(3)2-甲基-4-氯戊烷或4-氯-2-甲基戊烷均可，前者规范，符合命名规则，后者则属于习惯做法。习惯上，人们总是将卤素基团置于名称的最前面。主链的编号参照次序规则，尽量给较优的基团即氯以较大的编号。

(4)6-甲基-1-乙基环己烯。双键是官能团，双键碳原子编号是1、2号。乙基若在2号碳原子上出现违反使取代基最早出现的原则，故乙基必须在1号位出现，则甲基只能在6号位。注意:使取代基位置号总和最小的原则在使用时必须先保证不违反其他原则。

(5)2-乙基-1-氯戊烷或3-氯甲基己烷均可。前者按氯原子在主链上选择最长碳链,是视氯原子为官能团;后者将氯原子视为取代基,可以不考虑其是否在主链上来选择最长碳链。

(6)3-乙烯基-2-辛醇或3-戊基-4-戊烯-2-醇。该例说明,对于多官能团化合物,既可以按单官能团化合物来命名,也可按照多官能团化合物命名。如果按单官能团化合物来命名,必须选择主官能团作为类名。这类情况在含有卤素原子或硝基的多官能团化合物的命名时经常采用。

(7)(E)-3-丙基-4-己烯-2-醇。与上例不同,在两条等长碳链中,有双键的一条作为主链。

(8)4-羟甲基-5-羰基己酸。当分子中含有多个官能团而这些官能团又不都在一条碳链上时,主链的选择比较灵活。最多的处理办法是选择其中含有两个官能团(其中必须包括最优官能团)的最长碳链为主链,将其他官能团所在的支链作为取代基来对待。但若出现碳链等长的情况,一般习惯将容易命名的支链作为取代基。如下面的第(9)题,如果将羟基所在支链当作取代基,则取代基名称为:2′-羟乙基。显然,该取代基的命名要比“乙酰基”复杂。

(9)6-羟基-4-乙酰基己酸。

(10)(E)-3-戊烯酸乙酯。命名酯的时候要注意,最长碳链是5个碳原子而不是7个碳原子。

(11)3-羟基-5-乙氧基苯甲醇或3-乙氧基-5-羟甲基苯酚(但2011年试题第30题要求按酚命名)。

(12)5-甲氧基-2-噻吩磺酸。在杂环上有一个以上取代基时,慎用希腊字母定位,此例不宜用α-和α'-表示两个取代基,而用数字表示为好。

(13)N,N-二甲基-N′,N′-二乙基乙二胺。两个N原子要区别出来。

(14)N-甲基-4-氨基-2-丁醇或4-甲氨基-2-丁醇。羟基是主官能团,氨基是取代基,最长碳链是4个碳。

(15)氯化N,N,N-三甲基-N-苄基铵或氯化N,N,N-三甲基苄铵。季铵盐和季铵碱命名时阴离子一定是写在前面,连接在N原子上的取代基前面要注明“N-”,母体名一定不能用“胺”或“氨”,只能用“铵”。

(16)4-3′-吲哚丁酸。前一个位置号是指明吲哚取代在丁酸的4位,后一个是指明吲哚环形成取代基的位次为3位。

(17)3-甲基苯乙烯。乙烯基是主官能团。

(18)1,4-二乙烯基苯。母体是苯,乙烯基是取代基。

(19)1,2,4-丁三胺或1,2,4-三氨基丁烷。含多个氨基的分子常用后一种命名方法。

(20)2,6-萘二甲酸。稠环上的环编号相对固定,不受环上取代基的影响。

(二)立体异构

1.同分异构现象的分类

分子组成相同而结构和性质不同的现象称为同分异构现象,这些化合物互称同分异构体。同分异构现象可分为构造异构和立体异构两类(表3-1)。构造异构指分子中原子相互连接次序或方式不同；立体异构指分子构造相同，但分子中有些原子或基团在二维或三维空间的相对取向不同。

表 3-1 异构现象的分类

分类		产生原因	举例
构造异构	碳链异构	碳链(碳的骨架)不同	
	位置异构	取代基在环上或碳链上位置不同	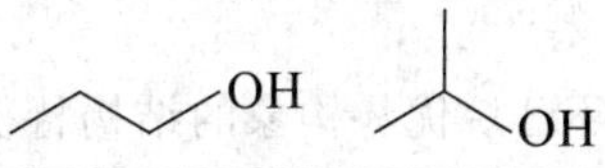
	官能团异构	官能团不同	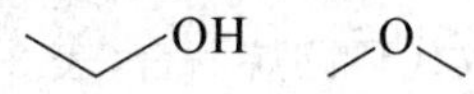
立体异构	顺反异构	双键或环的存在使分子中某些原子或基团在空间位置不同	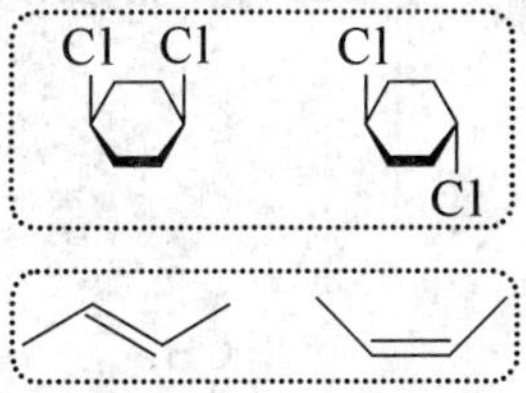
	对映异构	物体和镜像不重合	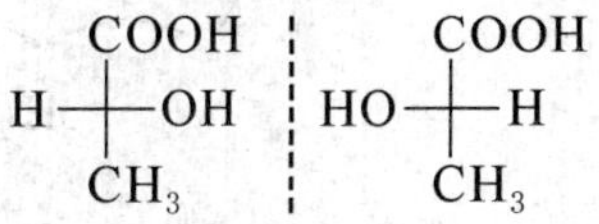
	构象异构	单键的旋转使分子中某些原子或基团相对位置不同	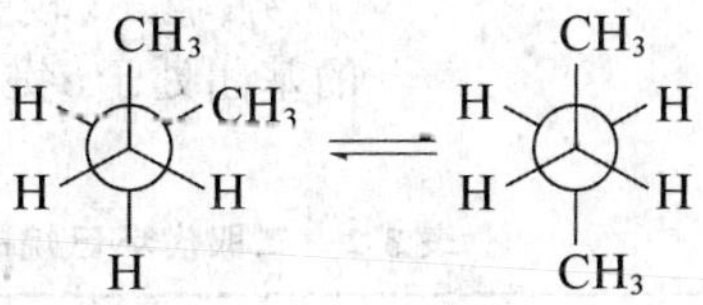

2. 构象异构

(1)构象　由于σ键的旋转或分子三维结构的扭曲而导致的分子三维结构状态称为化合物的构象，同一分子的不同构象互称构象异构体。

在理论上，任何一个有机分子都可以有无数种构象，不同构象之间可通过σ键的旋转或分子三维结构的扭曲而相互转化。与构造异构和立体异构不同，一个分子从一种构象转化为另一个构象不涉及化学键的断裂。

同一分子的不同构象之间一般具有不同的分子势能。势能最低的构象称为优势构象或最稳定构象，它在各种构象的动态平衡体系中占的分子比例最大；势能最高的构象称为最不稳定构象，它在各种构象的动态平衡体系中占的分子比例最小。在最稳定构象中，一般原子和原子、基团和原子以及基团和基团之间的距离最远，尤其是体积较大的基团之间具有最远的距离。因此，相邻碳原子上的最大取代基处于互为对位交叉位置的构象一般是最稳定构象，处于互为重叠式时为最不稳定构象。

描述化合物构象的两种方法是透视式(又称锯架式)和纽曼投影式。

(2)环己烷及其衍生物的优势构象　环己烷的优势构象是椅式构象。环己烷的一种椅式构象可以通过翻转得到另一个椅式构象,尽管两个椅式构象的势能一样,但两个椅式构象中的每个碳原子上的e键和a键均发生了转化。如果取代环己烷的椅式构象发生类似的构象转化,将会产生另一个具有不同势能的椅式构象。换句话说,取代环己烷的两个椅式构象是具有不同分子势能的,即二者的热稳定性是不同的,只有其中势能较小的椅式构象才能成为其最稳定构象。

取代环己烷优势构象的结构特征是:

①对一取代环己烷来说,取代基处于e键的椅式构象是优势构象。

②对二取代环己烷而言(表3-2),在符合其构型(顺/反)的情况下,两个取代基都处于e键或较大基团处于e键的椅式构象为优势构象。

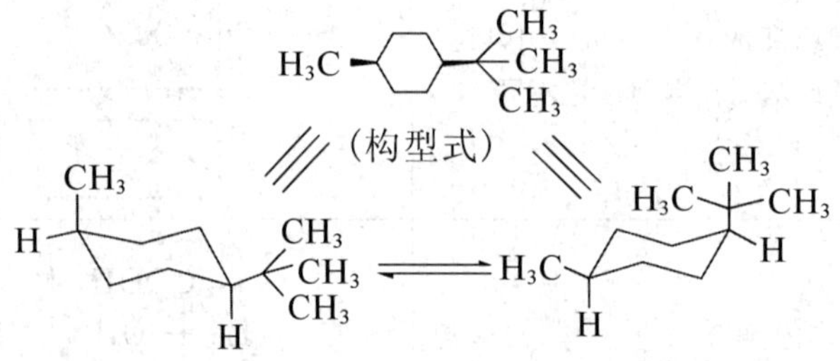

顺-4-叔丁基-1-甲基环己烷(优势构象。较大的基团处于e键)　　顺-4-叔丁基-1-甲基环己烷(非优势构象，但通过动态平衡可转化为优势构象)

表3-2　二取代环己烷的椅式构象中两个取代基的键型和构型关系

构造	1,2-二取代		1,3-二取代		1,4-二取代	
构型	顺式	反式	顺式	反式	顺式	反式
键型	a,e	e,e	e,e	a,e	a,e	e,e

3.顺反异构(几何异构)

(1)含双键化合物的顺反异构　常见含有双键的化合物如烯烃(C=C)以及亚胺、肟、腙、缩氨脲(C=N)、偶氮化合物(N=N)等,当双键两原子都连有不同原子或基团(包括孤对电子)时,会存在顺反异构体。双键构型有Z/E表示法和顺/反表示法,顺/反只适用于双键两个碳上连接相同取代基的双键构型的表示。Z/E表示法是按照取代基次序规则,两个较优的基团位于双键同侧时规定用“Z”表示,反之用“E”表示。

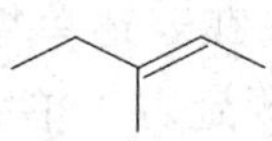

反(或E)-3-甲基-2-戊烯

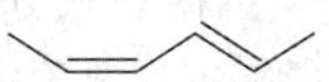

$(2E,4Z)$-2,4-己二烯

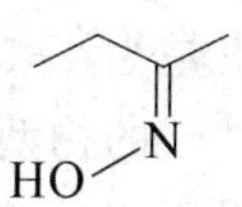

(Z)-丁酮肟

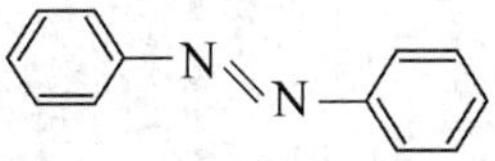

(E)-偶氮苯

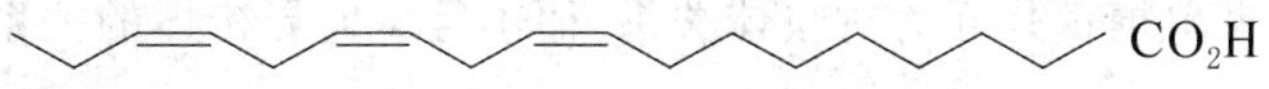

亚麻酸(顺,顺,顺-9,12,15-十八碳烯酸
或顺,顺,顺-$\Delta^{9,12,15}$-十八碳烯酸)

(2)环状化合物的顺反异构

二取代环烷烃也存在顺反异构现象。把环作为参考平面,两个相同原子或基团在平面同侧的是顺式,在平面异侧的是反式。

4.旋光异构

(1)由结构式判断分子是否具有旋光性或是否是手性分子

①含 1 个手性碳原子的分子有旋光性,是手性分子。

②没有手性碳原子,但分子具有不对称性(无对称中心、对称面和交替对称轴)的有旋光性,如取代的丙二烯、取代的联苯等。

③含有手性碳原子的分子不一定就是手性分子。有些含多个手性碳的分子可能因其分子存在对称性(对称中心和对称面)而成为内消旋体,没有旋光性。

(2)对映体和非对映体　互为镜像关系的两个旋光异构体属于一对对映体。互为对映体的化合物具有完全相同的物理性质和化学性质,常规分离方法不能将其分离开来。构造相同但不是互为镜像关系的两个旋光异构体是非对映异构体。互为非对映体的化合物一般具有不同的物理性质和化学性质,可通过常规分离方法将其分离开来。

(3)手性碳原子的绝对构型标记(R/S 构型标记)　将手性碳原子连接的 4 个基团根据取代基次序规则,将最小基团指向后方(远离观察方向),依次排列其他 3 个基团,顺时针排列为"R"构型,逆时针排列为"S"构型。

(4)手性分子的相对构型标记(D/L 构型标记)　相对构型标记是相对于 D-(+)-甘油醛或 L-(−)-甘油醛确定的方法,主要用于如单糖和氨基酸等类有机物。

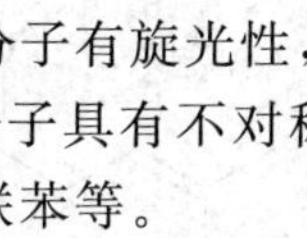

D-(+)-甘油醛

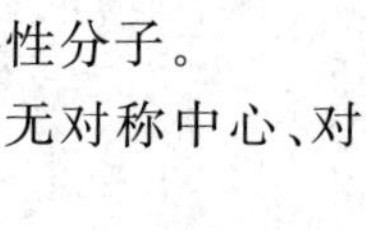

L-(−)-甘油醛

单糖的构型是以编号最大的手性碳的构型来表示的。在费歇尔投影式中,单糖中编号最大的手性碳上的羟基位于右侧(与 D-甘油醛的羟基位置一样)时,规定该单糖的构型为 D-型。反之,单糖则为 L-型。对氨基酸来说,其构型是通过比较其费歇尔投影式中氨基的位置和两个甘油醛中的羟基位置来决定的。

需要注意的是:在用俗名表述单糖时,单糖的构型之所以以编号最大的手性碳的构型来表示仅仅是为了表述方便而已。由于单糖一般都含有多个手性碳，如果在表述单糖名称时将每个手性碳的构型都一一表示出来，将是非常不方便的。为此，命名法规定对于单糖的构型表示统一采用编号最大的手性碳的构型来表示。在表述单糖构型时，分子中的其他手性碳构型实际上是被省略了或隐去了，但我们必须明白这些其他手性碳的具体构型也都是确定的，而且要求我们牢记这些其他手性碳的具体构型。另一个需要注意的问题是，任何 *D*-型单糖和其对应的 *L*-型单糖都是互为对映体关系，而不是差向异构体的关系。

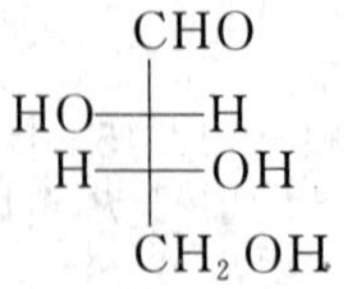

D-苏阿糖

（比较编号最大的手性碳）

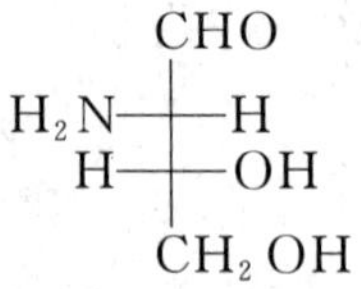

L-苏氨酸

（比较氨基所在的手性碳）

需要指出的是，分子的构型或手性碳的构型与分子的旋光方向没有必然联系，旋光方向［（＋）、（－）或（*D*）、（*L*）］是由旋光仪测出来的。

例 3.2 命名下列化合物

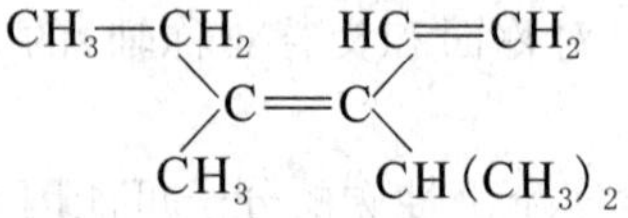

（1）

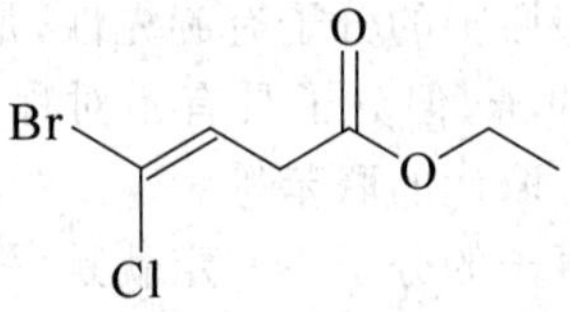

（2）

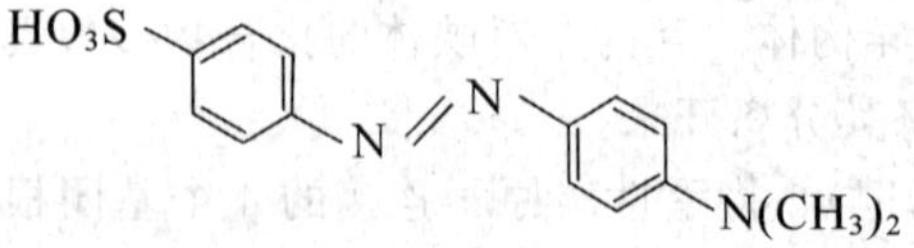

（3）

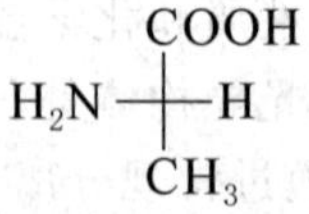

（写出相对构型）

（4）

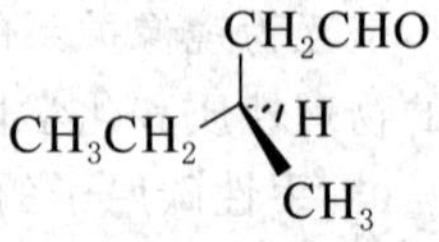

（5）

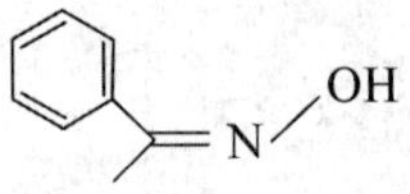

（6）

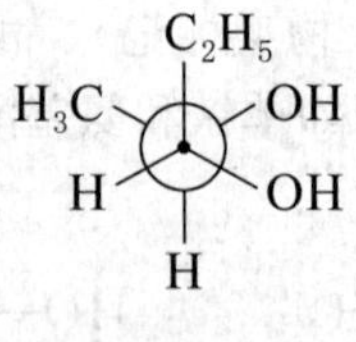

（7）

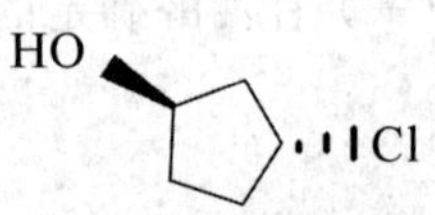

（8）

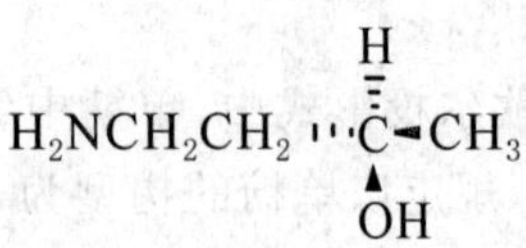

（9）

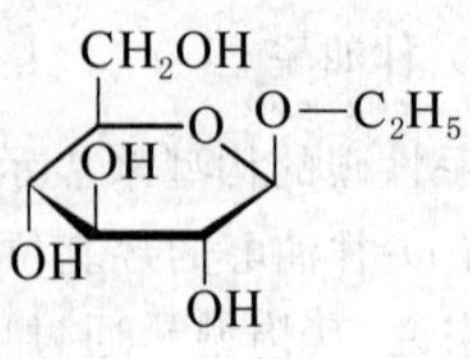

（10）

解析：

(1)(Z)-4-甲基-3-异丙基-1,3-己二烯。双键是官能团，最长碳链含2条双键，异丙基是取代基；按取代基次序规则，碳碳双键优于异丙基，乙基优于甲基。

(2)(E)-4-氯-4-溴-3-丁烯酸乙酯。键线式中H原子省略了，命名时注意构型的正确识别。

(3)(E)-4-(4′-N,N-二甲氨基苯基)-偶氮基苯磺酸或(E)-4-磺酸基-4′-N,N-二甲氨基偶氮苯。按取代基次序规则，偶氮键中N原子的未共用电子对相当于最小取代基。

(4)(L)-2-氨基丙酸。在Fischer投影式中，氨基在碳链的左边，构型相对于(L)-甘油醛。

(5)(S)-3-甲基戊醛。在手性碳原子连接的4个基团中，甲酰甲基最优。

(6)(Z) -苯乙酮肟。这个是由苯乙酮衍生得到的，是按衍生物命名法命名的，不是系统名。

(7)(2R,3S)-2,3-戊二醇。

(8)(1R,3R)-3-氯环戊醇。如果手性碳上的化学键是楔形键，名称中必须标出手性碳的构型。若化学键仅为实线和虚线，则只需标出其顺反异构，如反-3-氯环戊醇。

(9)(S)-4-氨基-2-丁醇。按官能团次序，羟基先于氨基，命名为醇，最长碳链4个碳。

(10)乙基-β-D-吡喃葡萄糖苷。糖苷命名时，要同时标记单糖构型(相对构型)和糖苷键构型，还要标明环的大小或称为类型(如吡喃、呋喃)，糖苷配体置于名称的最前面。

例3.3　写出下列化合物的结构式

(1)(Z)-2-甲基-3-乙基-3-辛烯；(2)(e,e)-1,2-二甲基环己烷的椅式构象；(3)(2E,4Z)-3-甲基-2,4-己二烯；(4)1,2-二氯乙烷优势构象的纽曼投影式；(5)β-D-吡喃葡萄糖的哈沃斯式；(6)L-苯丙氨酸。

解析：

(1) 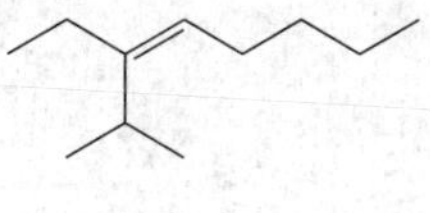

(2) 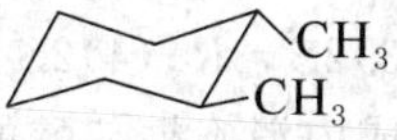

(3) 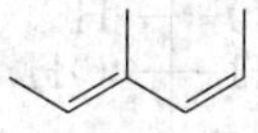

(4) 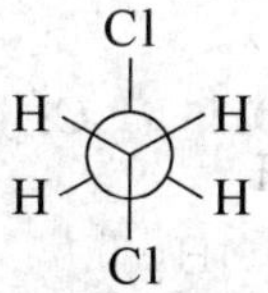

(5) 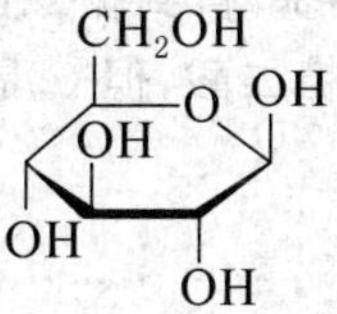

。单糖哈沃斯式的糖环画法一般将环O原子写在环的右上方，苷羟基应位于环O的右边，其方向表明单糖的α和β构型。

(6) 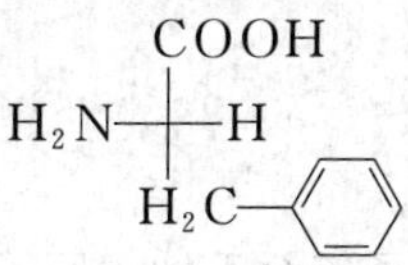

。相对于(L)-甘油醛的氨基酸的Fischer投影式，α-位氨基在碳链左边。

例 3.4 下列化合物有旋光性的是(　　)。

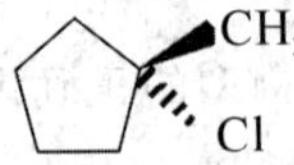
(1)

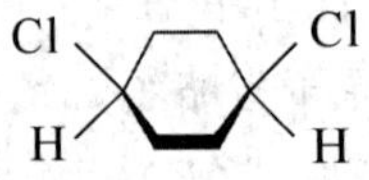
(2)

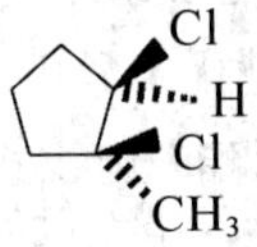
(3)

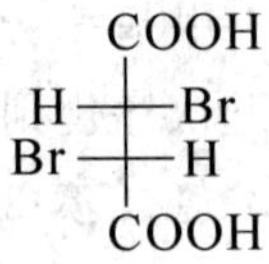
(4)

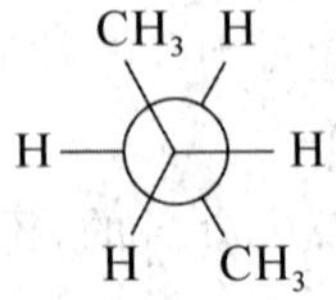
(5)

(6)

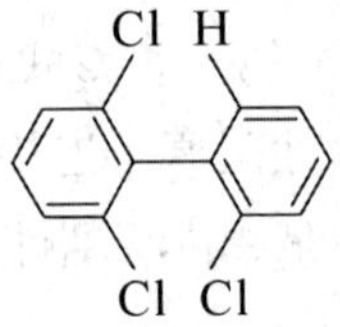
(7)

解析:(3)、(4)、(6)。

(1)、(2)两个环分子中存在对称面,没有旋光性。(3)没有对称因素,有旋光性。(4)分子中有 2 个手性碳原子,没有对称面,有旋光性。(5)是丁烷,没有手性碳原子,有对称中心,没有旋光性。(6)和(7)都是取代的联苯,(6)的每个苯环的两个 α-位都有不同取代基,分子没有对称面,有旋光性;(7)的 1 个苯环的两个 α-位有相同取代基,分子有对称面,没有旋光性。

例 3.5 判断下列化合物的绝对构型

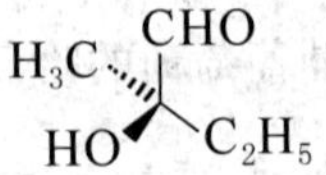
(1)

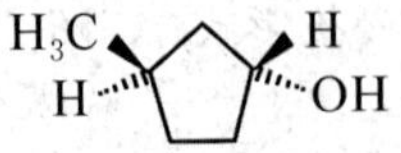
(2)

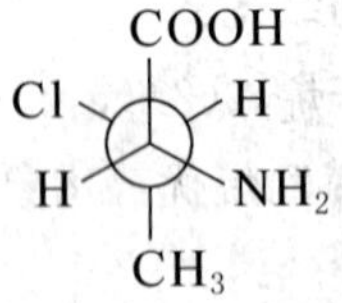
(3)

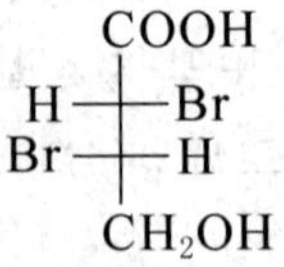
(4)

解析:(1)R;(2)1R,3R;(3)2S,3R;(4)2S,3S。

例 3.6 经稀硝酸氧化能生成内消旋糖二酸的 D-丁醛糖是(　　)。

A. 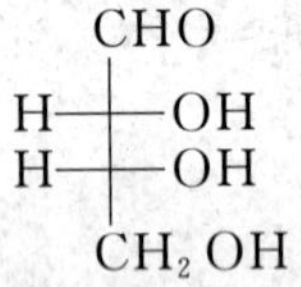
B. 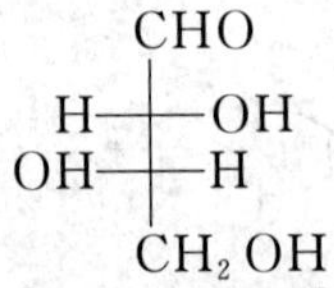
C. 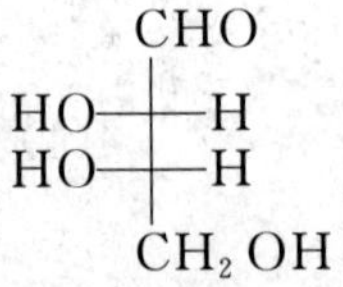
D. 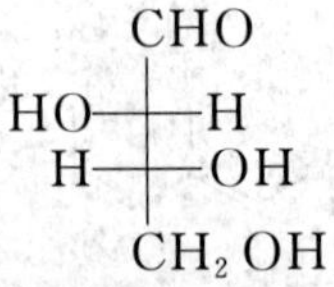

解析:A。稀硝酸氧化丁醛糖时,醛基和 4-位伯醇羟基都氧化成羧基,得到糖二酸。内消旋糖二酸的结构特征是分子内存在对称面,A 和 C 氧化都得到内消旋糖二酸,但 C 是 L-丁醛糖,所以选 A。

例 3.7 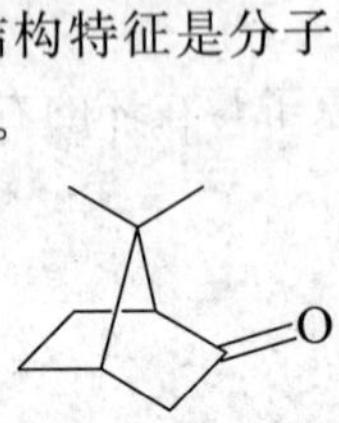 分子中的手性碳原子数是(　　)。

A. 0 个; B. 1 个; C. 2 个; D. 3 个。

解析:C。由结构式 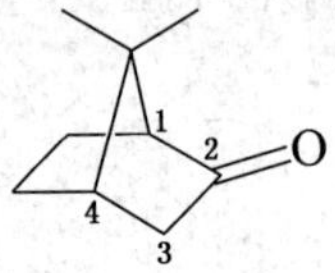 看出,1 号、4 号两个桥头碳原子符合手性碳原子的条件。

（三）杂化轨道及共价键类型

1. 碳原子的杂化类型

碳原子的轨道杂化有三种形式，sp、sp^2 和 sp^3，三种杂化态的碳原子或杂化轨道的电负性大小不同，其顺序为：sp＞sp^2＞sp^3。因为这种原因，不同杂化态的碳原子与相同的其他原子形成的σ键的极性也是不同的。例如，烷烃、烯烃和炔烃中三种C—H键的极性大小顺序为：C≡C—H ＞ C═C—H ＞ C—C—H。

饱和碳原子都以 sp^3 杂化轨道与其他原子形成共价键。杂化轨道夹角约109.5°，碳原子及其所连接的四个原子在空间上呈正四面体构型。

sp^2 杂化轨道的夹角为120°，呈平面分布，未杂化的p轨道垂直于杂化轨道平面，参与形成π键。双键碳及其各自所直接连接的原子在空间上呈平面形分布。

sp杂化轨道的夹角为180°，呈直线分布。两个未杂化的p轨道及两个sp杂化轨道呈三维坐标轴垂直分布。不同原子的未杂化p轨道形成π键。三键碳原子及其各自所直接连接的原子在空间上呈直线分布。

2. 其他原子的杂化

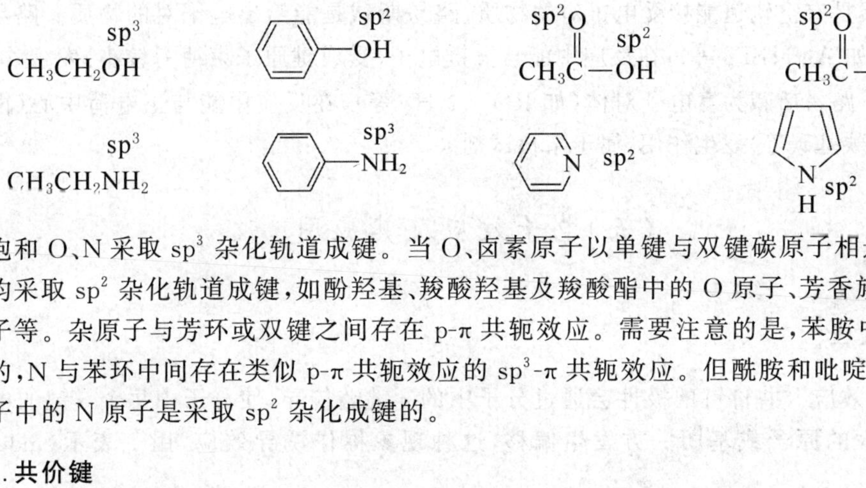

饱和O、N采取 sp^3 杂化轨道成键。当O、卤素原子以单键与双键碳原子相连时，O、卤素原子均采取 sp^2 杂化轨道成键，如酚羟基、羧酸羟基及羧酸酯中的O原子、芳香族卤代烃中的卤原子等。杂原子与芳环或双键之间存在p-π共轭效应。需要注意的是，苯胺中的N是 sp^3 杂化的，N与苯环中间存在类似p-π共轭效应的 sp^3-π共轭效应。但酰胺和吡啶、吡咯等芳杂环分子中的N原子是采取 sp^2 杂化成键的。

3. 共价键

共价键分为单键、双键和三键，按成键的原子轨道的重叠方式分为σ键和π键（表3-3）。

表3-3 σ键和π键的特点

特点	键型	
	σ键	π键
成键轨道类型	所有轨道	p轨道
轨道成键方式	沿轨道对称轴头对头重叠	对称轴互相平行肩并肩重叠
轨道重叠程度	重叠程度大	重叠程度小
键能	键能大	键能小
可动性	成键原子间可相对旋转	成键原子间不可相对旋转
存在形式	可独立存在	依赖于σ键的存在而存在，不能单独存在

（四）酸碱理论

有机化学中常用的酸碱理论有酸碱质子理论和酸碱电子理论两种。

1. 酸碱质子理论

按酸碱质子理论，能给出质子的物质为酸，能接受质子的物质为碱。理论上，任何含氢的物质都有可能释放出质子，任何含孤电子对的物质都有可能接受质子，只是不同物质释放质子或接受质子的能力不同而已。释放或接受质子能力强的，其酸性或碱性强；反之，酸性或碱性弱。同时含有氢和孤电子对的物质，具有酸性和碱性的两面性，可称为两性物质，如醇、酚、醛、酮、羧酸、胺、氨基酸等。根据反应条件的不同，两性物质可主要表现为酸性或碱性或兼具酸性和碱性。

$$CH_3CH_2OH + NaNH_2 \longrightarrow CH_3CH_2ONa + NH_3$$ 乙醇作为质子酸的反应

$$CH_3CH_2OH + H^+ \longrightarrow CH_3CH_2\overset{+}{O}H_2$$ 乙醇作为质子碱的反应

2. 酸碱电子理论（路易斯酸碱理论）

路易斯酸是有空轨道能接受电子对的物质，路易斯碱是能给出电子对的物质。路易斯酸为亲电子体（如 Ag^+、BF_3 等），在反应中能与 π 键电子（受成键原子束缚力较小）发生作用，属于亲电试剂。路易斯碱为富电子对体（如 RO^-、NH_3 等），在反应中能与正电荷中心（卤代烃和醇的 α 碳，羰基碳等）发生作用，属于亲核试剂。

（五）电子效应及其应用

1. 电子效应

（1）诱导效应　共价键的极性会通过分子中的 σ 键链传导，使分子中每个 σ 键的电子对向电负性较大的原子或基团一方发生偏移，这种现象称作诱导效应，用 I 表示（inducation effect）。

诱导效应的方向和强弱以氢原子为参照。电负性大于氢的原子或基团具有吸电子诱导效应，使其附近的 σ 键电子向其所在方向偏移，用 $-I$ 表示。相反，电负性小于氢的原子或基团具有斥电子诱导效应，使其附近的 σ 键电子向远离其所在位置的方向偏移，用 $+I$ 表示。

诱导效应具有沿 σ 键链传递的特性，但其效应强度随距离的延长而迅速减弱，一般到第 4 个原子时就可以忽略不计了。

一些常见原子或基团的诱导效应相对强弱的比较：

吸电子诱导效应（$-I$）：$-NO_2 > -\overset{\overset{\displaystyle O}{\|}}{C}- > -COOH > -F > -Cl > -Br > -I > -OCH_3 > -OH > -C_6H_5 > H$。

斥电子诱导效应($+I$)：$(CH_3)_3C— > (CH_3)_2CH— > CH_3CH_2— > CH_3— > H$。

(2)共轭体系与共轭效应　通过单键相连的两个或两个以上的 π 键，由于相邻 π 电子云间的部分交盖而形成 π 电子离域结构，称为 π-π 共轭体系。π 键邻位原子的 p 轨道也能与 π 键形成共轭，称为 p-π 共轭体系。

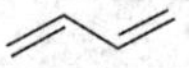
(π-π 共轭体系)
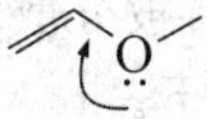
$+C$(p-π 共轭体系)
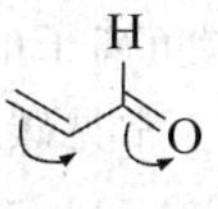
$-C$(π-π 共轭体系)

共轭效应具有以下特点：

共轭体系中 π 电子之间或 p 电子和 π 电子之间的相互作用和影响称为共轭效应，用 C (conjugation effect)表示，$+C$ 表示使 π 电子云密度增大的效应，$-C$ 表示使 π 电子云密度减小的效应。

共轭效应也具有传递性且其效应强度不随共轭链的增长而减弱。这是因为共轭效应的产生和传递是通过轨道空间交盖来实现的，几乎不受原子核的约束。共轭效应的结果使共轭链上各原子上的 π 电子云密度出现依次疏密交替的现象。

(3)超共轭效应　超共轭效应指 C—H σ 键的轨道与临近的 π 键或 p 轨道之间通过部分交盖而产生的一种电子离域效应。超共轭效应有 σ-π、σ-p 之分。超共轭效应的强度弱于 π-π 共轭或 p-π 共轭，因而对化合物的性质影响较少。超共轭效应使得相互作用的电子离域性增大，分子、自由基或正离子因此而更加稳定。参加 σ-p 超共轭的 C—H 键数目越多，其分子、自由基或正离子越稳定。

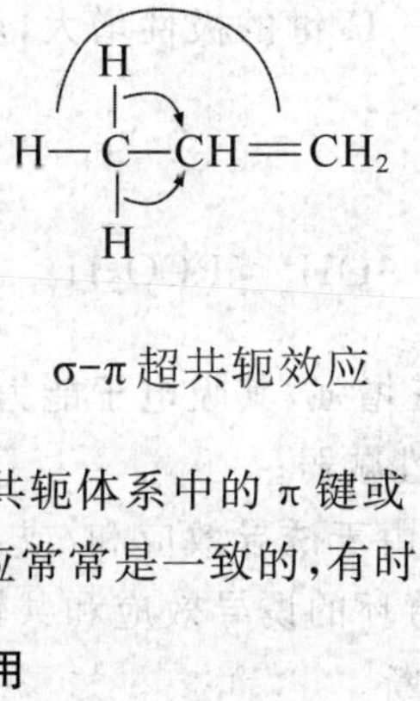
σ-π 超共轭效应

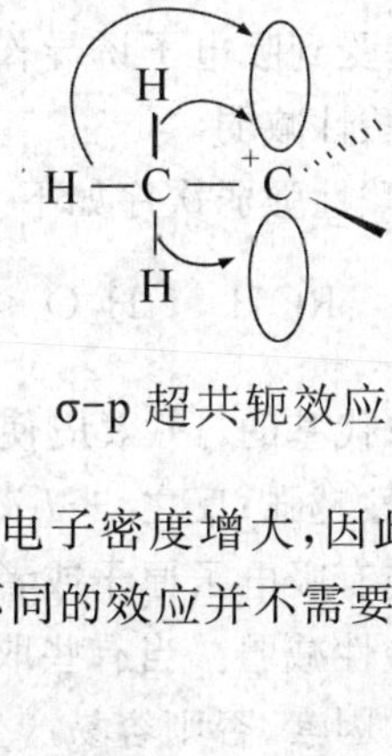
σ-p 超共轭效应

超共轭效应导致共轭体系中的 π 键或 p 轨道上电子密度增大，因此，就影响而言，超共轭效应与烷基的 $+I$ 效应常常是一致的，有时这两种不同的效应并不需要进一步区分。

2. 电子效应的应用

(1)电子效应对中间体稳定性的影响　反应中间体越稳定，反应形成过渡态所需要的活化能就越低，反应速率也就越快。通过分析中间体的稳定性，可以定性判断反应的快慢。碳自由基、碳正离子和碳负离子是有机反应中的常见中间体。

①碳正离子。碳正离子的正电荷被分散的程度越高，碳正离子越稳定。当带正电荷的碳原子(sp^2 杂化)与烷基相连时，由于烷基的 $+I$ 效应和 σ-p 超共轭效应，使正电荷得以分散。与碳正离子相连的烷基个数越多越稳定。碳正离子与芳环、C═C 键相连时，形成的 p-π 共轭体系能使正电荷分散到整个共轭体系中，碳正离子更加稳定。碳正离子稳定性次序如下。

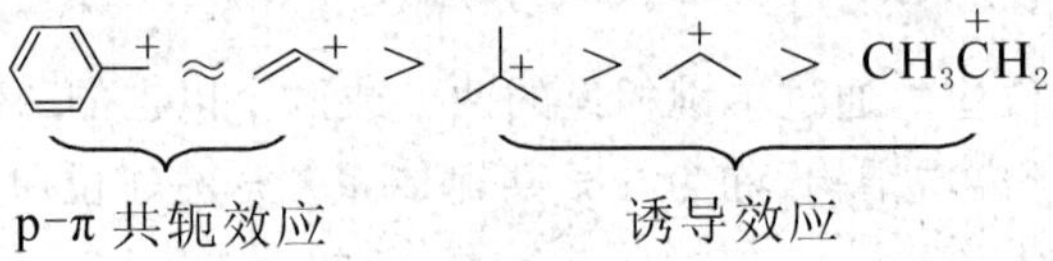

②碳负离子。碳负离子的稳定性取决于其负电荷被分散的程度，负电荷被分散的程度越高，碳负离子越稳定。常见碳负离子的稳定性次序如下。

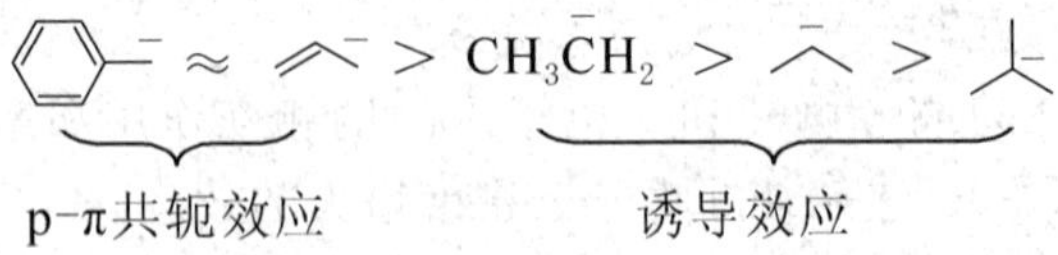

③自由基。自由基的稳定性主要取决单电子的离域程度，p-π 共轭和 σ-p 超共轭效应能有效增加游离基单电子的离域。常见碳自由基稳定性次序如下。

综上所述，能够有效分散中间体电荷或增大中间体非键电子离域的电子效应可以让中间体的稳定性增加；反之，中间体的稳定性下降。

(2)电子效应对有机化合物酸碱性强弱的影响

①对含羟基化合物(醇、酚、羧酸等)酸性的影响。含羟基化合物酸性的强弱取决于 O—H 键的极性大小。当羟基受到吸电子诱导作用时，O—H 键的极性增大，质子解离能力增强，酸性增强。反之，羟基的酸性减弱。

醇、水、酚、羧酸的酸性强弱次序如下。

$ROH < H_2O <$ 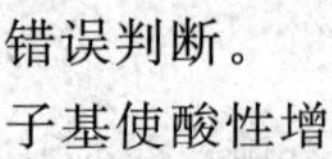 $< RCO_2H$

在脂肪酸碳链上取代基的 $-I$ 效应使羧酸酸性增强，其吸电子能力越大，数目越多，距离羧基越近，脂肪酸的酸性越强；反之，$+I$ 效应使酸性减弱。

芳香酸的芳环上连有吸电子原子或者基团时，由于诱导效应和/或共轭效应的作用，芳香酸的酸性增强，反之，酸性减弱。当有些取代基对芳环的诱导效应和共轭效应方向相反时，要考虑哪种效应是主要的因素，否则容易产生错误判断。

对位取代的苯甲酸，致钝基团或称吸电子基使酸性增强，致活基团或称斥电子基使酸性减弱。间位连接取代基时，主要考虑其对苯环的诱导效应，$-I$ 效应使酸性增强。邻位连有基团时，由于电子效应、空间效应及氢键等因素的共同作用，使邻位取代的芳香酸的酸性比无邻位取代的芳香酸要强。

常见羧酸酸性比较如下。

受诱导效应影响：

$$FCH_2COOH > ClCH_2COOH > BrCH_2COOH > ICH_2COOH$$

$$Cl_3CCOOH > Cl_2CHCOOH > ClCH_2COOH > CH_3COOH$$

$$CH_3CH_2\underset{\substack{|\\Cl}}{CH}COOH > CH_3\underset{\substack{|\\Cl}}{CH}CH_2COOH > \underset{\substack{|\\Cl}}{CH_2}CH_2CH_2COOH > CH_3CH_2CH_2COOH$$

$$HCOOH > CH_3COOH > CH_3CH_2COOH > (CH_3)_2CHCOOH > (CH_3)_3CCOOH$$

受诱导效应和共轭效应共同影响：

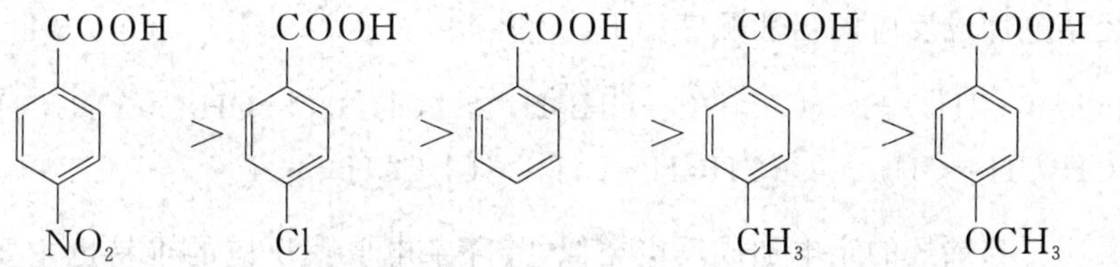

$-I,-C$　　$-I,+C$（$-I$ 强于$+C$）　　$+I$　　$-I,+C$（$-I$ 弱于$+C$）

酚的酸性比醇强，但比碳酸弱。酚的酸性受芳环上取代基的影响很大。斥电子基使酸性减弱，吸电子基使酸性增强。

②对胺类化合物碱性强弱的影响。胺的碱性是由N上的孤电子对所体现的。胺的碱性强弱取决于N上电子云密度的大小和N原子周围的空间因素。N上电子云密度越大，胺的碱性越强；N原子周围的空间越开阔，H^+与N原子结合时受到的空阻效应越小，其碱性越强。

烷基对胺的碱性有双重影响，其$+I$效应增强胺的碱性，但其空阻效应减弱胺的碱性。对于体积较小的质子来，烷基的空阻效应较小，其$+I$效应是主要因素，因此脂肪胺的碱性强于氨，脂肪族仲胺的碱性强于脂肪族伯胺。对脂肪族叔胺来说，N周围太多的烃基不仅对N与质子的结合会产生较强的空阻效应，而且对所形成的铵盐的溶剂化过程也会产生较强的空阻效应。空阻效应对碱性的减弱作用超过了烷基$+I$效应对碱性的增强作用，因此脂肪族叔胺的碱性一般小于伯胺。

芳基能通过p-π共轭效应降低N上的电子密度，故芳香胺的碱性比氨弱。N上连接的芳基越多，胺的碱性越弱。

胺的碱性一般有如下次序：

脂肪族胺 > 氨 > 芳香族胺

芳环的取代基对芳胺的碱性影响很大。斥电子基能增强碱性，吸电子基则减弱其碱性。

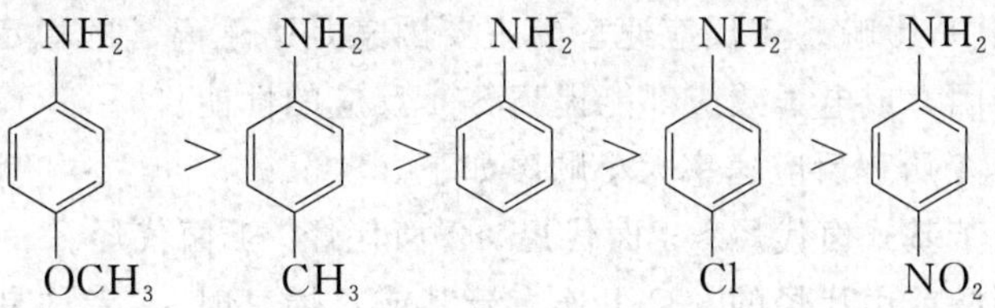

酰胺($RCONH_2$)一般呈近中性。这主要是因为羰基对N上的孤电子对存在较强的吸电子p-π共轭效应，很好地分散了N上的孤电子对。对于二酰亚胺来说，其分子中的N不仅显示不出其碱性，相反，N上的质子还显示出弱酸性。这是因为两个羰基对N原子的共同吸电子作用（吸电子p-π共轭效应和吸电子诱导效应）的结果。二酰亚胺可与强碱成盐。

季铵碱是离子化合物，属于强电解质，其碱性强度与无机强碱如NaOH、KOH等相当。季铵盐的N因缺少孤电子对而呈中性。

(3)对有机反应活性的影响

①加成反应。烯烃亲电加成反应的难易取决于其π电子密度的大小。π电子密度越大,π键越容易受亲电试剂的进攻,烯烃的亲电加成反应越容易。反之,烯烃的亲电加成反应越困难。因此,能增大π电子密度的电子效应均能提高烯烃亲电加成反应的活性。反之,能减小π电子密度的电子效应则降低烯烃亲电加成反应的活性。

常见烯烃亲电加成反应的活性顺序如下。

$(CH_3)_2C{=}C(CH_3)_2 > (CH_3)_2C{=}CHCH_3 > (CH_3)_2C{=}CH_2 > CH_3CH{=}CH_2ClCH_2CH{=}CH_2 > Cl_2CHCH{=}CH_2 > Cl_3CCH{=}CH_2$

②取代反应。与烯烃的亲电加成反应类似,芳环亲电取代反应的难易也主要取决于芳环上的π电子云密度的大小。π电子密度越大,π键越容易受亲电试剂的进攻,芳环的亲电取代反应越容易;反之,芳环的亲电取代反应越困难。因此,能增大π电子密度的电子效应均能提高芳环亲电取代反应的活性;反之,能减小π电子密度的电子效应则降低芳环亲电取代反应的活性。根据取代基电子效应对芳环亲电取代反应性能的影响,将芳环上的取代基分为两类:致活基与致钝基。

致活基:增强芳环的亲电取代反应活性,对芳环具有斥电子效应,包括$+I$效应和$+C$效应,使芳环上电子云密度升高。一些含饱和杂原子的取代基如$—OH$、$—OR$、$—NH_2$、$—NHR$、$—NR_2$、$—NHCOR$等,虽然兼具$-I$效应和$+C$效应(p-π),但$+C$效应$>-I$效应,故它们都属于致活基。

致钝基:减弱芳环的亲电取代反应性能,对芳环具有吸电子效应,包括$-I$效应和$-C$效应,使芳环上电子云密度降低。一些含$C=O$的基团、氰基、硝基、卤素等属于致钝基。

常见致活基和致活程度依次如下。

$$—O^- > —NR_2 > —NH_2 > —OH > —NHCOR > —O\overset{\overset{O}{\|}}{C}R > —CR_3(R) > —Ar$$

常见致钝基和致钝程度依次如下。

$—N^+R_3 > —NO_2 > —CN > —SO_3H > —CHO \approx —COR \approx —CO_2H \approx —CO_2R \approx CONH_2 > —X$

在亲核取代反应中,影响S_N1反应速率的主要因素是碳正离子的稳定性。凡是有利于碳正离子形成和稳定的因素或电子效应都能提高S_N1反应的性能。

不同卤代烃按S_N1历程反应速率大小顺序如下。

烯丙式卤代烃≈苄基式卤代烃≈3°卤代烃>2°卤代烃>1°卤代烃。

③消除反应。当醇或卤代烃的α-C上连有苯基或乙烯基时,二者均易发生E1消除反应。取代基既能稳定中间体碳正离子(p-π共轭效应),又能稳定产物的双键(π-π共轭效应),从而使消除反应活性增大。当卤代烃的β-C上连有吸电子基时,其诱导效应能增强β-H的酸性,易受碱进攻,因此有助于E2消除反应。

④亲核加成反应。羰基亲核加成反应的难易取决于羰基碳的电子密度大小。电子密度越小,羰基越容易受亲核试剂的进攻,亲核加成反应越容易;反之,反应越困难。因此,能减小羰基碳电子密度的电子效应均能提高羰基亲核加成反应的性能;反之,能增大羰基碳电子密度的

电子效应则减弱羰基亲核加成反应的性能。羰基所连的烷基对羰基具有＋I 效应，使羰基反应性能减弱。羰基邻近部位存在的吸电子基团（如卤素、羰基等）对羰基具有－I 效应，增强羰基的亲核加成反应性能。与羰基共轭的碳碳双键或苯环对羰基具有＋C 效应，导致羰基的电子密度增大，反应性能下降。

羰基化合物亲核加成反应活性顺序如下。

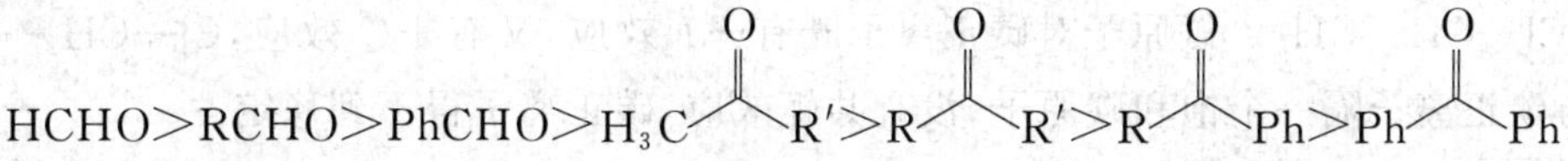

例 3.8 指出下列化合物中存在的共轭效应类型

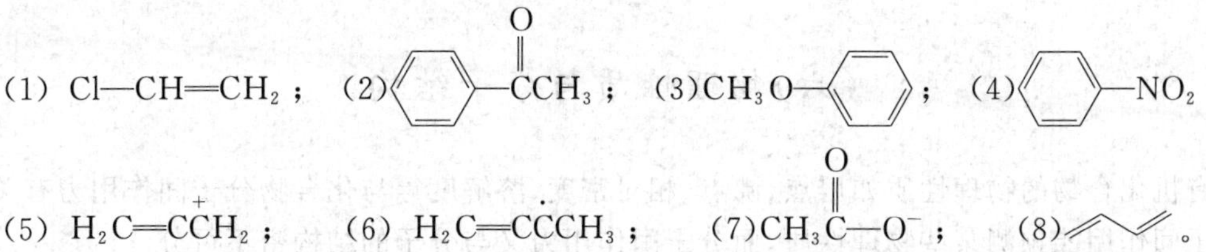

解析：

（1）氯原子与 C═C 双键有 p-π 共轭效应，氯原子提供一对 p 电子参与共轭，氯原子对 C═C 双键产生＋C 效应（同时还有－I 效应）。

（2）羰基与苯环有 π-π 共轭效应，羰基氧原子的强电负性使羰基对苯环产生－C 效应。

（3）甲氧基氧原子与苯环有 p-π 共轭效应，氧原子提供一对 p 电子参与共轭，甲氧基对苯环产生＋C 效应（同时还有－I 效应）。

（4）硝基与苯环之间有 π-π 共轭效应，硝基的氮原子和两个氧原子的强电负性使硝基对苯环产生很强的－C 效应（同时还有－I 效应）。

（5）碳正离子与 C═C 双键之间有 p-π 共轭效应，带正电荷的碳正离子具有强的吸电子作用，使碳正离子对碳碳双键产生很强的－C 效应（同时还有－I 效应）。

（6）碳自由基与 C═C 双键之间有 p-π 共轭效应，自由基属缺电子结构，有吸电子作用，使碳自由基对碳碳双键产生－C 效应。

（7）氧负离子与 C═O 双键之间有 p-π 共轭效应，氧负离子带负电荷，属富电子结构，对羰基产生＋C 效应。

（8）两个双键之间有 π-π 共轭效应。

例 3.9 下列各对碳正离子中哪个较稳定？

（1）$F_3C—\overset{+}{C}H—CH_3$ 和 $F_3C—CH_2—\overset{+}{C}H_2$（　　　　）。

（2）$CH_3—CH_2—\overset{+}{C}H_2$ 和 $CH_3—\overset{+}{C}H—CH_3$（　　　　）。

（3）$Cl—CH_2—\overset{+}{C}H_2$ 和 $Cl—\overset{+}{C}H—CH_3$（　　　　）。

（4）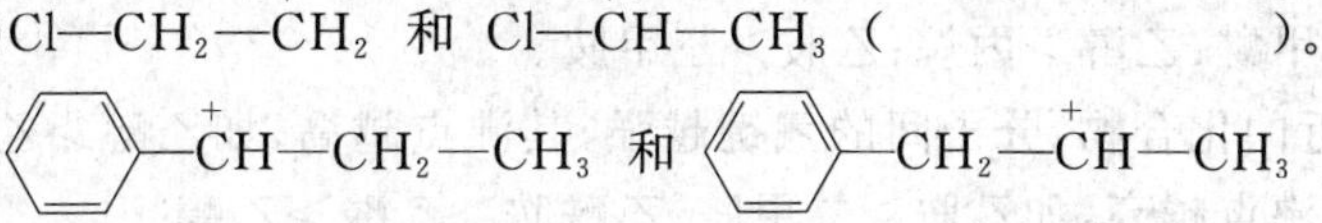（　　　　）。

解析：(1) $F_3C—CH_2—\overset{+}{C}H_2$。三氟甲基对碳正离子有$-I$效应，不利于碳正离子的稳定。三氟甲基距离碳正离子越近，其$-I$效应越强。

(2) $CH_3—\overset{+}{C}H—CH_3$。烷基对碳正离子有$+I$效应，有利于碳正离子的稳定。碳正离子上连接的烷基越多，对碳正离子的总的$+I$效应越强，碳正离子也越稳定。

(3) $Cl—\overset{+}{C}H—CH_3$。氯原子对碳正离子既有$-I$效应，又有$+C$效应，$Cl—CH_2—\overset{+}{C}H_2$中氯原子与碳正离子隔一个饱和碳原子，没有共轭效应，碳正离子得不到稳定。

(4)  $—\overset{+}{C}H—CH_2—CH_3$。苄基碳正离子由于p-π共轭使正电荷分散，比2°碳正离子更稳定。

(六)物理性质与分子结构

有机化合物的物理性质如熔点、沸点、相对密度、溶解度等与化合物分子间作用力有关，了解分子间作用能预测某些物理性质，而分子间作用力又与分子的结构密不可分。

有机物分子间作用力包括范德华力和氢键。非极性化合物分子间的范德华力只有色散力，它与分子质量呈正相关。分子质量大的化合物色散力大。极性化合物分子间的范德华力除了色散力，还有取向力和偶极力。多数有机分子间的范德华力主要是由色散力来决定的。只有分子极性特别强时，才会考虑取向力和偶极力。氢键是由连接在电负性大的原子上的氢原子与电负性大且含有孤对电子的原子之间形成的作用，有分子间氢键和分子内氢键之分。分子间氢键比范德华力强。分子间氢键加强分子间作用，分子内氢键则降低分子间作用力。能形成分子间氢键的化合物，其分子间作用包括色散力、取向力和氢键三种作用，分子间作用力大。

1.沸点

物质的沸点是其沸腾时的温度。沸腾的本质是大量分子同时摆脱周围其他分子对其本身的吸引力并冲出液面的过程或现象。分子间的作用力越大，分子摆脱其周围其他分子的吸引力所需要的动能就要越大，而分子较大的动能是依靠较高的环境温度来提供的。因此，分子间的作用力越大，物质沸腾所需要的温度即沸点就越高。不同物质的沸点高低可通过分析各自分子间作用力的大小来定性判断。

沸点与结构之间具有如下规律。

①每类化合物的沸点都随其分子量的增大而升高。

②每类化合物的同分异构体中，直链异构体都较其支链异构体的沸点高且支链越多沸点越低。

③对于分子量相同或相近的化合物，能形成分子间氢键的化合物比不能形成分子间氢键的化合物沸点高，如乙醇＞二甲醚；乙醇＞丙烷；乙胺＞三甲胺。

④对于分子量相同或相近的化合物，分子间的氢键越强，其沸点越高，如乙醇＞乙胺。分子间能形成的氢键数越多，其沸点越高，如乙胺＞二甲胺；乙酰胺＞乙酸＞乙醇。

⑤同类分子中，含能形成氢键的基团越多，其沸点越高，如乙二醇＞正丁醇。

⑥对于分子量相同或相近且不存在分子间氢键的化合物，分子的极性越大，其沸点越高，例如，丙酮 ＞乙醚。

在比较不同化合物的沸点高低时，需要综合考虑分子量、分子极性、氢键和分子枝化程度等沸点影响因素。对于非极性（如烃类）或弱极性化合物（如卤代烃、醚）的沸点比较，一般只需考虑分子量和分子枝化程度两个因素即可。

例 3.10 试根据上述规律，分析下列具有相同或相近分子量的各类物质的沸点高低顺序。

卤代烃 羧酸 醛（酮） 醇 烯烃 醚 炔烃 烷烃

解析：羧酸＞醇＞醛（酮）＞卤代烃＞醚＞炔烃＞烯烃＞烷烃。

例 3.11 2-硝基苯酚的沸点比 4-硝基苯酚的沸点低是因为（ ）。

A. 2-硝基苯酚的分子量小； B. 2-硝基苯酚的色散力小；

C. 2-硝基苯酚能形成分子间氢键； D. 2-硝基苯酚能形成分子内氢键。

解析：D。2-硝基苯酚形成了分子内氢键而无法形成分子间氢键（注：氢键有饱和性），4-硝基苯酚不能形成分子内氢键但却可以形成分子间氢键，故后者的沸点高于前者。

2.熔点

熔点与结构的关系较沸点与结构的关系复杂，熔点的高低不仅与分子间作用力大小有关，还与分子晶格堆积的紧密程度有关。一般来说，离子化合物的熔点高于非离子化合物；分子量较大的化合物具有较高的熔点；分子结构对称性较高的化合物具有较高的熔点；分子枝化度较高且分子对称性较差的化合物具有较低的熔点，其中分子对称性的影响强于分子枝化度的影响。例如，戊烷的三种异构体：新戊烷（－17℃） ＞ 正戊烷（－129.7℃） ＞ 异戊烷（－159.9℃）；反-2-丁烯的熔点高于顺-2-丁烯；对于直链同系列化合物来说，偶数碳原子的化合物比相邻两个奇数碳原子的化合物的熔点高。

3.溶解度

化合物的溶解性通常遵循“相似相溶”规则，即化合物的极性与溶剂的极性越相近，前者在后者中的溶解度就越大。大多数有机化合物难溶于水，易溶于有机溶剂。

溶剂有极性溶剂（如水、甲醇、乙醇、丙酮、DMSO、DMF 等）和非极性或弱极性溶剂（如石油醚、乙醚、氯仿、四氯化碳、苯、乙酸乙酯等）。有机物的极性越大，其在极性溶剂中的溶解性也就越好。反之，在非极性溶剂中的溶解性越好。有机物的极性大小取决于其分子中的疏水基即烃基和亲水基（盐基、羧基、磺酸基、羟基、氨基、醛酮的羰基、醚基等）所占的相对比例。亲水基一般是离子性基团（如羧酸盐、铵盐等）或能与水形成氢键的基团（如羟基、羧基、氨基等）。分子中亲水基所占分子质量的比重越大，分子的极性和亲水性就越强，亲脂性就越弱；反之，分子中疏水部分所占分子质量的比重越大，分子的亲脂性就越强，亲水性就越弱。

环醚的环效应对其溶解性有很大影响。例如，乙醚仅微溶于水，但当其形成环醚——四氢呋喃时，后者却能与水以任意比例互溶。这是因为成环之后大大降低了烃基对氧原子与水结合的空阻效应。

例 3.12 丁醇和乙醚组成相同，丁醇的沸点是 117.3℃，乙醚的沸点是 34.5℃，相差很大；而室温下两种化合物的水溶性都是 8%，几乎相同，其原因是(　　)。

A. 二者有相同的取向力；　　　　B. 二者都能形成分子间氢键；

C. 乙醇不能与水形成氢键；　　　D. 二者都能与水形成氢键。

解析：D。丁醇分子间有氢键作用而乙醚没有，故丁醇的沸点高于乙醚。但二者都能与水形成氢键，故二者有相似的水溶性。

(七)芳香性及休克尔规则

1. 芳香性

芳香性是特指化合物具有较高稳定性(能量较低)、易发生亲电取代反应而不易发生加成反应的性质。具有芳香性的化合物都是具有环状大 π 键的化合物。

2. 芳香性的判别

虽然具有芳香性的化合物都具有环状大 π 键结构，但具有环状大 π 键结构的化合物却不都有芳香性。

(1)单环化合物芳香性的判别

休克尔规则：在由 sp^2 杂化的原子组成的环状闭合共轭体系中，含有 $4n+2(n=0,1,2,3,\cdots)$ 个 π 电子数的分子结构具有芳香性。

含杂原子的单环体系也可以用休克尔规则判别是否有芳香性，如呋喃(具有 6 个 π 电子)、吡啶(具有 6 个 π 电子)等。有些芳杂环上的 π 电子云密度比苯要高，称为富电子芳杂环，如呋喃、噻吩、吡咯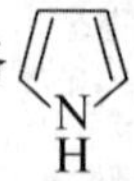；有些杂环上的 π 电子云密度比苯低，称为缺电子芳杂环，如。

芳香性的大小与环状大 π 键体系中 π 电子密度的平均化程度有关。π 电子密度的平均化程度越高，环的芳香性越强。因此，无论是富电子芳杂环还是缺电子芳杂环，它们的芳香性都比苯差。

(2)稠环体系芳香性的判别　如果稠环上的原子都是 sp^2 杂化且所有成环原子都处于或接近处于一个平面上，可忽略中心桥键，将稠环当作一个大的单环来对待，直接利用休克尔规则判别它们的芳香性。若 π 电子数符合 $4n+2$ 规则，则该体系也具有芳香性。例如，下列化合物(A)的闭合共轭体系中有 10 个 π 电子，符合 $4n+2$ 规则，有芳香性；化合物(B)的闭合共轭体系中有 8 个 π 电子，不符合 $4n+2$ 规则，故无芳香性。

(A)

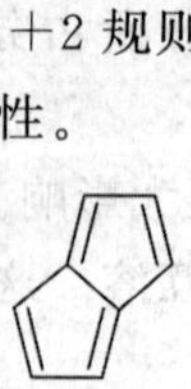
(B)

例 3.13 吡咯  分子中 N 原子的杂化状态和 p 轨道上的电子数分别是(　　)。

A. sp^2、1 个；　B. sp^2、2 个；　C. sp^3、2 个；　D. sp^3、1 个。

解析:B。原子成键时总是采取能形成最稳定化合物的杂化方式。吡咯分子中 N 原子之所以采取 sp^2 杂化成键,是因为这样可以使五元环形成具有 $4n+2(n=1)$个 π 电子的芳香性共轭体系。

例 3.14 下列杂环化合物中没有芳香性的是(　　)。

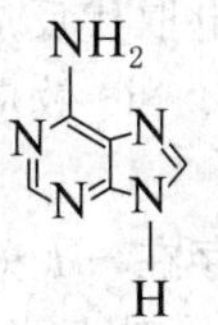
(A)

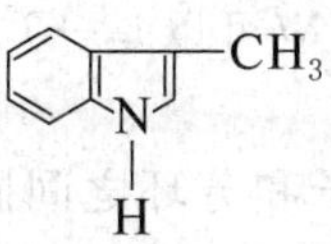
(B)

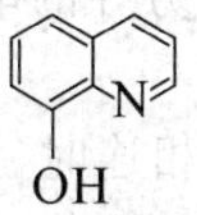
(C)

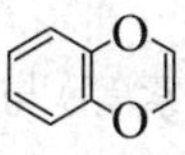
(D)

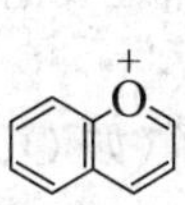
(E)

解析:D。根据稠环共轭体系芳香性的判断方法,结构 A、B、C、E 的环状大 π 键中都存在 $4n+2(n=2)$个 π 电子,故它们都有芳香性。D 中的环状大 π 键中有 12 个 π 电子,不符合 $4n+2$ 规则,没有芳香性。

(八)主要有机化学反应类型及其反应机理

1.芳烃的亲电取代反应

(1)亲电取代反应的反应机理　芳烃的亲电取代反应涉及三个过程。首先,亲电试剂 E^+ 从芳环环平面的上方或下方与芳环的 π 键电子云通过正负电性的吸引而相互作用和靠近,并最终形成第一个中间体——π 配合物,这个过程称为亲电试剂的亲电过程。第二步,E^+ 从 π 键电子云中拉出两个电子并与其中一个环碳原子形成 σ 键,形成第二个中间体——σ 配合物。此时,环的闭合共轭体系因其中一个环碳原子由原来的 sp^2 转变为 sp^3 杂化而被破坏,环原来的芳香性消失,因此,σ 配合物能量较高,不稳定。第三步,σ 配合物从 sp^3 杂化环碳原子上离去一个质子,环重新恢复成原来的闭合共轭体系,即芳香性体系。整个过程相当于亲电试剂取代了芳环上的质子。

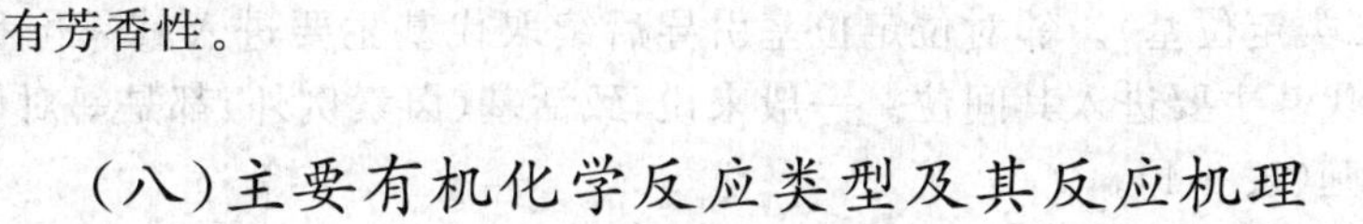

π 配合物　　σ 配合物

亲电试剂多为正离子,少数为含缺电子中心的中性分子(如 SO_3)。亲电试剂的形成一般都需要催化剂。催化剂一般都是强的路易斯酸(如 $AlCl_3$ 等)或强质子酸(如浓硫酸等)。

$$X_2 + FeX_3 \longrightarrow X^+ FeX_4^-$$

$$HNO_3 + H_2SO_4 \longrightarrow NO_2^+ + H_2SO_4 \cdot H_2O$$

常见的芳环包括芳杂环的亲电取代反应主要有卤化、硝化、磺化、烃基化和酰基化反应。

(2)取代基对亲电取代反应活性的影响　芳环发生亲电取代反应的难易与芳环上的 π 电子密度有关。芳环 π 电子密度越高,越容易形成 π 配合物和 σ 配合物中间体,亲电取代反应就越容易。

芳环上不同取代基对芳环 π 电子密度的影响不同,因而对芳环亲电取代反应性能的影响也不同,据此可将取代基分为致活基和致钝基。

致活基具有提高芳环 π 电子密度的电子效应,增强芳环亲电取代反应的性能,因此,绝大多数致活基都是斥电子基团。致活基对芳环的电子效应可以是 $+I$ 效应、$+C$ 效应或二者的综合效应。

与致活基相反,致钝基具有降低芳环 π 电子密度的电子效应,减弱芳环亲电取代反应的性能,因此,致钝基都是吸电子基团。致钝基对芳环的电子效应可以是 $-I$ 效应、$-C$ 效应或二者的综合效应。

当饱和杂原子(如 O、N、卤素等)与芳环相连时,杂原子和芳环之间同时存在 $-I$ 效应和 $+C$ 效应(p-共轭)。对 O 和 N 而言,$+C$ 效应 $>$ $-I$ 效应,它们属于致活基。对卤素而言,$+C$ 效应 $<$ $-I$ 效应,它们属于致钝基(表 3-4)。

(3)取代基的定位效应　取代基的电子效应不仅影响芳环亲电取代反应的性能,而且还影响取代反应的位置选择性。据此,可将取代基分为邻对位定位基(又称第一类定位基)和间位定位基(又称第二类定位基)。邻对位定位基引导后续取代基主要进入其邻位和对位,间位定位基引导后续取代基主要进入其间位。一般来说,致活基(卤素例外)都是邻对位定位基,致钝基都是间位定位基(表 3-4)。

当二取代或多取代芳环发生亲电取代反应时,其取代位置遵循以下规律:若原有两个或多个取代基都是邻对位定位基或都是间位定位基,则取代反应的位置由定位作用最强的取代基的定位效应来决定;若原有两个或多个取代基类型不相同,取代反应的位置由定位作用最强的邻对位定位基的定位效应来决定;基于定位效应而产生的不同产物,其量的比例大小还与空间位阻因素有关。若取代反应发生在两个互为间位的取代基的中间位置,其所对应的产物相对较少;当定位效应所指定位置已经有取代基存在时,该位置不再发生亲电取代反应。

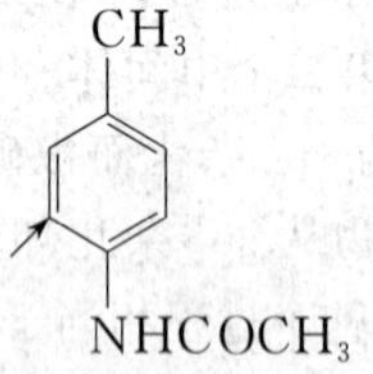

两个取代基类型一致
由定位效应强的酰氨基定位

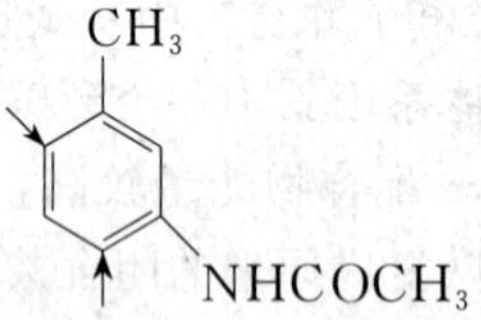

两个取代基类型一致

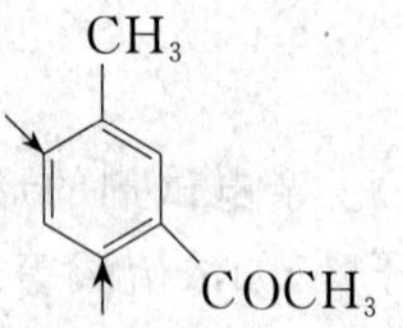

两个取代基类型不一致
由邻、对位定位基定位

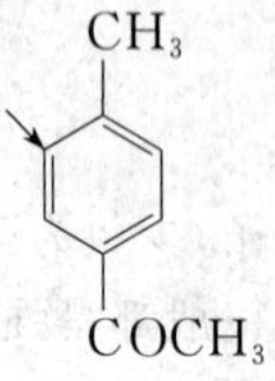

两个取代基类型不一致

表 3-4　苯环上取代基的电子效应与定位效应

取代基	电子效应	实际作用	作用程度	定位效应
—R	$+I$	致活基	弱	
—C_6H_5	$+C$	致活基	弱	
—O^-，—NR_2，—NHR，—NH_2，—OH，—OR	$-I<+C$	致活基	强	邻、对位
—NHCOR，—O-COR	$-I<+C$	致活基	中等	
—X(F、Cl、Br、I) —CH_2Cl，—CH═$CHCO_2H$， —CH═$CHNO_2$	$-I>+C$	致钝基	弱	
—C(═O)—H(R，OH，OR)	$-C$	致钝基	中等	
—SO_3H，—CN，—NO_2	$-I$，$-C$	致钝基	强	间位
—CX_3，—N^+R_3，—N^+H_3	$-I$	致钝基	强	

萘的一元亲电取代反应一般先发生在 α-位。

单取代萘的亲电取代反应一般遵循以下规律：

原取代基为第一类定位基，并在 α-位时，其取代反应主要发生于同环的另一个 α-位；

原取代基为第一类定位基，并在 β-位时，其取代反应主要发生于同环相邻的 α-位；

原取代基为第二类定位基（无论何位置），取代基所在芳环受到钝化作用，取代反应主要发生于异环的 α-位。

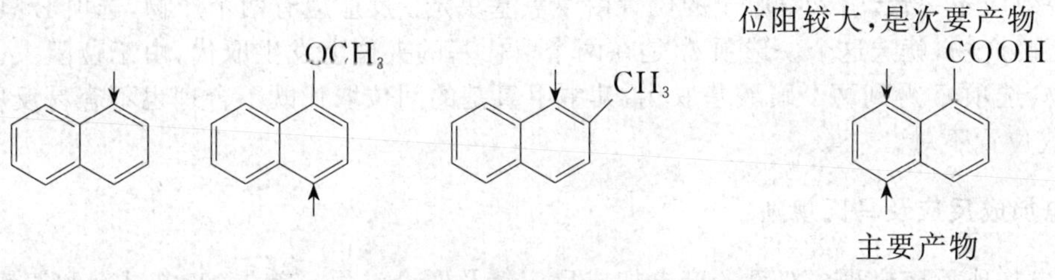

呋喃、吡咯、噻吩等五元芳杂环化合物的亲电取代反应活性高于苯，取代首先并主要发生在杂原子的邻位上，环上杂原子相当于邻位定位基；吡啶环的亲电取代反应活性低于苯，取代主要发生在 N 原子的间位，环上 N 原子相当于间位定位基；喹啉由苯与吡啶稠合构成，吡啶环相对于苯环是钝化环，取代反应只发生在苯环上。

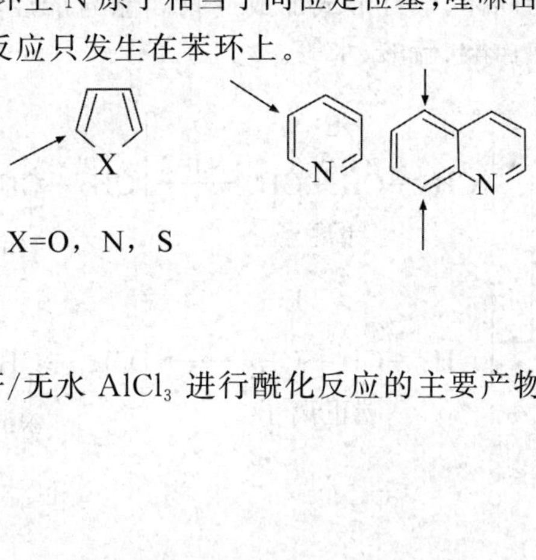

例 3.15　甲苯用乙酸酐/无水 $AlCl_3$ 进行酰化反应的主要产物是(a) 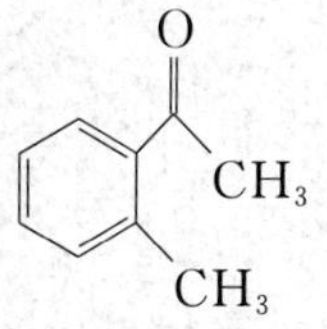 还是

(b) 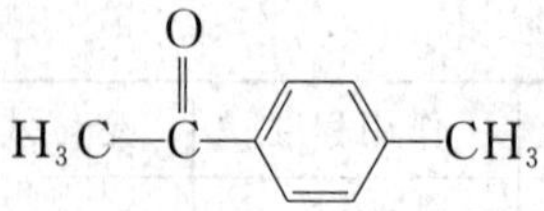 ，还是两种都有？（　　）

解析：两种都有。甲基是邻、对位定位基，邻位、对位都能发生乙酰化，应有两个产物。

例 3.16　反应 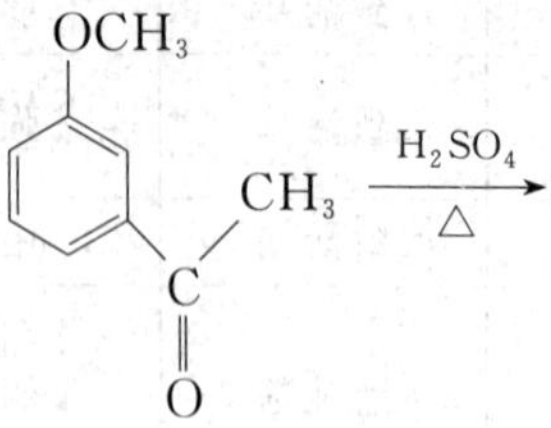 的主要产物是（　　）。

A. 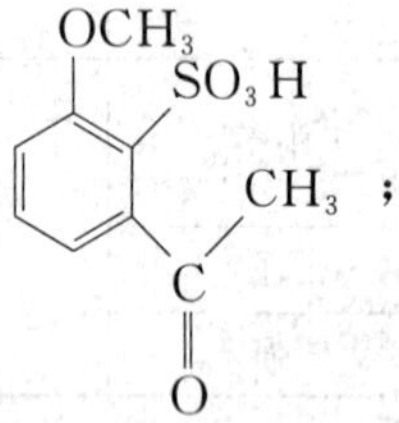 ；　　B. 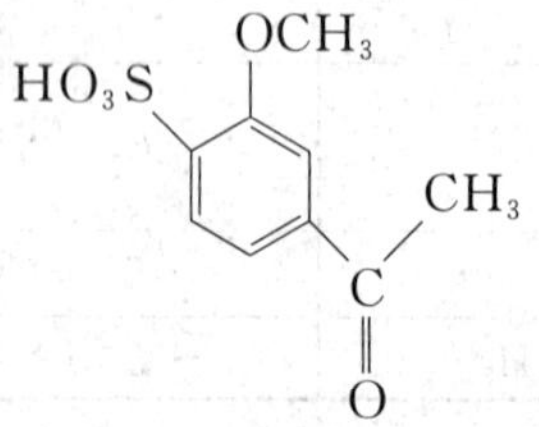 ；

C. 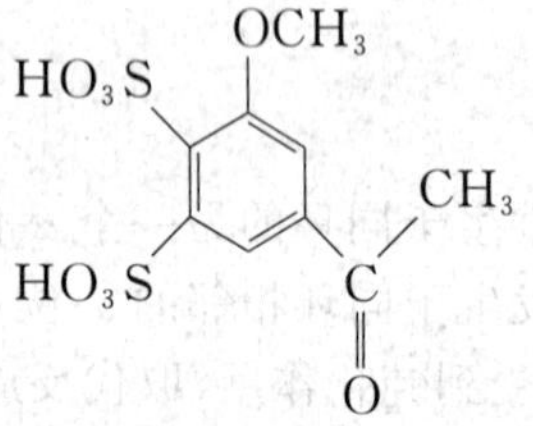 ；　　D. 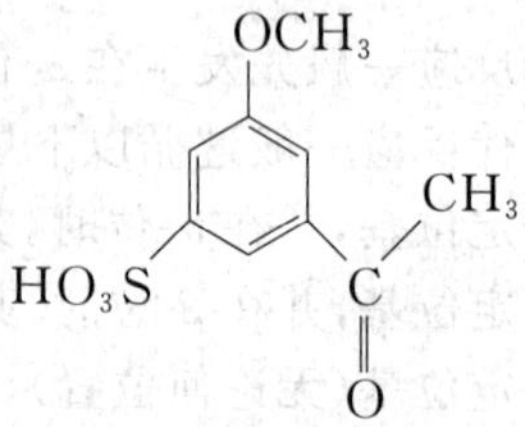 。

解析：(B)。甲氧基（$—OCH_3$）是邻、对位定位基，乙酰基（$—COCH_3$）是间位定位基，两个取代基定位效应不一致，引入氯原子的位置由甲氧基决定。反应应有两个产物，选项 B 只给出其中 1 个正确产物，就选这个。选项 A 是在两个取代基的夹位上发生取代，由于位阻大，得不到主要产物；选项 C 得到两个磺酸基取代，其中甲氧基的间位取代既不合理也不容易反应；选项 D 的取代位置不对。

2.亲电加成反应及马氏规则

(1)亲电加成反应机理　双键的亲电加成反应涉及两个过程。首先，亲电试剂和双键的 π 键电子云通过正负电性相吸作用从双键平面的上方或下方而相互作用和靠近(亲电过程)，最终形成环状𬭩离子或碳正离子中间体。第二步，亲核试剂利用自身的孤电子对进攻环状𬭩离子中的碳原子或碳正离子中间体，最终形成加成产物。能与烯烃和炔烃发生加成反应的亲电试剂主要有卤素、卤化氢、次卤酸、硫酸、水等。

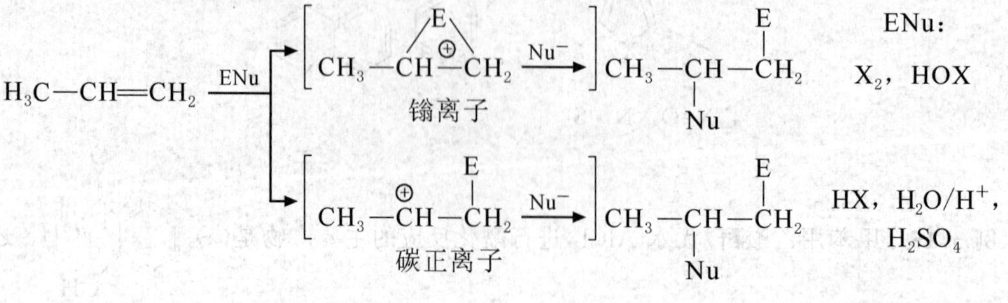

(2)加成反应的位置选择性和马氏规则　当不对称烯烃与不对称亲电试剂(卤化氢、硫酸、水/硫酸、次卤酸等)发生反应时,会产生两种不同的加成产物,但一般只有其中一种是主要产物,即符合马氏规则的加成产物。

马氏规则:不对称烯烃与卤化氢等不对称试剂发生加成反应时,氢原子加在含氢较多的双键碳原子上。马氏规则是经验规则,其本质涉及正碳离子的稳定性。亲电试剂(H^+)加成到双键时,总是偏向于加到含氢较多的碳原子上并形成较稳定的正碳离子(含氢较少),后者再与亲核试剂反应变成了符合马氏规则的加成产物。

正碳离子的稳定性是:3°正碳离子≈烯丙式正碳离子≈苄基正碳离子>2°正碳离子>1°正碳离子。

烯烃的有些加成反应产物虽然表面上是反马氏规则的,但本质上还是符合亲电加成反应规律的。这类反应主要有如下 3 种。

①双键上连有强吸电子基团的不对称烯烃发生亲电加成反应时,亲电试剂(如 H^+)偏向于加成到含氢少的双键碳原子上,以形成含氢较多的较稳定碳正离子,后者再与亲核试剂反应得到反马氏规则产物。如下所示。

$$F_3C—CH═CH_2 \xrightarrow{HBr} F_3C—CH_2—CH_2—Br$$

$$CH_2═CH—\overset{\overset{\displaystyle O}{\|}}{C}—O—R \xrightarrow{HBr} Br—CH_2—CH_2—\overset{\overset{\displaystyle O}{\|}}{C}—O—R$$

②烯烃的硼氢化反应。该反应的机理属于亲电协同加成反应,整个反应过程一步完成。虽然不遵循马氏规则,但仍遵循亲电加成反应位置选择性规律的。由于氢的电负性大于硼,因此硼烷中的 B 为亲电试剂,H 为亲核试剂。与其他亲电试剂一样,作为亲电试剂的 B 也同样偏向于加成到含氢较少的双键碳上,作为亲核试剂的 H 自然就加成到含氢较多的碳上。因此,从产物结构的表面来看,烯烃的硼氢化反应是反马氏规则的。

$$R—CH═CH_2 \xrightarrow{B_2H_6} (RCH_2CH_2)_3B \xrightarrow{H_2O_2/NaOH} RCH_2CH_2OH$$

③在有过氧化物存在或光照、高温等条件下,HBr 与不对称烯烃发生游离基加成反应,而不是亲电加成,加成产物是反马氏规则的。这是因为反应首先是由溴原子(单原子自由基)进攻双键而不是 H^+,同时涉及自由基(中间体)的稳定性问题。

$$R—CH═CH_2 + HBr \xrightarrow{过氧化物} R—CH_2—CH_2—Br$$

(3)共轭加成　当共轭二烯发生亲电加成反应时,无论是 1,2-加成,还是 1,4-加成都遵循亲电加成反应位置选择性规律。

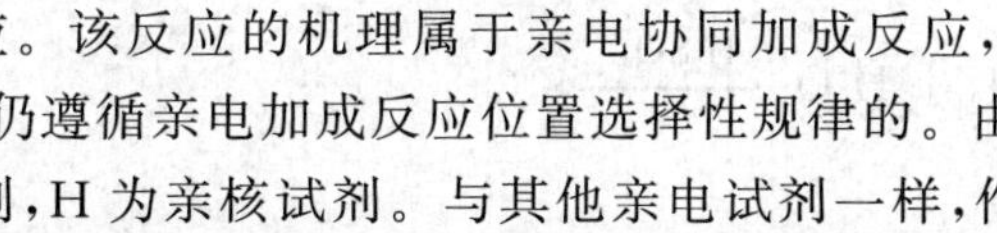

例 3.17　正确选择 3-甲基-2-戊烯发生下列反应的主要产物

(1) 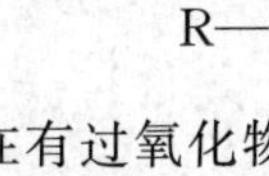 $+Cl_2 \longrightarrow$(　　);

(2) 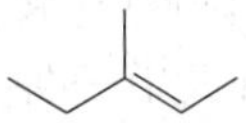 $+HCl \longrightarrow$ ( );

(3) 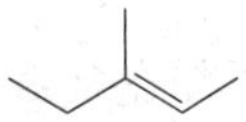 $+HClO \longrightarrow$ ( )。

A. 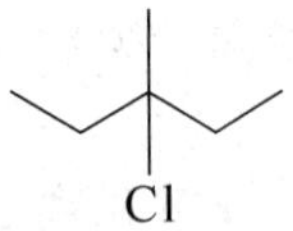 ; B. 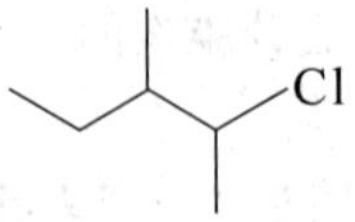 ; C. 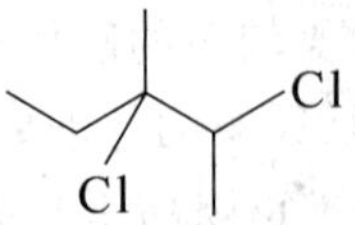 ; D. 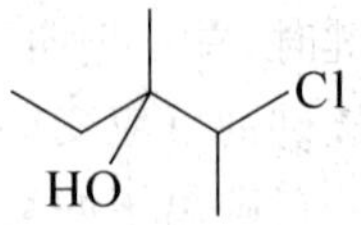 。

解析：

反应(1)(C)，这是烯烃与卤素的加成反应，应得到二卤代烷。

反应(2)(A)，这是不对称烯烃与卤化氢的加成反应，应得到符合马氏规则的产物，产物B不对。

反应(3)(D)。这是不对称烯烃与次卤酸的加成反应，卤原子先进攻双键，加在含氢多的双键碳原子上，羟基加在含氢少的双键碳原子上。

例3.18 正确选择下列反应的主要产物。

(1) 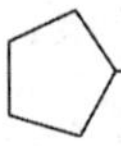 $-C\equiv CH + H_2O \xrightarrow[HgSO_4]{H_2SO_4}$ ( )

(2) 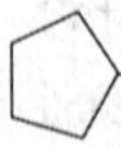 $-CH=CH_2 + H_2O \xrightarrow{H_2SO_4}$ ( )

A. 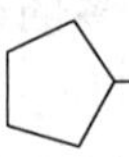 $-CH_2-\overset{O}{\overset{\|}{C}}H$; B. 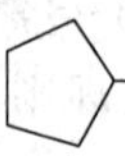 $-\overset{OH}{\overset{|}{C}}H-CH_3$; C. 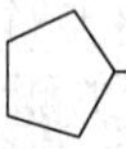 $-CH_2-CH_2OH$;

D. 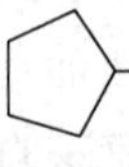 $-\overset{O}{\overset{\|}{C}}-CH_3$ 。

解析：(1)(D)，(2)(B)。都是加水反应。烯烃加水得到醇，遵循马氏规则；炔烃加水得到酮而不是醛。

例3.19 写出反应  $-CH=CHCH_3 \xrightarrow{HBr}$ 的主要产物，并简要说明为什么这个化合物是主要产物。

解析：

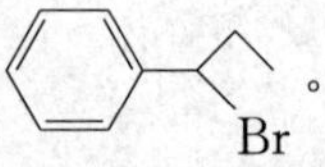 。反应生成两种可能的碳正离子中间体， 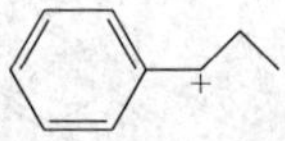 和 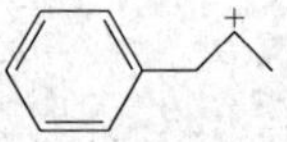 ，前一个碳正离子与苯环有p-π共轭，分散了正电荷密度，更稳定，由之得到相应的主要产物。

例3.20 写出反应 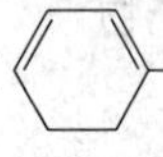 $-CH_3 + HBr \xrightarrow[\triangle]{}$ 发生共轭加成的主要产物，并简要解释原因。

解析：

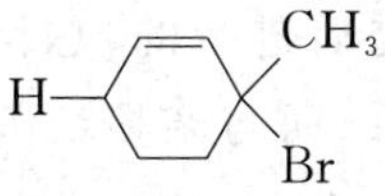
。共轭加成是 1，4-加成，反应生成两种可能的碳正离子中间体，

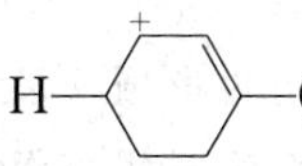
和
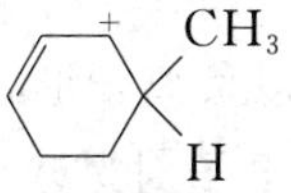
，前一个碳正离子与双键有 p-π 共轭，且连在共轭体系一端的甲基有 $+I$ 效应，使中间体更稳定；后一个甲基连在饱和碳原子上，没有这种作用。

例 3.21 写出 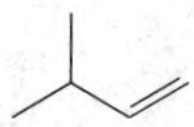 在下列两种不同反应条件下得到的主要产物。

A. (1) B_2H_6 (2) H_2O_2/NaOH(　　)　　B. (1) H_2SO_4 (2) H_2O(　　)

解析：

A. 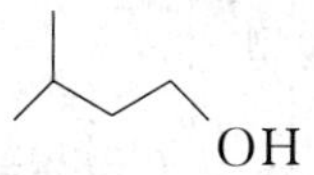；B. 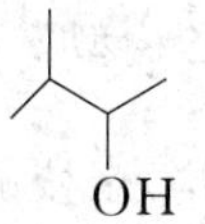。

A 是硼氢化反应，得到伯醇，是反马氏规则产物；B 是正常的亲电加成反应，羟基加在含氢少的双键碳原子上，是遵循马氏规则的产物。

3.亲核取代反应

(1)亲核取代反应的类型和机理　亲核反应是指带有孤对电子的原子或负离子利用其孤对电子进攻带其他分子的缺电子部位的反应形式，进攻试剂称为亲核试剂。亲核试剂可以是负离子，如 OH^-、RO^- 等，也可以是含孤电子对的中性分子，如 RNH_2、ROH 等，它们都属于路易斯碱。被进攻的分子部位都带有一定的正电荷，属于亲电中心。

常见的亲核取代反应有卤代烃的取代反应，醇的取代反应，醚键的断裂反应等。

亲核取代反应有两种机理，双分子取代和单分子取代。

①双分子亲核取代反应(S_N2)。S_N2 反应是一步完成的，只涉及一个反应过渡态，没有中间体生成。在 S_N2 反应中，新共价键的形成和旧共价键的断裂是同时发生的，反应速率与两种反应物的浓度均有关系。

立体化学特征：亲核试剂是从距离被取代的原子或基团最远的方向进攻亲电中心的。若被进攻的碳原子是手性碳原子，则反应后手性碳的构型发生翻转即 Walden 转化。需要注意的是，这里所说的构型翻转仅仅是指一种现象，即反应前后手性碳上的其他 3 个非取代基团(或原子)在空间的取向发生了倒置。这种基团的空间倒置现象与手性碳的 R/S 构型变化之间不存在必然的关系。但是，根据 S_N2 反应的机理，一个含手性中心原子的光学纯反应物，反应后生成的产物也一定是光学纯的。

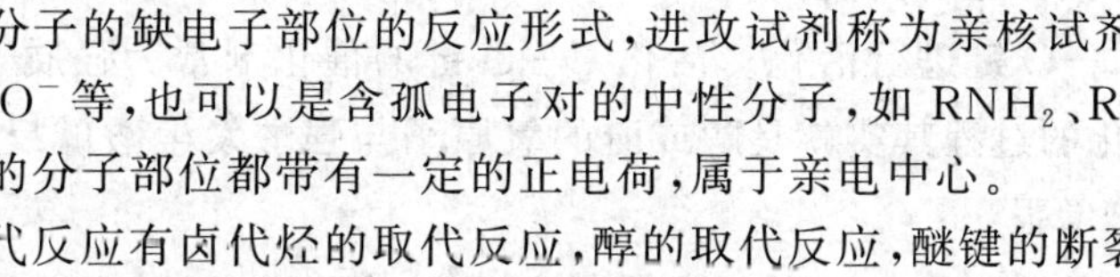

*R*构型　　过渡态　　*S*构型

②单分子亲核取代反应(S_N1)。S_N1 反应是分两步完成的，涉及两个反应过渡态和一个反应中间体。在 S_N1 反应中，旧共价键的断裂和新共价键的形成是先后进行的，总反应速率只与旧键断裂的速率有关，也就是只与含旧键的化合物浓度有关系，而与亲核试剂的浓度无关。

第一步是旧共价键发生异裂，电负性较大的原子或基团以负离子形式离去，同时形成碳正离子中间体；第二步是新共价键的形成。亲核试剂利用其孤电子对进攻碳正离子并形成新的共价键即产物。

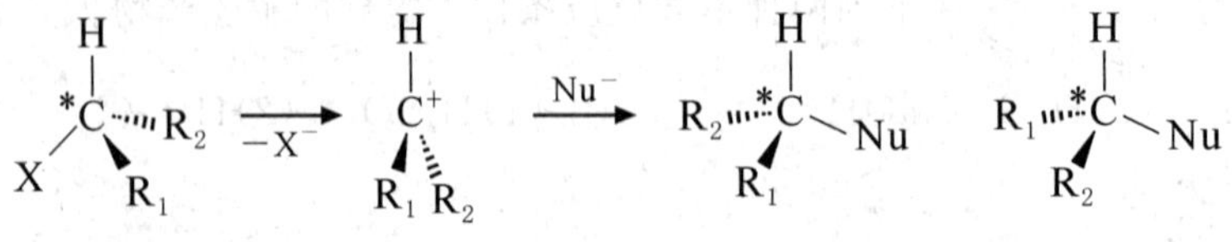

*R*构型　　　　*S*构型　　*R*构型

立体化学特征：碳正离子反应中间体具有平面结构，亲核试剂从碳正离子平面的两边随机进攻碳正离子。如果反应前的中心碳为手性碳，无论反应物是否是光学纯，反应产物都是外消旋体。

所有涉及碳正离子中间体的反应都有可能发生碳正离子的重排。例如，烯烃的亲电加成反应，S_N1 反应，E1 反应等。

醇和醚的亲核取代反应：与碳卤键不同，C—O 键一般不易断裂，因此，醇和醚的亲核取代反应一般都需要对 C—O 键进行活化。活化 C—O 键的催化剂常为强质子酸或路易斯酸(如 BF_3、$ZnCl_2$ 等)。活化的过程其实就是醇或醚的氧原子与强酸发生酸碱反应，其结果是 C—O 键的极性和异裂趋势增强。

1°醇或两个 1°C 形成的醚由于难生成碳正离子，一般按 S_N2 机理进行，2°醇、3°醇或两个 α-C 中有一个 2°C 或 3°C 的醚一般按 S_N1 机理进行。

如果存在碳正离子重排的可能，产物一般都以重排产物为主。

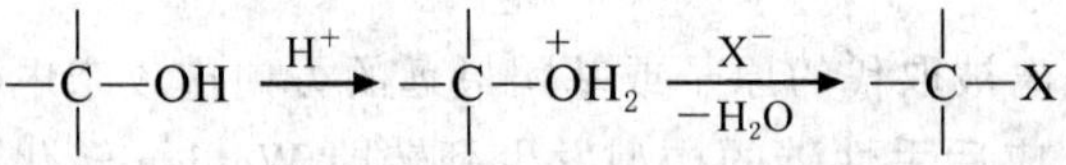

1°醇的主要反应形式

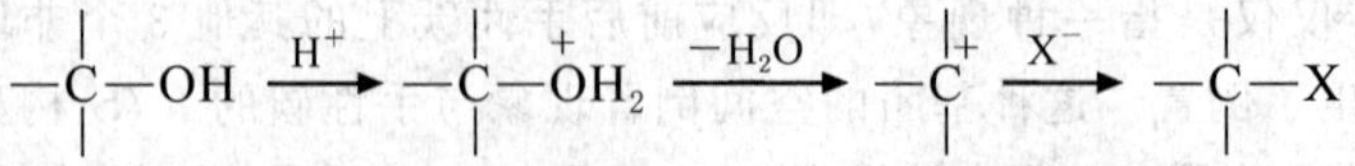

2°、3°醇的主要反应形式

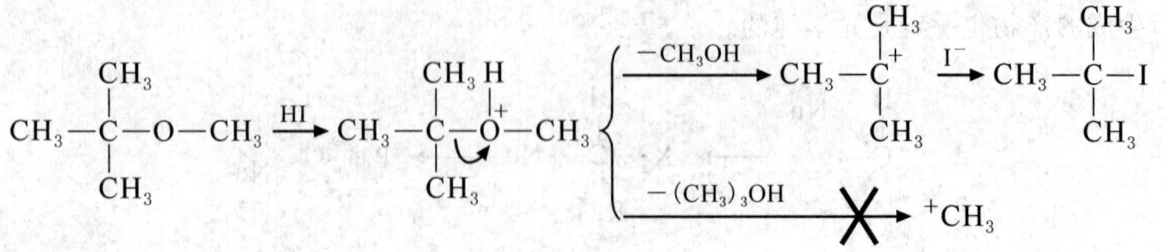

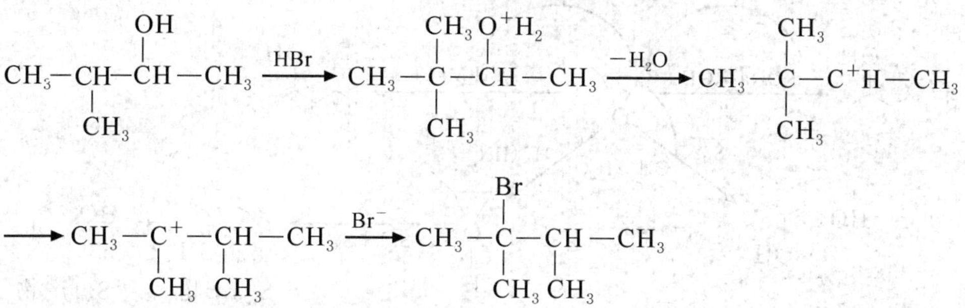

(2)影响亲核取代反应机理的因素

①分子结构的影响。中心原子周围的空间位阻效应对 S_N2 反应影响很大,中心碳正离子的稳定性大小对 S_N1 反应影响很大。对于中心碳原子为伯碳的化合物,空间位阻效应较小,一般多以 S_N2 反应为主。对于中心碳原子为叔碳的化合物,其正碳离子比较稳定和容易形成,一般多以 S_N1 反应为主。仲卤代烃既可按 S_N1 历程进行,也可按 S_N2 历程进行,哪种机理为主取决于分子结构和反应条件。仲醇主要是按 S_N1 历程进行。

对于烯丙基卤、烯丙基醇、苄基卤和苄基醇而言,它们既容易发生 S_N1 反应,也容易发生 S_N2 反应。这是因为与中心碳相连的双键或苯环不仅能稳定 S_N1 反应的中间体——碳正离子,也能稳定 S_N2 反应的过渡态。具体按哪种反应进行还与反应条件有关。一般来说,极性溶剂中以 S_N1 反应为主,非极性或弱极性溶剂中以 S_N2 反应为主。

芳基卤和与芳环相连的C—O键(如酚、芳香醚等)不易发生亲核取代反应。这主要是因为芳环分散了与卤原子或氧原子相连的碳原子上的正电荷。但是,当卤代苯环上同时连有多个强吸电子基团时,强吸电基团的电子效应能显著增加与卤原子或氧原子相连的碳原子上的正电荷,进而增强这种取代芳基卤发生亲核取代反应的性能。吸电基团越强和吸电基团越多,其亲核取代反应越容易。例如,2,4-二硝基氟苯可以很容易地与氨基酸的氨基发生亲核取代反应,而氟苯却不能。

②反应条件的影响。

温度:较高反应温度有利于单分子反应,相反的条件有利于双分子反应。这是因为单一分子独自发生共价键的异裂需要较高的能量,而双分子共同作用引起的共价键的异裂需要的能量较低。

溶剂:反应中间体的极性越大,越容易被极性溶剂稳定,反应也越容易。故极性溶剂有利于单分子反应。弱极性和非极性溶剂利于双分子反应。

小环的开环反应比较特殊,因为成环的化学键既不是真正意义上的 σ 键,也不是真正意义上的 π 键。故小环的开环反应可以被认为是"π 键"的加成反应,也可以被认为是"σ 键"断裂的取代反应。此处我们将其称为取代反应。这种开环取代反应也有亲电取代和亲核取代两种机理。环丙烷和环丁烷与HX的开环反应属于亲电取代,反应产物遵循马氏规则。环氧乙烷与格氏试剂、HX、H_2O、ROH的开环反应都属于亲核取代反应,其中与格氏试剂、醇钠、氢氧化钠的开环反应属于 S_N2 反应,亲核试剂主要进攻位阻较小的环碳原子。与HX的开环反应既有 S_N1 反应,也有 S_N2 反应,两种反应互相竞争。

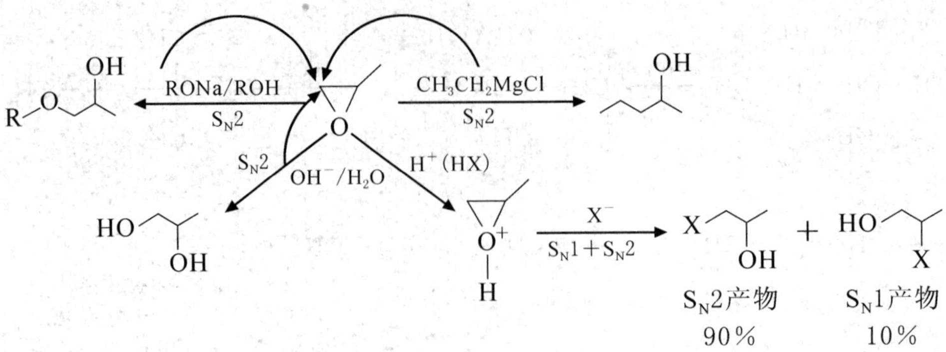

例 3.22　实验发现,反应 $CH_3CH_2CH(Cl)CH_3$ (S) $\xrightarrow[\triangle]{NaOC_2H_5/CH_3CH_2OH}$ 得到的产物有旋光性,这个反应的产物应该是(　　)。

A. $CH_3CH_2CH(OC_2H_5)CH_3$ (S);　B. $CH_3CH_2CH(OH)CH_3$ (R);　C. $CH_3CH_2CH(OC_2H_5)CH_3$ (R);

D. $CH_3CH_2CH(OC_2H_5)CH_3$ (R) 和 $CH_3CH_2CH(OC_2H_5)CH_3$ (S) 的等量混合物。

解析:C。反应是由卤代烃与醇钠作用生成醚的亲核取代反应,得到的产物有旋光性,说明是 S_N2 历程,反应物的构型应从 S 转化为 R。其他选项中:A,构型没变不对;B,产物是醇不对;D,产物外消旋,是 S_N1 历程的特征,不对。

例 3.23　下列化合物发生 S_N2 反应时反应速率最快的依次是(　　)。

a. 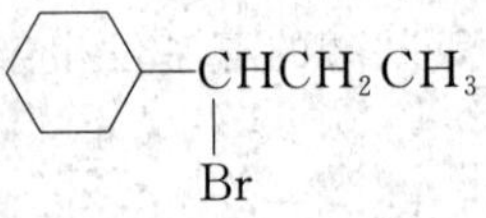

b. 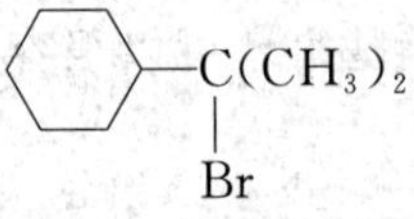

c. 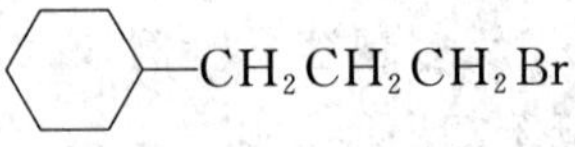

A. a>b>c;　B. a>c>b;　C. b>c>a;　D. c>a>b。

解析:D。影响卤代烃 S_N2 反应速率的主要是卤代烃 α-碳上的烃基结构。α-碳上烃基越少、越小,位阻越小,反应速率越快。1°卤代烃>2°卤代烃>3°卤代烃。

例 3.24　下列化合物进行 S_N1 反应时反应速率最快的依次是(　　)。

a. 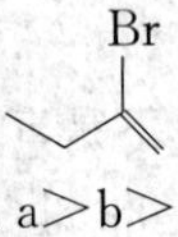

b. $CH_3CH_2CH_2CH_2Br$　c. $CH_3CH{=}CHCH_2Br$　d. 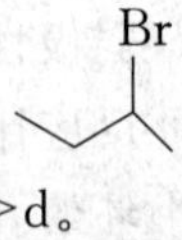

A. a>b>c>d;　B. a>c>b>d;　C. c>d>b>a;　D. c>a>b>d。

解析:C。卤代烃发生 S_N1 反应时,影响反应速率的主要因素是中间体碳正离子的稳定性。碳正离子上连接的烷基越多,$+I$ 效应越大,碳正离子越稳定,反应速率越快;碳正离子与不饱和结构连接时由于 p-π 共轭而更为稳定。碳正离子稳定性一般规律是:苄基式碳正离子、烯丙式碳正离子、3°碳正离子>2°碳正离子>1°碳正离子。卤原子连接在不饱和碳原子上的乙烯式卤代烃不能发生取代反应。

例 3.25 三种羟基化合物 a. 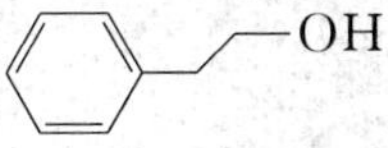、b. 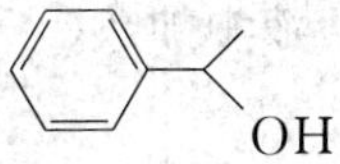、c. 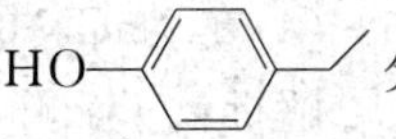分别与 HBr 作用，不能发生反应的是（ ），反应速率最快的是（ ）。

解析：c，b。c. 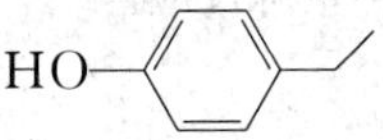的酚羟基不能与氢卤酸作用被取代；b. 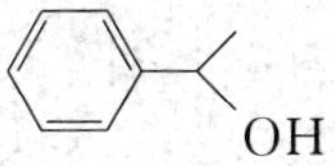是苄醇，亲核取代反应活性高于 a. 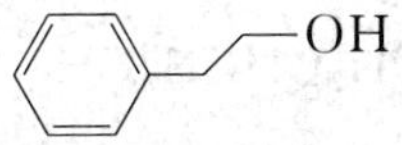（伯醇）。

4.消除反应

（1）消除反应的类型和机理 消除反应是指从分子内脱去小分子（H_2O，HX，NH_3 等）形成烯烃的反应。常见的消除反应有卤代烃脱去卤化氢生成烯烃的反应和醇脱去水生成烯烃的反应。消除反应也有单分子消除和双分子消除两种典型机理。

①单分子消除（E1）。通过旧化学键的异裂首先形成碳正离子，继而脱去β-H。3°卤代烃、2°醇和 3°醇主要发生单分子消除反应。E1 机理有发生碳正离子重排的可能。

②双分子消除（E2）。反应中亲核试剂进攻β-H，β-H 的离去和α-位的卤离子或质子化的羟基的离去同时发生。1°卤代烃、1°醇主要发生双分子消除反应。

札依采夫规则：卤代烃消除反应和醇脱水成烯反应的主要产物是双键上取代基最多的烯烃。

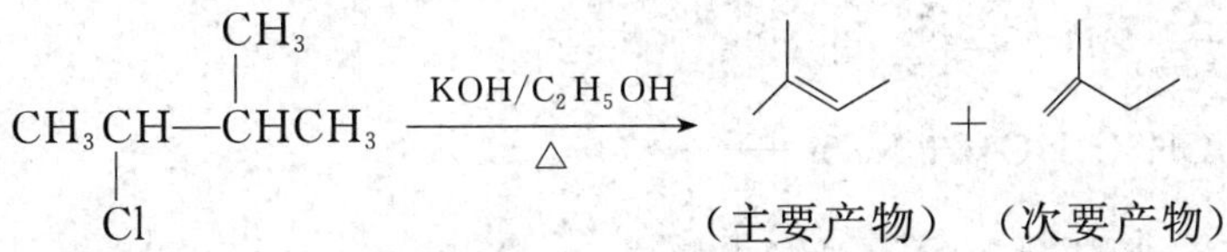

（主要产物） （次要产物）

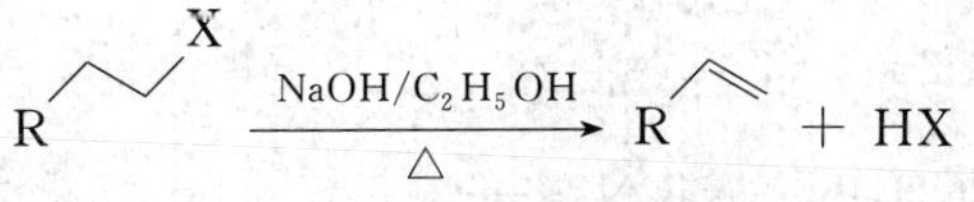

（2）消除反应和取代反应的竞争 卤代烃的消除反应和取代反应都是在 Lewis 碱作用下完成的，所不同的是在两种反应中 Lewis 碱进攻的部位或对象不同。在亲核取代反应中，Lewis 碱作为亲核试剂进攻中心碳原子。在消除反应中，Lewis 碱作为碱进攻具有酸性的β-H。因此，消除反应和取代反应一般是并存的，属于一对竞争反应。但是，Lewis 碱的进攻的主要部位或对象是随反应条件的变化而变化的。因此，选择合适的反应条件就可以使其中一种反应成为主要反应。一般来说，Lewis 碱的碱性越强，越有利于和β-H 反应，即有利于发生消除反应。亲核性强而碱性弱的 Lewis 碱则有利于发生取代反应。

就卤代烃本身而言，β-C 上有吸电子基时，β-H 易于受碱作用而离去，或者α-C 上有大体积基团存在时，亲核试剂对α-C 的进攻受到的空阻效应较大，两种情况均有利于消除反应。

例 3.26 写出 2-溴丁烷在下列反应中的主要产物，并按其可能的反应机理指出反应的类型。

（1）在 NaOH 的水溶液中加热（ ）。

（2）在 KOH 的醇溶液中加热（ ）。

（3）在苯/无水 $AlCl_3$ 中加热（ ）。

(4)在 NaCN 的醇溶液中加热(　　　　)。

解析：

(1) $CH_3CHCH_2CH_3$（2 位 C 上连 OH）,亲核取代反应。(2) $CH_3CH{=}CHCH_3$,消除反应。

(3) 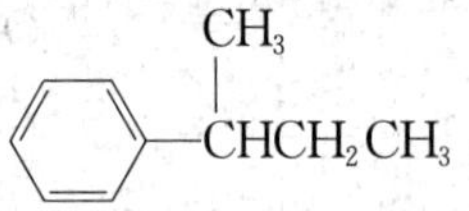 ,亲电取代反应。$CH_3CHCH_2CH_3$（2 位 C 上连 CN）,亲核取代反应。

反应(1) 和反应(2)都是强碱与仲卤代烃的反应,溶解极性强有利于取代反应,极性弱有利于消除反应。反应(4)中使用 NaCN 是亲核性强、碱性弱的试剂有利于亲核取代反应,使用醇溶液是为使 2-溴丁烷溶解,反应能在均相中进行。反应(3)使用无水 $AlCl_3$ 是路易斯酸,催化苯环上的亲电取代反应。

例 3.27　写出下列反应的主要产物

(1) 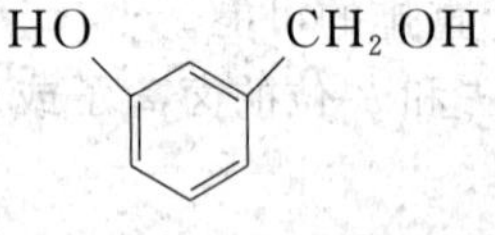 $+HCl \longrightarrow$(　　　　)。

(2) 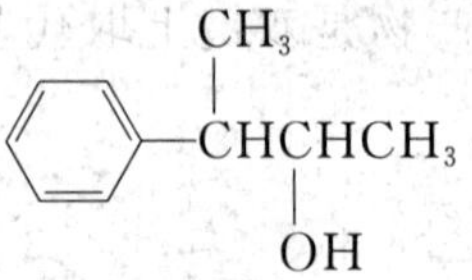 $+ HBr \xrightarrow{\triangle}$(　　　　)。

(3) $CH_3CH_2CH_2CH_2OH + NaBr \xrightarrow{H_2SO_4}$(　　　　)。

(4) 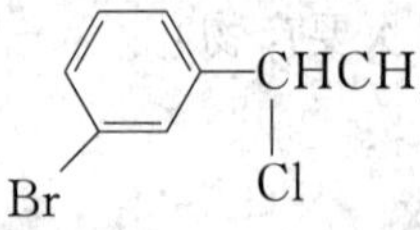 $+ NaOH \xrightarrow{H_2O}$(　　　　)。

(5) $ClCH{=}CHCH_2CH_2Br + NaCN \longrightarrow$(　　　　)。

(6) (*R*) $CH_3\overset{*}{C}HCH{=}CH_2$（$\overset{*}{C}$ 上连 Cl）$+ NaOH \xrightarrow[\triangle]{H_2O}$(　　　　)。

(7) 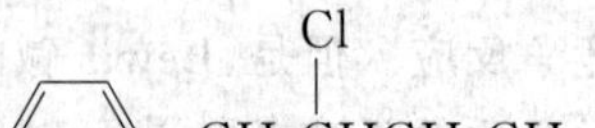 $\xrightarrow[\triangle]{KOH/CH_3OH}$(　　　　)。

解析：

(1) 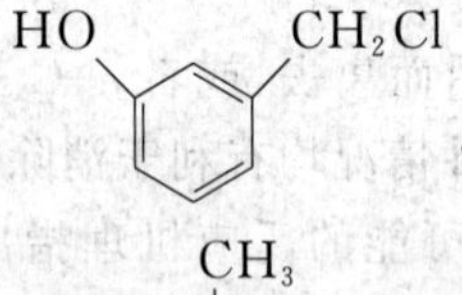 。苄醇发生亲核取代反应活性高,酚羟基不能被取代。

(2) 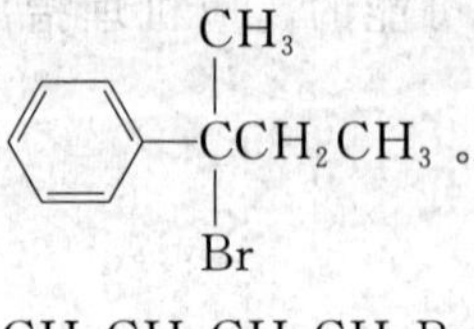 。加热下仲醇容易发生 S_N1 反应,反应伴随碳正离子重排。

(3) $CH_3CH_2CH_2CH_2Br$。醇与 HBr 的取代反应,HBr 由反应 $NaBr+H_2SO_4 \longrightarrow HBr+$

$NaHSO_4$ 制备，现制现用。

(4) 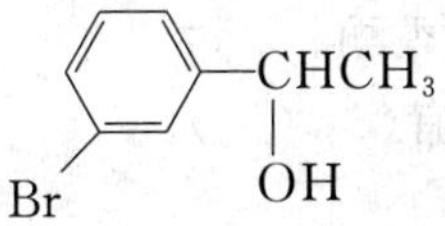。连在苯环上的卤原子不被取代。

(5) $ClCH{=\!=}CHCH_2CH_2CN$。连在双键上的卤原子不被取代。

(6) $(R)\ CH_3\overset{*}{C}H(OH)CH{=\!=}CH_2 + (S)CH_3\overset{*}{C}OH$。烯丙式卤代烃容易发生 S_N1 反应，产物常外消旋化。

(7) 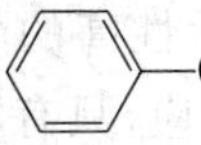$—CH{=\!=}CHCH_2CH_3$。消除反应，生成与苯环有 π-π 共轭的烯烃，因其更稳定，是主要产物。

5. 亲核加成反应

双键最主要的反应是加成反应。非极性双键（C═C）易发生亲电加成反应，极性双键（C═O）易发生亲核加成反应。醛、酮与所有金属氢化物（$LiAlH_4$，$NaBH_4$）及金属有机试剂（RMgX，RC≡CNa）的反应，与 HCN 及亚硫酸钠的加成反应都是亲核加成反应。醛、酮与氨的衍生物（脂肪族伯氨、脂肪族仲胺、羟胺、肼、苯肼、2,4-二硝基苯肼、氨基脲等）反应或与醇作用发生缩醛化反应都属于先加成后消除的反应，简称加成-消除反应。

羰基的亲核加成反应一般需要质子酸催化。质子的催化作用是通过对羰基的质子化而活化羰基。

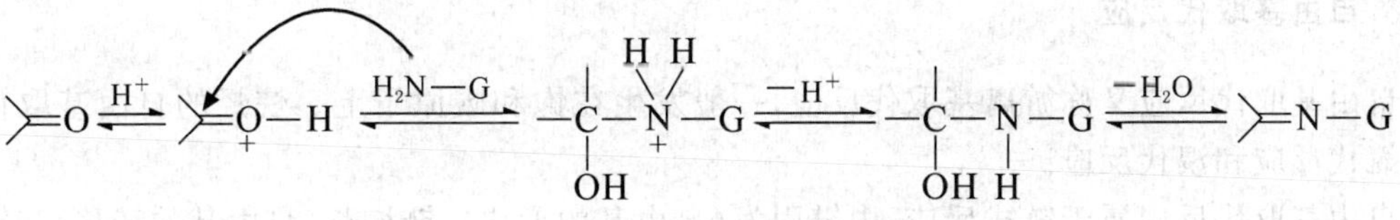

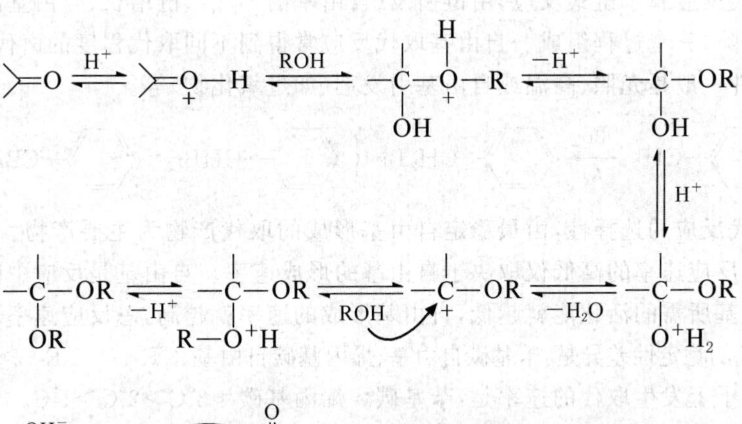

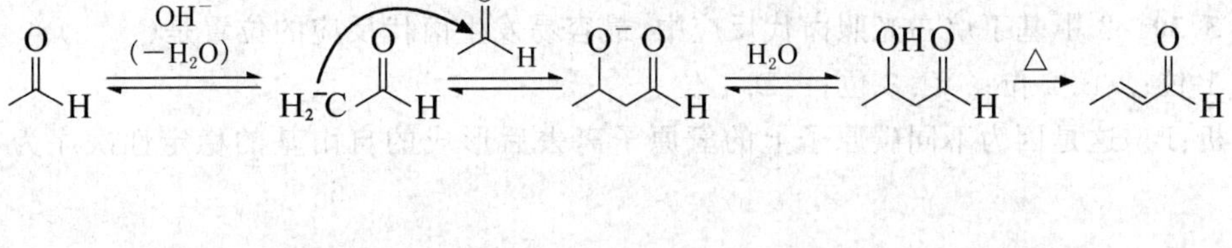

对同一亲核试剂，醛、酮的亲核加成反应活性次序是：

甲醛>脂肪醛>芳香醛>脂肪族甲基酮>其他脂肪族酮>芳香酮。

例 3.28　下列化合物中，能与饱和亚硫酸氢钠加成的化合物有（　　）。

(1) $CH_3CH_2CH_2CHO$；　(2) 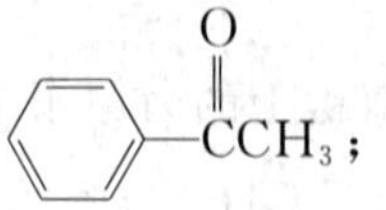；　(3) 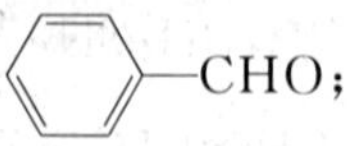；

(4) $C_2H_5-\overset{\overset{O}{\|}}{C}-CH_2CH_3$；　(5) $CH_3-\overset{\overset{O}{\|}}{C}-CH(CH_3)_2$；　(6) 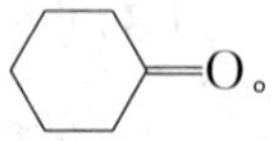。

解析：(1)、(3)、(5)、(6)。亚硫酸氢钠是较弱的亲核试剂，只能与醛和活性高的酮发生亲核加成反应。一般所有的醛都能与亚硫酸氢钠反应，但不是所有的酮都能反应，只有脂肪族甲基酮和 6 个及 6 个碳原子以下的环酮才能反应。(1)、(3)两个化合物是醛，能反应；(5)是脂肪族甲基酮，(6)是 6 个碳原子的环酮，也都能反应。(2)是芳酮，(4)属其他脂肪族酮，不能反应。

HCN 也是较弱的亲核试剂，反应选择性同上。

例 3.29　反应 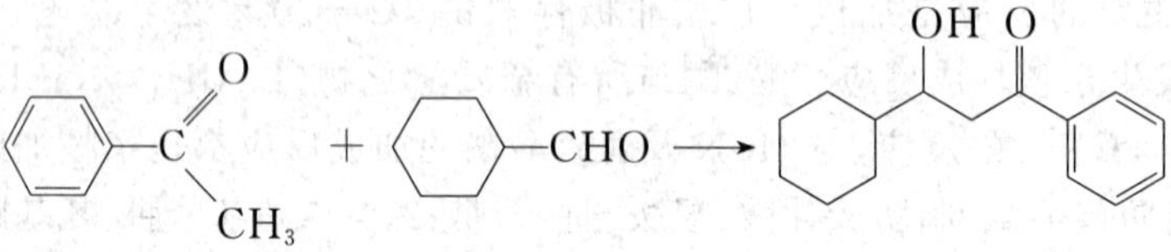 属于亲核加成反应。反应中的亲核试剂是（　　），催化剂是（　　）。

解析：苯乙酮，NaOH。这是交叉的羟醛缩合反应，苯乙酮没有发生亲核加成反应的活性，而在碱作用下能生成碳负离子作为亲核试剂进攻环己基甲醛。

6. 自由基取代反应

自由基取代反应又称游离基取代反应，一般发生在饱和碳原子上。烷烃的自由基取代反应有氯代反应和溴代反应。

自由基取代反应属于链式反应，由链引发（自由基的形成）、链增长（自由基的转移）和链终止（自由基的清除）三个过程组成。自由基取代反应常得到不同取代程度的卤代烃混合物。自由基的生成条件一般是光照、高温或自由基引发剂（如过氧化物）等。

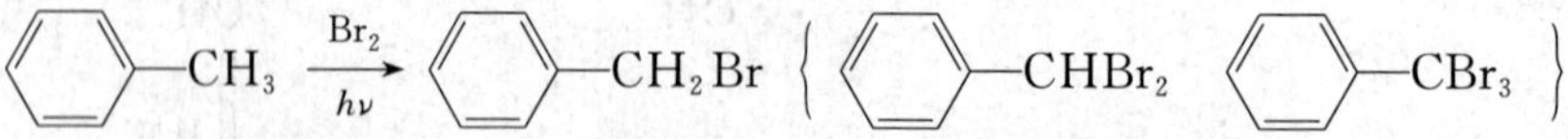

自由基取代反应的选择性：由最稳定自由基形成的取代产物为主要产物。这是因为在自由基反应中，总反应速率的高低仅取决于自由基的形成速率。自由基是反应中间体，其稳定性越高，形成取代基所需的活化能就越低，自由基形成的速率就越高，总反应速率也就越高。

不同自由基的稳定性差异是：苄基碳自由基、烯丙基碳自由基、3°R· > 2°R· > 1°R· > CH_3· 。因此，不同碳原子上发生取代的速率是：苄基碳≈烯丙基碳≈3°C>2°C>1°C。

例 3.30　2-甲基丁烷在光照卤代反应中，最容易发生卤代反应的位置是（　　）。

A. 1-位；　B. 2-位；　C. 3-位；　D. 4-位。

解析：B。这是因为不同碳原子上的氢原子离去后形成的自由基的稳定性次序为：3°C>

2°C>1°C。2-甲基丁烷($\underset{1}{H_3C}-\overset{CH_3}{\underset{H}{\overset{2}{C}}}-\underset{3}{CH_2}-\underset{4}{CH_3}$)分子中,2 位碳是 3℃,2 位上最容易发生反应。

例 3.31 丙烯与 HBr 在过氧化物存在下发生加成反应(反应 A)得到的主要产物与没有过氧化物存在的反应(反应 B)的主要产物不同,反应 A 对丙烯的进攻试剂是(　　),反应 B 对丙烯的进攻试剂是(　　)。

$$CH_3-CH{=}CH_2 \xrightarrow[\text{反应 A}]{HBr/ROOR} CH_3-CH_2-CH_2Br$$

$$CH_3-CH{=}CH_2 \xrightarrow[\text{反应 B}]{HBr} CH_3-\underset{Br}{CH}-CH_3$$

解析:Br·;H^+。反应 A 是有过氧化物存在时,过氧化物分解引发溴化氢发生共价键均裂得到溴原子(溴自由基),溴原子进攻双键得到反应主要中间体是 2°自由基 $CH_3-\dot{C}H-CH_2Br$,进而得到产物;反应 B 是溴化氢解离的 H^+ 进攻双键得到反应主要中间体是 2°碳正离子 $CH_3-\overset{+}{C}H-CH_2Br$,进而得到产物。

7.其他重要的有机化学反应

(1)双烯合成反应——Diels-Alder 反应　共轭二烯烃与单烯烃在加热下发生成环反应,这个反应是双分子协同反应,一步完成,没有中间体生成。当亲双烯体上连有吸电子基团时,反应容易进行。炔烃也容易与共轭二烯烃作用。

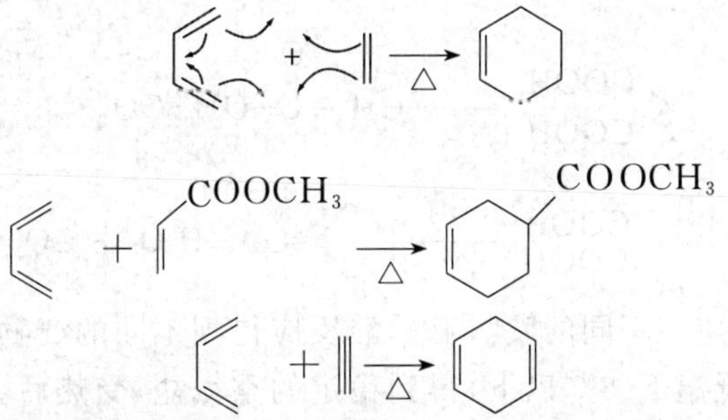

(2)降解反应　降解反应是依据分子碳骨架的缩短来分类的,而不是按反应机理来分类的。

①卤仿反应。乙醛和甲基酮在碱性介质中与卤素反应,首先生成 α-三卤代酮。后者进一步与碱作用,发生 C—C 断裂,生成少一个碳原子的羧酸盐和卤仿,称为卤仿反应。

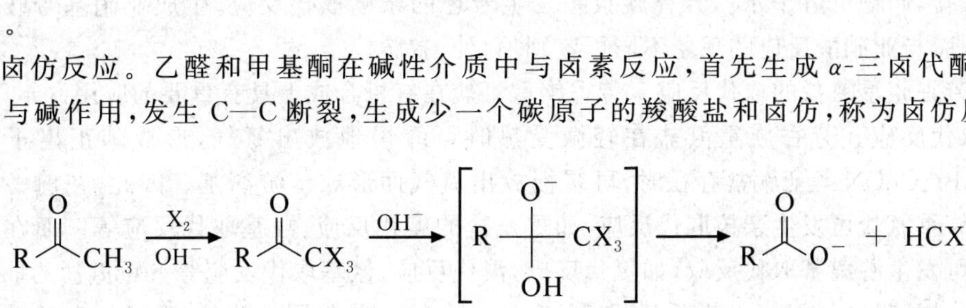

碘仿不溶于水,会以黄色结晶析出,故碘仿反应常用于乙醛和水溶性甲基酮的鉴别。

由于在碱溶液中卤素与相应的次卤酸盐(OX^-)平衡存在,所以次卤酸盐也用于卤仿反应试剂。溴仿和氯仿反应多用于制备比原来甲基酮少一个碳原子的羧酸,但不用于鉴别。

由于次卤酸盐能将含有 $CH_3—CH(OH)—R$ 氧化成甲基酮 $H_3C—\overset{O}{\overset{\|}{C}}—R$,故而 $CH_3—CH(OH)—R$ 也能发生卤仿反应。

②霍夫曼(Hoffman)降解。伯酰胺与次卤酸钠一起加热,可得到少 1 个碳原子的伯胺,这是以羧酸为原料经过酰胺制备少一个碳的胺的有用方法。N 取代的酰胺不发生类似的反应。

$$R—\overset{O}{\overset{\|}{C}}—NH_2 \xrightarrow[\triangle]{NaXO} RNH_2$$

③羰基酸的脱羧反应。羰基酸脱羧反应的典型例子是 α-酮酸的酸催化脱羧和氧化脱羧以及 β-羰基酸的加热脱羧。其中,β-羰基酸的热脱羧在有机合成中常用来消除羧基。

$$R—\overset{O}{\overset{\|}{C}}—CH_2COOH \xrightarrow{\triangle} R—\overset{O}{\overset{\|}{C}}—CH_3 + CO_2$$

④二元羧酸的热脱羧反应。草酸、丙二酸及取代丙二酸受热可发生脱羧反应,生成少一个碳的羧酸。己二酸及取代己二酸,庚二酸及取代庚二酸受热则可发生脱羧脱水反应,生成少一个碳的环酮。丁二酸和戊二酸在加热下发生脱水反应生成环酸酐,不属于降解反应。

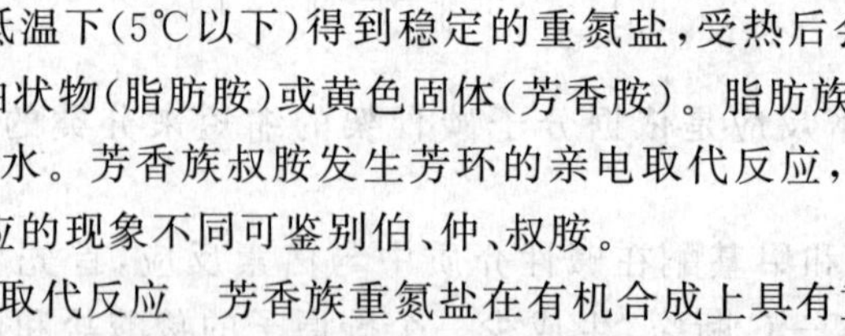

(3)胺与亚硝酸的反应　不同的胺与亚硝酸反应得到不同的产物。脂肪族伯胺放出 N_2,生成醇。芳香族伯胺在低温下(5℃以下)得到稳定的重氮盐,受热后会放出 N_2。仲胺反应得到 N-亚硝基胺,是黄色油状物(脂肪胺)或黄色固体(芳香胺)。脂肪族叔胺反应生成不稳定的亚硝酸铵盐,产物可溶于水。芳香族叔胺发生芳环的亲电取代反应,生成亚硝基芳胺。根据伯、仲、叔胺与亚硝酸反应的现象不同可鉴别伯、仲、叔胺。

(4)芳香族重氮盐的取代反应　芳香族重氮盐在有机合成上具有重要的应用。

①取代反应。芳香族重氮盐在轻微受热时可缓慢地放出氮气,形成苯正离子。在有 CuCl、CuBr、CuCN 等亚铜盐存在时,可缓慢放出氮气而形成苯游离基。因此,在前一种情况下,芳香族重氮盐可发生亲核取代反应,如重氮盐的碘代反应、羟基取代反应等。而在后一种情况下,可发生游离基取代反应,如氯代反应,溴代反应,氰基取代反应等。重氮盐的取代反应常用于通过氨基途径间接向苯环引入难以直接引入的一些基团。此外,重氮盐在乙醇或次磷酸(H_3PO_2)等还原剂的作用下,可发生重氮基被 H 取代的反应。该反应常用于通过重氮盐途径消除芳环上的氨基。

②偶联反应。在弱酸或弱碱条件下，重氮盐能与苯环上带有强活化基团（如 NH_2、OH 等）的芳香族化合物发生偶联反应，生成偶氮化合物。反应是重氮盐对苯环的亲电取代反应。

偶联位置在芳环上活化基的对位；若对位已被占据则发生在活化基的邻位。

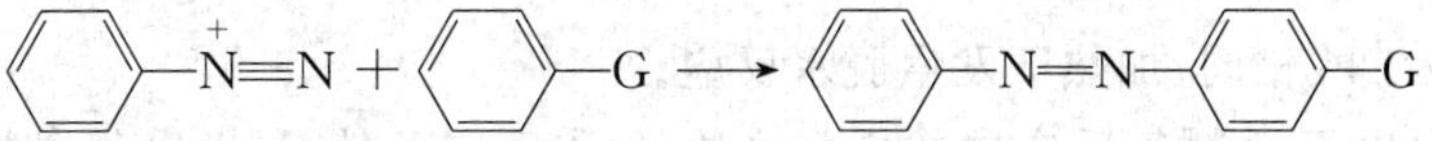

（G 为给电子基团，如 OH、OR、NH_2、NR_2 等）

例 3.32　写出下面制备反应中的中间产物 A，并指出生成化合物 A 的反应类型。

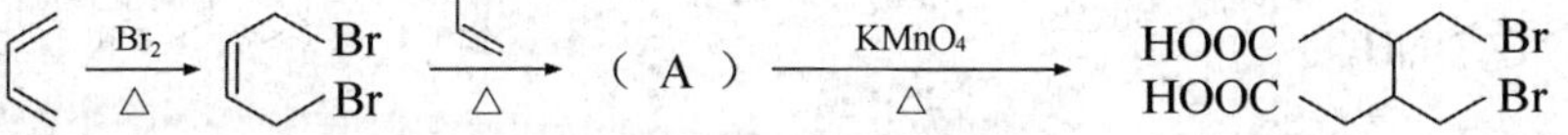

解析：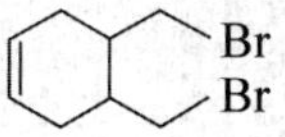，双烯合成反应。共轭二烯与双键碳上带吸电子基的单烯烃在加热下发生双烯合成反应，得到环状化合物。

例 3.33　写出下面制备反应的主要产物，并指出该反应的反应类型。

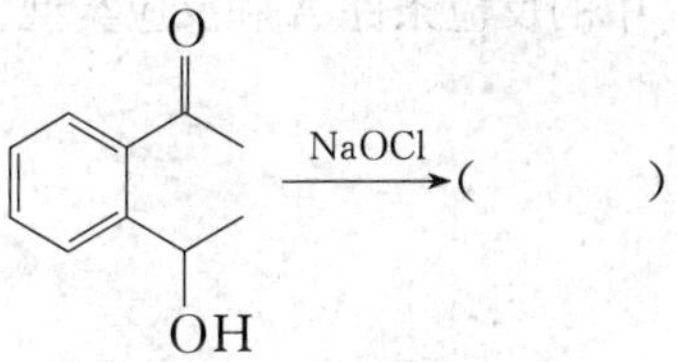

解析：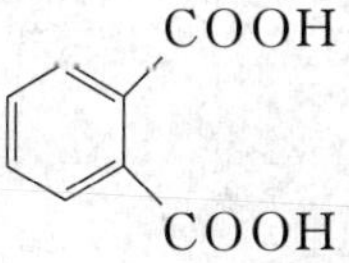，卤仿反应。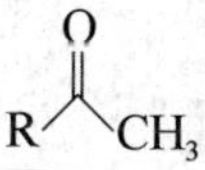甲基酮与次卤酸盐在碱性介质中发生卤仿反应得到少 1 个碳原子的羧酸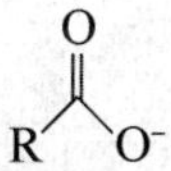，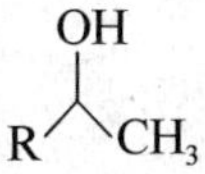结构的仲醇能被次卤酸盐氧化成相应的甲基酮，进而与次卤酸盐发生卤仿反应。

例 3.34　写出下面两个制备反应的主要产物 A 和 B，并写出由反应物中失去的无机物。

a. 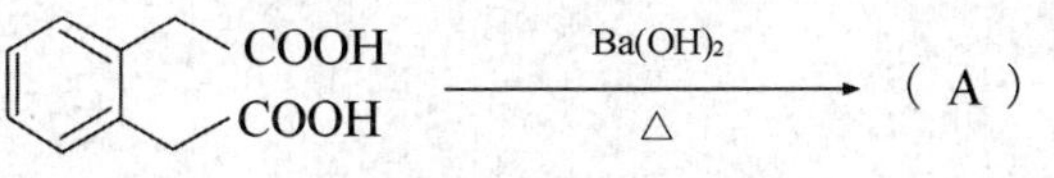

b. 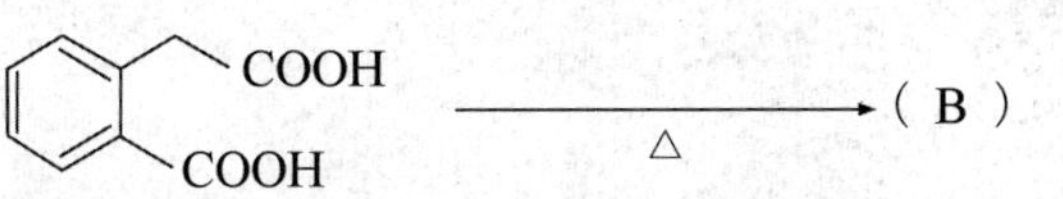

解析：反应 a：A 为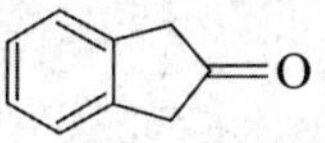，无机物为 H_2O、CO_2。反应物邻苯二乙酸作为二元酸的链长是 6 个碳原子，与已二酸相同，加热下发生脱羧、脱水反应。

反应 b：B 为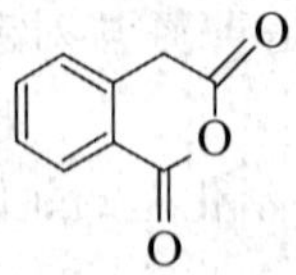，无机物为 H_2O。反应物 2-羧甲基苯甲酸作为二元酸的链长是 5 个碳原子，与戊二酸相同，加热下发生脱水反应。

例 3.35 写出下面制备反应中的中间产物 A 和反应条件 B，指出化合物 A 属于哪类化合物。

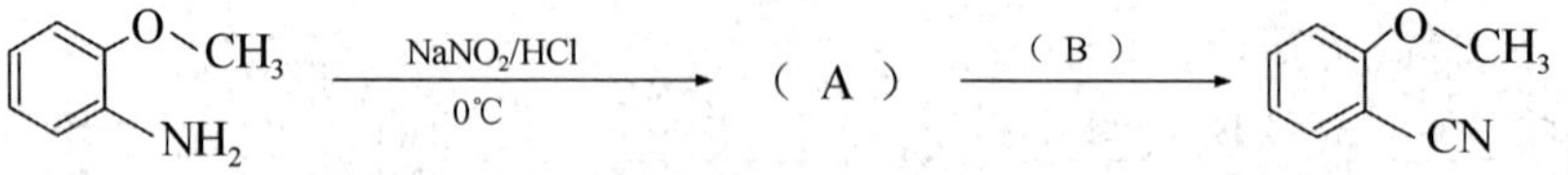

解析：化合物 A：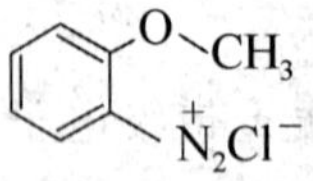，重氮盐。反应试剂 B：CuCN/KCN。

例 3.36 写出制备反应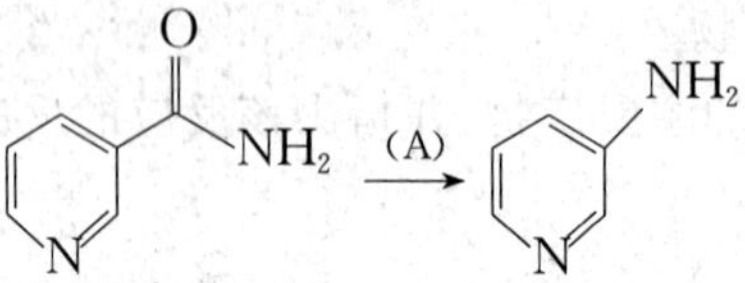中的反应条件 A 和反应类型。

解析：A：NaXO(X：Cl、Br)；霍夫曼降解反应。

四、有机反应及其应用

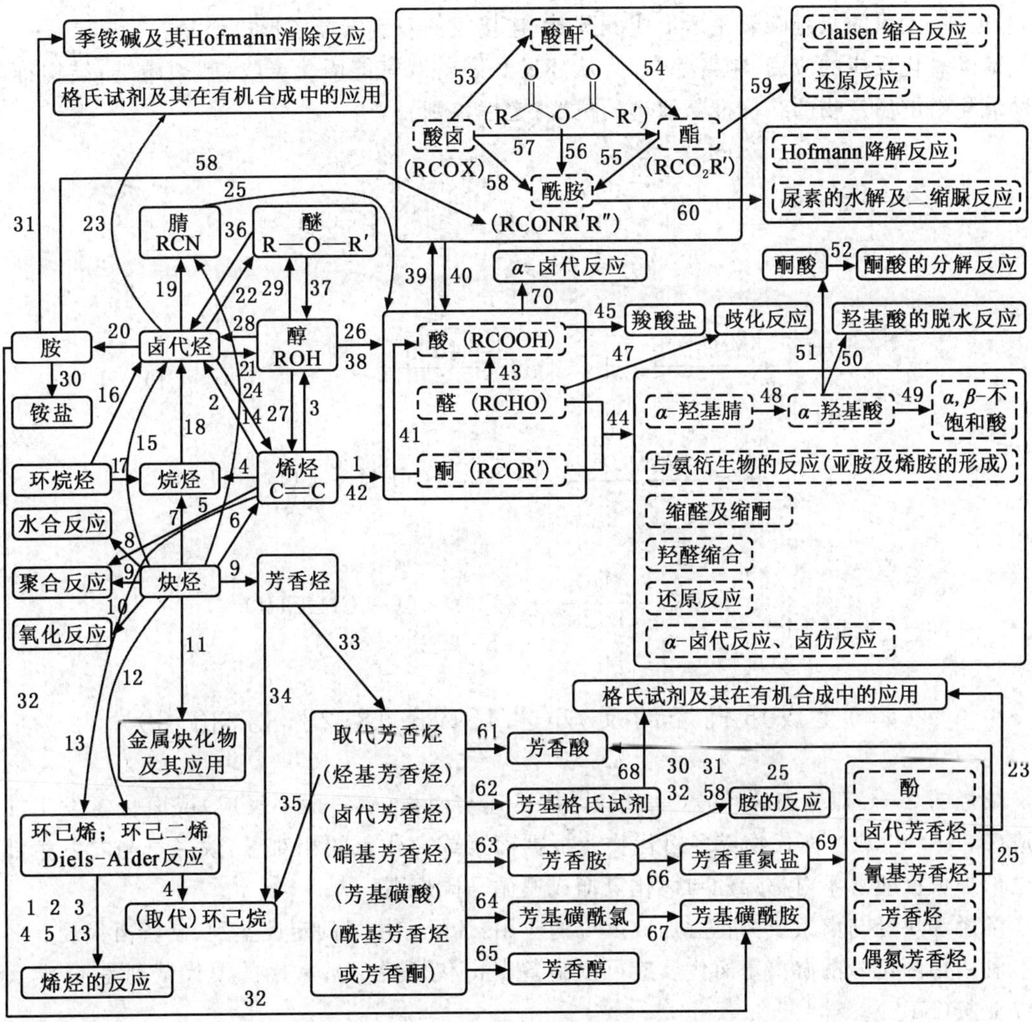

图 4-1　有机反应汇总及其关系图

(一) C═C 键和 C≡C 键的氧化反应(1,10)

烯烃的 C═C 双键和炔烃的 C≡C 三键均可以被多种氧化剂氧化。氧化导致 C≡C 键彻底断裂,不含氢的炔碳形成羧酸,含氢的炔碳形成碳酸(酸性介质)或碳酸盐(碱性介质中)。

与炔烃不同,C═C 双键的氧化产物随双键取代类型、氧化剂的种类、反应介质的酸碱性及反应温度的不同而不同。常用的氧化剂有 $KMnO_4$、$K_2Cr_2O_7$ 和 O_3。$KMnO_4$ 的氧化性能与介质的酸碱性有很大关系。在碱性或中性介质中，$KMnO_4$ 在低温(包括室温)下将双键氧化成邻二醇，在加热下导致双键断裂。在酸性介质中，无论加热与否，$KMnO_4$ 或 $K_2Cr_2O_7$ 均导致双键断裂。双键氧化断裂的产物依双键碳上氢的有无及多少不同而不同，无氢的双键碳形成酮羰基，连接1个氢的双键碳形成羧基，连接两个氢的双键碳形成碳酸(CO_2+H_2O)。

O_3 能迅速将C═C双键断开并在两碳原子间形成环状臭氧化物，后者遇锌粉/H_2O 生成酮和/或醛，无氢的双键碳氧化后形成酮羰基，连接氢的双键碳原子形成醛基。

烯烃氧化反应的应用：制备邻二醇；从环烯烃制备双官能团化合物；断裂碳链；结构推断，借助氧化断链后产物的结构推断双键的位置；定性鉴别。

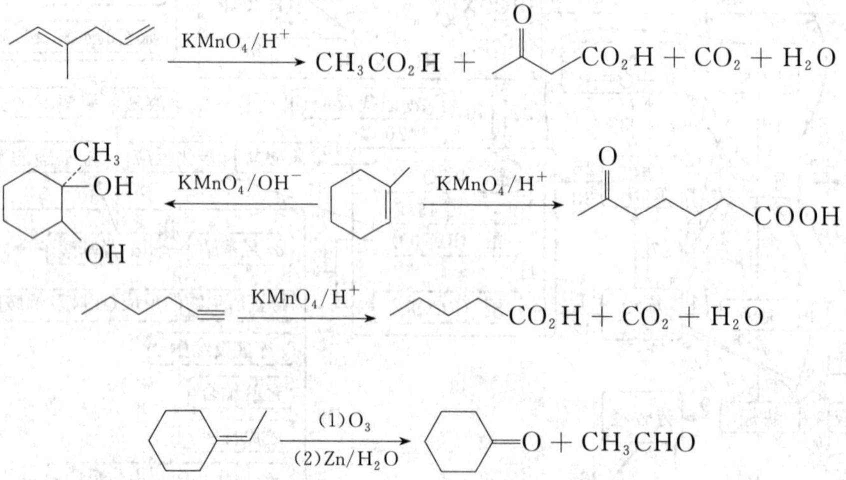

(二)生成卤代烃的反应(2,15,16,18,28,33,36,69)

烯烃的C═C双键和炔烃的C≡C三键能迅速与卤素(碘一般不反应)或卤化氢发生加成反应(2，15)，生成一卤代物或多卤代物。根据卤素或卤化氢的相对量，炔烃可与之发生部分或全部加成反应。不对称烯烃与卤化氢加成遵循马氏规则。

烯烃和炔烃与卤素或卤化氢加成反应的应用：烯烃和炔烃的定性鉴别；制备卤代烃。

利用烯丙位氢的游离基卤代反应可以制备 α-卤代烯烃(2)，常用的溴代试剂是N-溴代丁二酰亚胺(NBS)。

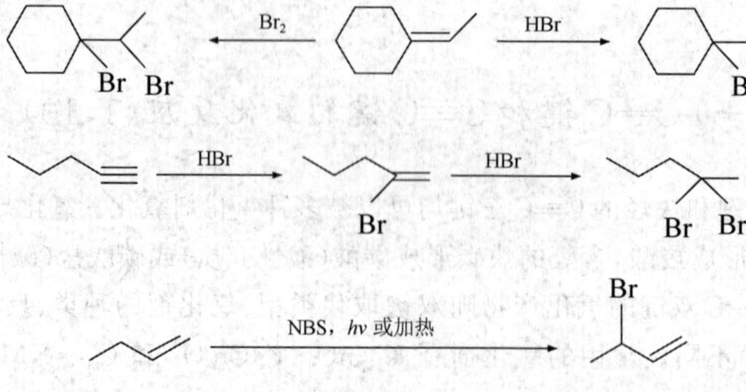

由醇与氢卤酸反应是制备卤代烃的常用方法(28)。反应试剂有 HI、HBr 和 $HCl/ZnCl_2$。不同醇反应的活性次序为:烯丙醇,苄醇>叔醇>仲醇>伯醇>甲醇;氢卤酸的反应活性次序为:HI>HBr>HCl。用浓盐酸反应常需要无水氯化锌做催化剂。

用浓盐酸/无水氯化锌溶液(Lucas 试剂)与伯、仲、叔醇的反应速率有明显差异,根据反应现象(反应液变浑浊)出现的快慢或迟早,常用于鉴别六碳以下的伯、仲、叔醇。

醇与氢卤酸的反应主要用于由伯醇制备伯卤代烃。这是因为仲醇和叔醇的反应机理为 S_N1,有些会因碳正离子的重排而产生副产物。

醇与 $SOCl_2$ 或 PX_3 等卤化剂反应是制备卤代烃的另一种常用方法。此法一般产率较高,副产物较少。

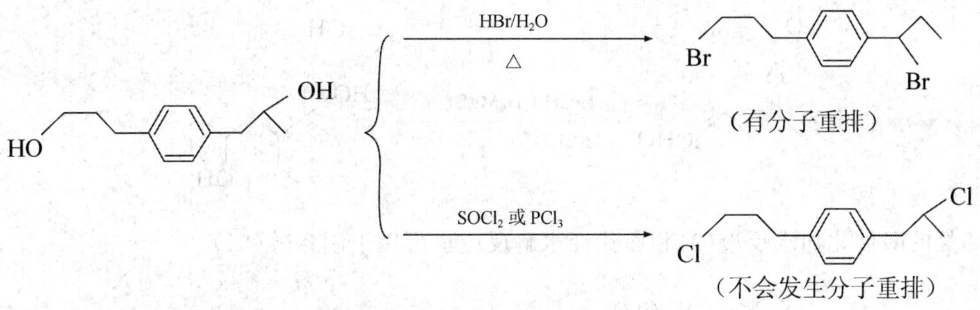

芳基卤代烃的制备一般常采用芳环的卤代反应(33)和芳基重氮盐与 CuCl、CuBr 或 KI 的取代反应(69)。

卤代苄类化合物可用相应的烷基苯类化合物与卤素(氯和溴)的游离基取代反应来制备(18),反应条件常为高温或光照。

环烷烃亦可以与卤素发生游离基取代反应,生成卤代烃(16)。环丙烷可与卤素或卤化氢发生开环加成反应,生成相应的卤代烷。环丙烷的开环一般发生在含氢较多的碳和含氢较少的碳之间。卤化氢与环丙烷的开环加成遵循马氏规则。

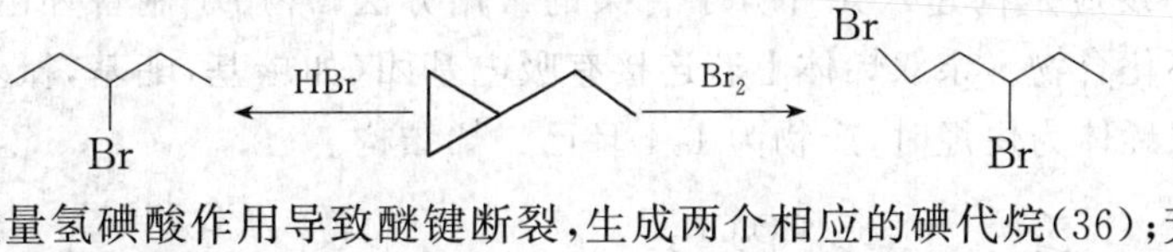

二烷基醚与过量氢碘酸作用导致醚键断裂,生成两个相应的碘代烷(36);芳香基烷基醚与氢碘酸作用生成酚和碘代烷。

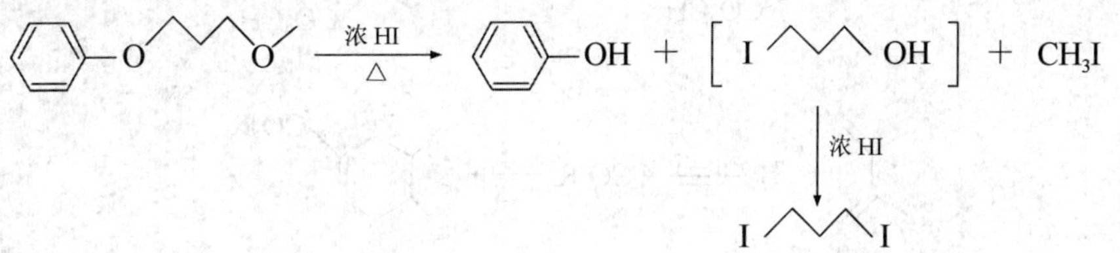

(三)生成醇的反应(3,21,23,37,38)

还原醛、酮可以制备醇(38)。常用的还原方法有催化氢化法(H_2/Ni)和金属氢化物($LiAlH_4$,$NaBH_4$)还原法。金属氢化物还原反应的特点是反应选择性高,只还原羰基而不还原孤立 C═C 双键。

利用格氏试剂与羰基化合物(醛、酮、酯)的加成反应可以制备醇(23),同时向羰基化合物的分子骨架上引入一个所需要的烃基。

羧酸能被 $LiAlH_4$ 还原成醇,但不能被 $NaBH_4$ 还原,也不能被催化氢化还原。

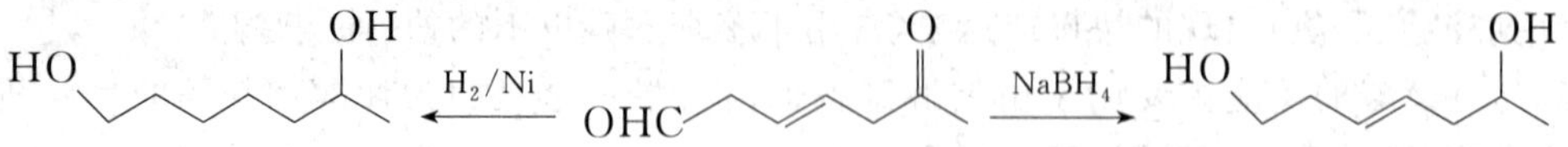

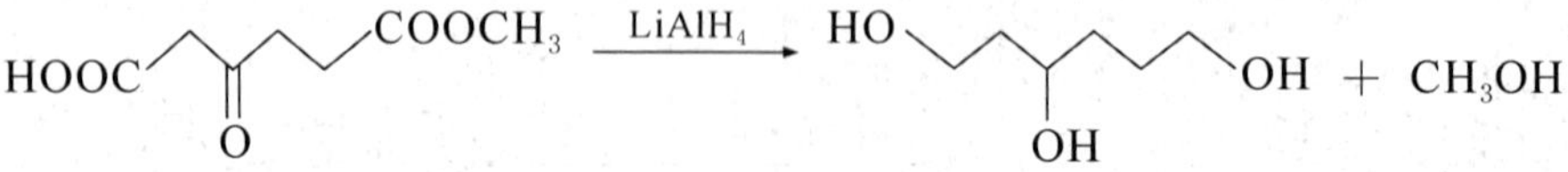

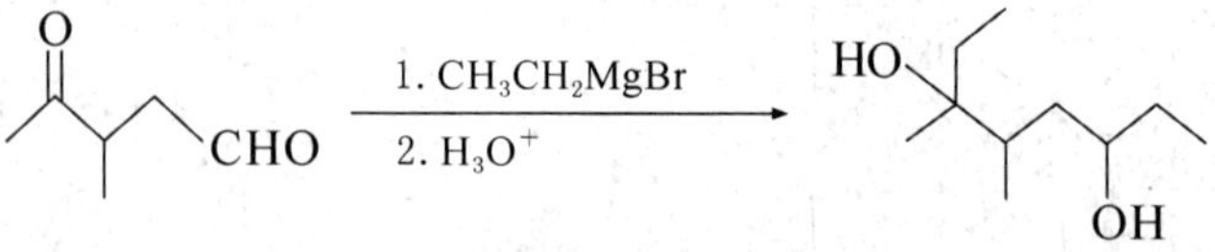

烯烃的酸催化加水反应(3)和卤代烃水解反应也可用于制备醇(21)。

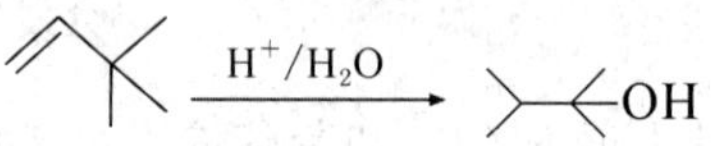
伴有碳正离子重排

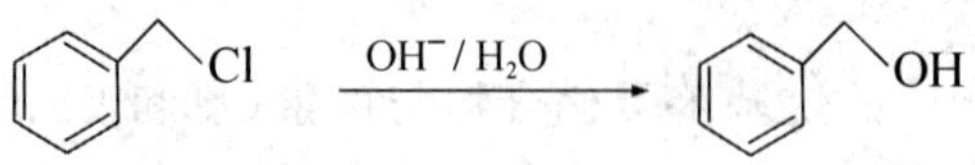

(四)双烯合成反应(12,13)

Diels-Alder 反应是构建六元环分子骨架的常用方法,常用于制备环己烯、取代环己烯及含六元环的桥环化合物。亲双烯体上若连接有吸电基团(如羰基,酯基,氰基等),反应容易且产率高。当亲双烯体为炔烃时,产物为 1,4-环己二烯结构。

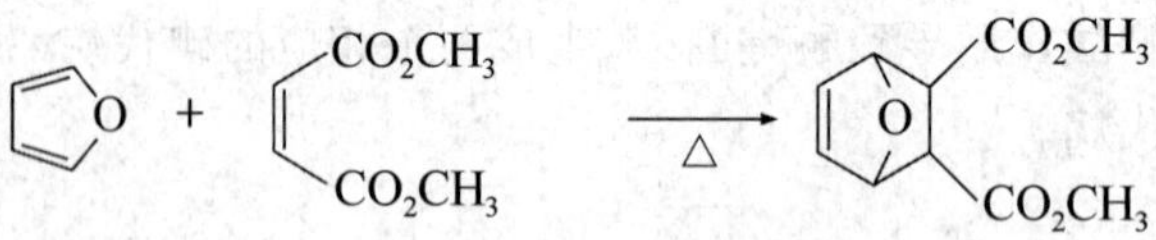

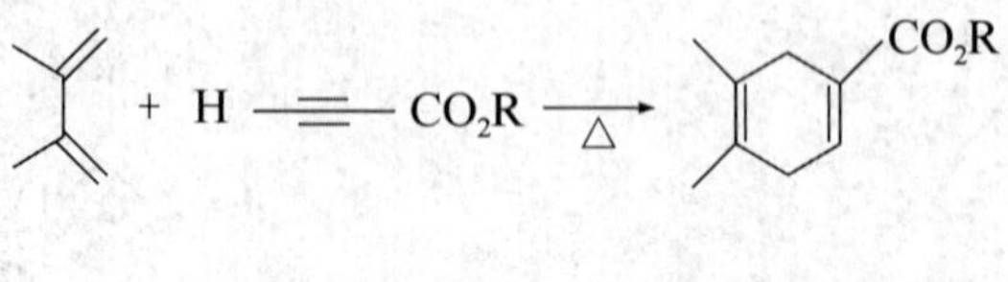

(五)烯烃、炔烃和环烷烃的氢化反应(4,7)

C═C 双键和 C≡C 三键可通过催化氢化被还原成饱和 C—C 键,是有机合成中消除不饱和键的常用方法。常用的催化剂有 Pd、Pt、Ni。在不同催化剂作用下,炔烃可发生部分或全部氢化。炔烃的部分氢化常用于制备烯烃，常用 Lindlar 催化剂（Pd 吸附在碳酸钙或硫酸钡上）或钠/液氨。

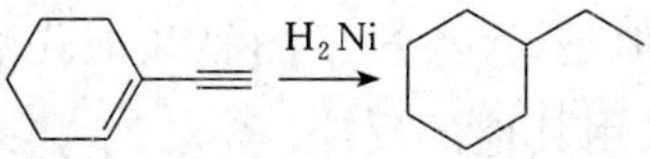

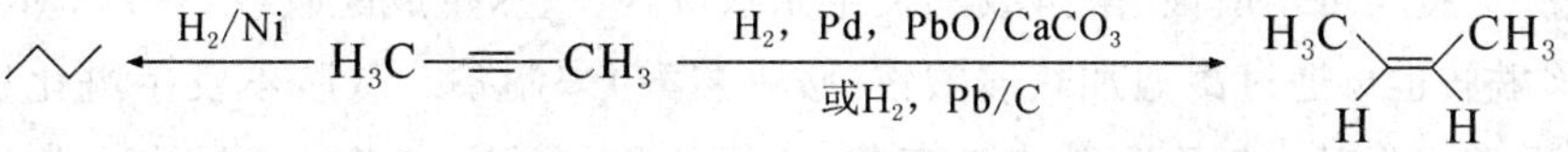

（六）烯烃的制备反应（6,24,27）

制备烯烃的常用方法是醇的消除反应（27）和卤代烃的消除反应（24）。前者用酸催化，后者用碱催化，反应都遵循札依采夫规律。有些醇的消除反应常伴随有较多的副产物（烯、醚等）。

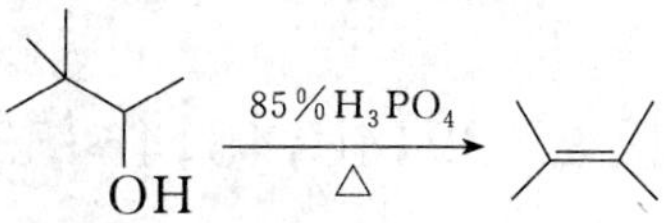

伴有碳正离子重排

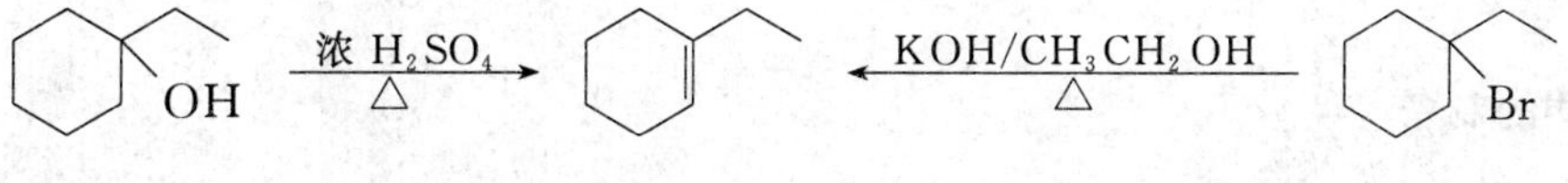

（七）胺的反应及其制备（20,30,31,32,58）

胺类都有弱碱性，能与无机酸或有机酸形成盐（30），后者较相应的胺具有较大的水溶性。铵盐遇到强碱如氢氧化钠、氢氧化钾等可释放出胺。胺和铵盐的上述性质常用来改变胺的溶解性和胺的提纯分离。

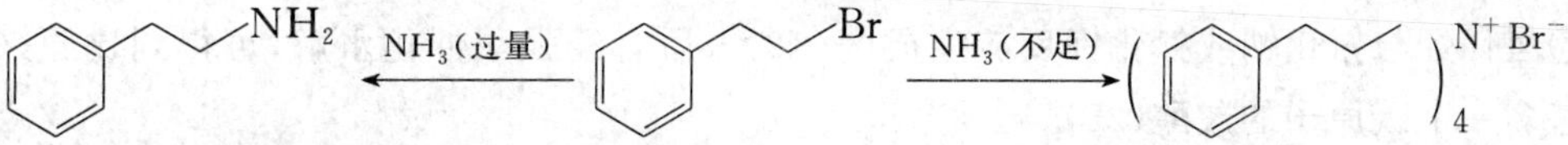

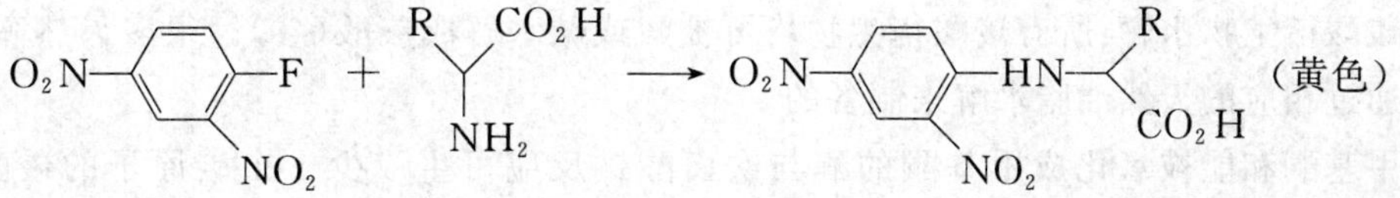

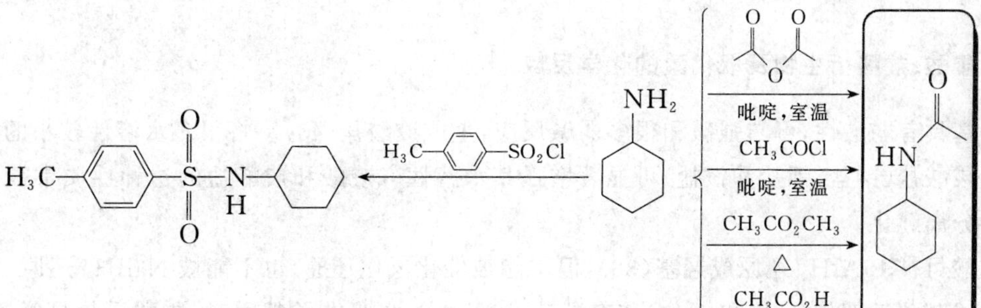

胺是较好的亲核试剂,能与卤代烃、酰卤、酸酐、酯等发生取代反应(20,58)。胺的亲核性强弱次序一般为:叔胺>仲胺>伯胺>氨。因此,过量的卤代烃和氨反应的主要产物是季铵盐(31),而不是伯胺、仲胺或叔胺。但是,大大过量的氨和卤代烃反应的主要产物是伯胺。制备较纯净的伯胺、仲胺或叔胺需要采用其他的反应。

氨、伯胺、仲胺均可与酰卤、酸酐或酯发生亲核取代反应,生成酰胺或N-烃基取代的酰胺。个别情况下,酰胺也可通过高温加热羧酸铵(胺+羧酸)来制备。叔胺不发生酰化反应。由于酰胺键可被强酸或强碱水解而释放出游离胺,故氨基酰化反应在有机合成中也常用于氨基的保护。

氨、伯胺或仲胺还可与磺酰氯反应,生成磺酰胺(32)。鉴别伯、仲、叔胺的兴斯堡(Hinsberg)反应便属于这类反应。

季铵碱属于强碱,一般采用卤化季铵盐与氢氧化银(而不是NaOH、KOH等)反应来制备。季铵盐和季铵碱均有很好的水溶性。

(八)羧酸及羧酸衍生物的反应(39,40,45,46,53～60,70)

1.羧酸的制备

制备羧酸的方法有很多,这些方法充分体现了有机合成反应的多样性。主要的方法如下。

①烯烃、炔烃的氧化(1,10):碳链断裂。

②伯醇氧化(26)、醛氧化(41,43)、腈水解(25):碳链不变。

③烃基取代的芳烃氧化(61):无论烃基长度,只得到相应的芳基甲酸。

④格氏试剂与CO_2反应,随后加酸水水解,生成比原来烃基多一个碳原子的羧酸。该法可用于间接向芳环引入羧基。

⑤卤代烃与氰化钠或氰化钾反应生成腈(19),后者经强酸催化水解,可得到比原来卤代烃烃基多一个碳原子的羧酸(25)。

⑥羧酸衍生物水解:所有羧酸衍生物均可被酸或碱水解成羧酸(40)。很多天然高级脂肪酸都是通过相应的天然油脂水解来制备的。

⑦甲基酮和能被氧化成甲基酮的醇与次卤酸钠反应可生成少1个碳原子的羧酸(卤仿反应)。

2.羧酸、羧酸衍生物及取代酸的化学反应

羧基具有弱酸性,可与强碱和很多弱碱反应,生成羧酸盐(45)。将很多水溶性较小的羧酸转变成羧酸盐(钠盐、钾盐和铵盐)可显著增强其水溶性。羧酸和羧酸盐的这种性质常被用于羧酸的分离纯化。

羧酸可被$LiAlH_4$还原成羟基(38),但不能被催化氢化还原,也不能被$NaBH_4$还原。

当羧基邻近部位(α-位和β-位)连有羰基、羧基之类强吸电子基团时,羧酸受热易脱羧,如α-酮酸、β-羰基酸、丙二酸、草酸等在加热都能发生脱羧反应。

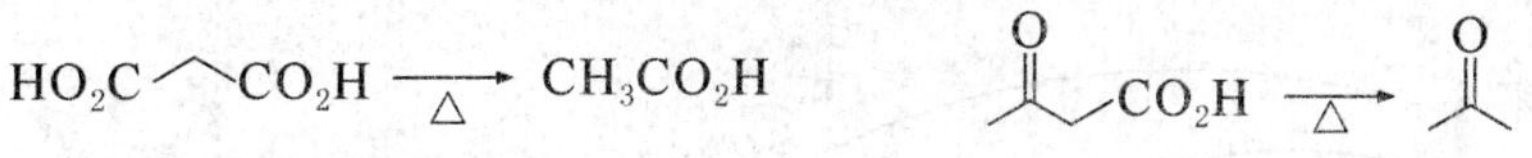

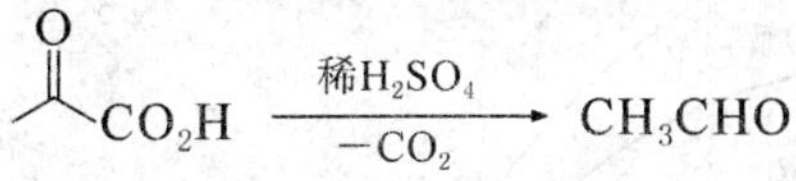

羧基中羟基的取代反应是制备羧酸衍生物的主要方法(39)。羧酸与三卤化磷、二氯亚砜等反应可以制备酰卤(用氢卤酸不能发生类似反应);羧酸与醇在强酸催化下可生成酯,常用的酸有浓硫酸、磷酸等。叔醇和酚酯需用酰氯或酸酐与醇或酚反应来制备。γ-羟基酸和δ-羟基酸受热容易发生分子内成酯反应,分别生成五元环和六元环内酯。α-羟基酸受热容易发生分子间的成酯反应,生成六元环双酯即交酯;羧酸铵盐在高温加热下脱水生成酰胺,酰氯或酸酐与氨、伯胺、仲胺反应也能生成酰胺,后者比前者更为常用。叔胺不能生成酰胺。

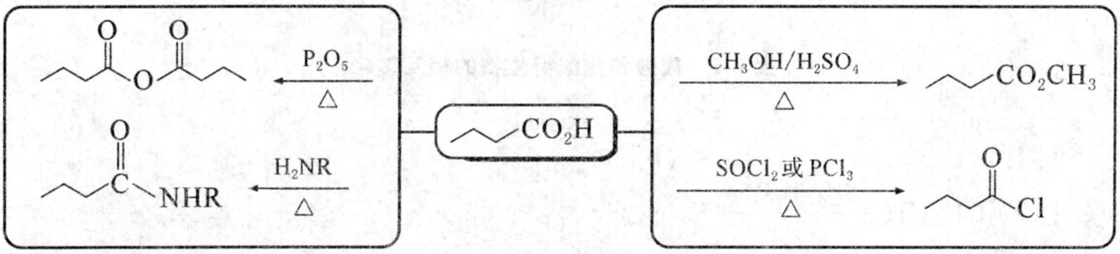

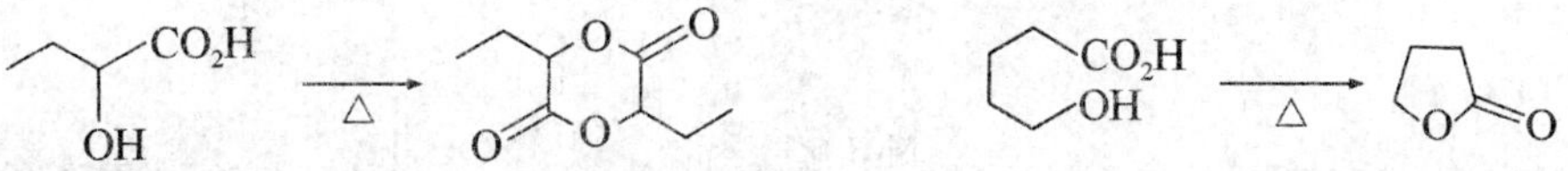

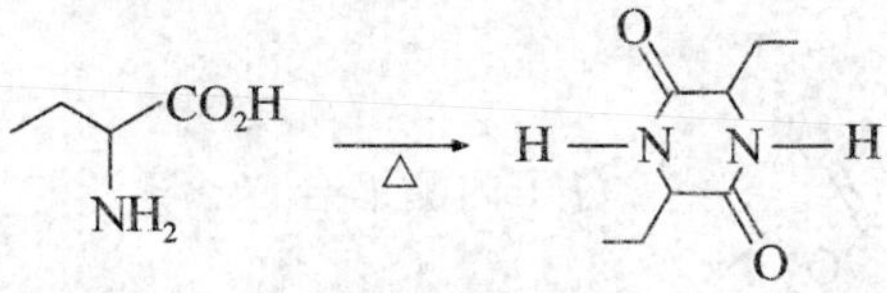

羧酸及其衍生物发生的取代反应如图 4-2 所示。

反应活性次序为:酰卤>酸酐>酯>酰胺>羧酸。一般的规律是利用较活泼的羧酸衍生物可以制备较不活泼的羧酸衍生物。所有的羧酸衍生物都可以被水解成羧酸,酯和酰胺的水解需要强酸或强碱作催化剂。

酯可以被催化氢化、$LiAlH_4$及钠/醇还原,生成伯醇。含α-H 的酯在醇钠等强碱催化下发生酯缩合反应,生成β-羰基酯,相当于酯的α-位酰化反应(59)。不含α-H 的酯(如苯甲酸酯等)能和含α-H 的酯之间发生交叉酯缩合,后者作为亲核试剂。一些二元羧酸酯能发生分子内缩合,产物为五元环或六元环状β-羰基酯。

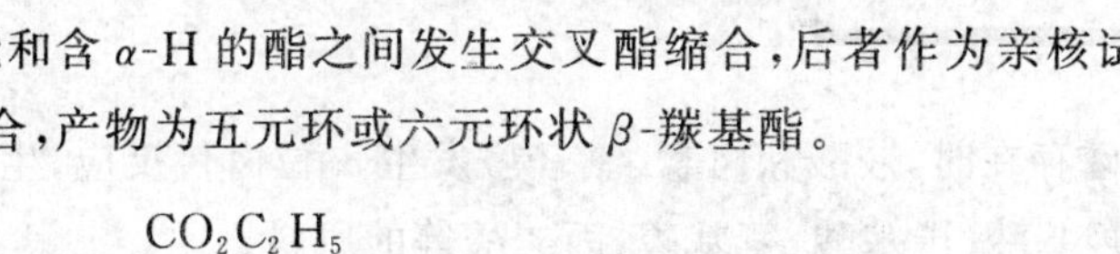

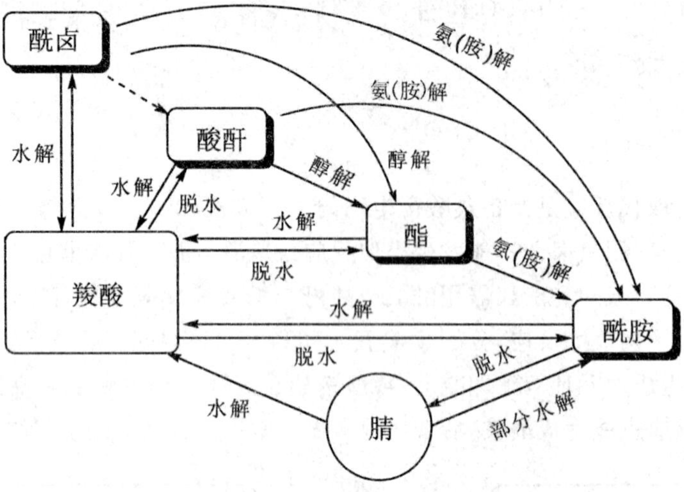

图 4-2 羧酸和羧酸衍生物的相互转化

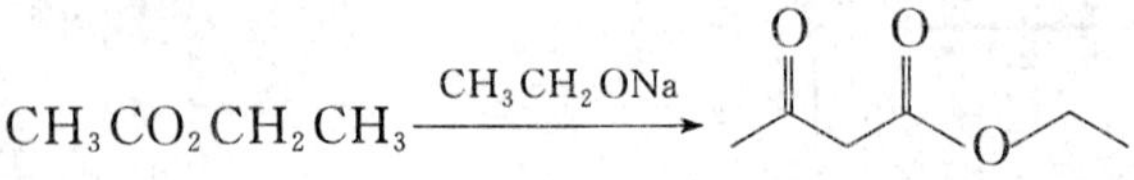

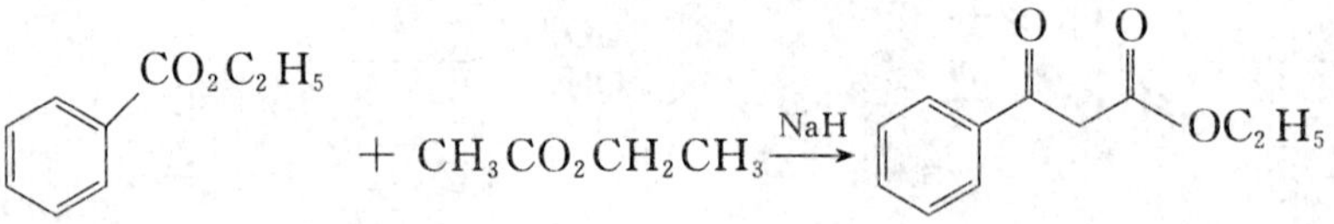

交叉的酯缩合

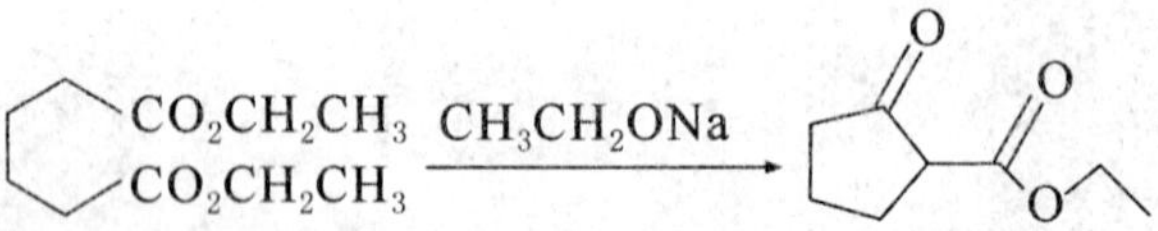

分子内酯缩合

β-羰基酯在稀酸或稀碱条件下水解生成 β-羰基酸或其盐，β-羰基酸容易脱羧并生成酮，(β-羰基酯的成酮分解)(52)，后者常被用于消除克莱森酯缩合反应产物中的酯基。β-羰基酯与浓碱反应发生脱酰基反应并伴有皂化反应，生成两个羧酸(盐)(成酸分解)。

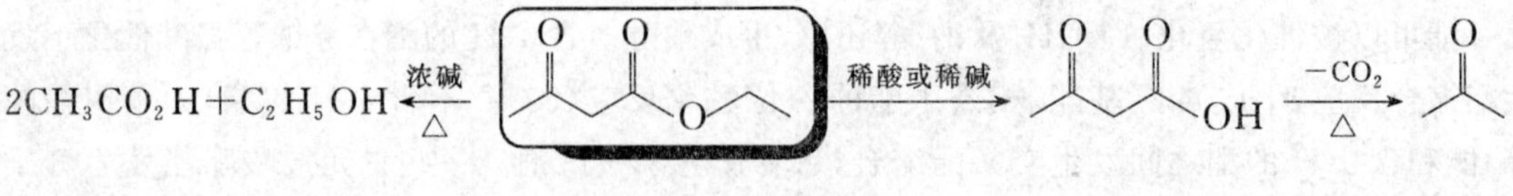

需要在光照下有红磷或三卤化磷存在时，羧酸和卤素(氯、溴)发生 α-位卤代反应，生成 α-卤代酸(70)。α-卤代酸可作为制备羟基酸、羰基酸、氨基酸、丙二酸等的原料。

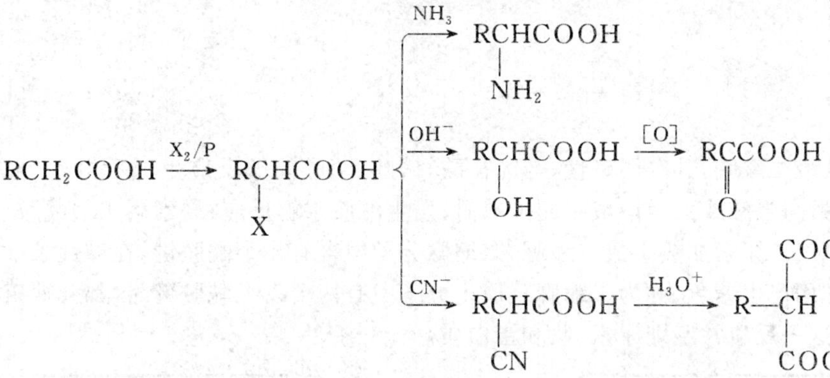

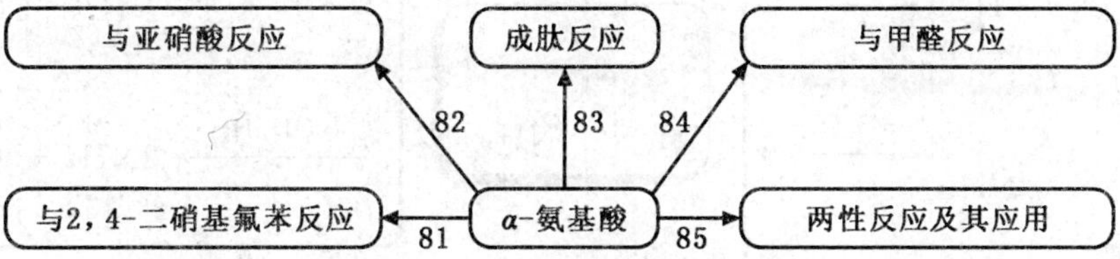

图 4-3 氨基酸的反应

α-氨基酸分子内的碱性氨基和酸性羧基可发生分子内的酸碱反应,生成内盐,又称偶极离子。这种盐属于弱酸弱碱盐,既能与酸反应,也能与碱反应,称为氨基酸的两性(85)。一般来说,氨基酸分子中的羧基电离质子的能力($K_a \approx 10^{-3} \sim 10^{-2}$)大于氨基接受质子的能力($K_b \approx 10^{-5} \sim 10^{-4}$)。对于中性氨基酸来说,当电离平衡时,溶液中的羧基负离子($—CO_2^-$)数目稍多于氨基正离子($—NH_3^+$)的数目,平均而言,每个氨基酸分子带有部分负电荷,溶液显弱酸性。当向溶液中逐渐加入强酸时,一方面强酸抑制羧基的电离,减少溶液羧基负离子($—CO_2^-$)的数目;另一方面强酸促进游离氨基质子化,增加氨基正离子($—NH_3^+$)的数目。当达到某一 pH 时,溶液中的羧基负离子($—CO_2^-$)数目便会等于氨基正离子($—NH_3^+$)数目。此时,每个氨基酸的平均电荷为零,所有氨基酸都以偶极离子形式存在,此时的 pH 称为该氨基酸的等电点(pI)。相对于中性氨基酸来说,酸性氨基酸溶液需要加入更多的强酸才能达到使其达到等电点。因此,中性氨基酸的等电点(pI=5~7)溶液呈弱酸性,酸性氨基酸的等电点溶液呈较强的酸性(pI= 2~4)。与中性和酸性氨基酸相反,碱性氨基酸要达到等电点则需要向其溶液中加入一定的强碱,因此碱性氨基酸的等电点(pI=7.5~11)溶液呈碱性。在等电点时,氨基酸不带电荷,在电场中不发生定向移动。利用不同氨基酸具有不同等电点的性质,可以通过电泳对氨基酸进行分离(85)(图 4-3)。

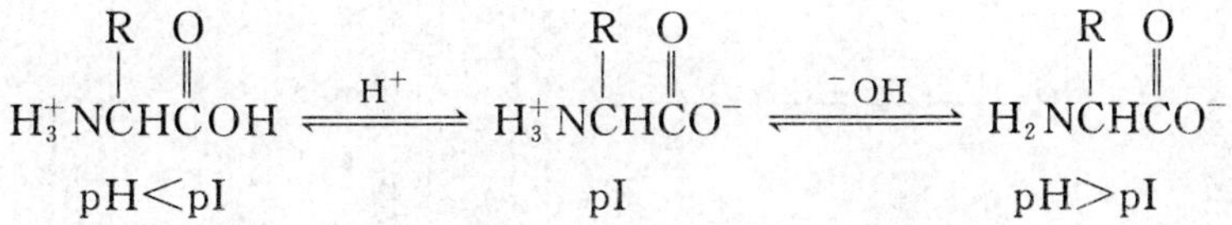

酰胺在有机合成上的重要应用之一是制备伯胺。通过霍夫曼降解反应由伯酰胺制备少一个碳的伯胺,用 $LiAlH_4$ 还原可由酰胺制备相同碳数的胺。

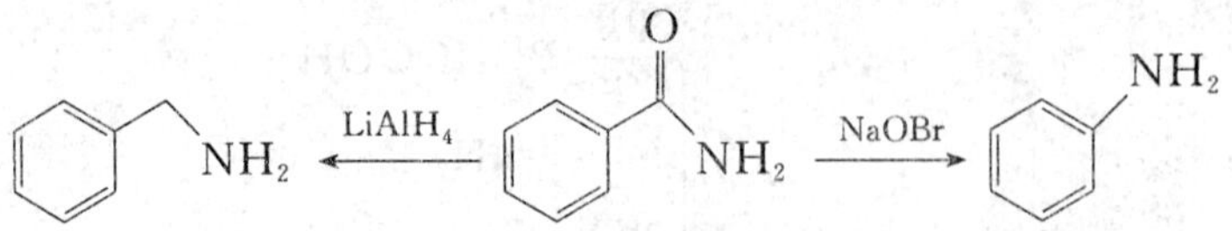

尿素是碳酸二酰胺，具有弱碱性，与无盐酸、硝酸、草酸能够反应生成不溶性的盐，可用来分离尿素；尿素与强酸或强碱溶液一起加热时，发生酰胺水解反应；尿素属于伯酰胺，能与亚硝酸反应放出氮气。尿素加热生成二缩脲，二缩脲分子中含有4个酰胺键，在碱性条件下与稀的硫酸铜溶液作用产生紫色，称为二缩脲反应。分子中有两个以上酰胺键时，都会遇硫酸铜溶液显紫色，利用这一反应常鉴别尿素、肽和蛋白质。

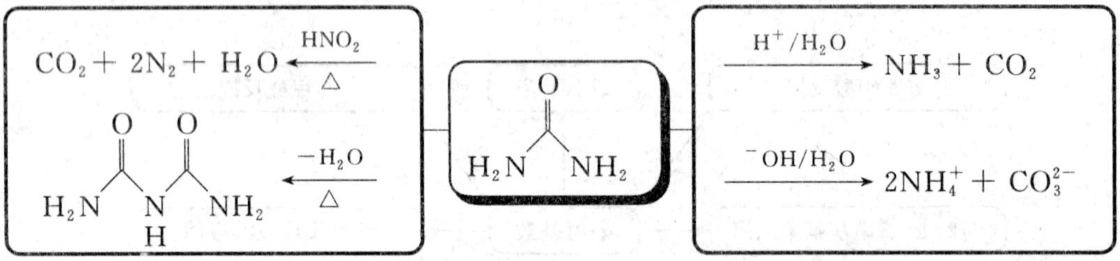

（九）醚的制备反应(29,36)

醇钠或酚钠和卤代烃反应(29)是制备醚的首选方法，尤其适合于制备混合醚。这就是Williamson反应。使用该法需要注意如下两个问题。

①在制备芳基烷基醚(Ar—O—R)时，一般只能选择卤代烷和酚盐反应，而不能选择卤代芳烃和醇盐。只有当卤代芳烃的苯环邻、对位上同时含有如硝基等强吸电子基团时，卤代芳烃才能发生取代反应。

②在制备含叔丁基的混合醚时，卤代烃不应选择卤代叔丁烷，否则易发生消除反应(24)。

酸催化下的伯醇脱水反应也是制备醚常用的方法，催化剂常用浓硫酸和磷酸。仲醇和叔醇在强酸作用下主要生成烯烃，不适宜于制备醚。1,4-二醇类和1,5-二醇类在酸催化下主要发生分子内脱水，生成五元环或六元环醚。

硫酸二甲酯[$(CH_3)_2SO_4$]是很好的甲基化试剂，常用于醇羟基和酚羟基的甲醚化。

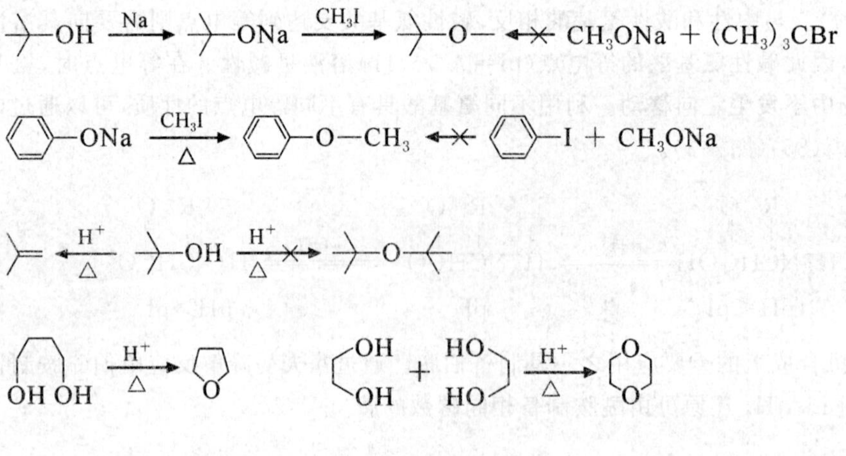

(十)芳香烃及芳杂环化合物的反应(33)

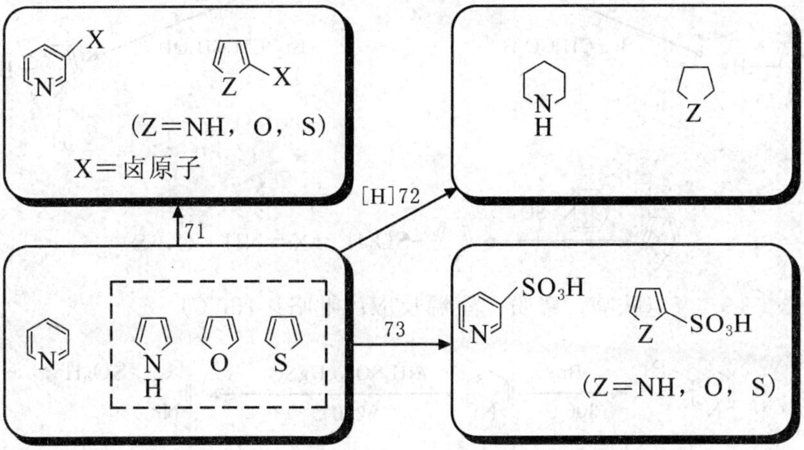

图 4-4　芳杂环的反应

1.亲电取代反应

苯环的反应是卤代、硝化、磺化、烷基化和酰基化。由于重排反应的影响,烷基化反应不宜用于制备≥3 个碳原子的直链烷基苯。后者可通过先酰化再还原的间接方法来制备。酰化反应引入的羰基也能还原成羟基,是合成 α-芳基醇最常用的方法(65)。芳环上有较强致钝基团时,芳环上亲电取代反应性将减弱或不能发生。

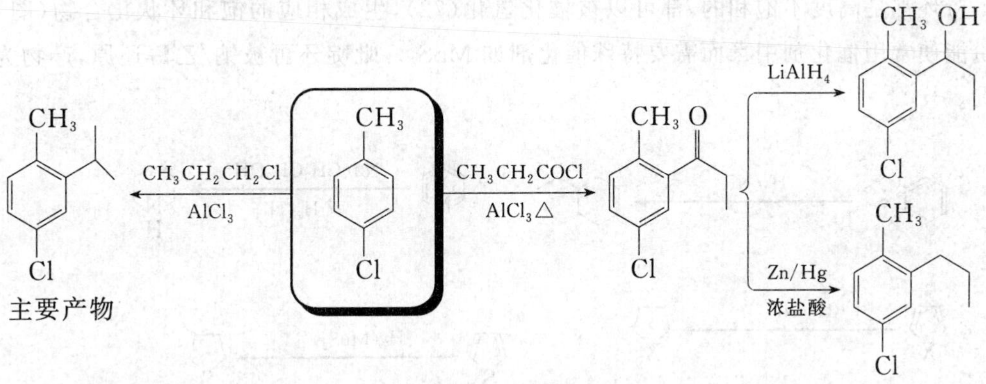

有些官能团(如氨基、羟基、氰基、羧基)是不能直接引入芳环上的,需要采用间接的方法来完成。例如,氨基的引入可通过先硝化再还原的方法来引入(63);羟基的引入可通过重氮基的水解来实现;羧基的引入可采用烷基的氧化、氰基的水解或芳基卤化镁与 CO_2 作用后水解等方法。

吡啶、呋喃、噻吩、吡咯等芳杂环也能发生卤代、磺化等反应(71,73)(图 4-4)。杂环上的杂原子对亲电取代反应具有定位效应,吡啶主要发生在 3 位,呋喃、噻吩、吡咯主要发生在 2 位。

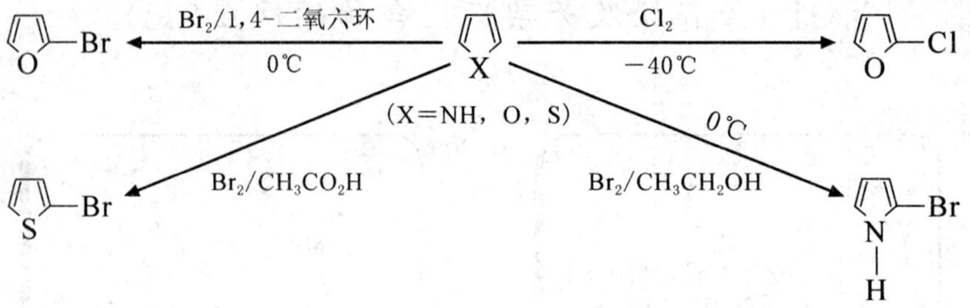

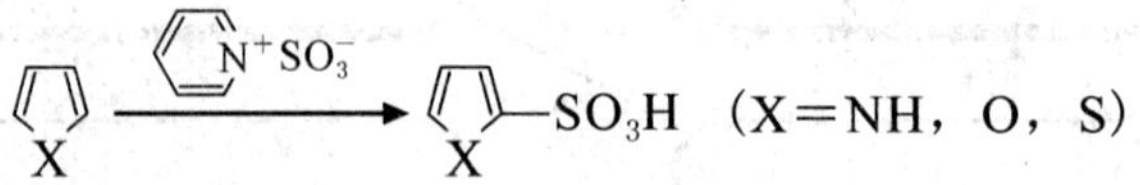

(呋喃，噻吩：室温反应；吡咯：100℃)

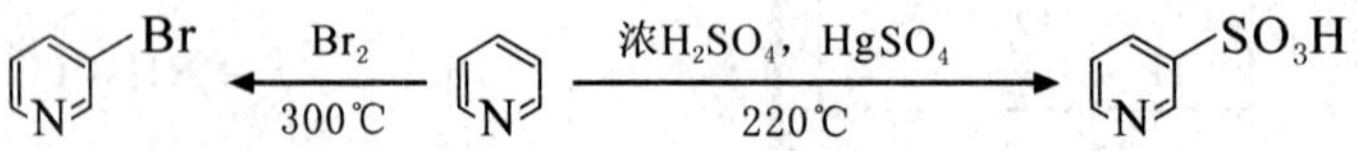

2. 氧化反应和还原反应

芳环上的 π 电子密度越高越容易氧化，不同芳香环被氧化由难到易的次序为：吡啶＞苯＞五元杂环(呋喃、噻吩、吡咯)。当苯环和吡啶环共存时，一般只有苯环被氧化。

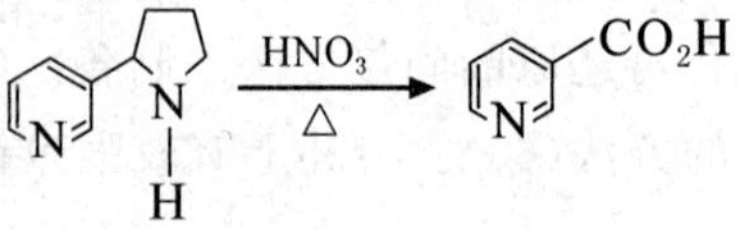

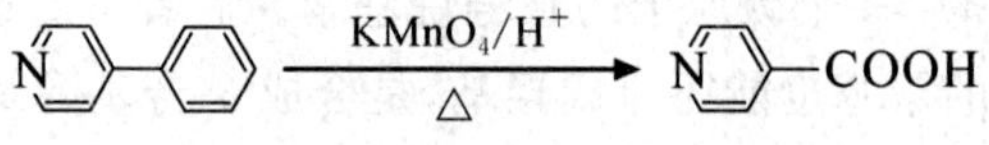

芳环都是高度不饱和的，都可以被催化氢化(72)，生成相应的饱和环状化合物(图 4-4)。噻吩能使常用催化剂中毒而需要特殊催化剂如 MoS_2。吡啶还可被钠/乙醇还原，产物为六氢吡啶。

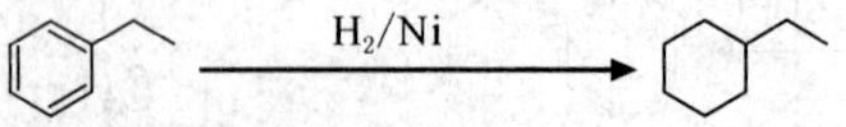

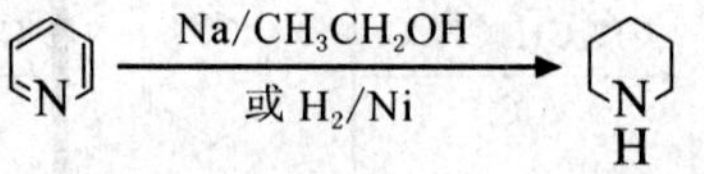

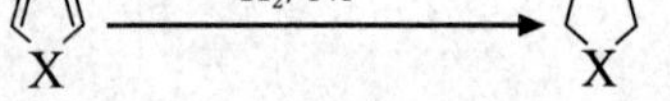

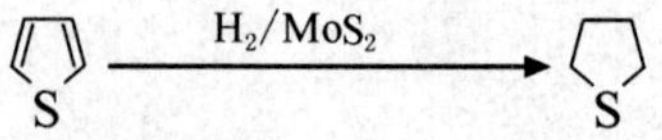

(X=NH，O)

3. 侧链反应

芳环侧链上含 α-H 的芳香烃均可被氧化成相应的芳香酸，也可以与卤素在光照或高温下发生 α-H 的卤代反应(61)。

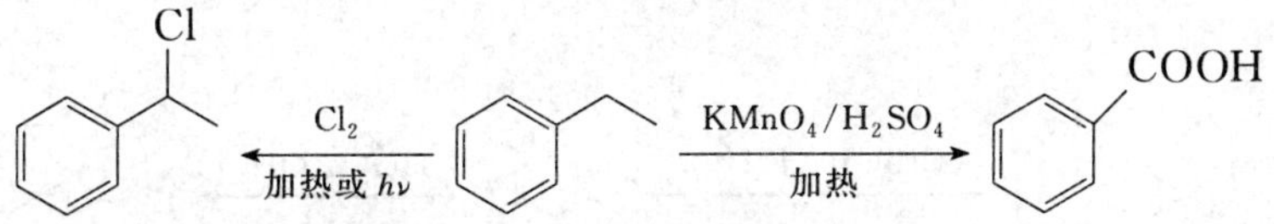

(十一)醛、酮的制备及其反应(43,44,47)

1.醛、酮的制备

制备醛、酮的主要方法是醇氧化法(26)。仲醇氧化成酮,伯醇用三氧化铬/吡啶复合物(CrO_3/C_5H_5N)氧化得到醛,用高锰酸钾、重铬酸钾氧化得到羧酸。

2.醛、酮的化学反应

(1)亲核加成反应　羰基是强极性双键,亲核加成反应是其最典型反应(与烯烃的亲电加成不同)。醛、酮可以与 HCN、$NaHSO_3$、RMgX、水、醇、羰基试剂等发生亲核加成反应。

HCN、$NaHSO_3$ 都是较弱的亲核试剂,只有醛、脂肪甲基酮和≤6 个碳原子的环酮才能与之反应。醛、酮与 HCN 反应生成 α-羟基腈,后者可进一步发生多种反应。例如,通过氰基的酸催化水解制备 α-羟基酸(48),后者再经过分子间羟基的脱水制备交酯或通过羟基的氧化可制备 α-酮酸(51);通过氰基的催化氢化或与 $LiAlH_4$ 反应制备邻氨基醇。因此 α-羟基腈是有机合成中的重要中间体。

醛、酮与 $NaHSO_3$ 反应生成 α-羟基磺酸钠,后者溶于水而不溶于有机溶剂,能与稀酸或稀碱反应而释放出原来的醛或酮,因此该反应常用于醛、酮的定性鉴别和分离提纯。

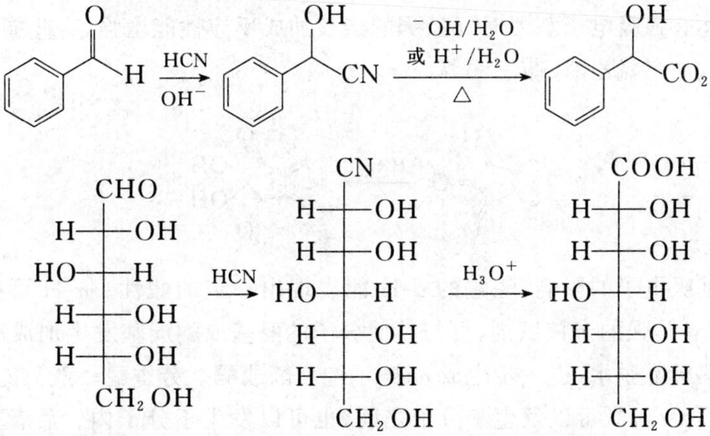

醇是更弱的亲核试剂。醛或酮与醇需在无水强酸催化下才能发生加成反应,产物是缩醛或缩酮。常用的酸有干燥氯化氢、对甲苯磺酸等。缩醛和缩酮都不与碱、氧化剂、还原剂和金属有机试剂(格氏试剂、有机锂试剂等)反应,但在酸的水溶液中可水解成原来的醛或酮,因此缩醛或缩酮结构常用来保护羰基。酮较醛难反应,但易与二元醇生成五元环或六

元环的缩酮。

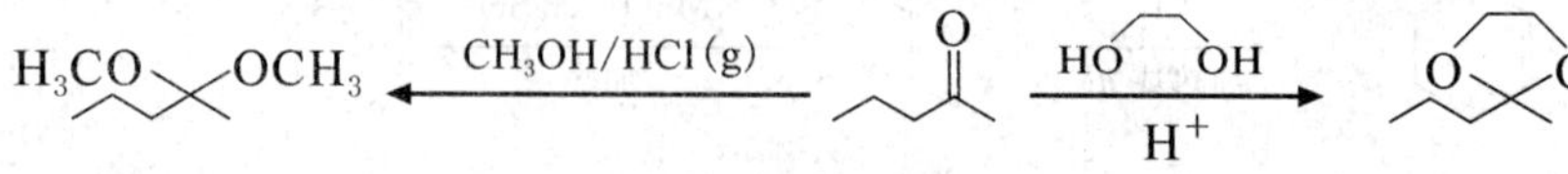

生成缩醛的过程需要先形成半缩醛。半缩醛一般不稳定，但具有五元环或六元环结构的分子内半缩醛是比较稳定的且容易形成。

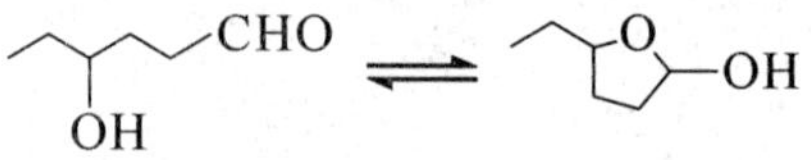

醛或酮与格氏试剂极易发生加成反应，产物水解后得到醇，这是制备各种醇和向分子中引入碳链的常用方法。甲醛与格氏试剂反应能得到伯醇，使格氏试剂的烃基碳链（或环）增加一个碳原子；其他醛与格氏试剂反应能得到仲醇，酮与格氏试剂反应能得到叔醇，仲醇和叔醇的 α-碳上各有一个烃基来自格氏试剂。

醛、酮与一些含氨基（NH_2）的化合物（伯胺、羟胺、肼、苯肼、2，4-二硝基苯肼、氨基脲，通式表示为 $H_2N—Y$，称为羰基试剂）容易发生加成-消除反应，如下所示。

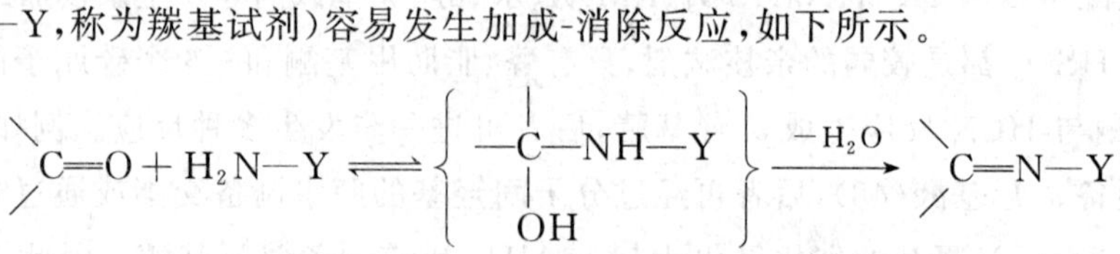

上述反应的产物多为固体，具有固定的熔点和较窄的熔程，与强酸容易释放出原来的醛或酮，故常用于醛酮的鉴别和提纯分离。2，4-二硝基苯肼与醛酮的反应生成黄色沉淀或黄色结晶，是鉴别醛、酮最常用的羰基试剂。羧酸与羰基试剂发生酸碱反应，羧酸衍生物与羰基试剂发生亲核取代反应，类似于氨解反应。

当羰基邻位连有强吸电子基团时，醛、酮的亲核加成反应性能增强，有些能与水（很弱的亲核试剂）发生反应，如三氯乙醛、茚三酮等。

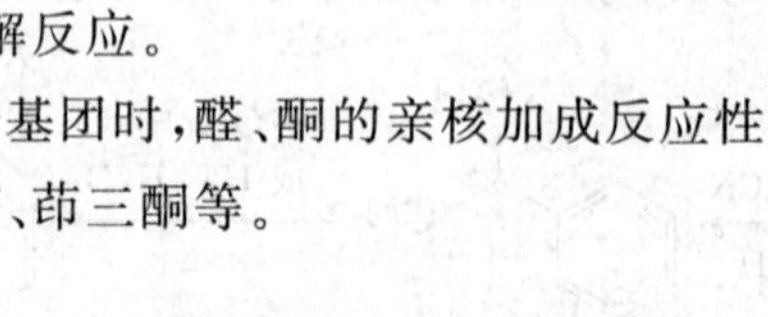

由于受到羰基吸电子的影响，醛酮的 α-H 能表现出一定的酸性。α-H 可被强碱吸去，生成 α-碳负离子，后者是强的亲核试剂，可与其他分子的醛基或酮羰基发生加成反应，生成 β-羟基醛、酮，后者受热极易脱水，进一步生成 α,β-不饱和醛或酮。芳香醛一般只能得到 α,β-不饱和醛、酮。羟醛缩合反应既可以发生于分子之间，也可以发生于分子内。后者常见于二元醛、二元酮或羰基醛的反应，一般多生成五元环或六元环的结构。羟醛缩合反应是合成 α,β-不饱和醛、酮的主要方法，也是增长碳链的有效方法之一。

酮与酮难于发生羟醛缩合反应，但不含有 α-H 的醛（包括 α,β-不饱和醛）与含 α-H 的醛或酮可发生交叉羟醛缩合反应。

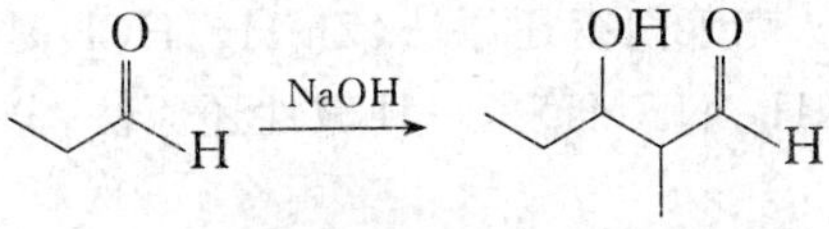

（分子间缩合）

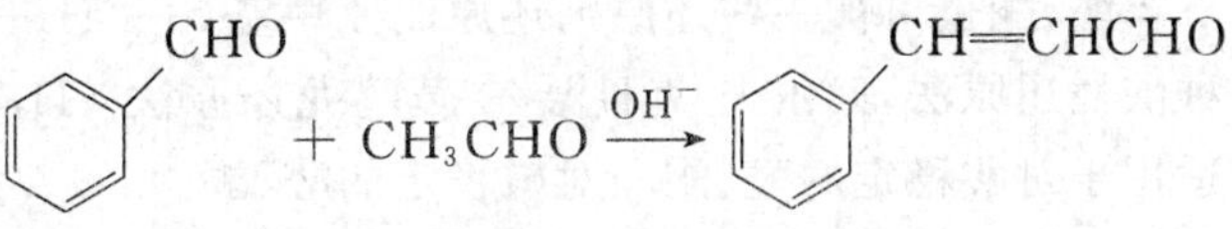

（分子间交叉缩合）

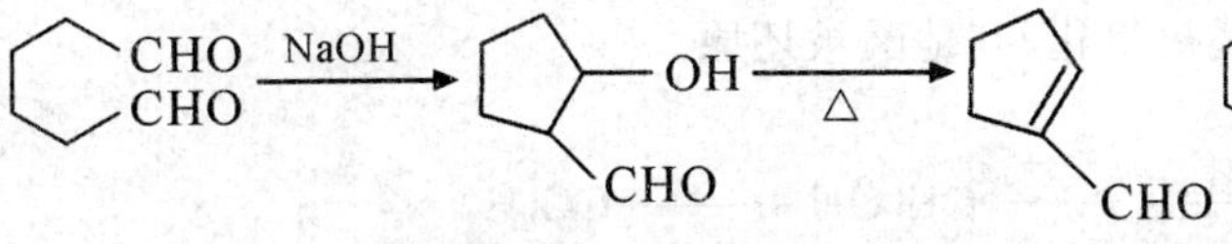

（分子内自缩合）

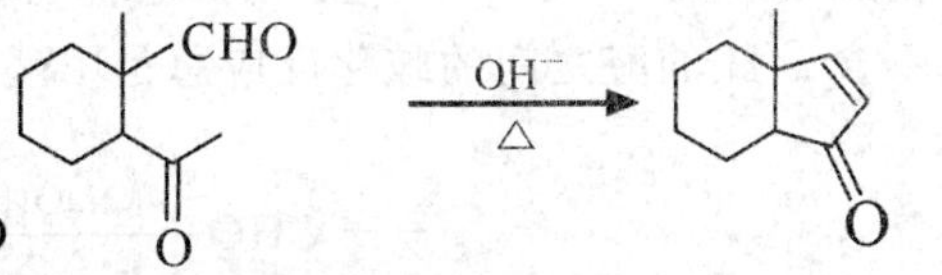

（分子内交叉缩合）

(2)卤仿反应　醛、酮的 α-H 可被卤素取代，反应可被酸或碱催化。酸催化的反应速率低，可控制性地生成单卤代产物。碱催化的卤代速率高，常生成多卤代产物。在碱性条件下，乙醛或甲基酮与卤素反应形成卤仿和少一个碳原子的羧酸盐，相当于脱甲基化反应，是一种缩短碳链并制备羧酸的方法。碘仿不溶于水，常以黄色晶体的形式从反应液中析出，是鉴别乙醛、甲基酮和甲基仲醇（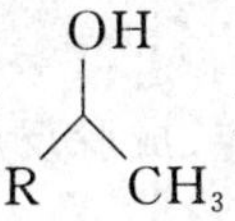）的常用方法。

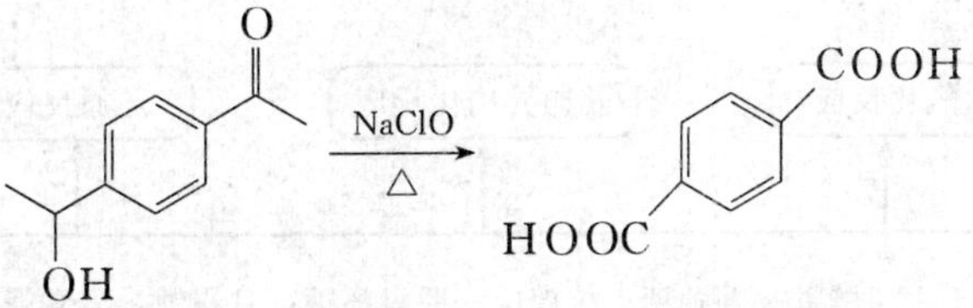

(3)氧化反应　醛容易被氧化相应的羧酸，$KMnO_4$、$K_2Cr_2O_7$、HNO_3 等是常用的氧化剂。酮一般不发生氧化反应，只有过氧化物和强氧化剂（如浓硝酸）在剧烈条件下才能将其氧化。

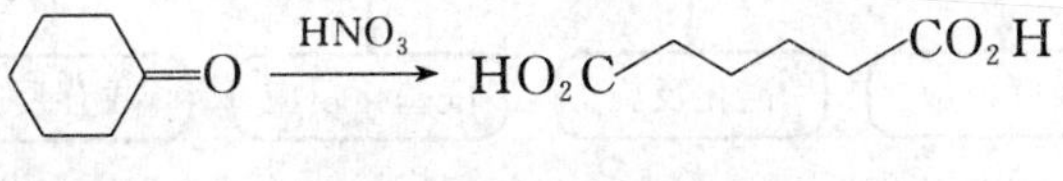

醛也可以被一些弱氧化剂[如银氨溶液、硫酸铜/酒石酸钾钠的碱溶液（Fehling 试剂）等]选择性地氧化成羧酸，分子中的C═C双键、羟基等不被氧化。Fehling 试剂不能氧化芳香醛。

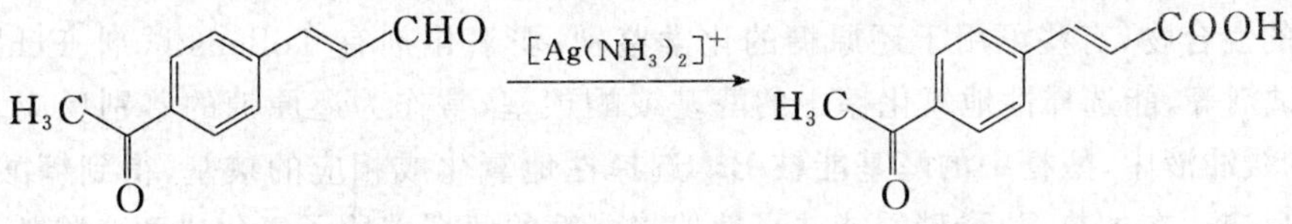

(4)还原反应　醛、酮可被催化氢化（H_2/Ni、Pt、Pd 等）和金属氢化物（$LiAlH_4$、$NaBH_4$）还原成相应的醇，其中金属氢化物的还原不影响分子中的孤立 C═C 双键。

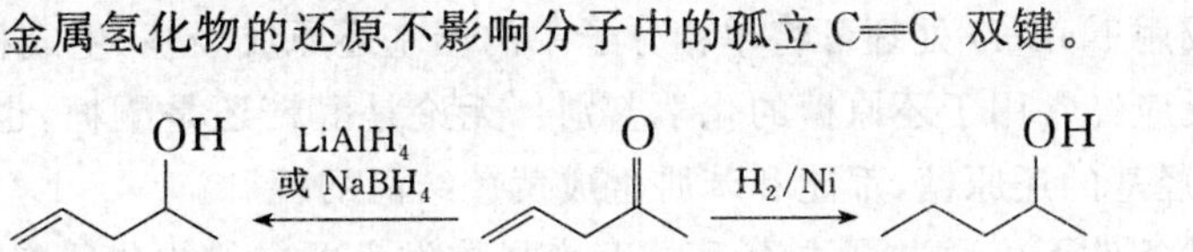

醛、酮也可被一些还原剂还原成亚甲基（$—CH_2—$）。克莱门森还原法（Zn-Hg/HCl）是一种酸性还原法，武尔夫-克日聂尔-黄鸣龙还原法（H_2NNH_2/NaOH）是一种碱性还原法，分别适用于对酸稳定的醛、酮和对碱稳定的醛、酮。

（5）歧化反应　不含 α-H 的醛在浓强碱中加热，可发生分子间的歧化反应，一分子醛被氧化成羧酸（盐），另一分子被还原成醇。两种不同醛的歧化反应总是得到混合物，但甲醛和其他不含 α-H 的醛之间的歧化反应总是甲醛被氧化，其他醛被还原。

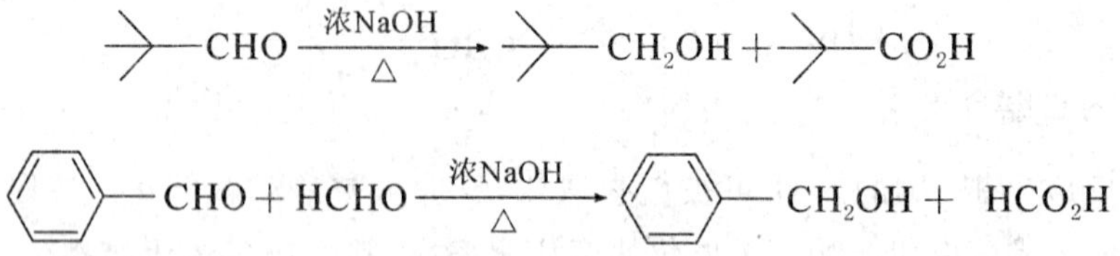

（十二）单糖的反应（74～80）

单糖的主要反应有氧化反应、差向异构化反应、还原反应、成脎反应、醚化反应、成酯反应和成苷反应（图 4-5）。

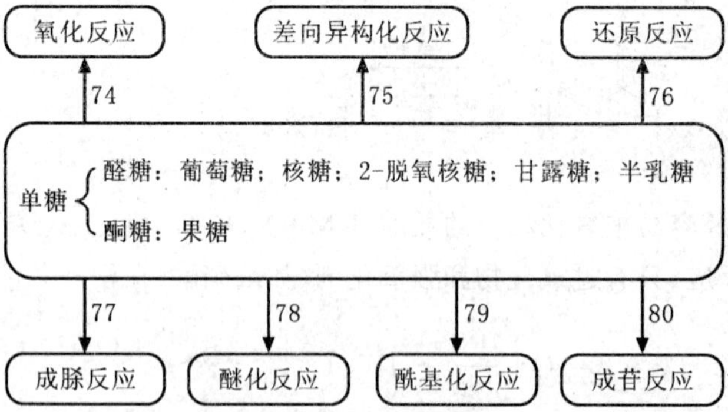

图 4-5　单糖的化学反应

单糖可被多种强氧化剂和弱氧化剂氧化。强氧化剂（如高锰酸钾等）一般将单糖氧化成小分子羧酸的混合物，有些可用于还原糖的化学鉴别；弱氧化剂有 Tollens 试剂、Fehling 试剂、Benedict 试剂等，能选择性地氧化糖中的醛基或酮羰基，常作为还原糖的鉴别反应。另外，在 pH 6.0 的缓冲液中，醛糖中的醛基能被 Br_2 选择性地氧化成相应的羧基，得到糖酸。酮糖不发生类似反应。在加热下，稀硝酸能选择性地将醛糖的两端碳原子氧化成两个羧基，得到糖二酸。同样的条件下，酮糖则被氧化断链，无制备上的价值。

催化氢化或用 $NaBH_4$ 处理可将单糖分子中的羰基还原成羟基，生成相应的糖醇。

糖的成脎反应经常用于还原糖的化学鉴别。无论是醛糖还是酮糖，也无论是单糖还是双糖，只要是含苷羟基的还原糖，都能和苯肼生成黄色结晶的糖脎。

单糖在碱性条件下可通过酮式-烯醇式互变异构发生差向异构化反应，导致 1 位和 2 位的羰基和羟基的位置互换或 2 位手性碳的构型翻转。前一种情况导致了醛糖和酮糖的互相转化，这正是酮糖能被碱性氧化剂（Tollens 试剂、Fehling 试剂、Benedict 试剂）氧化的原因所在。后一种情况导致单糖的差向异构化。

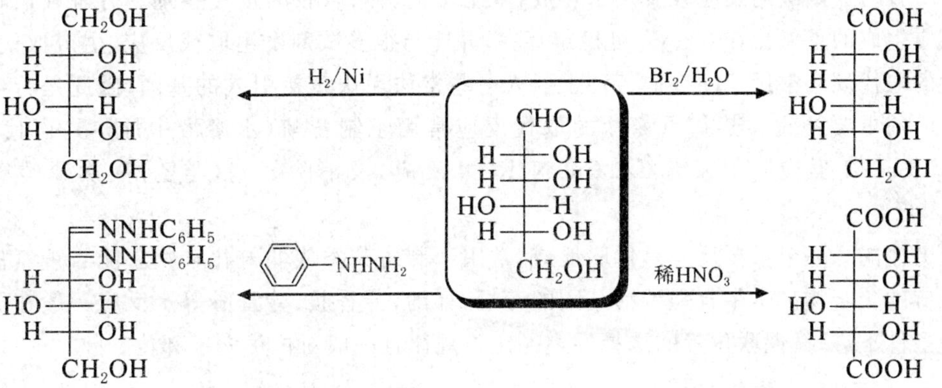

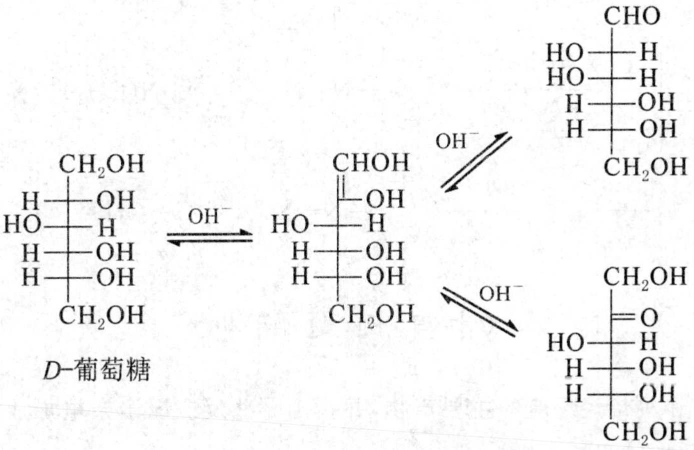

D-甘露糖

D-葡萄糖

D-果糖

糖分子中的羟基可以在 Ag_2O 存在下与碘甲烷反应或在碱性条件下与硫酸二甲酯反应生成全甲醚化产物，包括半缩醛羟基的甲醚化(78)。在无水氯化氢等无水酸催化下，甲醇能选择性地与单糖的苷羟基发生缩醛化反应，生成糖苷(80)。

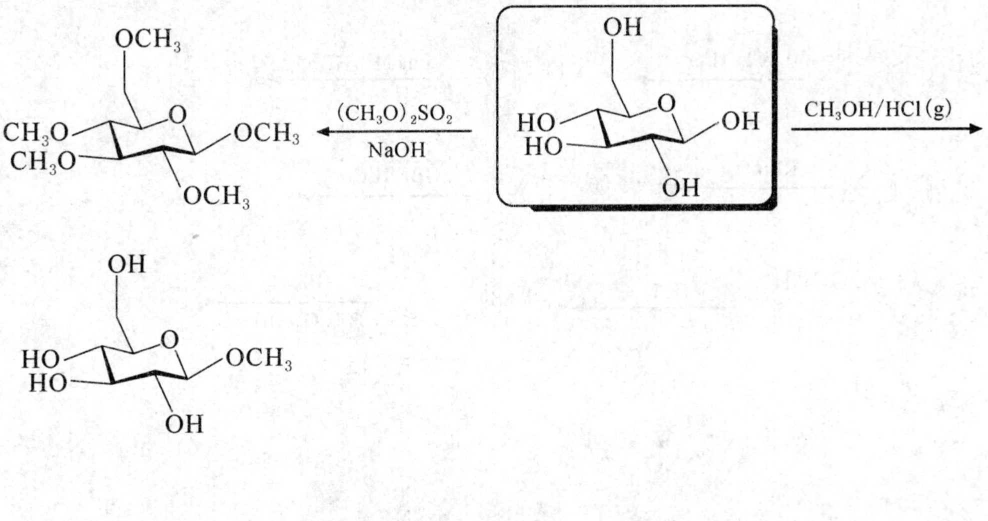

(十三)氨基重氮化反应及重氮盐在有机合成中的应用(66,69)

脂肪胺与亚硝酸的反应较少用于合成,多用于伯、仲、叔胺的定性鉴别。芳香族伯胺与亚硝酸反应生成的重氮盐在0～5℃可稳定存在,并能与很多试剂发生取代反应,生成取代芳烃。重氮盐的取代反应常用于间接向芳环上引入一些常法无法直接引入的基团,因此是芳环亲电取代反应的重要补充。芳基重氮盐的取代反应常用于制备酚(水溶液中加热),卤代苯(与CuCl、CuBr、KI反应),氰基苯(与CuCN/KCN反应)及消除氨基(与乙醇、次磷酸等一起加热)。

重氮盐的另一个重要反应是偶联反应,常用于制备芳香族偶氮化合物。能与重氮盐发生偶联反应的化合物都是带有强致活基团的芳烃,如酚、芳香胺、芳香醚等。反应一般在弱酸或弱碱的条件下进行,偶联位置的选择性遵循定位规律且一般对位优先于邻位。

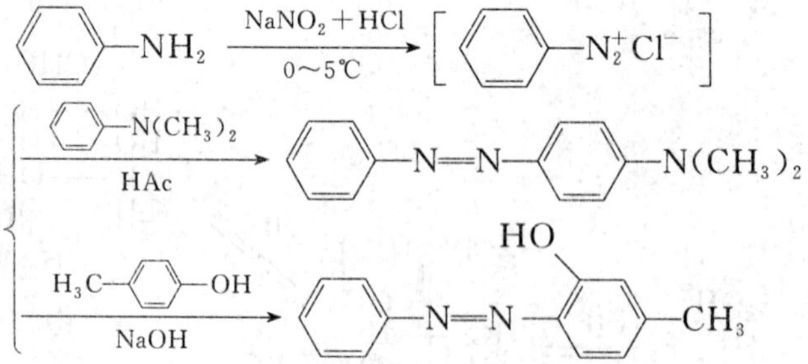

(十四)例 题 解 析

例4.1 写出下列烯烃反应的主要产物,并指出哪些反应属于亲电加成反应?哪些反应遵循马氏规则的反应?

(1) 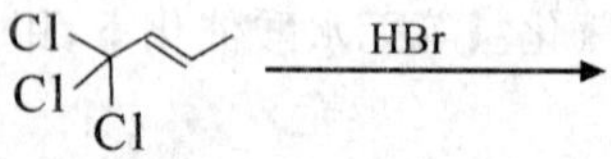

(2) 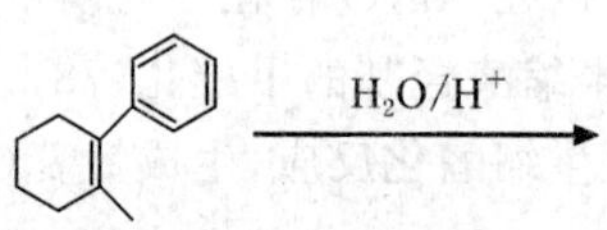

(3) 

(4) 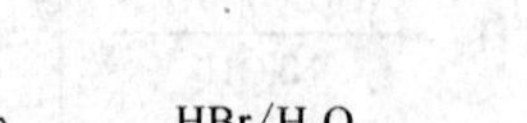

(5) 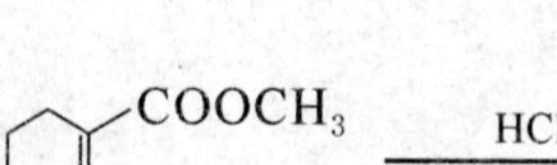

(6) 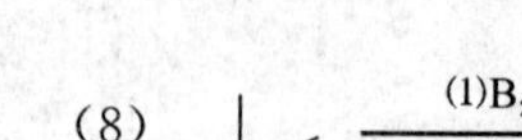

(7)

(8)

(9) 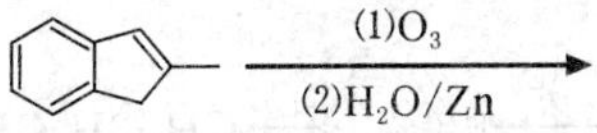

解：

(1) 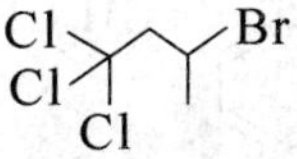 亲电加成反应，反马氏规则。连接在双键碳原子上的三氯甲基是吸电子基团。

(2) 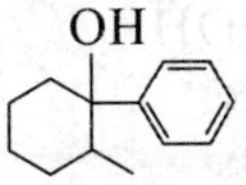 亲电加成反应。苄基碳正离子更稳定。

(3)  亲电加成反应。反应是 Cl—Cl 的正偶极进攻双键。

(4) 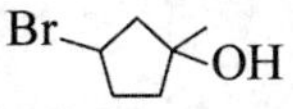 1,4-亲电加成反应。反应是 HO—Br 的正偶极 Br 先进攻含 H 多的双键 C 原子。

(5) 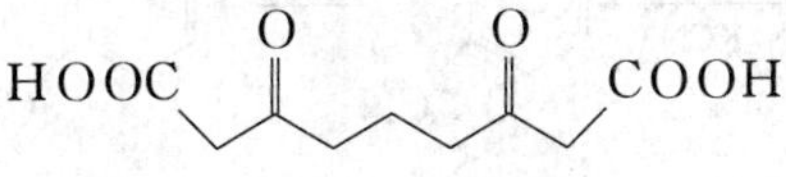 氧化反应。

(6) 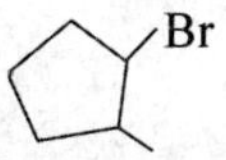 过氧化氢引发的自由基加成反应，反马氏规则加成。

(7) 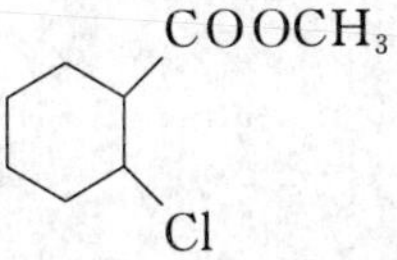 亲电加成反应，反马氏规则。$-COOCH_3$ 是吸电子基团。

(8) 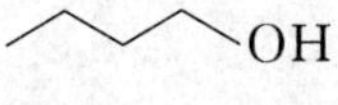 硼氢化反应，反马氏规则。

(9) 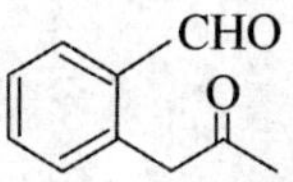 臭氧化反应。

例 4.2 如何实现下列转化？

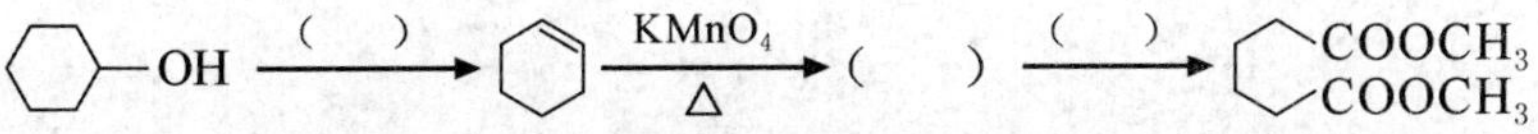

解：实现官能团转化和改变碳骨架需要合理利用化学反应来实现。

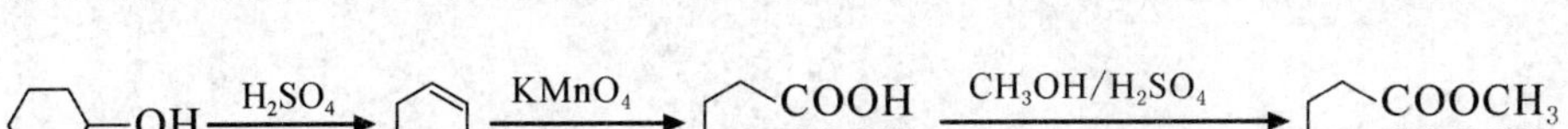

例 4.3 如何实现下列转化？

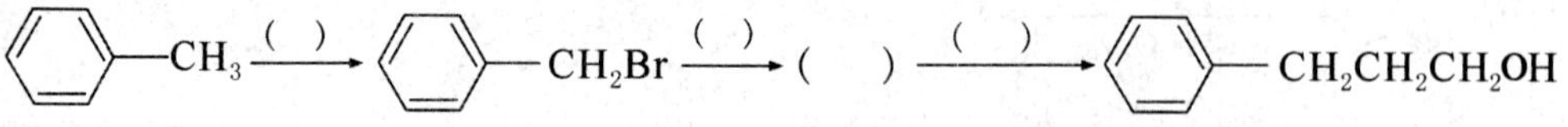

解：终产物较起始反应物多了两个碳原子且为醇类，可考虑利用格氏试剂的反应。

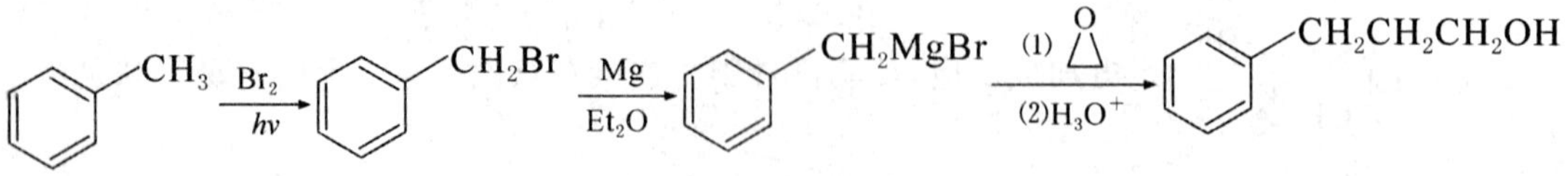

例 4.4 如何实现下列转化？

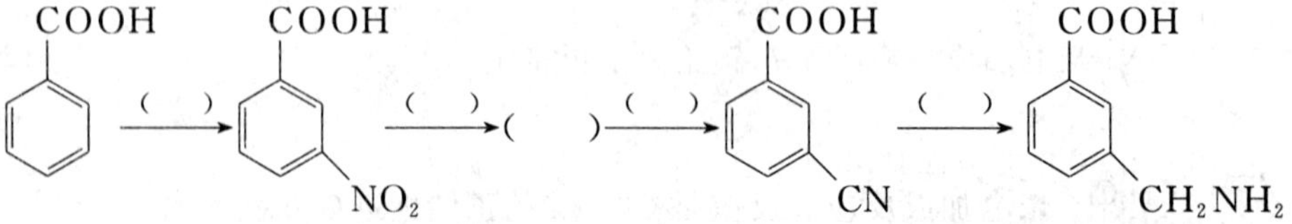

解：由于 3-氰基苯甲酸的氰基不可能直接引入苯环上，可考虑采用重氮盐反应来间接引入。

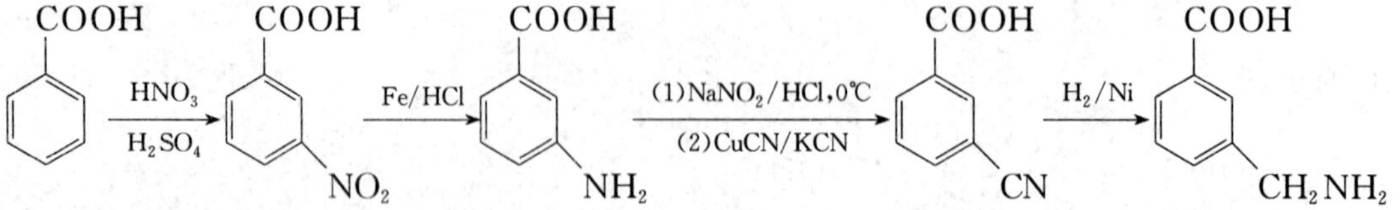

（十五）自 测 题

完成下列反应，填写反应产物或反应条件。

Ⅰ. 烯烃和炔烃的反应

1. 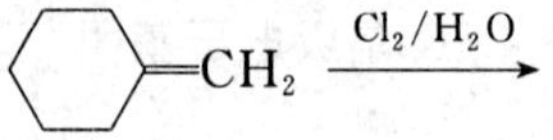

2. $(CH_3)_3CCH{=}CH_2 \xrightarrow{H_2O/H_2SO_4}$

3. $(CH_3)_3CCH{=}CH_2 \xrightarrow[(2)H_2O_2/NaOH]{(1)B_2H_6}$

4. 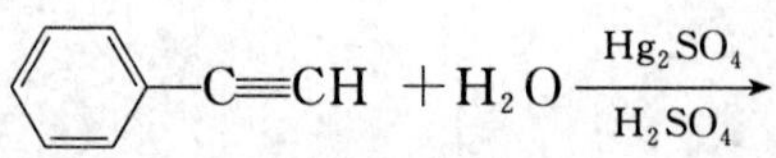

5. 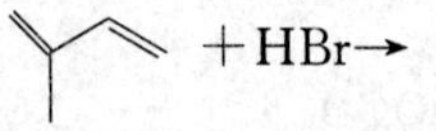

6. 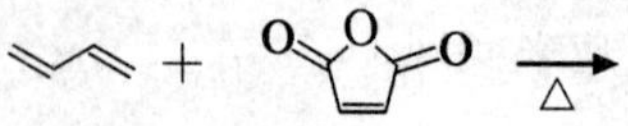

Ⅱ.芳香烃的反应

7. 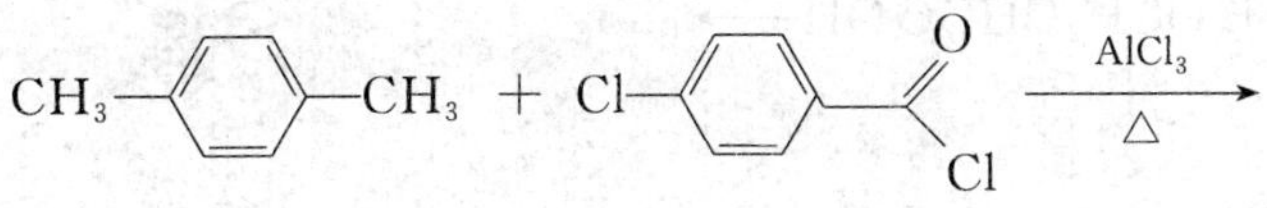

8. 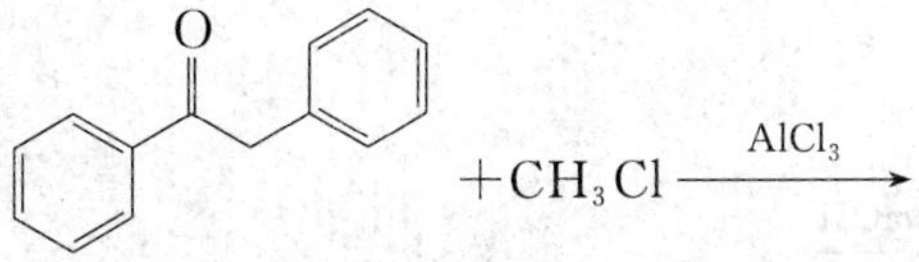

9. 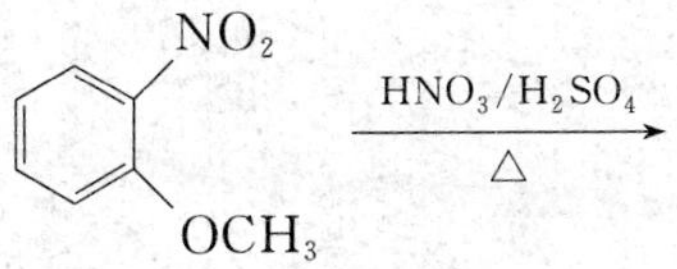

10. 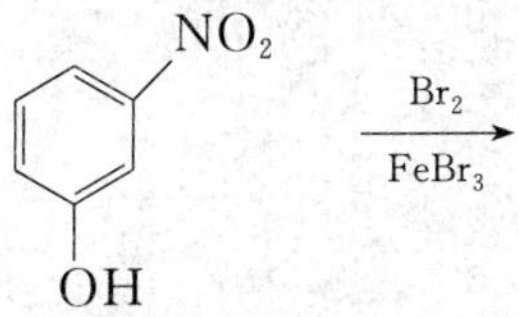

11. 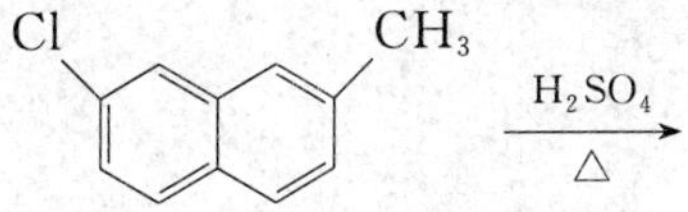

12. 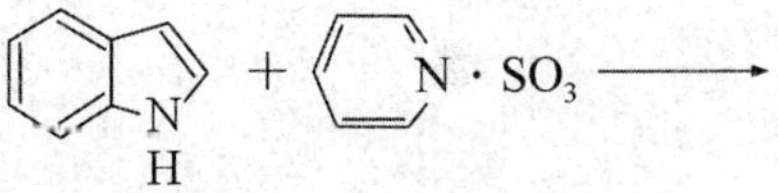

Ⅲ.卤代烃和醇的反应

13.(*R*)- 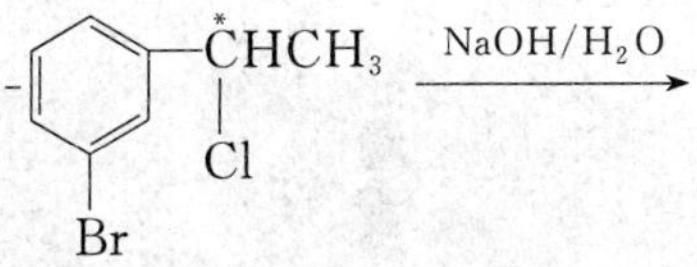

14. 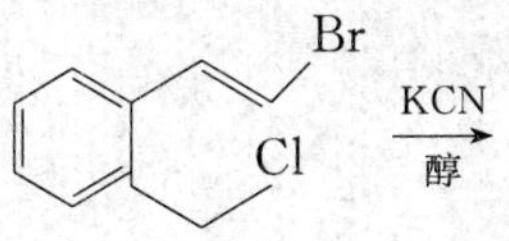

15. 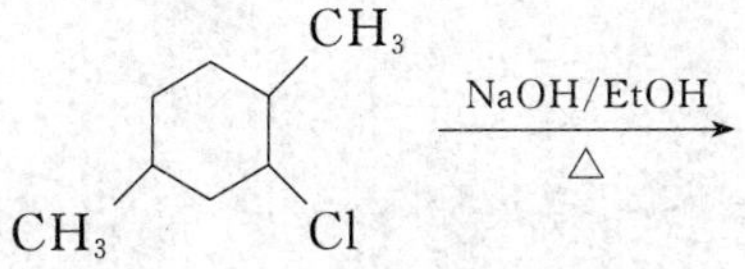

16. 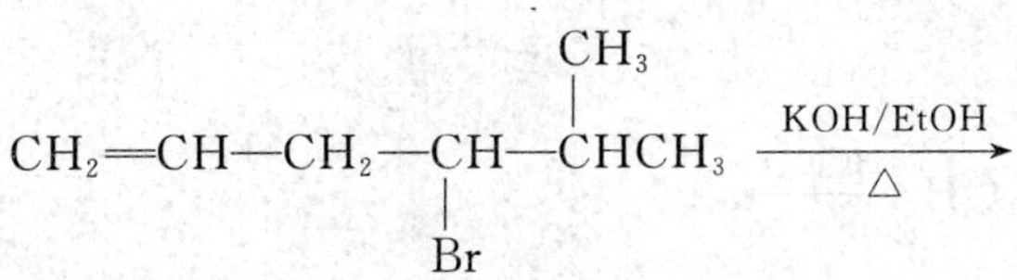

17. 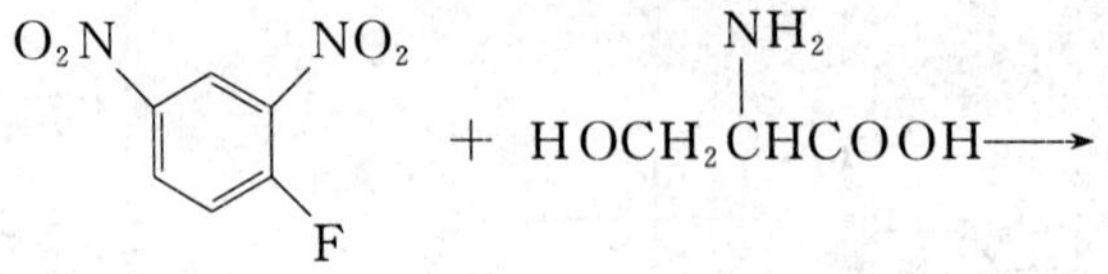

18. 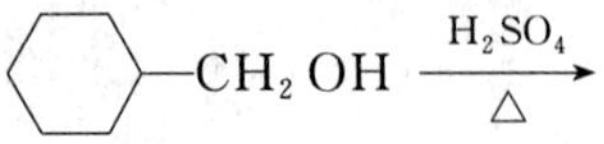

19. 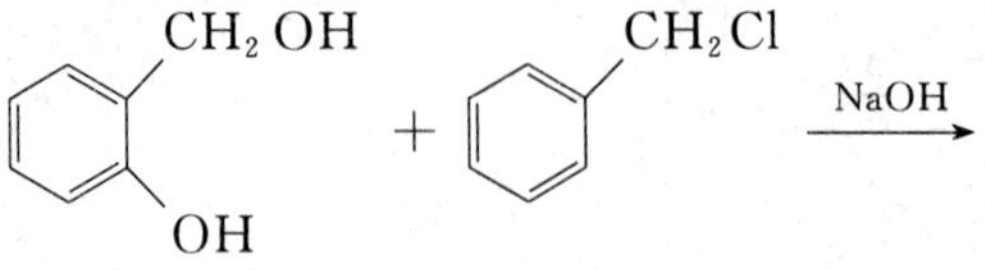

20. 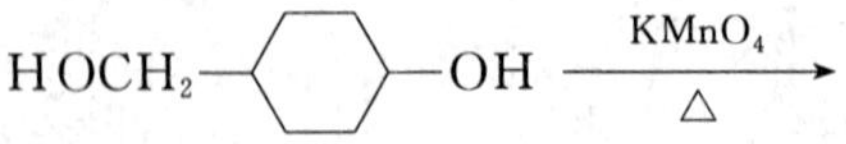

21. 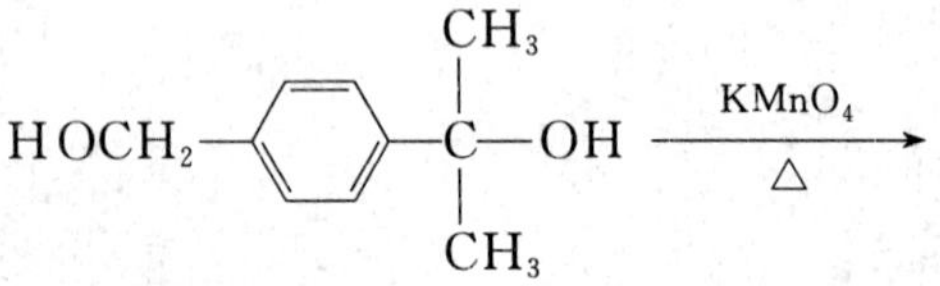

22. 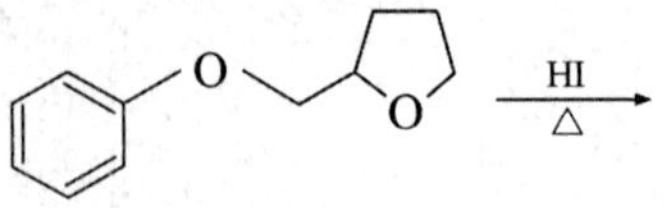

Ⅳ.醛、酮的反应

23. 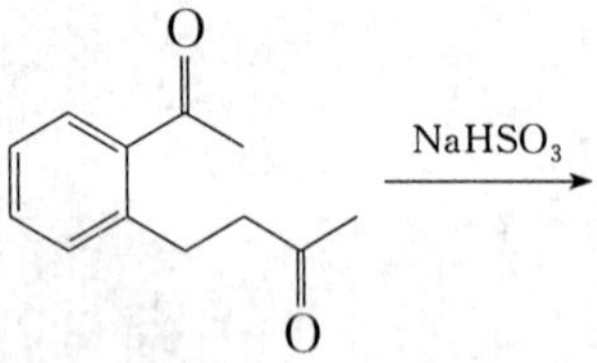

24. 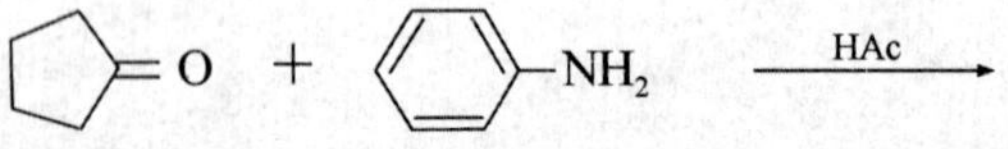

25. 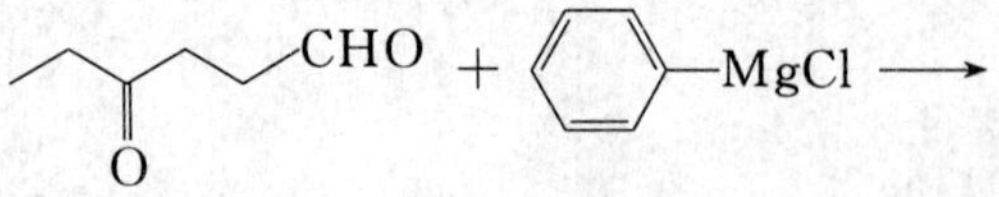

26. 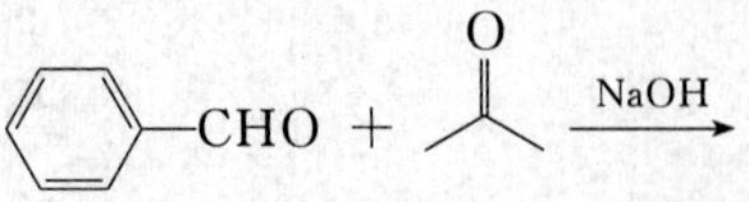

27. 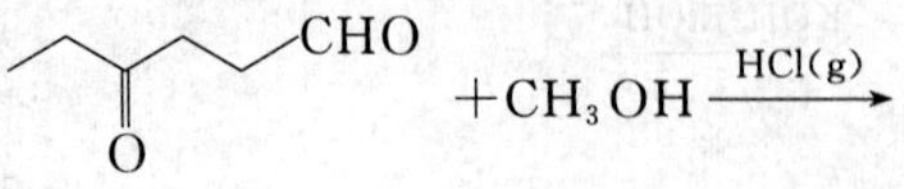

28. 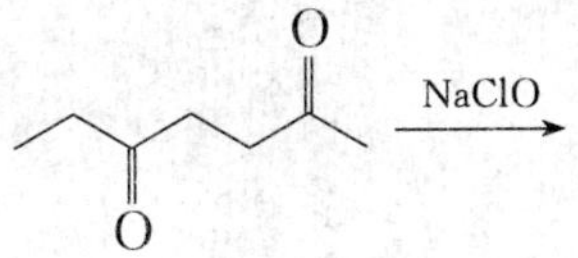

29. 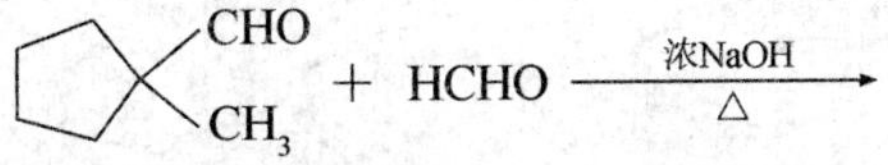

30. 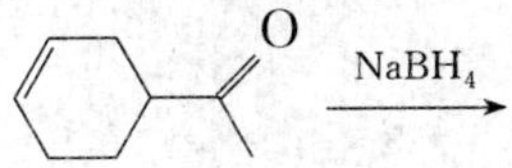

31. 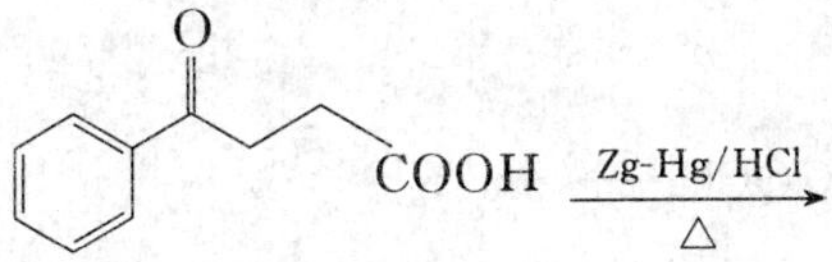

V. 羧酸及其衍生物的反应

32. 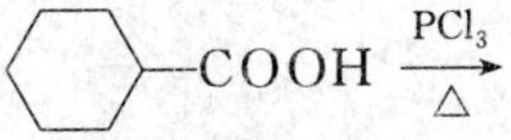

33. 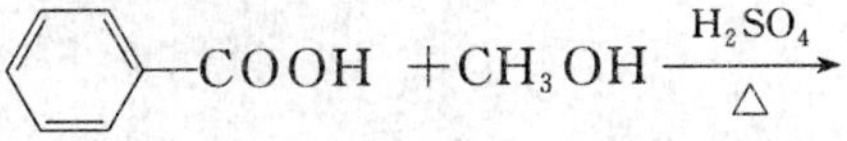

34. 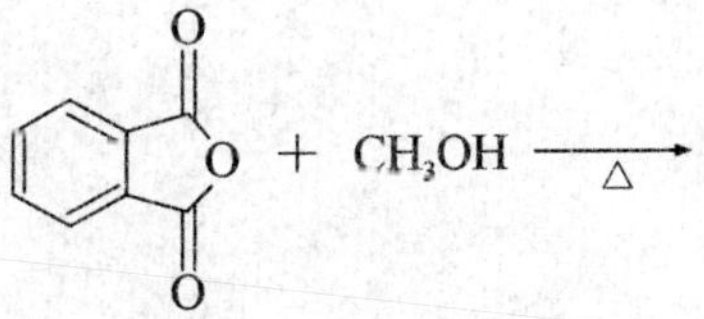

35. 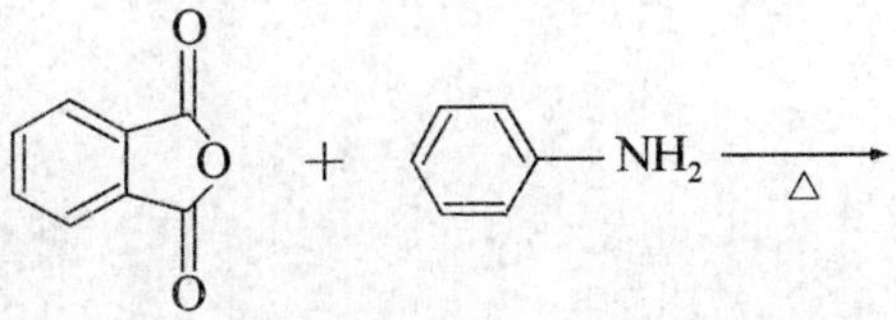

36. 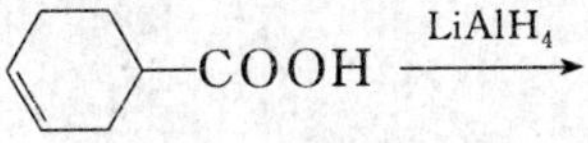

37. 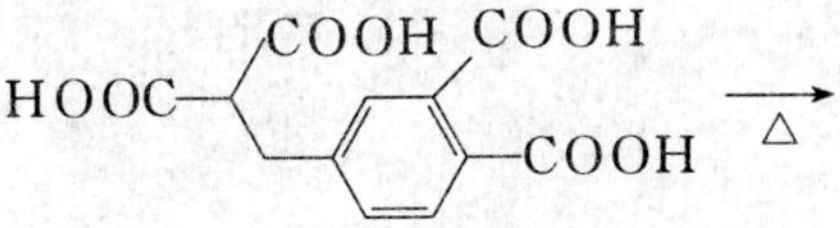

38. 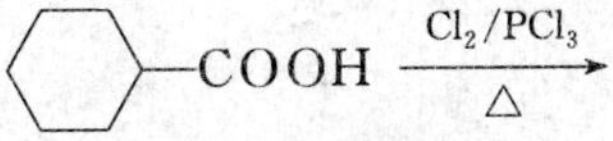

39. 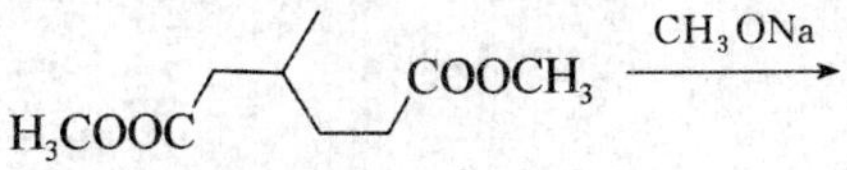

40. $CH_3COOC_2H_5 + HCOOC_2H_5 \xrightarrow{C_2H_5ONa}$

41. 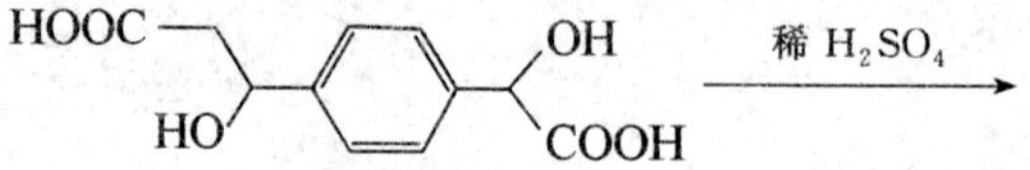

42. 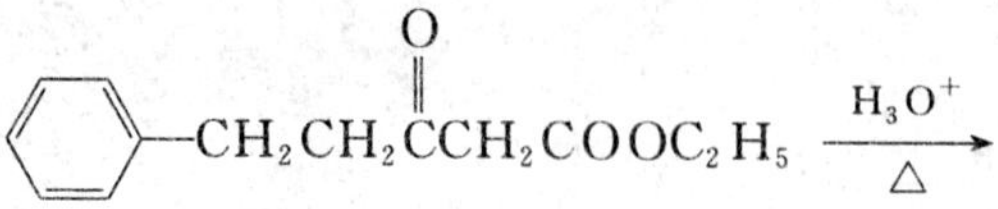

Ⅵ.胺的反应

43. 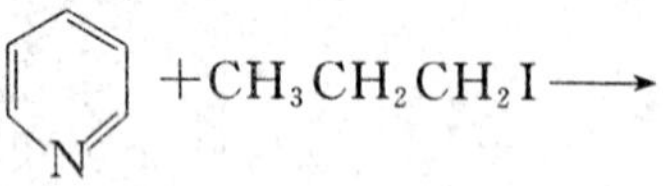

44. 

45. 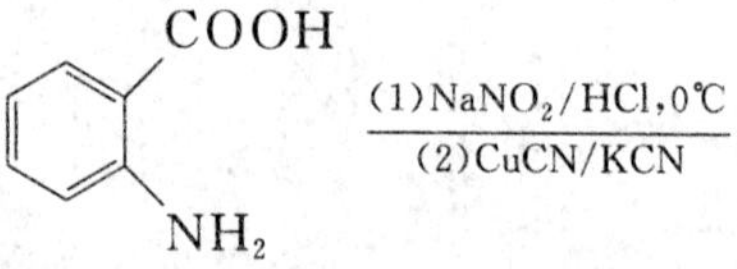

46. 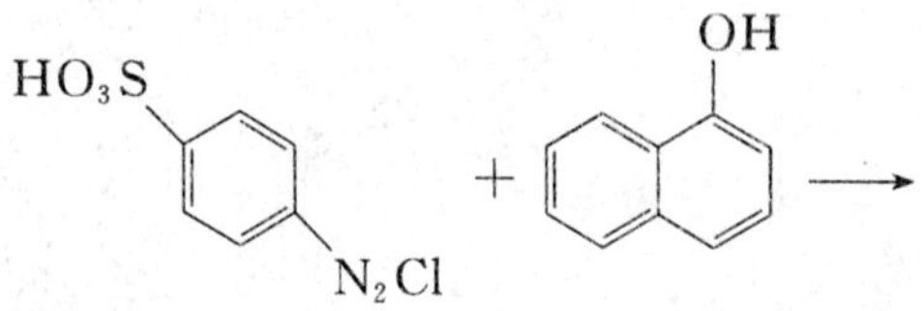

Ⅶ.杂环化合物

47. 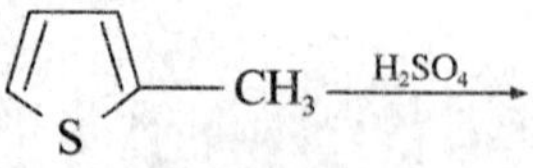

48. 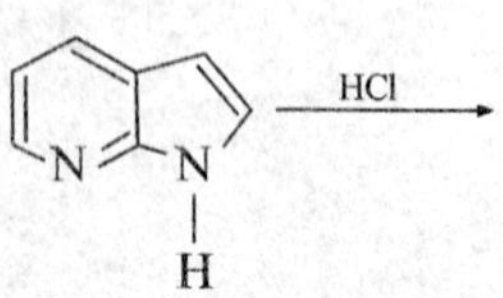

49. 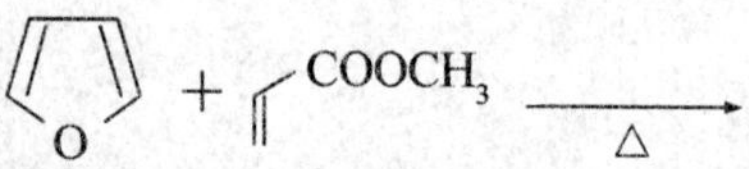

50. 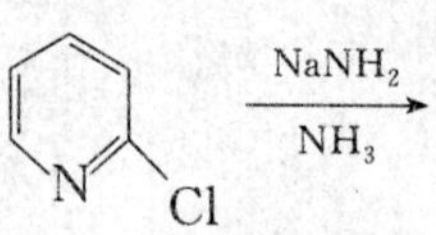

Ⅷ.完成转化

51. 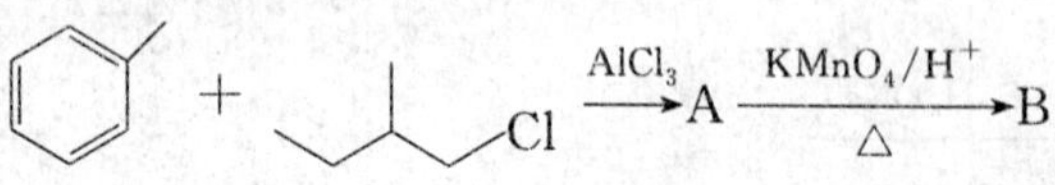

52. 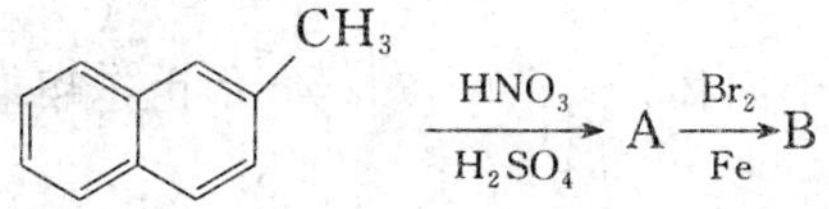

53. 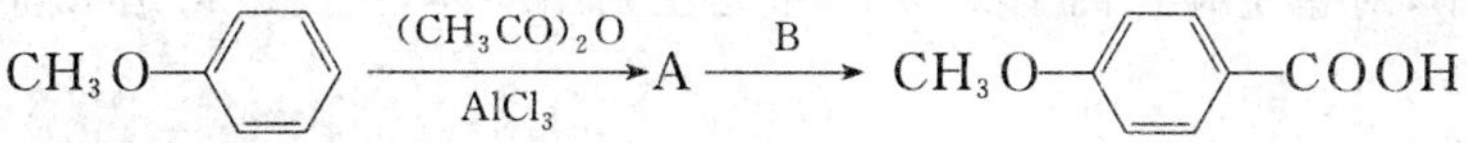

54. 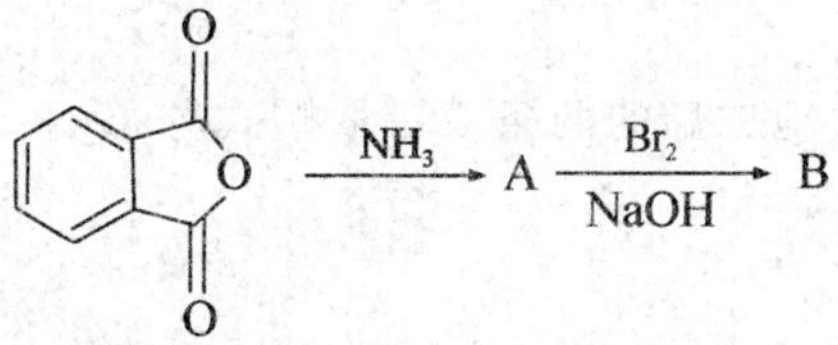

55. 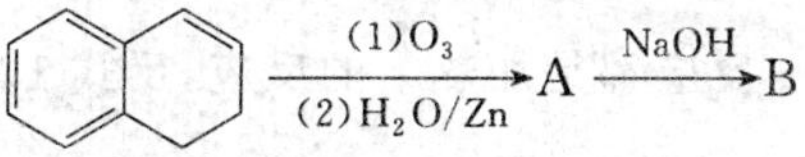

56. $CH_3CHO + HCHO \xrightarrow{NaOH} A \xrightarrow{B} HOCH_2—\overset{CH_2OH}{\underset{CH_2OH}{C}}—CH_2OH$

57. 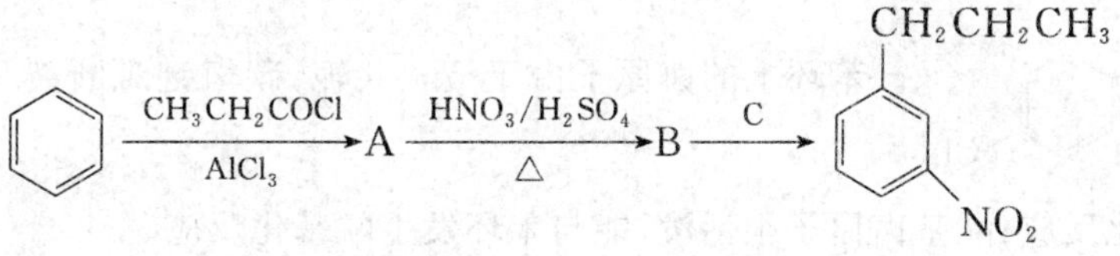

白测题答案

1. 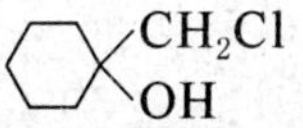。Cl_2 是进攻试剂，反应生成中间体 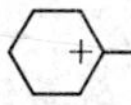$—CH_2Cl$，H_2O 与中间体作用。用次氯酸（HClO）得到相同产物。

2. $CH_3—\overset{OH}{\underset{CH_3}{C}}—\underset{CH_3}{CH}—CH_3$。$H^+$ 是进攻试剂，反应伴随碳正离子重排，从 2°碳正离子迁移甲基，重排得到较稳定的 3°碳正离子：$H_3C—\overset{CH_3}{\underset{CH_3}{C}}—\overset{+}{C}H—CH_3 \Longrightarrow CH_3—\overset{CH_3}{\underset{+}{C}}—\underset{CH_3}{CH}—CH_3$。

3. $(CH_3)_3CCH_2—CH_2OH$。不对称烯烃发生硼氢化反应得到反马氏加成产物。

4. 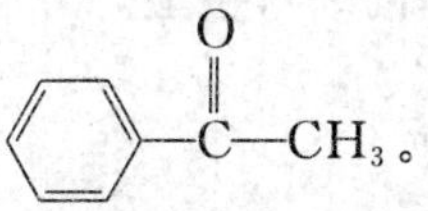。炔烃与水反应得到酮（只有乙炔得到乙醛）。

5. 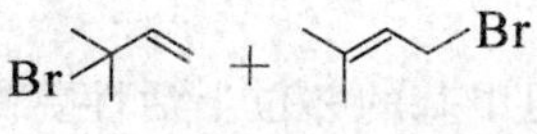。按马氏规则，氢加在含氢多的双键碳原子上，得到两种可能

的中间体碳正离子：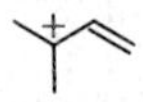 + 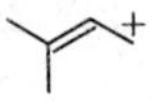，另外两种中间体 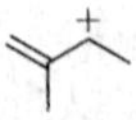 + 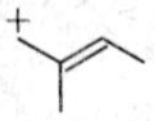 由于甲基对共轭的碳正离子 $+I$ 作用小，对稳定碳正离子贡献小，不是主要中间体，主要产物是由前两种中间体得到的。

6. 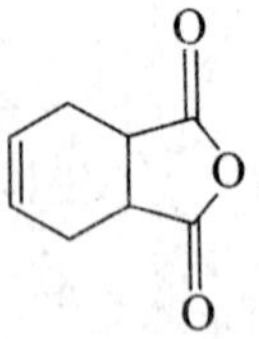。双烯合成反应。反应要求共轭二烯的两条双键取顺式分布 ，而反应物  是反式 1，3-丁二烯；由于 Diels-Alder 反应都是加热下的反应，反式 1，3-丁二烯在反应中能转化成顺式 1，3-丁二烯 ，二者势能差只有 9.6 kJ/mol，加热下反应可以顺利进行。

7. 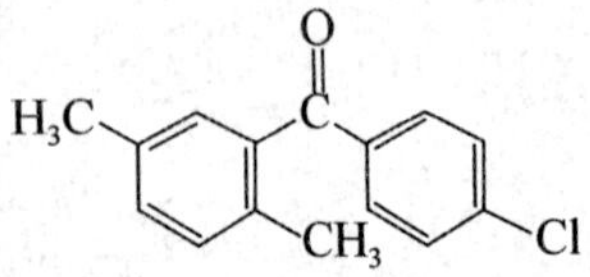。苯环上的卤原子由于 p-π 共轭，碳卤键难断裂，不能作为卤代烃与苯发生烷基化反应；酰基卤原子很活泼，能与苯环发生酰基化反应。

8. 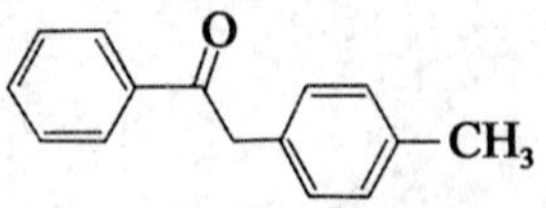 和 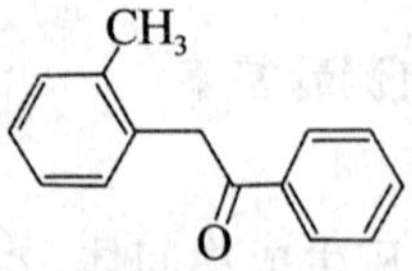。苯环上连接的羰基是第二类定位基和致钝基，亚甲基是第一类定位基和致活基。

9. 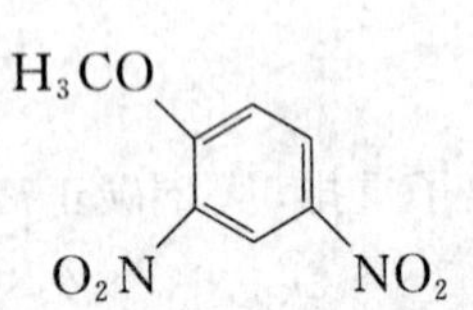 + 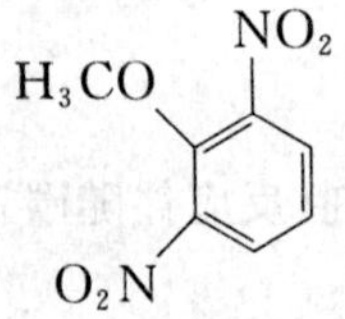。反应物 1-硝基-2-甲氧基苯，环上的硝基是间位定位基，甲氧基是邻对位定位基，对再引入硝基的反应定位作用二者一致。

10. 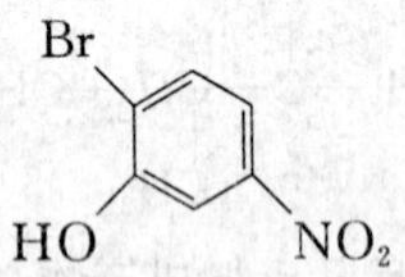 + 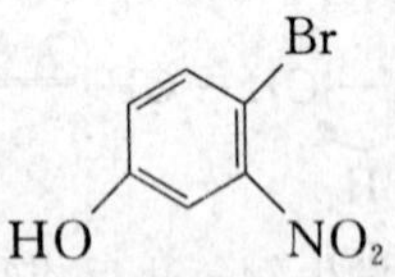。反应物 3-硝基苯酚，环上的硝基和羟基定位效应不一致，对再引入溴的位置由致活基羟基决定，是引入在羟基的邻对位上。

11. 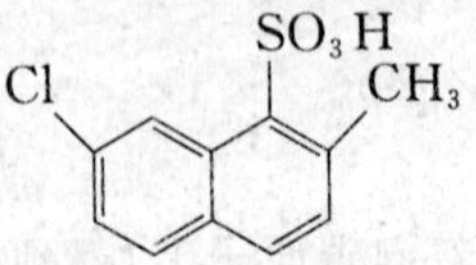。反应物 2-甲基-7-氯萘的两个环上分别有致活基 CH_3 和致钝基 Cl，磺化反应发生在有甲基取代的环上，两个 α-位活性高，但甲基的邻位上活性更高。

12. 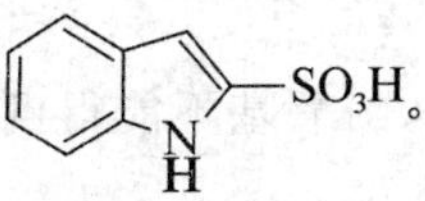。吲哚是稠杂环化合物，其中五元杂环(吡咯环)发生亲电取代反应的活性高于苯环，用活性较低的磺化试剂如三氧化硫-吡啶复合物(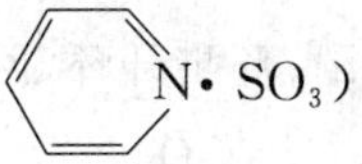)即能将吡咯环磺化，反应发生在 N 原子的邻位上。

13. (*S*)-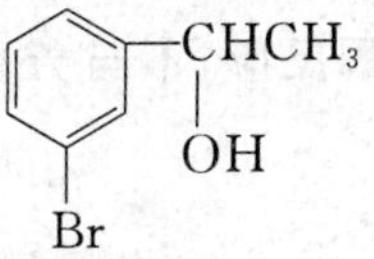 +(*R*)-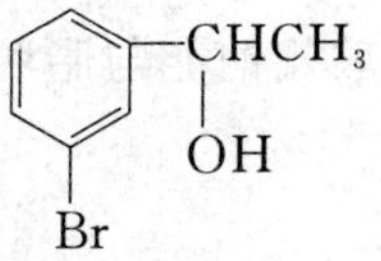。连接在不饱和碳原子上的(包括苯环碳原子)卤原子不能发生取代反应，苯环侧链 *α*-位上的卤原子(苄基卤原子)容易发生 S_N1 反应，产物有两种构型。

14. 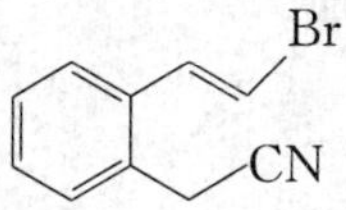。NaCN、KCN 与卤代烃的取代反应经常是在醇介质中进行，因为醇通常能溶解卤代烃。

15. 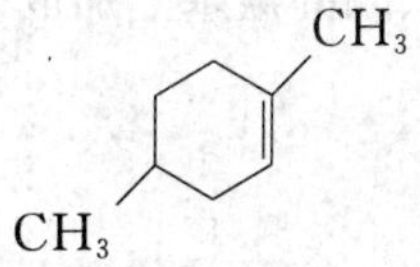。消除反应("NaOH/醇"是典型的消除反应条件)，主要产物是双键上取代最多的烯烃(札依采夫规律)。

16. $H_2C{=}CH{-}CH{=}CH{-}\underset{}{CH(CH_3)}CH_3$。产物不符合札依采夫规律，得到共轭二烯烃更稳定，是主要产物。

17. 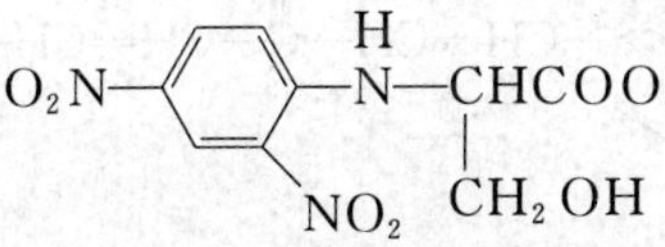。Sanger 反应，2,4-二硝基氟苯由于氟原子的邻、对位各有 1 个硝基，能与氨基酸的氨基发生亲核取代反应。

18. 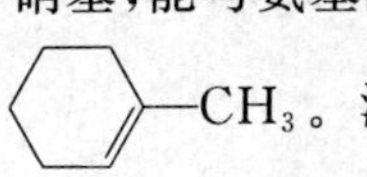。消除反应，伴有碳正离子重排。

19. 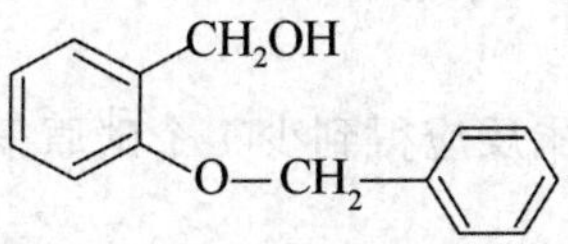。Williamson 缩合反应，是卤代烃与烷氧基或酚氧基负离子的亲核取代反应；而醇不能与氢氧化钠反应得到醇钠，酚可以与氢氧化钠反应得到酚钠，所以是酚氧基负离子对氯苄的反应。

20. 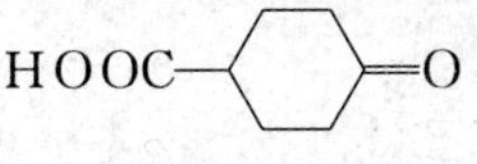。仲醇氧化成酮，伯醇氧化成羧酸。

21. 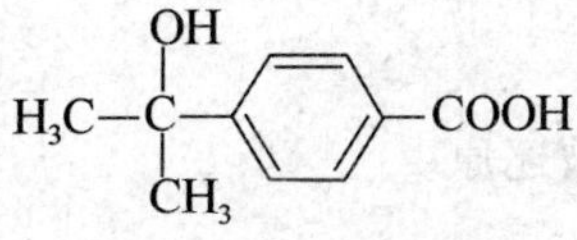。叔醇不能被氧化。

22. 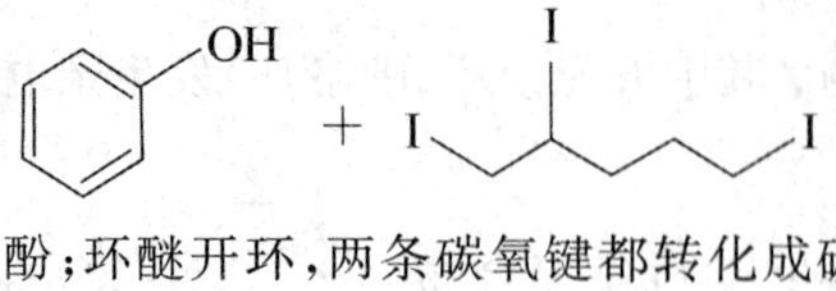 。蔡赛尔烷氧基反应，酚氧基不能得到碘苯，只能得到苯酚；环醚开环，两条碳氧键都转化成碳碘键。

23. 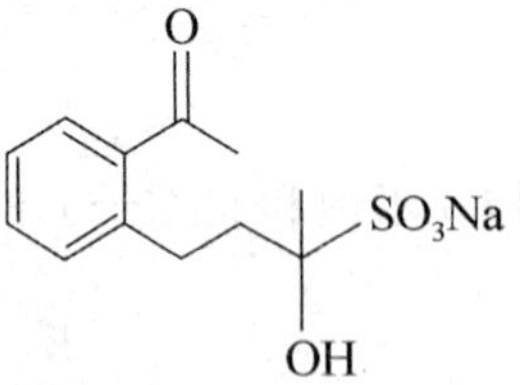 。亚硫酸氢钠能与脂肪族甲基酮反应，不与芳香族甲基酮反应；羰基连在苯环上属芳香族甲基酮，亲核加成反应活性低。

24. 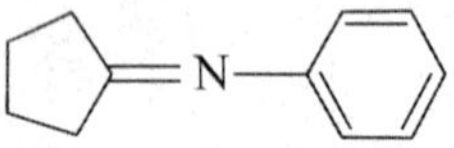 。苯胺与醛、酮的加成反应产物是苯基亚胺。

25. 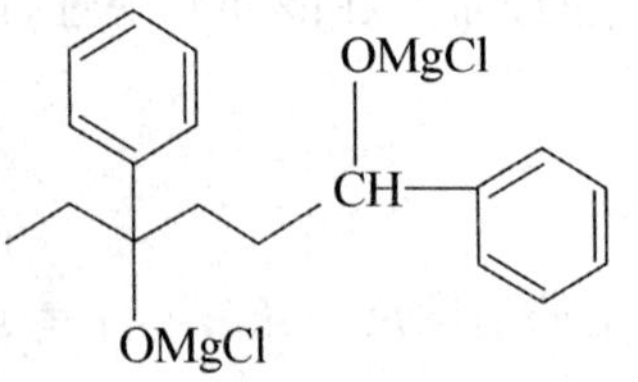 。格氏试剂苯基氯化镁能在醛、酮的羰基上加成。

26. 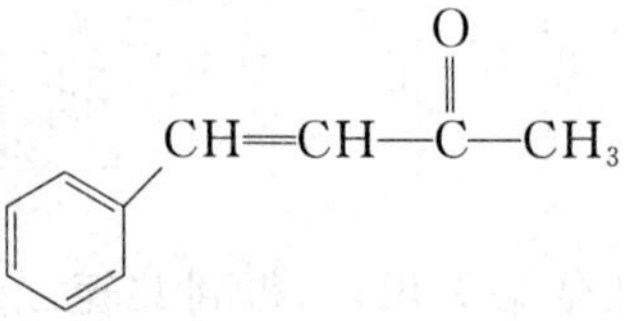 。交叉的羟醛缩合反应，丙酮分子有 α-H，碱催化生成的碳负离子是对苯甲醛的进攻试剂。若苯甲醛过量时产物是 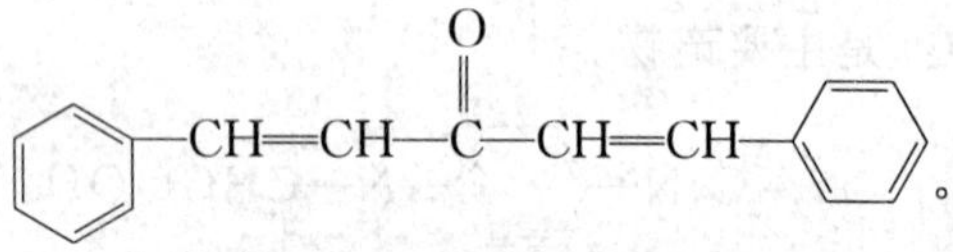。

27. 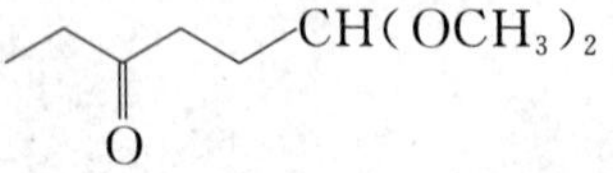 。甲醇对醛的缩醛化反应，酮羰基要用乙二醇才能有效实现缩合。

28. 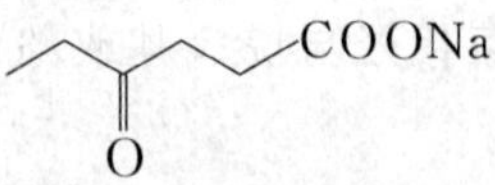 $+CHCl_3$。卤仿反应。甲基酮反应得到少 1 个碳原子的羧酸。

29. 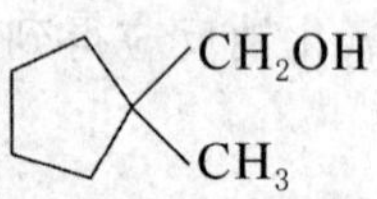 $+HCOO^-$ 。两个反应物都是不含 α-H 的醛，强碱中加热发生歧化反应；有甲醛参与时，总是甲醛被氧化。

30. 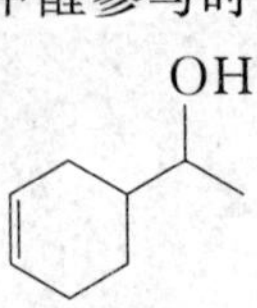 。还原反应。不共轭的碳碳双键不会被还原。

31. 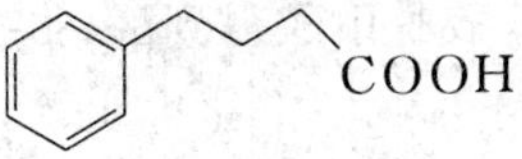。锌汞齐/浓盐酸还原羰基成亚甲基，羧基不反应。

32. 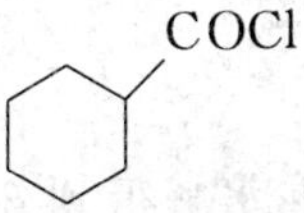。PCl_3 与羧酸反应，羧基上的羟基被取代，生成酰卤。

33. 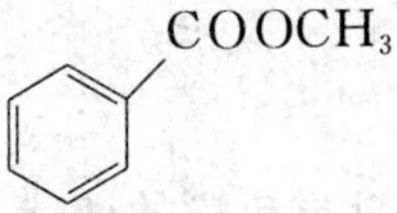。酯化反应。反应条件包括浓硫酸催化和加热。

34. 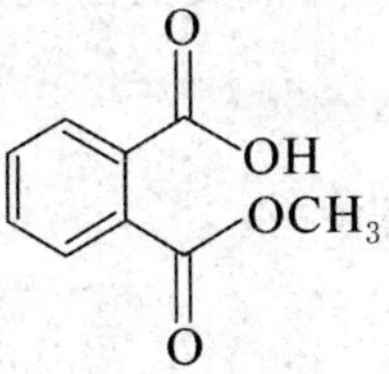。酸酐与醇发生醇的酰化得到酯，剩下的 1 个羧基没有浓硫酸存在不能进一步酯化。

35. 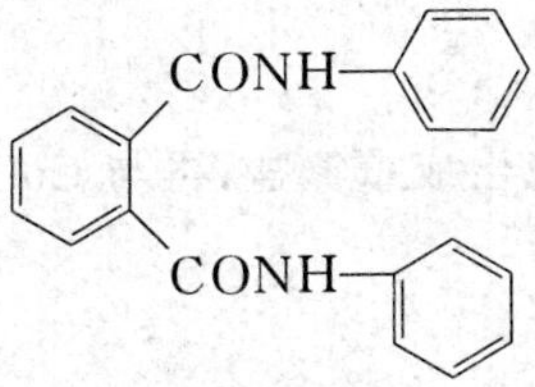。酸酐与胺在加热下反应能生成二酰胺。

36. 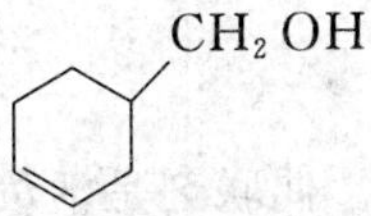。羧酸还原成伯醇。$LiAlH_4$ 还原羧基，不影响碳碳双键。

37. 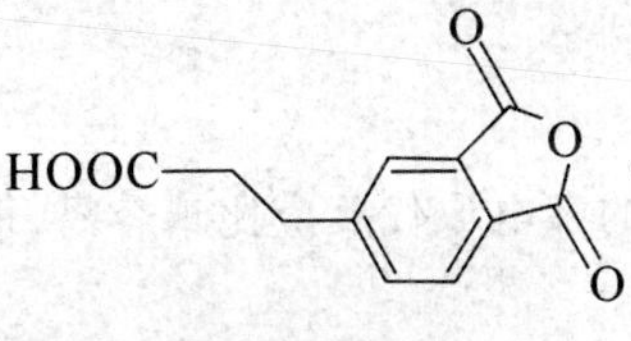。二元酸的热分解反应。丙二酸结构脱羧生成单羧酸，丁二酸结构脱水生成环酸酐。

38. 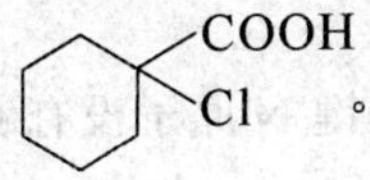。卤素加三卤化磷与含 α-H 的羧酸反应生成卤代酸。

39. 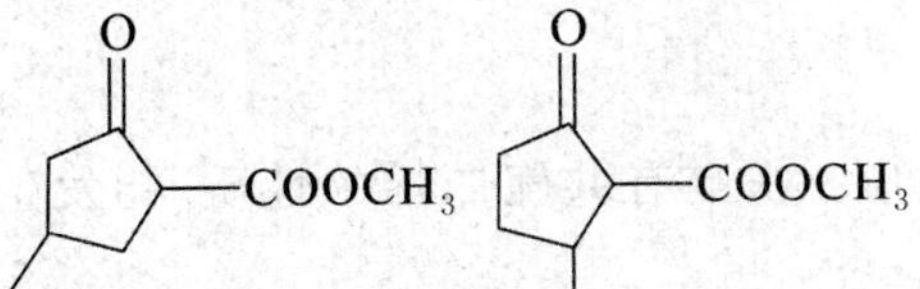。分子内酯缩合反应，脱去甲氧基，生成环酯。

40. $H\overset{\overset{O}{\|}}{C}CH_2COOC_2H_5$。交叉的酯缩合。含 α-H 的酯与不含 α-H 的酯缩合，此反应中甲酸脱去甲氧基，剩下甲酰基。

41. 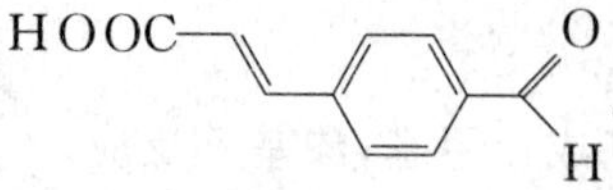。在稀硫酸中加热，α-羟基酸脱甲酸得到醛；β-羟基酸有没有酸催化都会脱水得到α,β-不饱和酸。

42. 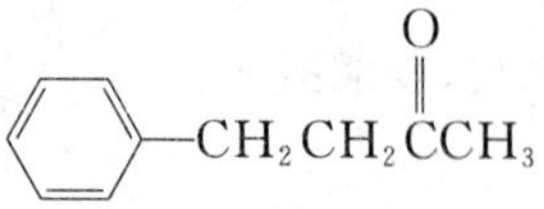。β-羰基酸酯的成酮分解。反应经过酸水解得到β-羰基酸，加热脱羧得到酮。

43. 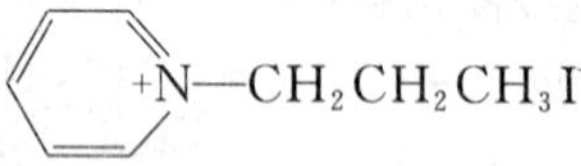。吡啶是三级胺，能作为亲核试剂与活泼的卤代烷发生亲核取代反应，得到季铵盐。

44. 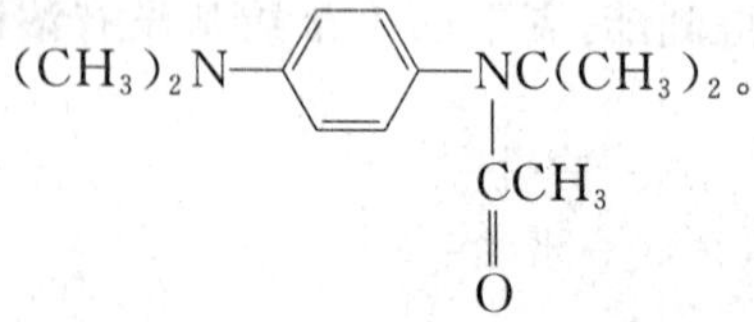。胺的酰化反应。叔胺不酰化。

45. 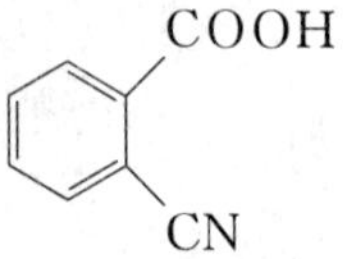。芳香族伯胺在低温下与亚硝酸反应生成重氮盐，再与 CuCN 反应，氰基取代重氮基得到苯甲腈。

46. 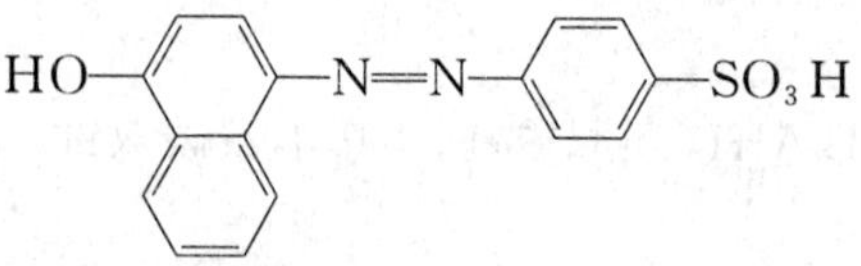。重氮盐的偶联反应。偶联剂是活泼的芳烃，偶联位置在致活基的对位，对位被占时在邻位。

47. 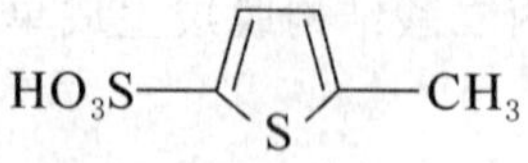。磺化反应。五元芳杂环的亲电取代反应比苯容易，取代发生在杂原子邻、对位。

48. 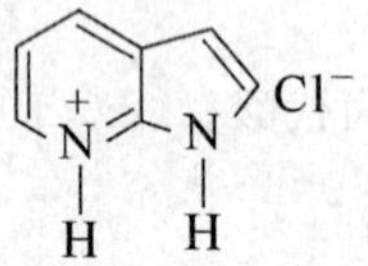。含氮稠杂环分子中，双键 N 原子有碱性，单键 N 原子没有碱性。

49. 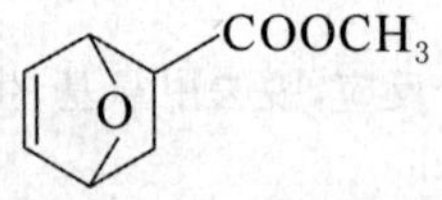。双烯合成反应。呋喃有共轭二烯的性质，能发生双烯合成反应。

50. 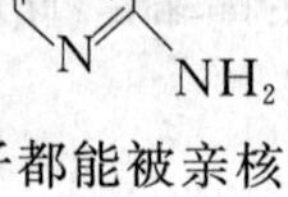。吡啶环上的 N 原子起强吸电子基的作用，N 原子邻、对位上的氢原子和卤原子都能被亲核试剂取代。

51. A. 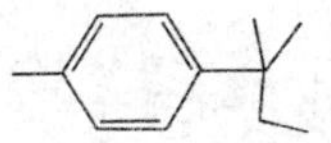；B. 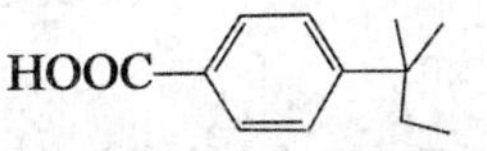。第 1 步反应是苯的烷基化，伴有碳正离子重排，引入的烷基没有 α-H 原子；第 2 步是侧链烷基氧化，没有 α-H 的烷基不能氧化。

52. A. 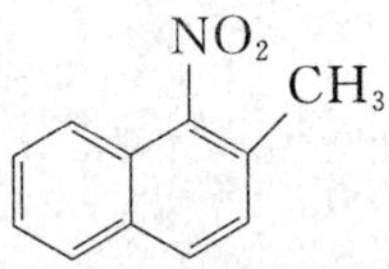；B. 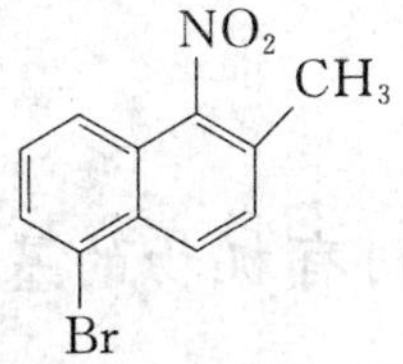。β-甲基萘的硝化反应发生在甲基所在环（活化环）的 α-位上，产物是 β-甲基-α-硝基萘；再进一步溴化，由于硝基的致钝作用的影响大于甲基致活作用的影响，溴化反应发生在另一环位阻小的 α-位。

53. A. 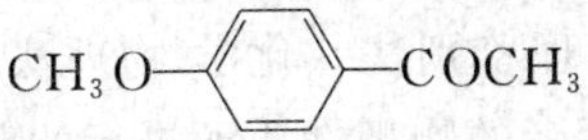；B. NaClO。甲氧基是邻、对位定位基，发生酰化反应应能得到两种产物，作为合成步骤，可以只写需要的一种，也不必考虑分离。第 2 步是从苯乙酮转化为苯甲酸（乙酰基转化为羧基），采用卤仿反应。

54. A. 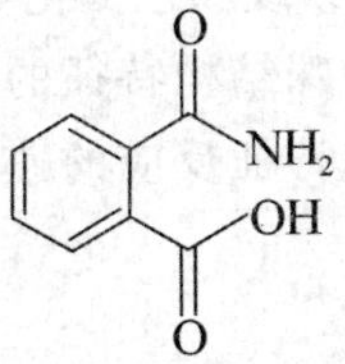；B. 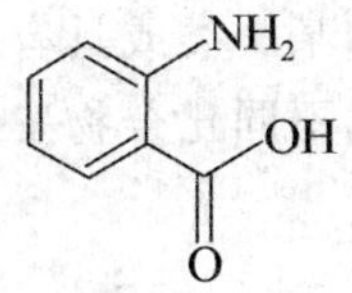。第 1 步是酸酐与氨的酰化反应，得到单酰胺；第 2 步反应是霍夫曼降解得到伯胺，用次卤酸钠或卤素＋氢氧化钠都可以。

55. A. 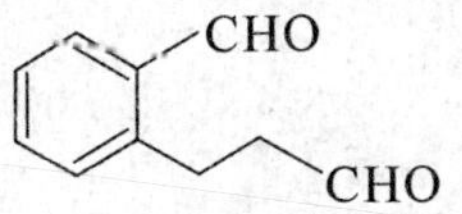；B. 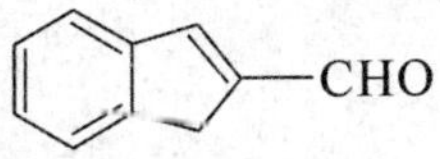。第 1 步反应是臭氧化还原水解，第 2 步是分子内羟醛缩合。

56. A. $HOCH_2—C(CH_2OH)_2—CHO$；B. $NaBH_4$。第 1 步反应是羟醛缩合，乙醛的 3 个 α-H 都能转变成羟甲基；第 2 步是还原反应，得到季戊四醇。

57. A. 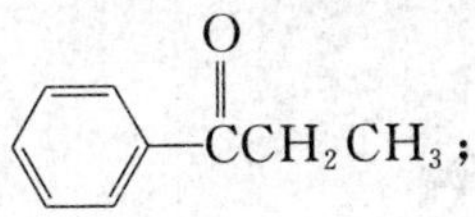；B. 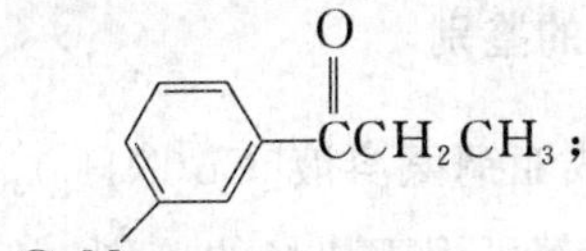；C. Zn-Hg/HCl。第 1 步反应是酰化反应；第 2 步是硝化反应，由于酰基属间位定位基，引入硝基时定位好；第 3 步是 Clemmenson 还原反应，使羰基还原成亚甲基。本例中先酰化再还原的方法是向苯环上引入直链烷基的有效方法。

五、有机化合物的鉴别

（一）鉴别有机物的基本思路

有机化合物的鉴别有化学法、物理法和化学-物理法三种，这里特指化学法。化学鉴别法是基于化学反应的特征或特殊现象而进行的鉴别方法。物理法是通过测定和比较化合物的物理性质而进行的鉴别方法。广义上波谱鉴别法也属于物理鉴别法。化学-物理法是先通过化学反应将化合物转变成其衍生物，然后通过测定和比较后者的物理性质而进行的鉴别方法。

用于化合物鉴别的化学反应一般具有以下一种或几种特征或现象：①反应步骤简单，多为一步完成；②反应快并能产生明显现象，如生成沉淀、浑浊、气体、气味或颜色变化等；③反应具有较强的专属性，反应试剂一般只选择性地与某一类或具有某种特殊结构特征的化合物发生反应，与其他化合物不反应；④在相同条件下，不同化合物发生某种特征反应的速率存在明显的视觉差异。

（二）有机物的分类鉴别方法

1. 烯烃的鉴别

①溴的四氯化碳溶液试验。烯烃和二烯烃都能与溴的四氯化碳溶液反应，反应后溴的红棕色褪去。炔烃和环丙烷类对该鉴别有干扰。

②酸性高锰酸钾水溶液。烯烃和二烯烃都能与酸性高锰酸钾水溶液反应，可使高锰酸钾水溶液的紫色快速褪去。炔烃、醛、芳胺、酚类、单糖等对该鉴别有干扰。伯醇、仲醇、烃基取代的芳烃等也可与高锰酸钾反应，但反应速率比较慢。

2. 末端炔烃（—C≡C—H）的鉴别

银氨溶液$[Ag(NH_3)_2]^+$或亚铜氨溶液$[Cu(NH_3)_2]^+$试验。

以上用于鉴别烯烃的反应都可用于炔烃的鉴别。但末端炔烃还能与银氨溶液反应，产生白色的炔化银沉淀，或者与亚铜氨溶液反应，产生红棕色的炔化亚铜沉淀。烯烃及其他非末端炔不能发生此反应，利用这些性质可将末端炔烃和烯烃及其他炔烃区别开来。醛对末端炔与银氨溶液的反应有一定的干扰。

3. 环丙烷的鉴别

环丙烷及取代环丙烷可与溴的四氯化碳溶液反应，反应后使溴的红棕色褪去，但不能与酸性高锰酸钾水溶液反应，利用这个性质可将环丙烷与烯烃及炔烃区别开来。

4. 卤代烃的鉴别

硝酸银的乙醇溶液试验。卤代烃与硝酸银的乙醇溶液反应，生成硝酸酯和卤化银沉淀。

$$R{-}X + AgNO_3 \xrightarrow{\text{乙醇}} R{-}ONO_2 + AgX\downarrow$$

烃基结构不同的卤代烃与 $AgNO_3$ 反应的难易程度差别很大。烯丙基型卤代烃、苄基型卤代烃、叔卤代烃室温下立即产生卤化银沉淀；仲卤代烃、伯卤代烃加热后产生沉淀；乙烯型卤代烃、苯型卤代烃加热也不产生沉淀。

5. 醇的鉴别

与钠的反应虽是醇的特征性反应，但丁醇以上的多碳醇较为黏稠，反应慢，现象不明显，不是鉴别醇的好方法。

①高锰酸钾水溶液或重铬酸钾水溶液试验。伯醇和仲醇能被高锰酸钾水溶液氧化，试剂的紫色褪去。叔醇一般不被氧化，若在酸性介质中加热，叔醇也被氧化。这是鉴别醇的重要方法，烯烃、炔烃、酚、芳胺、醛、还原糖等对鉴别有干扰。

②Lucas 反应。Lucas 试剂是浓盐酸和无水氯化锌的混合物。六个碳以下的低级醇可以溶于 Lucas 试剂，反应后生成的卤代烃不溶于此溶液，溶液呈现混浊或分层。各种醇与 Lucas 试剂反应的速率不同，溶液出现混浊的时间就不同，三级醇立即浑浊，二级醇需数分钟出现混浊，一级醇需加热才产生混浊。此反应主要用于鉴别六个碳原子以下的伯、仲、叔醇，一般不用于醇和其他化合物尤其是不溶于 Lucas 试剂的化合物的鉴别。

6. 酚的鉴别

①溴水反应。苯酚与溴水可立即生成白色三溴苯酚沉淀。苯胺对此鉴别有干扰。大部分邻位和/或对位无取代基的酚和芳胺都可以与溴水反应，使溴的颜色褪去，但不一定产生沉淀。

②三氯化铁水溶液试验。酚能与三氯化铁水溶液反应，生成有色的配合物。除酚以外，分子中具有烯醇式结构（ 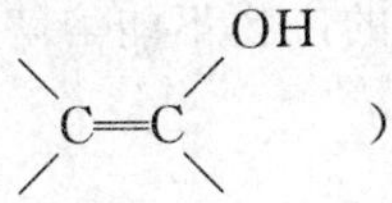 ）的其他化合物也能与 $FeCl_3$ 发生颜色反应。这个颜色反应是鉴别酚及具有烯醇式结构化合物的特征反应。

7. 醚的鉴别

室温下醚可与浓硫酸反应，生成可溶于浓硫酸的产物，反应现象是醚溶于冷的浓硫酸。该反应可将醚与烷烃及卤代烃区别开来，但不能用于醚与其他含氧有机物的鉴别。因为多数含氧有机物能与浓硫酸反应生成可溶于浓硫酸的氧𬭩离子。

8. 醛和酮的鉴别

①2，4-二硝基苯肼反应。大多数醛和酮都能与 2，4-二硝基苯肼反应，产生黄色或橙色 2，4-二硝基苯腙沉淀。这个反应可将羰基化合物和非羰基化合物区别开来。

②Tollens 反应。Tollens 试剂是银氨络离子$[Ag(NH_3)_2]^+$。醛能与 Tollens 试剂发生银镜反应，产生银单质附着在管壁上，而酮无此反应，利用这个反应可区别醛和酮。α-羟基酸和还原糖也能发生银镜反应，对该鉴别有干扰。

③Fehling 反应。Fehling 试剂是硫酸铜与酒石酸钾钠形成的深蓝色的碱性铜络离子溶液。脂肪醛能被 Fehling 试剂氧化成脂肪酸，Cu^{2+}被还原成氧化亚铜，呈现砖红色沉淀，而酮和芳香醛无此反应，因此可将脂肪醛与酮及芳香醛区别开来。还原糖也能发生类似反应。

④碘仿反应。乙醛、甲基酮及具有"CH_3CHOH—"结构的仲醇可与碘的氢氧化钠水溶液或次碘酸钠溶液发生碘仿反应，生成黄色沉淀的碘仿(CHI_3)，此反应常用于将以上三类化合物与其他的羰基或羟基化合物区别开来。

⑤品红反应。品红试剂(Schiff 试剂)是品红盐酸盐和亚硫酸生成的无色品红亚硫酸试剂。醛与品红试剂反应显紫红色，酮无此反应，据此可区别醛和酮。若在与醛反应生成的紫红色溶液中加入硫酸，紫色不褪的是甲醛，紫色褪去是其他醛，据此可区别甲醛和其他醛。

9. 羧酸的鉴别

①碳酸氢钠水溶液试验。水溶性羧酸与碳酸氢钠水溶液反应放出二氧化碳气体。酚类一般不与碳酸氢钠反应。

②甲酸和乙二酸的鉴别。甲酸、乙二酸、α-羟基酸能被酸性高锰酸钾氧化而使之褪色，其他羧酸不能。

10. 胺的鉴别

①亚硝酸溶液试验。伯胺、仲胺、叔胺都可与亚硝酸反应，但反应产物不同。脂肪族伯胺反应生成氮气，芳香族伯胺在加热下放出氮气；仲胺生成黄色油状物或黄色固体(N-亚硝基化合物)；脂肪族叔胺生成铵盐，溶于反应液；芳香叔胺生成绿色固体。

②Hinsberg(兴斯堡)反应。对甲苯磺酰氯称为 Hinsberg 试剂，是用于鉴别伯、仲、叔胺的试剂。伯胺和仲胺与 Hinsberg 试剂在氢氧化钠溶液反应均生成相应的磺酰胺且以白色固体析出，伯胺的产物能进一步溶于氢氧化钠溶液，而仲胺的产物不能溶解。叔胺与 Hinsberg 试剂发生反应，无沉淀生成。

11. 糖的鉴别

①α-萘酚反应(紫色环试验)。α-萘酚用于鉴别糖与非糖化合物。几乎所有的糖类化合物(包括可溶性多糖)在浓硫酸存在下，可与α-萘酚溶液变紫色或在两相接触面上出现紫色环。

②弱氧化剂反应。Tollens 试剂、Fehling 试剂和 Benedict 试剂可用于区别还原性糖与非还原性糖，现象与醛同这些试剂的反应现象相同。由于果糖在碱性水溶液中会发生差向异构化反应，生成的醛糖也能与弱氧化剂作用。此类反应不能区别醛糖与酮糖。非还原性糖及糖苷不发生反应。

醛糖能被溴水氧化而使之褪色，酮糖不发生此反应，据此可区别醛糖和酮糖(要求掌握的还原性糖有核糖、2-脱氧核糖、葡萄糖、甘露糖、半乳糖、果糖、麦芽糖、乳糖、纤维二糖；非原性糖有蔗糖)。

③碘溶液试验。直链淀粉遇碘显蓝色，这是鉴别淀粉的简便方法。

12.氨基酸的鉴别

α-氨基酸、多肽、蛋白质与茚三酮溶液均可发生显色反应，生成紫色物质。很多伯胺类化合物有干扰。

（三）例 题 解 析

考纲明确了这类试题的解答需要用流程图形式进行表述并要求写出鉴别所用试剂和必要的反应条件，能发生反应的一定要写明现象，不反应的要写明“没有……现象”，最好不要写“无现象”。有时，也不能用“√”和“×”分别表示反应和不反应。

不同类型的化合物通常根据不同官能团的典型性质进行鉴别，同一类型的化合物一般根据各化合物的结构特征不同而进行鉴别。因此，要完成此类考题，考生必须掌握每类化合物的定性鉴别反应，同时还要了解每个定性反应的适用范围。此外，还要了解具有不同结构特征的同类化合物的一些鉴别反应。由于同一官能团常常有多种鉴别反应，在选择合适的鉴别反应时，一定要仔细考虑所加入的试剂是否会与其他化合物反应。

用简便并能产生明显化学现象的化学方法鉴别下列各组化合物。

例 5.1 2-戊醇、3-戊醇、甲醛、丙酮。

解：对于醛、酮与醇的鉴别往往有多种鉴别方法，通常先用 2,4-二硝基苯肼成组鉴别出羰基化合物，然后再分组鉴别。

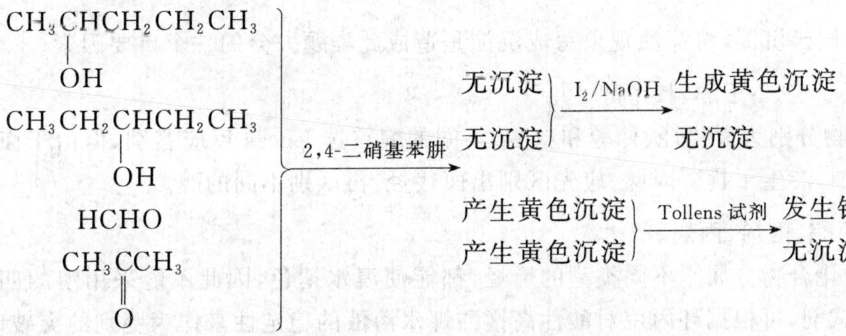

例 5.2 乙酰乙酸乙酯、丙二酸二乙酯、2,4-戊二酮。

解：2,4-二硝基苯肼是鉴别醛、酮的羰基结构的特征方法，先用苯肼鉴别可以检出丙二酸二乙酯，这里不能先用 $FeCl_3$ 检验，因为没有把握丙二酸二乙酯不与之显色。乙酰乙酸乙酯分子中能与卤素反应的活性高的氢原子不在甲基上，是在亚甲基上，因此没有碘仿反应的现象。

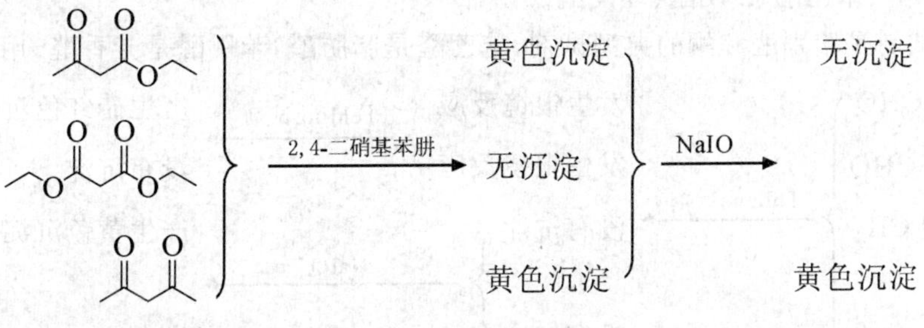

例 5.3 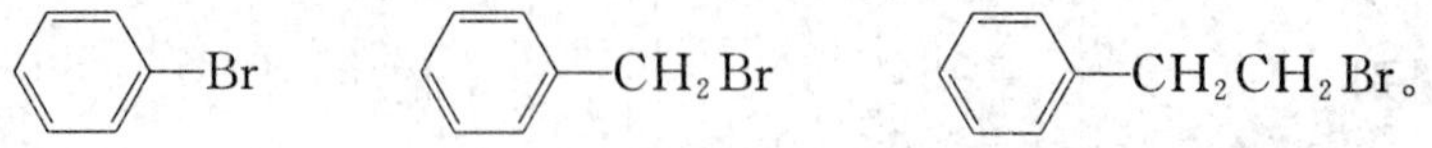

解:本题属于不同卤代烃的鉴别，典型鉴别试剂是硝酸银的乙醇溶液。

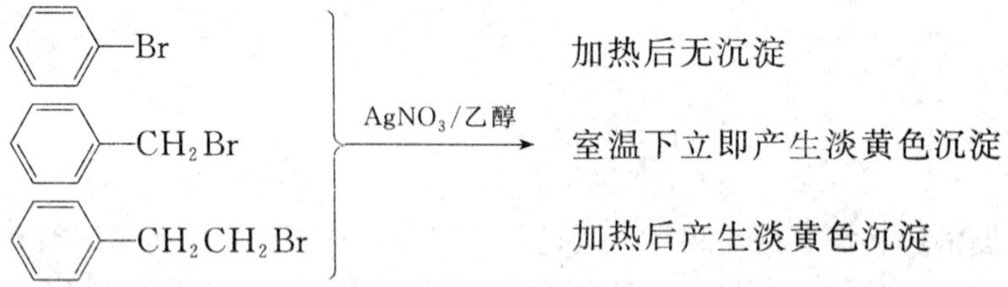

例 5.4 2-甲基-2-丁醇、2-戊醇、1-戊醇。

解析:本题属于不同类型醇的鉴别，选用 Lucas 试剂(无水 $ZnCl_2$ 和浓 HCl 的混合物)，根据出现浑浊的快慢和条件进行鉴别。

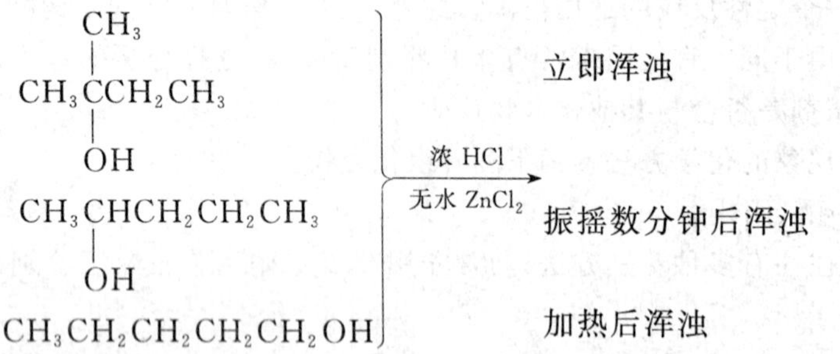

注:浑浊不等同于沉淀，将浑浊现象写成沉淀是造成此类题失分的一个重要因素。

例 5.5 1-氯丁烷、2-丁醇、叔丁醇。

解:3 种化合物分别为卤代烃、仲醇和叔醇，不同的醇首选 Lucas 反应鉴别，但由于卤代烃不溶于 Lucas 试剂，产生干扰。因此，应先区别出卤代烃，再区别不同的醇。

例 5.6 环丙烷、丙烯、丙炔。

解:题中 3 种化合物分属于不同类型的烯烃，都能使溴水褪色，因此不能采用溴的四氯化碳溶液作为鉴别试剂，可根据环丙烷对酸性高锰酸钾水溶液的稳定性来作为鉴别的突破口。

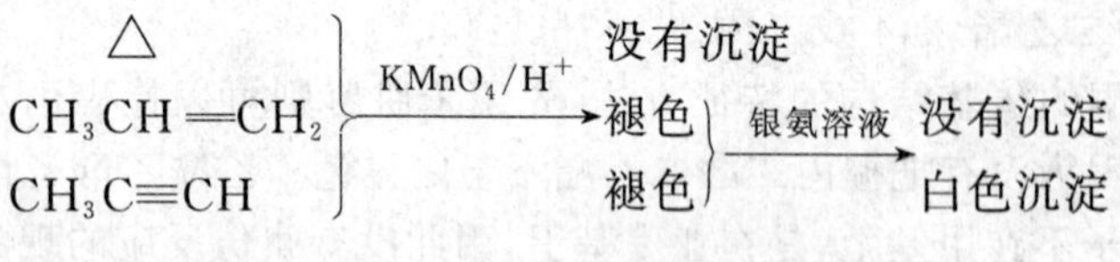

例 5.7 苯甲醛、苯乙醛、2-戊酮、环戊酮。

解:Tollens 试剂是鉴别醛和酮的典型试剂，苯乙醛是脂肪醛，苯甲醛是芳香醛，用 Fehling

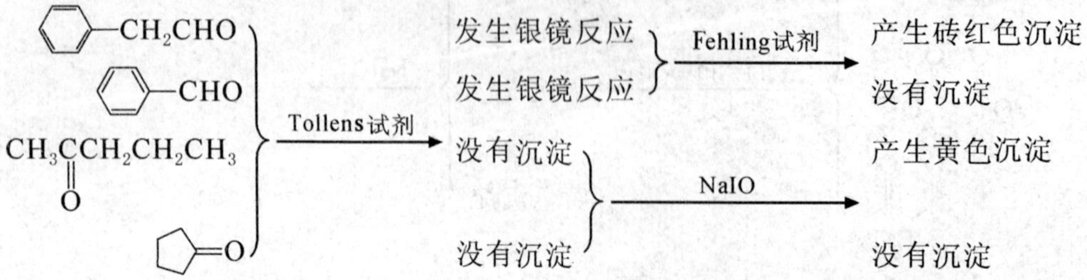

试剂鉴别，甲基酮与其他酮用碘仿反应鉴别。

例 5.8 甲酸、乙酸、乙二酸。

解：甲酸和乙二酸都具有还原性，可利用这一性质将它们与乙酸区别开来，甲酸有醛结构，能被弱氧化剂氧化，可用 Tollens 试剂鉴别。

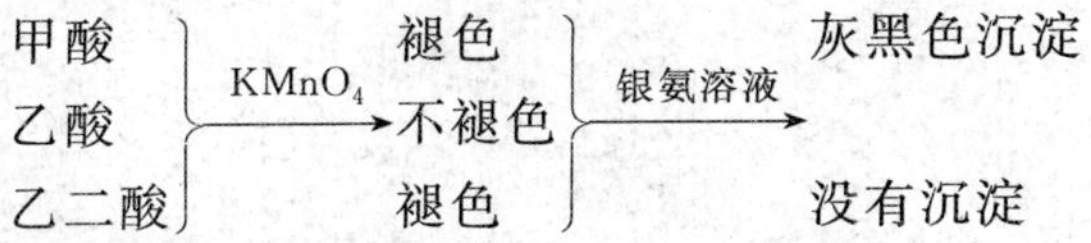

例 5.9 3-乙基环己烯、乙苯、乙基环己烷。

解：为了鉴别方便，可写出化合物的结构式。三个化合物分属于不同类别，需利用各类化合物的典型性质进行鉴别：烯烃可与溴发生加成反应，含有 α-氢的烃基苯可被酸性高锰酸钾氧化。

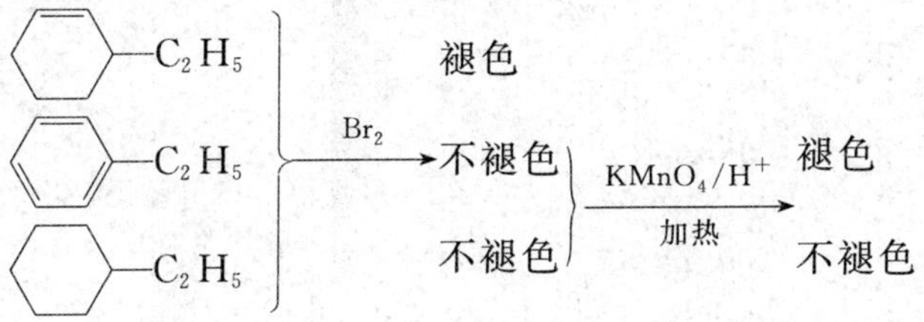

（四）自 测 题

用化学方法鉴别下列化合物。

1. 戊醛、2-戊酮、3-戊酮
2. 苯酚，环己胺，环己醇
3. 苯甲酸、水杨酸、苯酚
4. 苯胺、环己胺、N-甲基苯胺
5. 1，4-环己二酮，1，3-环己二酮，对苯醌
6. 苯甲醛、环己基甲醛、苯乙酮
7. 2-甲基-2-丙醇、2-丁醇、2-甲基丙醇
8. 4-甲基苯酚、苯甲醚、苯甲醇
9. 丙氨酸、果糖、蔗糖
10. 草酸、丁二酸、丁烯二酸
11. 葡萄糖、α-甲基葡萄糖苷、果糖

自测题答案

1. 提示：Tollens 试剂；碘仿反应
2. 提示：Br_2/H_2O； $NaNO_2/HCl$
3. 提示：$FeCl_3$； Br_2/H_2O
4. 提示：Hinsberg（兴斯堡）反应（1. 苯磺酰氯 2. NaOH）； Br_2/H_2O

5. 提示：Br_2/H_2O；$FeCl_3$

6. 提示：Tollens 试剂；Fehling 试剂

7. 提示：Lucas 试剂

8. 提示：$FeCl_3$； $KMnO_4$

9. 提示：水合茚三酮；Tollens 试剂

10. 提示：Br_2/H_2O； $KMnO_4$

11. 提示：Tollens 试剂；Br_2/H_2O

六、有机化合物的结构推测

(一)结构推测题的解题思路

结构推导题考查的是考生对多种化学知识的综合应用能力,所涉及的化学知识主要包括物理性质、化学性质(合成反应和鉴别反应)、分子组成与结构、立体化学、有机化合物的波谱知识等。对于农科考生来说,一般不涉及波谱知识。

要做好结构推断题必须注意两点:首先要全面分析题目所提供的结构信息,并充分利用每一个所获得的结构信息;其次是要准确找到解题的突破口,由此顺着题目所描述的化学反应向前或向后进行逐一推断,直至获得所需要的化合物完整结构。突破口多为具有明确结构的反应产物或结构片段。

通常的解题思路如下。

1. 根据化合物的分子组成计算分子的不饱和度,并由不饱和度进一步推测化合物中可能存在的官能团和化合物的类型。当分子的不饱和度为 1 时,分子中可能存在一个双键或一个环状结构;不饱和度为 2 时,分子中可能存在两个双键,或一个三键,或一个双键与一个环结构;如果不饱和度$\geqslant 4$,分子可能存在苯环;如果不饱和度不等于 0 且分子中含有氧原子,分子中可能含有羰基。总之,充分利用分子式中蕴含的信息可大大缩小推断化合物的类型范围。

常见化合物(不包括盐类)的不饱和度可依下式计算:$\Omega=1+N_4+\frac{1}{2}(N_3-N_1)$。式中 N_1、N_3、N_4 分别代表分子式中四价、三价和一价原子的数目。二价元素可以不考虑,卤素可将其当作 H 来对待。

2. 根据相关化学反应及现象、分子组成的变化推测官能团和分子链结构,这是最重要、最常见的推断过程。如果反应前后,分子的碳数没有变化,表明该反应为官能团转化反应或环开裂反应。如果反应前后分子碳数发生变化,表明发生了碳链断裂反应。多数情况下,题目还会给出其中一个产物的明确结构或分子式,这个产物常常是解题的突破口所在。当分子断链后形成两个碳数相同的小分子或只有一个反应产物时,表明断裂的化学键可能位于原来分子的正中间或对称中心位置。

(二)结构推测题的常见题型

1. 根据烯烃的氧化产物推断结构

烯烃经高锰酸钾氧化,双键断裂得到酮或羧酸;或经臭氧化-还原水解,双键断裂得到酮或醛。这两个反应是推断烯烃分子链结构的重要方法,可以由断链产物反推出原烯烃的骨架。在许多结构推测题中,经常将卤代烃、醇、羧酸、醛、酮及胺等化合物通过一系列反应转化为烯烃,最后根据烯烃的氧化产物推断碳链的骨架结构。

例 6.1 化合物 A($C_6H_{15}N$)能与亚硝酸作用放出氮气得到化合物 B。B 与 Lucas 试剂反应需数分钟才产生浑浊,B 能与浓硫酸共热得到化合物 C(C_6H_{12})。C 经臭氧化还原水解得化合物 D 和 E。D 能发生银镜反应,不能发生碘仿反应,而 E 能发生碘仿反应,不能发生银镜反应。试推断 A、B、C、D、E 可能的结构式,并写出各步转化的反应式。

解:

①根据分子式计算化合物 A 的不饱和度为 0 且含有一个 N,可推测 A 为饱和化合物。根据 A 能与亚硝酸作用放出氮气,说明 A 为伯胺。

②根据 C 与 A 具有相同的碳数可知,在形成 C 之前的反应都是官能团转化反应。根据 C 的不饱和度可知,C 可能是烯烃或环烷烃。根据 C 能被臭氧氧化,可断定 C 为烯烃。由此可知 C 之前的反应为脱水反应,即 B 为醇。B 与 Lucas 试剂的反应不仅进一步证明了 B 为醇,且表明 B 为仲醇。再根据 B 之前的反应,可知 A 为伯胺。

③根据烯烃臭氧化反应的特点,可知 D 和 E 为醛或酮;根据 E 和 D 的定性反应,可知 E 为甲基酮,D 为醛。进一步结合 C 只有 6 个碳原子,可以断定 E 为丙酮,D 为丙醛。由此可反推出 C 的结构为:

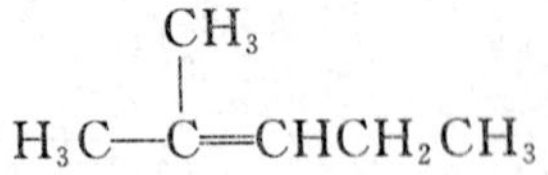

④根据化合物 A、B、C 的关系,由化合物 C 的结构可以推断出 A、B 结构分别为

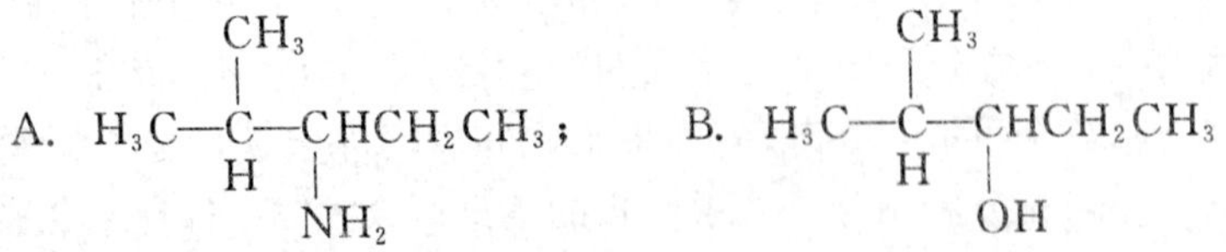

各步转化的反应式略。

2. 根据芳香烃的侧链氧化产物推断结构

烷基苯含有 α-H 的侧链能被氧化为羧基,经常根据氧化产物确定苯环上取代基的数目与位置。

例 6.2 某化合物 A(C_9H_8),能与氯化亚铜的氨溶液反应生成红色沉淀。A 催化加氢得 B(C_9H_{12}),将 B 用酸性 $K_2Cr_2O_7$ 氧化得二元酸 C($C_8H_6O_4$)。若将化合物 A 与 1,3-丁二烯共热得到一个不饱和化合物 D。将 D 催化脱氢得 2-甲基联苯。试推测 A、B、C、D 的结构式,并写出各步反应式。

解:2-甲基联苯是题目告知的具有明确结构的反应产物,是本题的信息汇集点。

①根据 A 的组成,一共 9 个 C,有 6 个不饱和度,极可能含有苯环,对应 6 个 C 和 4 个不饱和度,其他 3 个 C 含有 2 个不饱和度,含碳碳三键(炔基)可能性大。根据 A 能与氯化亚铜的氨溶液反应生成红色沉淀,可推测 A 的苯环上有一个末端炔基。

②由 B 氧化得到一个碳数相同的二元酸 C,根据 C 的组成推测,C 是苯二甲酸,由此推测 B 是二烃基取代苯,两个烃基分别为甲基和乙基。

③根据 D 催化脱氢可得 2-甲基联苯,又根据 D 是 A 与 1,3-丁二烯共热得到的不饱和化合物,推测反应属于苯乙炔与共轭二烯烃之间发生的双烯合成反应,可推测出 D 的结构。

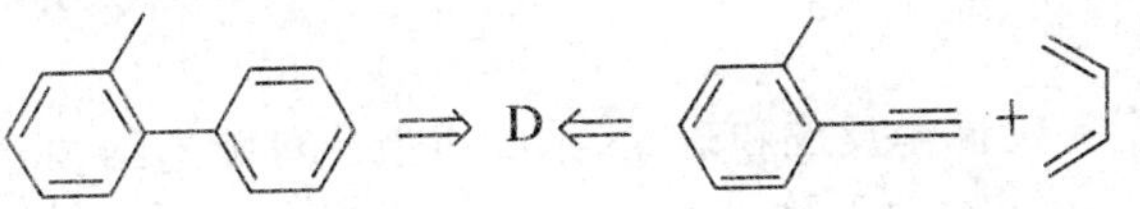

D. 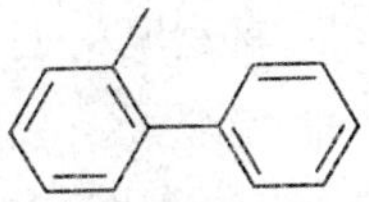；A. 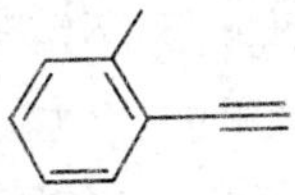

④由此推测 C 为邻苯二甲酸，B 是 1-甲基-2-乙基苯。

C. 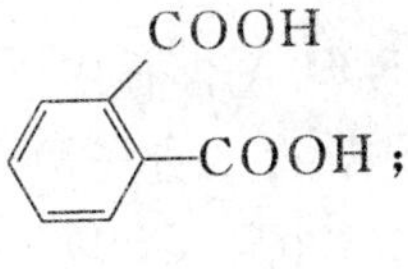；　B. 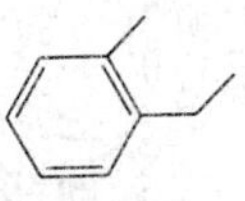

各步反应式略。

3. 根据化合物的旋光性特征，推测化合物的手性结构

例 6.3　化合物 $A(C_5H_{12}O)$ 具有旋光性，A 在高锰酸钾溶液中加热氧化为 $B(C_5H_{10}O)$，B 没有旋光性。B 与丙基溴化镁反应后水解得到化合物 $C(C_8H_{18}O)$，C 能被拆分为一对对映异构体。试推测化合物 A、B、C 的可能结构，并写出各步转化的反应式。

注："能被拆分"的意思是 B 通过反应，生成含 1 个手性碳原子的 C，这个手性碳原子有两种相反构型，是对映体混合物；如果二者等量，则构成外消旋混合物，没有旋光性。

解：

①化合物的不饱和度为 0 且含一个氧，说明 A 只可能是饱和醚或饱和醇。

②A 有旋光性且含碳较少，表明分子含有手性碳（氧不能形成手性原子）。

③A 能被高锰酸钾氧化，说明 A 是醇（仲醇或伯醇）不是醚。

④根据 B 和 A 都只含有一个 O，表明 B 是酮而不是醛，否则生成 A 被氧化成羧酸，应该有 2 个 O。这说明 A 为仲醇。

⑤B 没有旋光性，表明 A 中的羟基是连接在手性碳上的。

综合以上信息可初步推断 A 可能是下面两个化合物中的一个。

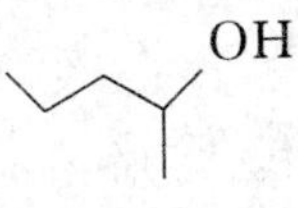　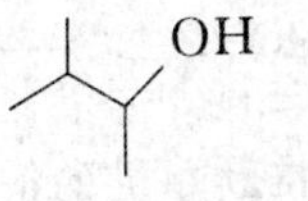

C 能够被拆分为一对对映异构体，表明其分子中含有手性碳。由于 B 没有旋光性，C 中的手性碳只能是通过与丙基溴化镁反应后形成的。由于格氏试剂与酮的反应向羰基碳引入了一个正丙基，同时又使羰基形成了手性碳，可知原来羰基两侧的烃基一定没有正丙基。分析上面的两个结构，显然只有 2-戊醇可能被氧化成符合要求的产物。

综上所述，可知 A、B、C 的结构分别如下。

A. ；B. ；C. 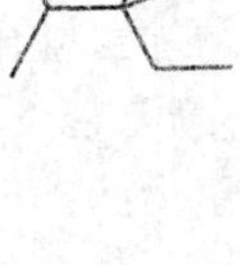

各步转化的反应式略。

4.由化合物的典型有机化学反应和现象,推断出所有可能的结构

例 6.4 化合物 A($C_{10}H_{12}O$)不溶于稀碱溶液,能使溴的四氯化碳溶液褪色,遇酸性高锰酸钾被氧化为对位取代的苯甲酸,在加热条件下,能与浓氢碘酸作用生成化合物 B 与碘甲烷,B 能溶于氢氧化钠溶液,可与三氯化铁溶液显色。试推测化合物 A、B 所有可能的结构。

解:A 被高锰酸钾氧化为对位取代的苯甲酸,后者是一个部分结构单元明确的化合物,可作为本题的突破口。

①A 被高锰酸钾氧化为对位取代的苯甲酸,说明 A 含有一个对位取代的苯环骨架,苯环的存在进一步由 A 的不饱和度为 5 得到证实。根据 A 的分子中只有 10 个碳,可知苯环上的两个取代基的碳原子之和为 4,即两个烃基只能为 4 个碳原子以下的小烃基。

②A 能使溴的四氯化碳溶液褪色,说明 A 除了苯环,可能还含有一个双键或环丙烷结构单元或酚羟基。酚羟基可根据 A 不溶于稀碱及 A 的氧化产物加以排除。据此也可以断定 A 中的一个氧原子可能是醇或醚。

③A 与 HI 反应能生成碘甲烷表明分子发生了断链,根据 HI 与醇和醚的反应特点,可断定 A 是醚而不是醇。B 能溶于氢氧化钠溶液且与三氯化铁溶液显色,说明 B 为酚类,A 含有苯甲醚的结构单元。从 A 的分子式中减去苯甲醚的结构单元,剩余 C_3H_5,为苯环上的另一个取代基。

根据以上信息综合分析,化合物 A 所有可能的结构如下。

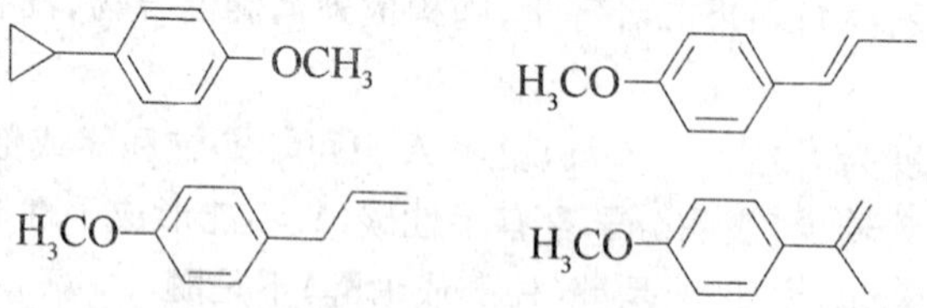

化合物 B 的结构如下。

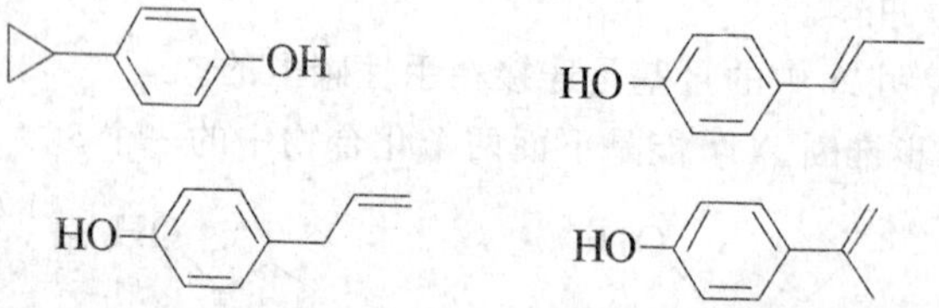

5.利用糖的化学性质推断单糖的链结构

例 6.5 *D* 型单糖 A($C_5H_{10}O_4$)可与本尼迪特试剂反应生成砖红色沉淀,但不能与过量苯肼反应生成糖脎。A 被硝酸氧化得一具有光学活性的二元酸 B,被溴水氧化后的产物 C 也具有光学活性。将 A 递降为丁醛糖 D 后(递降为从醛基的一端去掉一个碳原子,变成低一级的醛糖),用硝酸氧化得到内消旋的酒石酸。试写出 A、B、C、D 的结构式,以及相关的反应式。

解:内消旋的酒石酸是一个结构明确的反应产物,本题可以此为突破口。由内消旋的酒石酸的结构逐步向前推断。

①由于只有醛糖才可被硝酸氧化成糖二酸,故根据内消旋酒石酸的结构并结合 A 为 D 单糖,可推出 D 的结构如下。

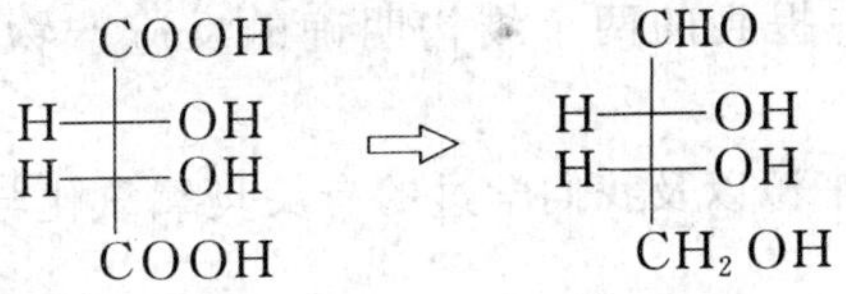

内消旋的酒石酸　　　　D

②根据分子式计算化合物 A 的不饱和度为 1，由于 A 可被溴水氧化，又能与本尼迪特试剂反应，说明其为戊醛糖，由 A 不能与过量苯肼反应生成糖脎，可推测 A 的 2 号碳原子上没有羟基。由此推断 A、B、C 的结构分别如下。

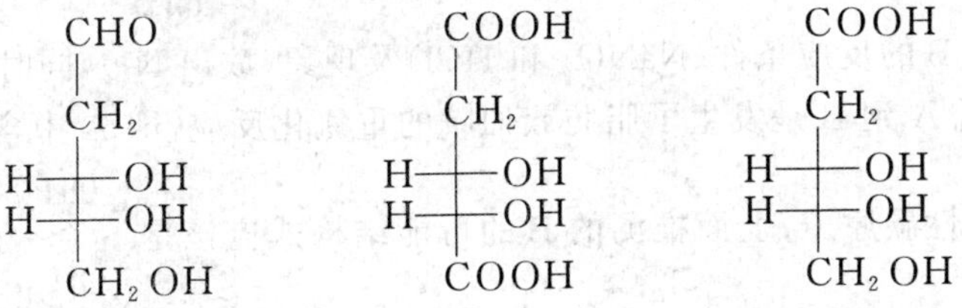

A　　　　B　　　　C

相关的反应式略。

6.分别给出几个同分异构体的反应和现象，推断出各个异构体的可能结构

例 6.6　化合物 A、B、C 的分子式都是 $C_3H_6O_2$，A 可以与碳酸钠作用放出 CO_2，B 和 C 不能。B 和 C 在酸性条件下都可以水解，而 C 在碱性条件下稳定。B 的水解产物之一能使碳酸钠分解放出 CO_2，不能还原高锰酸钾。C 的水解产物之一可以和苯肼作用生成腙。试推出 A、B、C 的可能结构，并写出相关的反应式。

解：

①根据分子式计算化合物 A 的不饱和度为 1，又根据 A 可以与碳酸钠作用放出 CO_2，说明 A 为羧酸。因此可推测 A 的结构为：CH_3CH_2COOH。

②根据 B 的水解产物之一能使碳酸钠分解放出 CO_2，不能还原高锰酸钾，说明该产物为羧酸，但不是甲酸。因此，可推测化合物 B 为酯，由于其分子式表明 B 只含有 3 个碳原子，B 的结构只能是：CH_3COOCH_3。

③根据 C 在碱性条件下稳定，在酸性条件下可以水解，且水解产物之一可以和苯肼作用生成腙，说明化合物 C 为缩醛或缩酮。又由于 C 只有 3 个碳原子，可推测 C 只能为缩醛。根据 C 的分子式计算其不饱和度为 1，说明 C 为环状缩醛，因此，可推断化合物 C 的结构为：

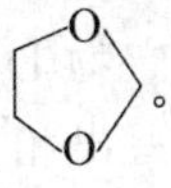
。

相关的反应式略。

7.根据官能团的转换反应来推测结构

例 6.7　有两个手性碳原子的化合物 A($C_4H_{11}NO$)，在室温下与 $NaNO_2$ 和 HCl 反应生成 B($C_4H_{10}O_2$)，并放出 N_2。B 与浓硫酸共热生成 C(C_4H_6)。C 与 O_3 反应，并在 Zn 存在下水解，生成乙二醛和甲醛。写出 A、B、C 的结构式，并写出相关化学反应式。（2009 年考题）

解:乙二醛和甲醛是题中提到的两个结构明确的反应产物,可考虑将其作为解题的切入点。

①根据乙二醛和甲醛的来源以及我们学过的有关臭氧氧化与还原水解的反应,可知 C 为烯烃,其结构为:。

②比较 C 和 B 的分子式,同时考虑到 B 生成 C 的条件,可知 C 是 B 脱了两分子水的产物,可 B 含有两个羟基,据此可推断 B 可能的结构式如下。

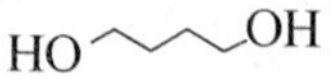

或
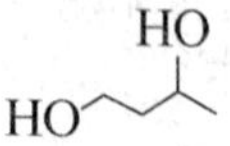

或
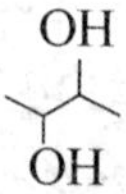

③根据 A 生成 B 的反应条件($NaNO_2$ 和 HCl)及现象(放出 N_2),同时考虑到 A 中含有一个氮原子,可以判断 A 到 B 是发生了脂肪族伯胺的重氮化反应,即 A 中含有一个伯氨基。依据 A 中含有两个手性碳原子,上面推测的 B 的可能结构式应该是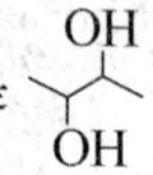

,由此可推断 A 的结构式应该是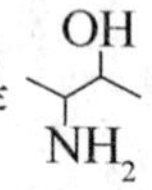

。

相关的反应式略。

(三)自 测 题

1. 化合物 A($C_8H_{14}O$)能使溴的四氯化碳溶液迅速褪色,并能与饱和亚硫酸氢钠溶液发生加成反应,得到白色结晶。A 经酸性高锰酸钾氧化为两个酸性化合物 B($C_3H_6O_2$)与 C,C 与碘的氢氧化钠溶液反应生成丁二酸钠与碘仿。试推测 A、B、C 的可能结构,并写出相关的反应式。

2. 化合物 A($C_6H_{13}Br$)和氢氧化钠的水溶液共热后生成化合物 B($C_6H_{14}O$)。B 具有旋光性,能与金属钠反应放出氢气,和浓硫酸共热生成化合物 C(C_6H_{12}),C 经臭氧化再还原水解得丙酮与丙醛,试写出 A、B、C 的结构式,并写出相关的反应式。

3. 化合物 A($C_{10}H_{12}O_2$)对碱稳定,但在酸性水溶液中易水解为化合物 B(C_8H_8O)和乙二醇。B 与斐林试剂作用生成化合物 C。化合物 B 与 C 被高锰酸钾氧化都生成对苯二甲酸,试推测 A、B、C 的可能结构,并写出相关的反应式。

4. 化合物 A($C_7H_{15}N$)不能使溴的四氯化碳溶液褪色,能与亚硝酸作用放出氮气得到化合物 B。B 能与浓硫酸共热得到化合物 C(C_7H_{12}),C 经高锰酸钾氧化只得到一个氧化产物 D($C_7H_{12}O_3$),D 与 NaIO 反应生成碘仿和己二酸。试推断 A、B、C、D 可能的结构式,并写出相关的反应式。

5. 有两个酯类化合物 A 和 B,分子式均为 $C_4H_6O_2$。A 在酸性条件下水解成甲醇和化合物 $C_3H_4O_2$,C 可使 Br_2/CCl_4 褪色。B 在酸性条件下水解生成羧酸和化合物 D,D 可发生碘仿反应,也可与 Tollens 试剂作用。试推测 A、B、C、D 的结构式,并写出相关的反应式。

6. 化合物 A,分子组成是 C_6H_{10},有旋光性。A 可使溴的四氯化碳溶液褪色,催化氢化得到化合物 B,分子组成是 C_6H_{12},没有旋光性。A 用酸性高锰酸钾氧化只得到一种甲基戊二酸，此化合物有旋光性。写出化合物 A 和 B 的结构式，并写出各步反应式。

7. 分子式为 C_8H_{16} 的化合物 A 具有旋光性，可使溴水褪色。A 经臭氧化还原水解得丙酮和化合物 B($C_5H_{10}O$)。试推断化合物 A 与化合物 B 可能的结构式，并写出各步反应式。

8. 化合物 A 的分子组成为 $C_6H_{13}O_2N$，有旋光活性，与 HNO_2 反应放出 N_2。A 在酸性水溶液中加热生成两个三碳化合物 B 和 C。B 有旋光活性，既可溶于酸，又可溶于碱，且与水合茚三酮作用显色。C 为中性物质，既可被 $KMnO_4$ 氧化，又可发生碘仿反应。试写出 A、B、C 的结构式及有关反应式。

9. 化合物 A 的分子组成为 $C_5H_6O_3$。A 能与甲醇作用得到两个互为异构体的化合物 B 和 C，B 和 C 分别与亚硫酰氯($SOCl_2$)作用后再与甲醇作用，得到相同的化合物 D，试推测 A、B、C 和 D 的结构式，并写出有关反应。

自测题答案

1. 丁二酸和碘仿可作为本题的突破口。

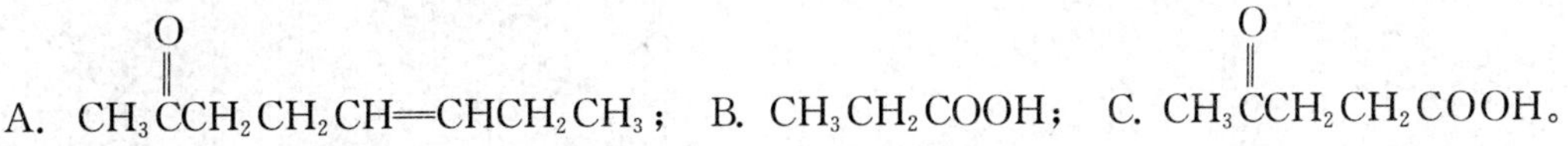

反应式略。

2. 丙酮和丙醛可作为本题的突破口。

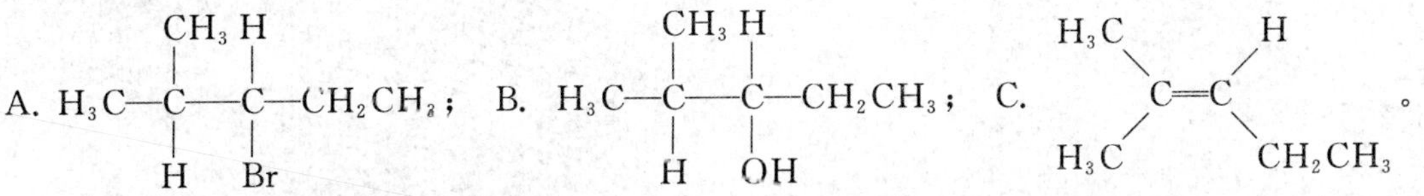

3. 乙二醇和对苯二甲酸是本题的突破口。考生必须知道缩醛、缩酮对碱稳定。

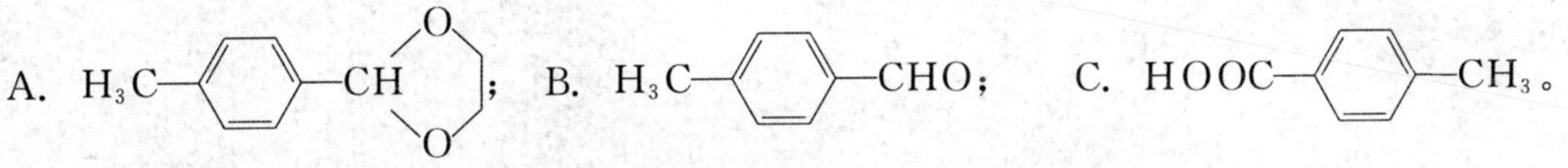

4. 碘仿和己二酸是本题的突破口。

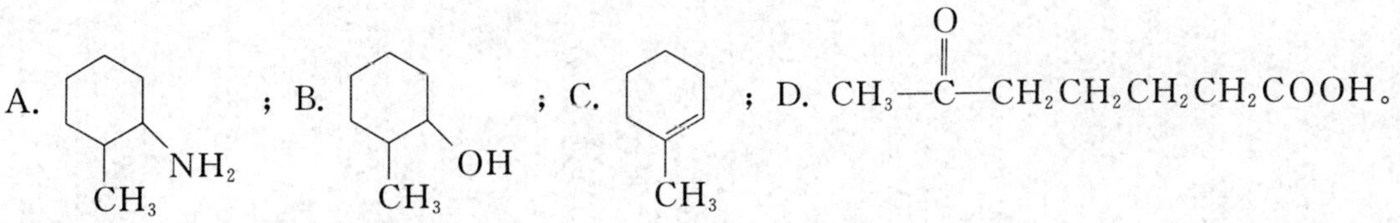

5. 本题的难点是烯醇酯水解后生成的不可能是烯醇，而是通过烯醇式-酮式互变异构转变成醛。

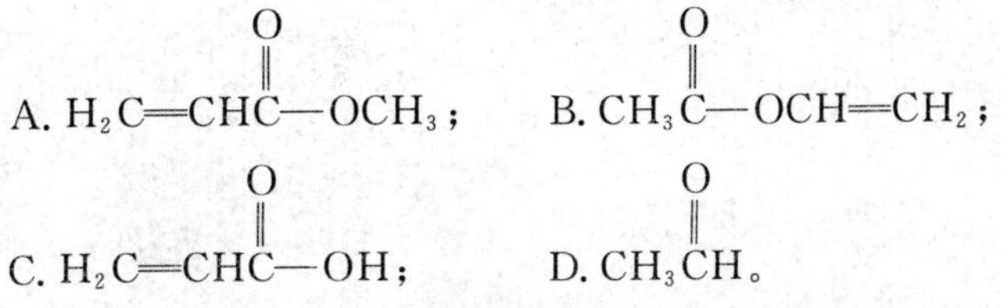

6. 甲基戊二酸是本题的突破口。

A. 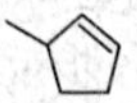；B. 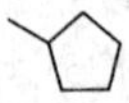。

7. A. $H_3C-\underset{}{\overset{CH_3}{\overset{|}{C}}}=CH-\overset{CH_3}{\overset{|}{C}}HCH_2CH_3$；B. $H\overset{O}{\overset{\|}{C}}-\overset{CH_3}{\overset{|}{C}}HCH_2CH_3$。

8. A. 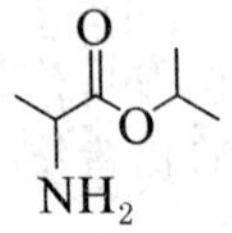；B. 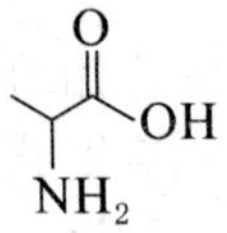；C. 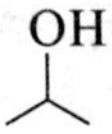。

9. A. 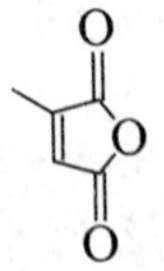；B. 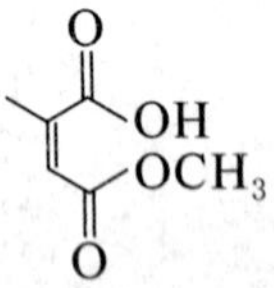；C. 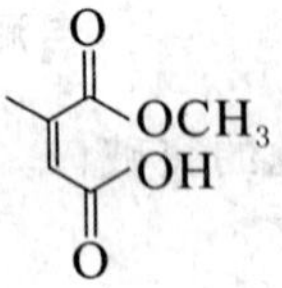；D. 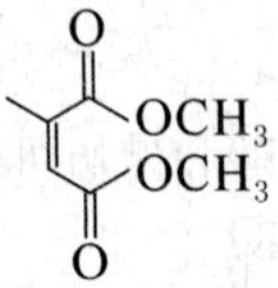。

七、有机合成设计

（一）考题特点、要求与解题基本思路

1.考题特点和要求

有机合成设计就是以有机反应和理论为基础，利用多种成熟的有机合成反应设计出一条由基本化工原料或指定起始化合物制备目标化合物的合理合成路线。显然，有机合成设计属于多种有机反应的综合利用。此类题一般有两种题型。一种是给定起始物和目标物，如由乙醇合成正丁醇；另一种是给定目标物，而起始物仅给予一定的条件限制，如由 3 个碳以下的醇合成正戊醇。一般来说，题目限定条件越严格，其难度要求越大。一条合理的合成路线在理论上必须是可行的，即按照合成路线中的每一步反应，最终是可以获得所需要的目标物的。在很多时候，在题目给定的条件下，可以设计出多种合成路线。不同合成路线的好坏是不同的。好的合成路线具有省时、省力、经济和环保的特点，具体体现在合成路线较短（步骤少）、每步反应的产率高、每步反应的所要求的条件和操作程序简单、产物的后处理方便等。对于一般考试来说，考生只要做到合成路线合理和简捷就可以了。

有机合成设计就像是分子的建筑设计，有机反应是其基本手段，起始物和其他的化学试剂是基本材料。所涉及的有机合成反应可分为官能团转化反应、碳链延长反应、碳链缩短反应、成环反应、开环反应、手性中心的构建反应等。由此可见，有机合成设计题要求考生必须掌握足够的合成反应，并了解各个合成反应的特点和适用范围。关于有机反应的知识，可参考本部分“四、有机反应及其应用”一节。由于很多的有机合成反应对反应条件都有较严格的要求，因此考生在给出有些受反应条件影响较大的化学反应时，必须准确标明其反应条件。例如，利用卤代烃的消除反应时，要注明乙醇为溶剂，并加热；要利用卤代烃制备相应的醇时，要注明水为溶剂。否则，将被扣分。

在做合成题时，出现错误频率较高的依次是：①合成路线错误；②反应试剂、反应条件选择不合适；③反应式以错误方式连写，即格式错误；④分子结构书写错误。

2.解题基本思路

首先，运用倒推法剖析，即从后往前一步一步分析。先根据目标化合物的结构，分析目标物可能是由哪一种前体化合物经过哪种反应得到的。然后再将确定的前体当作新的目标物来做类似的分析，直到和给定的原料联系起来。多数情况下，目标物的前体化合物都是较目标物更简单的化合物。这种方法在有机合成上称为逆合成分析。

在由目标物分析其前体化合物时，一般着眼点是目标物中的官能团，可考虑官能团是如何形成的或官能团相连的结构片段（如烃基）是如何引入分子中去的；对于目标物为对称分子或官能团位于分子中间位置的，也常将着眼点放在分子的对称位置；对于多官能团目标物，一般从不太稳定的官能团开始切断。

第二步，根据逆向推理的结果，从反应原料开始以串联的方式(反应流程图)依次写出各步反应的条件、所用试剂和产物，直到题目所要求的目标物为止。当某一反应的产物无须分离而是直接在反应完成后的体系中再进行下一步反应时，一般不写出该步反应的产物，而是将两步反应合并成一步反应写出来。当只希望多官能团化合物中的某一官能团反应时，必要时可考虑采用官能团保护的策略。当无法直接引入某一官能团或无法直接引入所期望的位置时，可考虑采用间接引入的策略，该策略常用于苯环上羟基、氨基、氰基、卤素、带支链的烃基等基团的引入。

(二)分子中碳链骨架形成和双官能团化合物的制备

1. 常用增长碳链的方法

(1)端基炔盐与卤代烃反应生成增长的非端基炔 $RC\equiv CNa \xrightarrow{R'X} RC\equiv CR'$。

(2)卤代烃同 KCN/H_2O 反应生成多一个碳原子的腈，后者完全水解得羧酸，催化氢化得多一个碳原子的伯胺。

(3)格氏试剂同环氧化合物、羰基化合物及二氧化碳反应，可向分子中引入不同碳数的碳链，并形成醇。

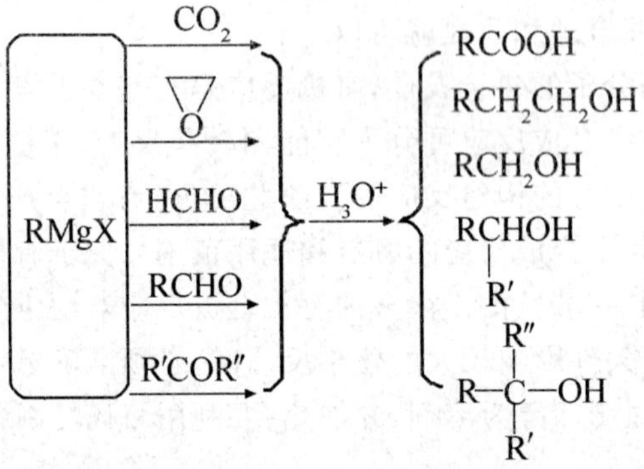

(4)羟醛缩合：有 α-H 的醛、酮的缩合，进一步脱水可得碳数成倍增长的 α，β-不饱和醛或酮。

(5)羰基化合物与 HCN 加成，生成 α-羟基腈，后者水解得 α-羟基酸，催化氢化得邻氨基醇。

(6)酯缩合反应(克莱森酯缩合反应)制备 β-酮酸酯，如下所示。

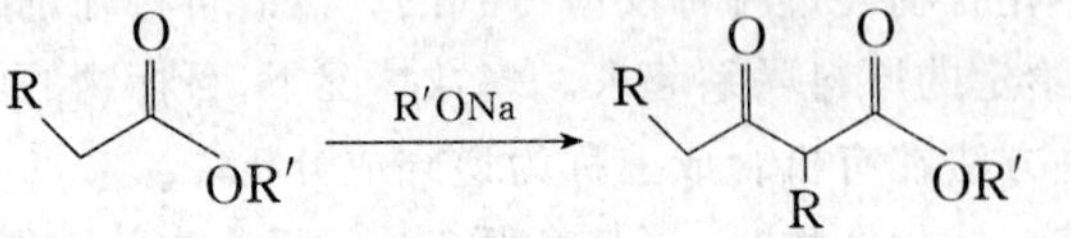

(7)芳环的酰基化反应。

2. **常用缩短碳链的方法**

(1)烯、炔的开裂氧化及烯的臭氧化还原水解。

(2)卤仿反应:生成减少一个碳原子的羧酸。

(3)羧酸的脱羧:①丙二酸脱羧得乙酸;②己二酸和庚二酸脱羧同时脱水,分别生成环戊酮和环己酮。注:丁二酸和戊二酸加热时不脱羧而是脱水生成稳定的环酐。

(4)酰胺的 Hofmann 降解生成少一个碳原子的胺。

3. **双官能团化合物的制备**

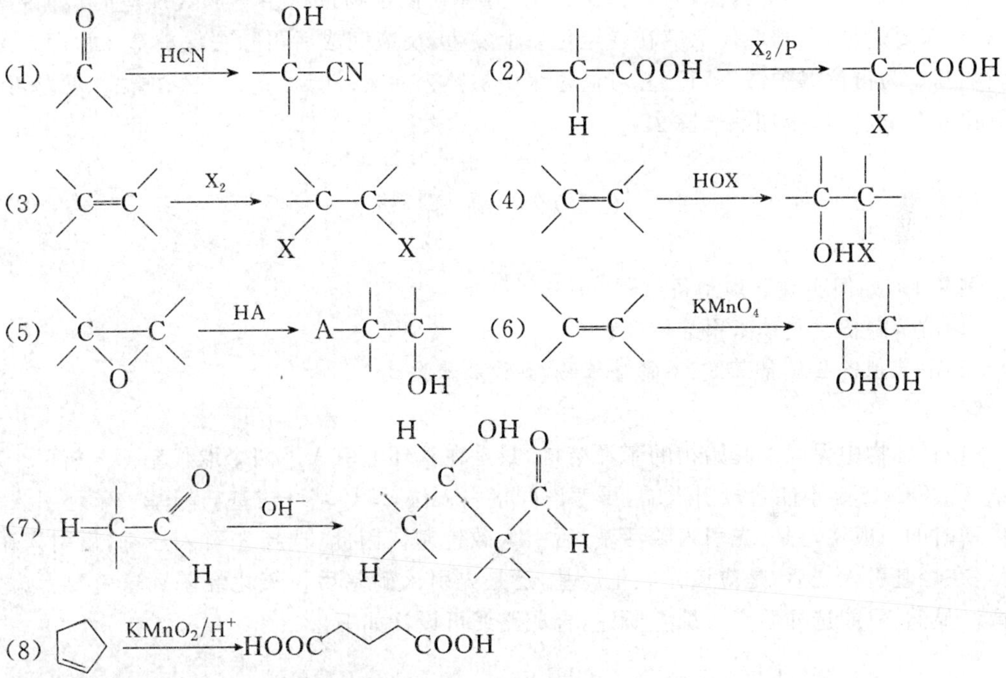

4. **环的构建**

(1)Diels-Aldler 反应用于构建新的六元环烯烃或环二烯烃。

(2)己二酸和庚二酸脱羧同时脱水,分别生成环戊酮和环己酮。

(3)二元羧酸酯的分子内克莱森缩合反应,形成五元环或六元环的 β-酮酸酯。

(4)醛酮、二醛的分子内羟醛缩合反应,形成五元环或六元环的 α,β-不饱和醛或酮。

(5)α-羟基酸的分子间脱水,形成六元环交酯。

(6)α-氨基酸的分子间脱水,形成六元环二肽。

(7)苯环催化氢化反应,生成环已烷结构。

(8)1,4-二羧酸(如丁二酸、丁烯二酸)和 1,5-二羧酸(如戊二酸)及其取代物的分子内脱水反应,分别生成五元环酸酐和六元环酸酐结构;邻苯二甲酸及其取代物的分子内脱水,生成邻苯二酸酐或其取代物。

(9)1,4-和1,5-卤代醇的分子内亲核取代反应,生成五元环和六元环的环醚结构。

(10)乙酰乙酸乙酯或丙二酸二乙酯与二卤代烷的烃基化反应,可合成各种需要的环结构。

5.官能团的保护

(1)羟基保护。醇易被氧化、酰化及与格氏试剂反应等,为了使羟基不受破坏或防止羟基对其他反应的影响,一般多采用羟基保护策略。羟基保护多采用成酯法和成醚法。

(2)羧酸保护。常用成酯法,多用甲酯或乙酯。

(3)羰基保护。常用五元环或六元环的环缩醛或缩酮来保护,酸解可除去保护。

(4)氨基保护。常用酰胺法。

(5)芳环上C—H键的保护(占位保护)。芳香族化合物进行亲电取代反应时遵循定位规则,有时需要保护,以利取代反应在指定位置上发生,反应完成后再除去保护基。常用方法有:①磺酸基作为占位保护法。磺酸基可通过水中加热来除去。②氨基占位保护法。氨基可通过重氮化并在H_3PO_2中加热来除去。

(三)例题解析

例7.1 如何实现下列制备过程?

(1)由苯制备对硝基苯甲酸甲酯。

(2)由苯制备2-硝基苯胺、3-硝基苯胺、4-硝基苯胺。

解:

(1)目标物中保留了起始物的苯环结构,只是在苯环上引入了两个取代基。分析两个取代基,—$COOCH_3$是不能直接引入的,可考虑间接引入法,即烃基→羧基→酯基。苯环引入多个取代基时的一般策略是,先引入致活基,后引入致钝基。因此,选择先引入烃基,后引入硝基。但是,在烃基引入之后,是应该先氧化烃基,还是先引入硝基后再氧化烃基。这就要考虑定位规律。显然,只能选择后者。综上所述,合成路线可设计如下。

(2)此题和上题属于同一类型。目标物中含有两个取代基,一个为致活基,一个致钝基。按照前面提到的策略,需要先引入致活基——氨基,后引入致钝基——硝基。但氨基是不能直接引入,只能采用间接引入策略,即硝基→氨基。按照氨基的定位规律,以上策略只能获得2-硝基苯胺和4-硝基苯胺,而不能获得3-硝基苯胺。合成路线略。

由于3-硝基苯胺中两个取代基的定位位置相互矛盾,不管先引入哪个基团,都不可能直接获得目标物。解决这种问题的策略是,先将其中的一个基团转变成定位规律相反且又容易转变成原来基团的基团。显然,只有将氨基先转变成硝基或质子化的氨基。这样便可设计出合成路线。

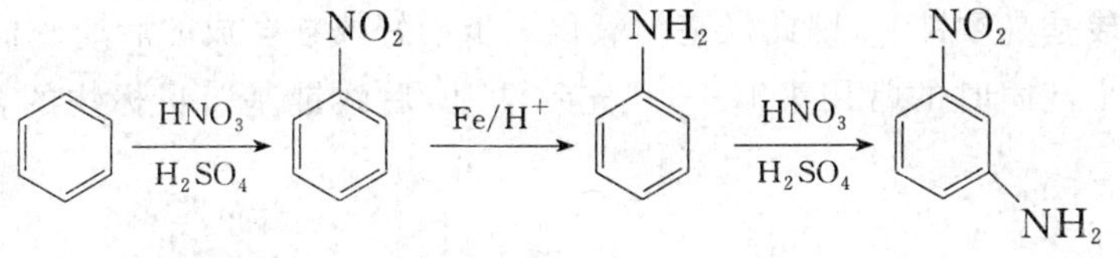

例 7.2 由 1,3-丁二烯制备 3,4-二溴甲基己二酸。

解:对于对称的目标物,尽可能从分子的对称位置切断或对两个对称位置的官能团同时进行的转化,这是有机合成设计的一种策略。按照这一策略,本题第一步首先应该想到将对称位置的两个羧基转化成双键,然后,想到我们学过的构建六环环的常用合成反应——Diels-Alder 反应(双烯合成反应)。

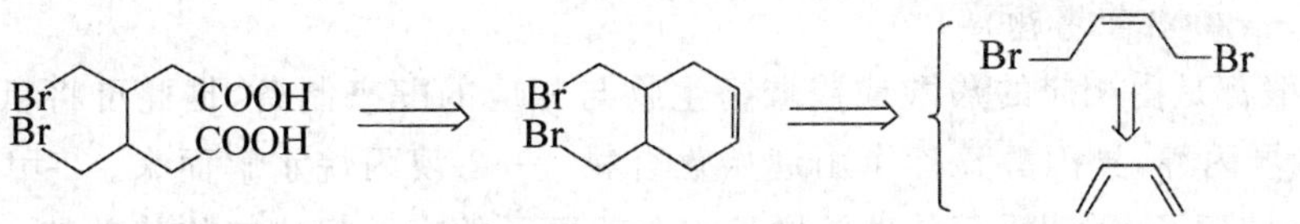

其制备反应如下。

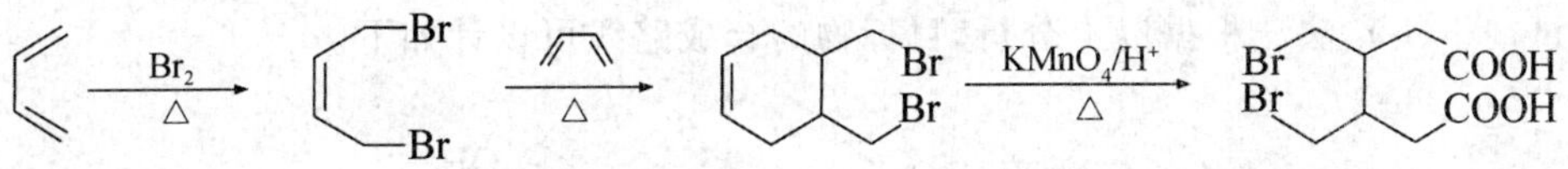

例 7.3 由乙醛制备 2,4-二羟基戊酸。

解:目标物较起始化合物的碳原子数成倍多出时,可考虑使用羟醛缩合反应。目标物中的 α-羟基酸结构可考虑由醛与氢氰酸反应得到,切去羧基得到的 4 碳骨架可考虑由乙醛经羟醛缩合反应得到。逆分析如下。

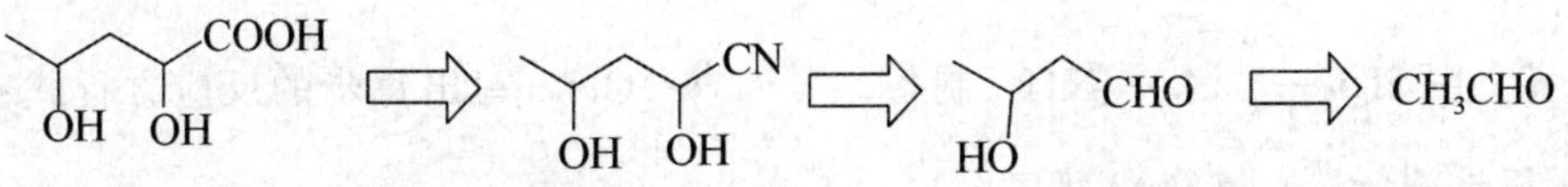

制备反应式如下。

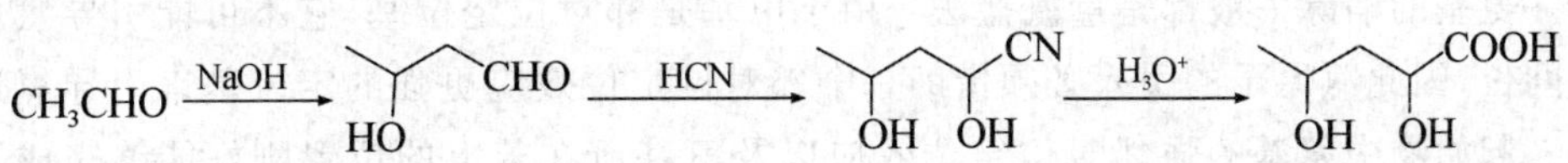

例 7.4 由苯制备 4-乙酰基-2-溴苯甲酸(两个及两个以下的碳原子的有机试剂和无机试剂任选),写出每步反应的方程式和主要反应条件。(2009 年考题)

解:比较目标物和起始化合物的结构,可知该题实际上是在起始化合物的苯环上指定位置引入三个不同的取代基。再分析三个取代基,可见有两个为间位定位基,一个为邻对位定位基，其中有一个取代基即羧基是不能直接引入的，需要采用间接引入法。最常用的方法就是烃基氧化法。由于羧基是致钝基，因此烃基的氧化一步最好放在合成的后期。根据以上分析，按照苯环上引入多个基团时的常用策略——“先致活基，后致钝基”，目标物的合成路线可设计如下。

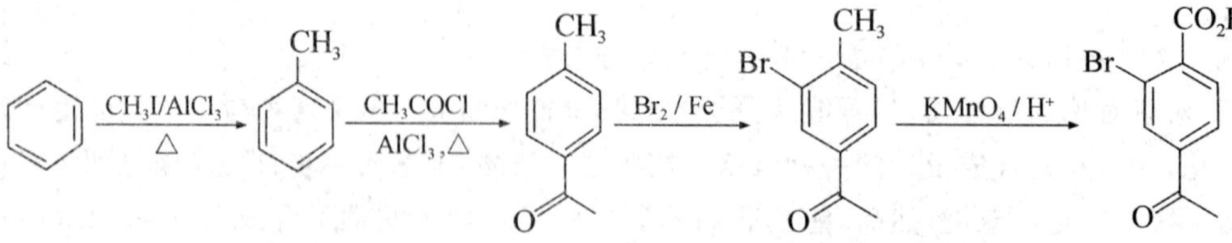

例 7.5　由 2-溴丙烷制备 2-甲基丙酸异丙酯，写出每步的反应方程式和主要反应条件(无机试剂任选)。(2008 年考题)

解：酯一般都是由相应的羧酸或羧酸衍生物与相应的醇来制备，据此可将目标物拆解成 2-甲基丙酸和异丙醇，异丙醇显然可由起始化合物——2-溴丙烷水解而来。2-甲基丙酸较 2-溴丙烷多一个碳原子，需要采用使碳链增长一个碳原子的有关反应来构建碳架。根据本节中提到的有关使碳链增长一个碳的常用反应，同时考虑到起始化合物是一个卤代烃，自然应该选择格氏试剂＋CO_2 法。根据以上分析，目标物的合成路线可设计如下。

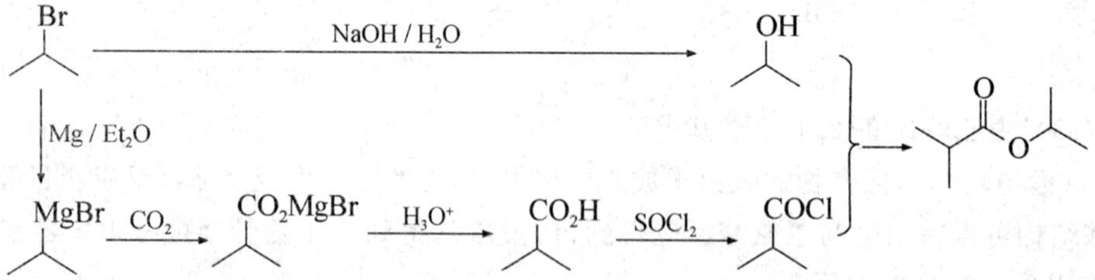

例 7.6　由 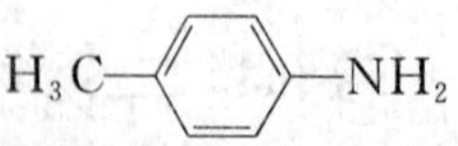 制备 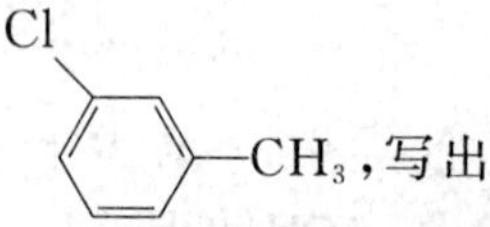，写出每步的反应方程式和主要反应条件(无机试剂任选)。(2008 年考题)

解：比较目标物和起始化合物的结构，可见目标物比起始物多了取代基——氯原子，少了一个氨基，且氯原子处于甲基的间位。显然，本题既涉及氨基的消除反应，还涉及氯原子的定位引入。氨基的消除一般都是重氮盐法。由于甲基是邻对位定位基，它不可能引导氯原子进入它的间位，因此氯原子的引入必须借助一个邻对位定位效应更强的定位基来引导氯进入指定位置。起始物中氨基的强邻对位定位效应以及氨基所在苯上的位置刚好能够完成上述要求。也就是说，氨基的消除应该发生于氯代反应之后。但是，由于氨基的对位定位效应非常强，很容易使卤代反应发生二氯化，为此需要通过向氨基上连上一个合适的吸电基团来适当降低其对位定位效应，乙酰基是最常用的降低氨基定位效应的吸电基团。根据以上分析，目标物的合成路线可设计如下。

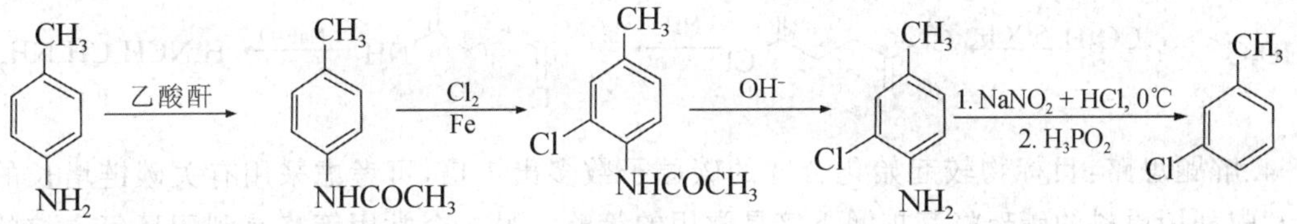

（四）自 测 题

用指定原料合成目标化合物，无机试剂和溶剂任选。

1. 以乙醇为主要原料，合成 CH_3CHBr_2。

2. 以乙酸和乙醇为主要原料，合成丙二酸二乙酯。

3. 以丁二酸为主要原料，合成 $H_2NCH_2CH_2NH_2$。

4. 以乙醇为主要原料，合成 1-氯丁烷和 2-氯丁烷。

5. 以 CH_3CN 为主要原料，合成 $(CH_3CH_2)_2NH$。

6. 以甲苯和不超过 3 个碳的有机物为主要原料，合成 4-丙基-2-氯甲苯。

7. 以苯为主要原料，合成 1-氯-3-溴苯。

8. 以 1-溴丙酮和不超过 2 个碳的有机物为主要原料，合成 5-羟基-2-戊酮。

9. 以丙二酸二乙酯和不超过 2 个碳的有机物为主要原料，合成正丁酸。

10. 以乙酰乙酸乙酯和不超过 2 个碳的有机物为主要原料，合成 3-乙基-2-戊酮。

自测题答案

1. 解题思路：目标物和原料的碳数和碳架相同，可只考虑官能团转化法；乙炔与卤化氢反应是制备 1,1-二卤代乙烷的最常用方法。

$$CH_3CH_2OH \xrightarrow[170℃]{H_2SO_4} CH_2{=}CH_2 \xrightarrow{Br_2/CCl_4} CH_2BrCH_2Br \xrightarrow[CH_3CH_2OH]{NaOH} HC{\equiv}CH \xrightarrow{2HBr} CH_3CHBr_2$$

2. 解题思路：目标物较原料多了一个碳原子，可考虑利用使碳链延长一个碳原子的有关反应，其中氰化钠法是常用的方法之一。

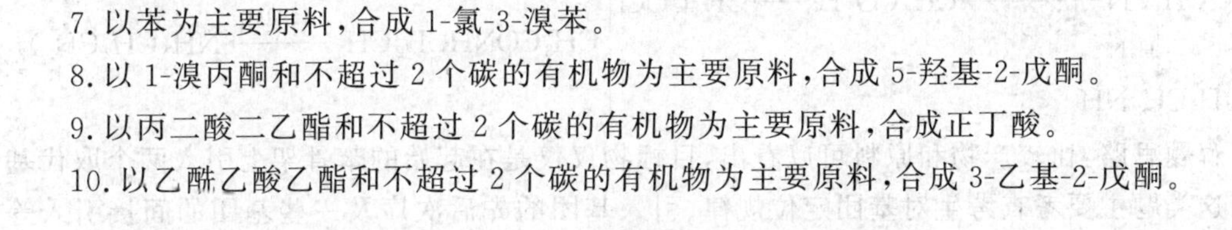

3. 解题思路：目标物较原料少了 2 个碳原子，需要考虑采用有关碳链缩短的反应。考虑到目标中的官能团为伯胺，可优先考虑选择 Hofmann 降解反应。另外，对于对称目标物，要可考虑利用“尽可能从分子的对称位置切断或对 2 个对称位置的官能团同时进行的转化”的策略。

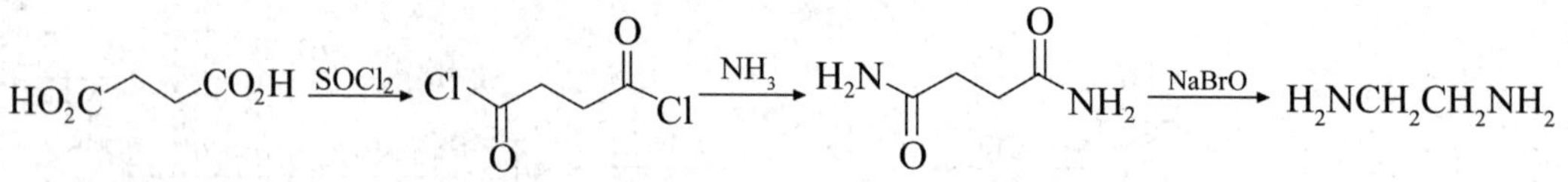

4. 解题思路：目标物较起始化合物的碳原子数多出 1 倍，可考虑采用有关碳链增长的反应，其中利用原料的碳架将其扩增 1 倍是常用的策略。另一个常用策略是利用环氧乙烷的有关反应向分子中可一次引入两个碳。此处可考虑充分利用格氏反应。

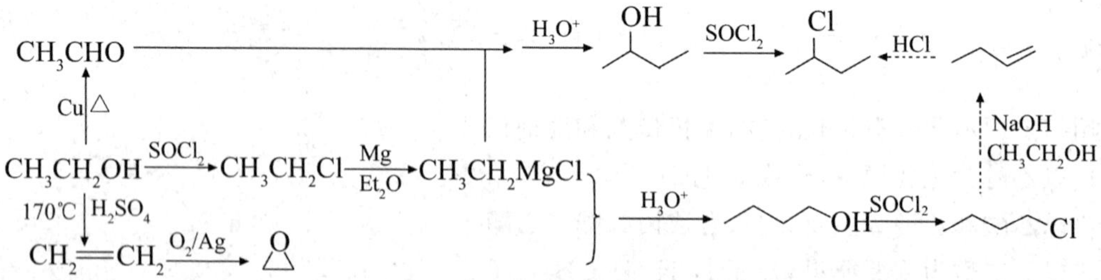

5. 解题思路：目标物为仲胺。仲胺最理想的合成方法是酰胺还原法，据此可将目标物拆分为一个羧酸和一个伯胺，然后再分别将羧酸和伯胺联系起来。

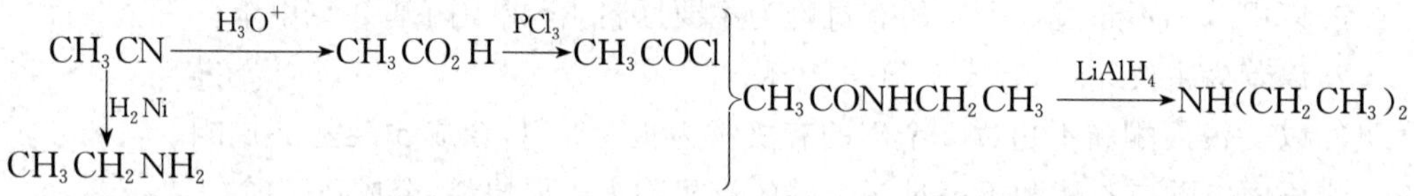

6. 解题思路：比较产物和原料可以看出，目标物仅仅是在起始的苯骨架上引入两个取代基而已。这类题主要考查考生对基团定位规律、引入基团的先后次序及一些基团的间接引入等的掌握情况。此题的关键是：先引入对位取代基，后引入邻位取代基，同时要考虑到 3 个及 3 个以上碳的烃基引入时的碳正离子重排问题。

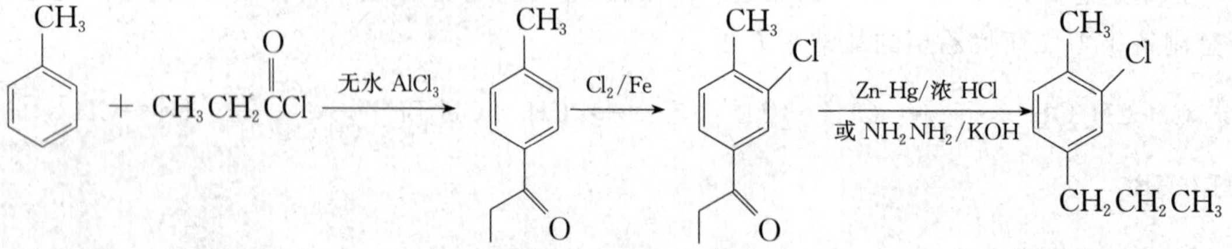

7. 解题思路：本题与第 6 题属于同一类型。当由于受定位规律的影响而无法直接向苯环上所期望的位置引入所期望的基团时，可考虑间接引入法。重氮盐法是解决此类问题的最常用方法。

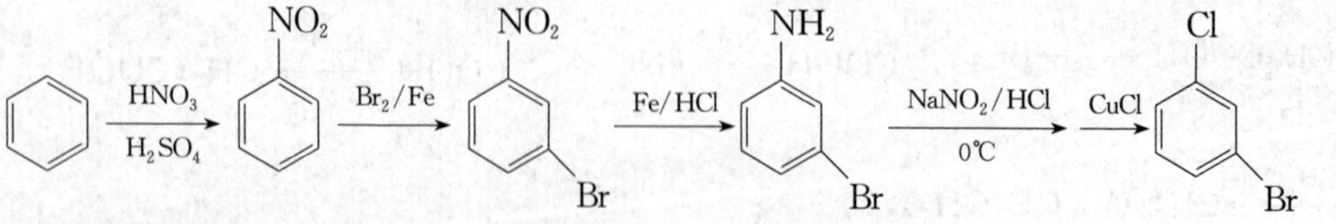

8. 解题思路：目标物较起始原料多了两个碳原子，在题目限定的条件下，可考虑利用一个二碳有机物与起始原料对接来构建目标物的碳骨架。常用的二碳有机物有：乙醇，乙醛，环氧乙烷，乙酸，等。另外，不难看出，目标物是在起始原料碳架上引入了一个羟基乙基（$—CH_2CH_2OH$），而后者是环氧乙烷反应的特点，故可供选择的二碳有机物自然是环氧乙烷。

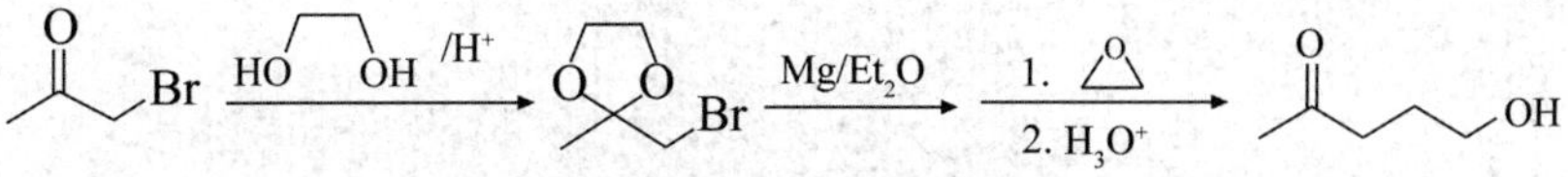

9.解题思路:本题属于丙二酸二乙酯合成法。该法的特点是丙二酸二乙酯提供一个乙酸结构单元,合成产物是在乙酸的 α-位引入所需要的烃基。显然,此题需要引入的是乙基,故选择溴乙烷为烃基化试剂。

$$CH_2(CO_2C_2H_5)_2 \xrightarrow[(2)CH_3CH_2Br]{(1)C_2H_5ONa} CH_3CH_2CH(CO_2C_2H_5)_2 \xrightarrow[\triangle]{H_3O^+} CH_3CH_2CH_2CO_2H$$

10.解题思路:本题属于乙酰乙酸乙酯合成法。该法的特点是乙酰乙酸乙酯提供一个丙酮结构单元,合成产物是在丙酮的一个 α-位引入所需要的烃基。显然,此题是在丙酮的 α-位引入了两个乙基,故选择 2 倍量卤乙烷为烃基化试剂。

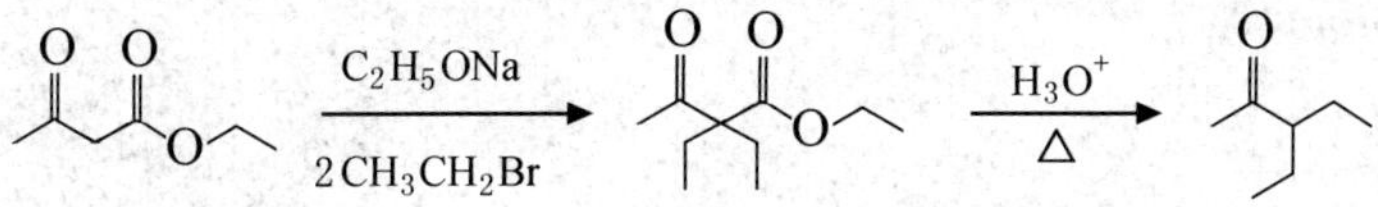

第三部分

模 拟 题

卷 1

一、单项选择题：1～30 小题，每小题 2 分，共 60 分。在每小题给出的 4 个选项中，请选出一项最符合题目要求的。

1. 将 0.45 g 某非电解质溶于 30 g 水中，溶液凝固点为−0.15℃。已知水的 $K_f=1.86\ K\cdot kg\cdot mol^{-1}$，则该非电解质的摩尔质量（$g\cdot mol^{-1}$）约为（　　）。

A. 100；　　B. 83.2；　　C. 186；　　D. 204。

2. 下列反应的 $\Delta_r H_m^{\ominus}$ 与生成物的 $\Delta_f H_m^{\ominus}$ 相等的是（　　）。

A. $H_2(g)+I_2(g)\rightarrow 2HI(g)$；　　B. $HCl(g)+NH_3(g)\rightarrow NH_4Cl(s)$；

C. $H_2(g)+1/2O_2(g)\rightarrow H_2O(g)$；　　D. C(金刚石)$+O_2(g)\rightarrow CO_2(g)$。

3. 反应 $NO(g)+CO(g)=1/2N_2(g)+CO_2(g)$，$\Delta_f H_m^{\ominus}<0$，欲使有害气体 NO、CO 尽可能转化为 N_2 和 CO_2，应采取的措施为（　　）。

A. 低温高压；　　B. 高温高压；　　C. 低温低压；　　D. 高温低压。

4. 反应 $N_2(g)+3H_2(g)=2NH_3(g)$ 的标准平衡常数表达式为（　　）。

A. $K^{\ominus}=\dfrac{p(NH_3)/p^{\ominus}}{\{p(N_2)/p^{\ominus}\}\{p(H_2)/p^{\ominus}\}}$；　　B. $K^{\ominus}=\dfrac{\{p(NH_3)\}^2}{p(N_2)\{p(H_2)\}^3}$；

C. $K^{\ominus}=\dfrac{\{p(NH_3)/p^{\ominus}\}^2}{\{p(N_2)/p^{\ominus}\}\{p(H_2)/p^{\ominus}\}^3}$；　　D. $K^{\ominus}=\dfrac{\{c(NH_3)/c^{\ominus}\}^2}{\{c(N_2)/c^{\ominus}\}\{c(H_2)/c^{\ominus}\}^3}$。

5. 已知反应 $BrO_3^- +5Br^- +6H^+ =3Br_2+3H_2O$ 对 H^+ 为二级，对 BrO_3^- 和 Br^- 均为一级，设此反应在 HAc-NaAc 缓冲溶液中进行，则加入等体积的水后，反应速率变为原来的（　　）。

A. 1/8；　　B. 1/16；　　C. 1/2；　　D. 1/4。

6. 多电子原子中，各电子有以下量子数，其中能量最高的是（　　）。

A. 2，1，0，1/2；　　B. 3，2，2，−1/2 ；

C. 2，1，1，1/2；　　D. 3，1，−1，1/2。

7. CO_2 中 C 原子、NH_3 中 N 原子采取的杂化轨道类型分别是（　　）。

A. sp^2、sp^2；　　B. sp、不等性 sp^3；

C. sp^3、sp^3；　　D. sp^2、不等性 sp^3。

8. CuI、CuBr、CuCl 的溶度积依次增大，则下列电极的标准电极电势最高的是（　　）。

A. Cu^{2+}/Cu^+；　　B. $Cu^{2+}/CuCl$；

C. $Cu^{2+}/CuBr$；　　D. Cu^{2+}/CuI。

9. 将 pH=5.00 的强酸溶液与 pH=11.00 的强碱溶液等体积混合，则混合后溶液 pH 为（　　）。

A. 8.00；　　B. 9.00；　　C. 10.69；　　D. 11.00。

10. 使用万分之一电子天平称量物体质量，欲使测量误差≤±0.1%，则物体质量不得小于(　　)。

A. 0.1 g；　B. 0.02 g；　C. 2 g；　D. 0.2 g。

11. $BaSO_4$($K^{\ominus}_{sp}=1.1\times10^{-10}$)转化为 $BaCO_3$($K^{\ominus}_{sp}=2.6\times10^{-9}$)，介质溶液中各物质浓度的关系为(　　)。

A. $c(CO_3^{2-})>24c(SO_4^{2-})$；　B. $c(CO_3^{2-})>0.04c(SO_4^{2-})$；

C. $c(CO_3^{2-})<24c(SO_4^{2-})$；　D. $c(CO_3^{2-})<0.04c(SO_4^{2-})$。

12. 可用来标定氢氧化钠标准溶液的基准物为(　　)。

A. 硼砂；　B. 无水草酸；

C. 邻苯二甲酸氢钾；　D. 碳酸钠。

13. 若有副反应发生，则主反应 A+B=C 的条件平衡常数 K' 等于(　　)。

A. $K\times\frac{\alpha_A\cdot\alpha_B}{\alpha_C}$；　B. $K\times\frac{\alpha_C}{\alpha_A\cdot\alpha_B}$；

C. $K\times(\alpha_A+\alpha_B+\alpha_C-1)$；　D. $K\times\frac{1}{\alpha_A+\alpha_B+\alpha_C-2}$。

14. 同一物质的不同浓度的水溶液，随浓度增大，其最大吸收峰波长(　　)。

A. 不变；　B. 变大；　C. 变小；　D. 最终变为 0。

15. 膜电势的产生，是由于(　　)。

A. 电子的转移；　B. 氧化还原反应的发生；

C. 膜对离子的吸附；　D. 离子交换和迁移。

16. 下列碳正离子最稳定的是(　　)。

A. 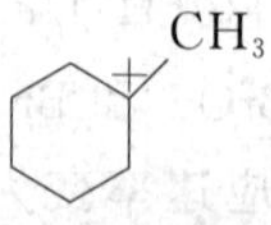

；B. 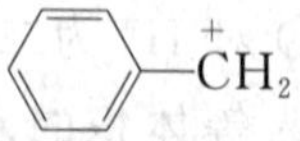

；C. 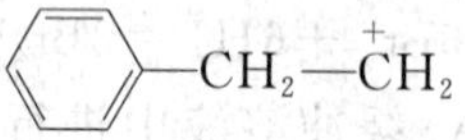

；D. 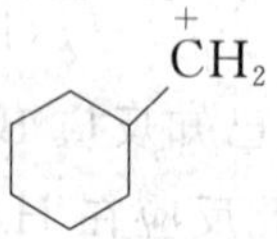

。

17. 下列化合物中碱性最强的是(　　)。

A. $C_4H_9NH_2$；　B. $C_6H_5NH_2$；　C. $(C_6H_5)_2NH$；　D. 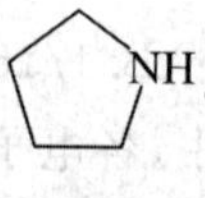

。

18. 下列化合物，沸点最高的是(　　)。

A. 正丙醇；　B. 丙酮；　C. 丙酸；　D. 甲乙醚。

19. 化合物 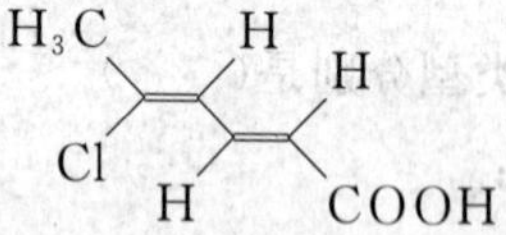

的构型是(　　)。

A. 2*E*、4*Z*；　B. 2*Z*、4*E*；　C. 2*Z*、4*Z*；　D. 2*E*、4*E*。

20. 卤代烃水解生成醇属于(　　)。

A. 亲电加成；　B. 亲核加成；　C. 亲电取代；　D. 亲核取代。

21. 下列化合物没有芳香性的是(　　)。

A. ；　B. 

；　C. 

；　D. 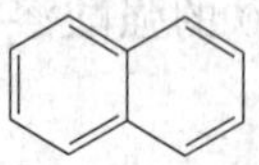。

22. 下列化合物中可以发生霍夫曼降解反应产生苯胺的是(　　)。

A. 苯甲酰胺；　B. N-甲基苯甲酰；　C. 乙酰苯胺；　D. 甲酰苯胺。

23. 下列化合物很难发生酰基化反应的是(　　)。

A. 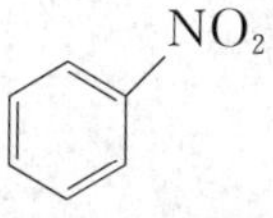；　B. 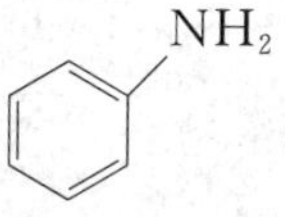；　C. 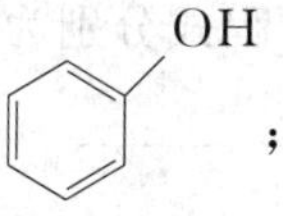；　D. 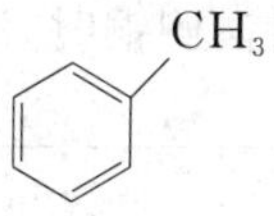。

24. 下列化合物不能发生碘仿反应的是(　　)。

A. 乙醇；　B. 乙醛；　C. 乙酸；　D. 丙酮。

25. 下列化合物中更易脱羧的是(　　)。

A. 戊酸；　B. 2-戊酮酸；　C. 3-戊酮酸；　D. 4-戊酮酸。

26. 下列化合物中有旋光性的是(　　)。

A. 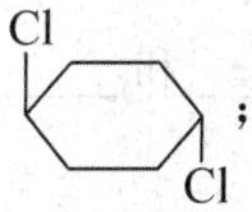；　B. 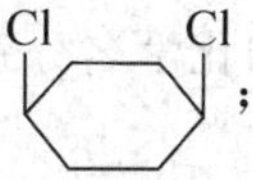；　C. 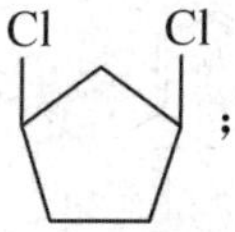；　D. 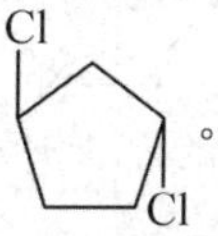。

27. 下列化合物不能使溴水褪色的是(　　)。

A. 苯酚；　B. 1,4-环己二酮；　C. 1,3-环己二酮；　D. 葡萄糖。

28. 下列羰基化合物亲核加成的相对反应活性最大的是(　　)。

A. HCHO；　B. CH_3CHO；　C. CCl_3CHO；　D. CH_3COCH_3。

29. 下列物质中属于还原糖的是(　　)。

A. 麦芽糖；　B. 蔗糖；　C. 淀粉；　D. 纤维素。

30. 下列物质使蛋白质产生沉淀而不发生变性的是(　　)。

A. $Pb(Ac)_2$；　B. Na_2SO_4；　C. $CuSO_4$；　D. $AgNO_3$。

二、填空题：每空 1 分，共 35 分。

1. 配合物 $Na_3[Co(ONO)_6]$的名称为________________。

2. NH_3、PH_3、AsH_3 的分子间取向力自大而小的顺序为____________，熔点自高而低的顺序为______________。

3. 向浓度均为 0.010 mol·L^{-1} 的 Cl^- 和 CrO_4^{2-} 混合溶液中，滴加 $AgNO_3$ 溶液，首先生成的沉淀为__________。已知 $K_{sp}^{\ominus}(Ag_2CrO_4)=1.1\times10^{-12}$，$K_{sp}^{\ominus}(AgCl)=1.8\times10^{-10}$。

4. 基态 26 号元素原子核外电子排布式为________________，该元素位于周期表________周期，________族。

5. 某金属指示剂在水溶液中存在下列平衡：

$$HIn = H^+ + In^- (pK_a^{\ominus}=10.24)$$

（红）　　（蓝）

它与金属离子形成红色配合物。使用该指示剂的 pH 范围及滴定终点时溶液的颜色分别为________和________。

6.已知 $\varphi^{\ominus'}(Fe^{3+}/Fe^{2+})=0.68\ V$,$\varphi^{\ominus'}(Ce^{4+}/Ce^{3+})=1.44\ V$,则在 1 $mol\cdot L^{-1}\ H_2SO_4$ 溶液中,用 0.100 0 $mol\cdot L^{-1}\ Ce^{4+}$滴定 0.100 0 $mol\cdot L^{-1}\ Fe^{2+}$,化学计量点电势值为__________,若允许滴定误差为±0.1%,对应的电势突跃范围是__________。

7.碘量法测铜时,涉及的方程式分别为:

(1)____________________;

(2)____________________。

8.3 次平行测定结果分别为 20.39%、20.43%和 20.41%,$S=0.02\%$。已知 $f=2$ 时,$t_{0.95}=4.30$。则 $P=0.95$ 时,平均值的置信区间为__________。

9.莫尔法中,用 $AgNO_3$ 标准溶液滴定 Cl^-,可选用__________作为指示剂。

10.顺-1-甲基-4-叔丁基环己烷的优势构象为________。

11. 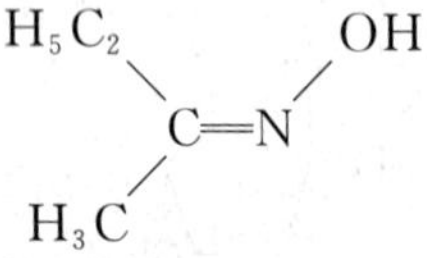

和 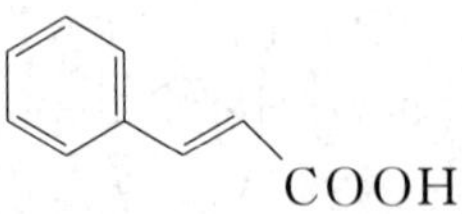

的化学名分别为______和______。

12.化合物 $CH_3CH{=}CHCH_2\underset{\displaystyle Cl}{\underset{|}{C}}HCHO$ 分子中有______个手性碳原子,共有______个立体异构体。

13.—NH_2 属第______类定位基,______效应大于______效应,使苯环______,而—$CONH_2$ 属第______类定位基,使苯环______。

14.完成反应式(只写主产物): 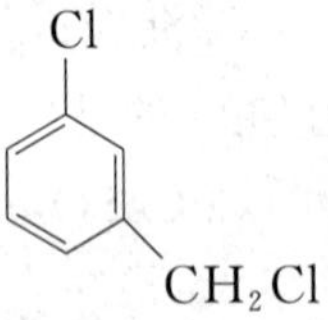

$\xrightarrow{KCN}$ __________ $\xrightarrow{H_3O^+}$ __________。

15.完成反应式(只写主产物): 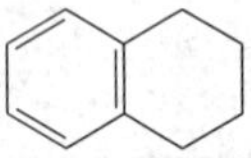 $\xrightarrow{KMnO_4/H^+}$ __________ $\xrightarrow{\triangle}$ __________。

16.完成反应式(只写主产物): 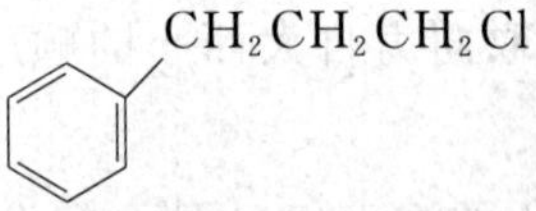

$\xrightarrow{无水\ AlCl_3}$ __________。

17.完成反应式(只写主产物): 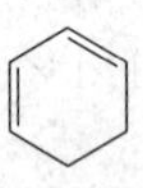 + 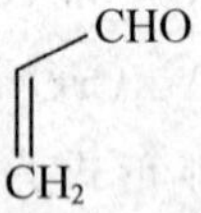

$\longrightarrow$ __________。

18.糠醛与乙醛在稀碱作用下反应的主要产物为______,糠醛与甲醛在浓碱作用下反应的主要产物为______和______。

三、计算、分析与合成题:8 小题,共 55 分。

1.试解释下列事实:(1)邻硝基苯酚的沸点低于间硝基苯酚;(2)碘单质是固体,氯单质为气体;(3)SiO_2 熔沸点远高于干冰。

2.298 K,标准状态下,请通过计算进行说明,石墨是否能自发转化为金刚石?现代工业中已实现此转化过程，据说是因为使用了特效的催化剂，这种说法成立吗？为什么？已知 298 K 时，C(金刚石)的 $\Delta_f H_m^\ominus = 1.9\ kJ \cdot mol^{-1}$，$\Delta_f G_m^\ominus = 2.9\ kJ \cdot mol^{-1}$。

3. 正常人的尿液 pH＝6.30，若其中磷酸各种型体的总浓度为 0.020 $mol \cdot L^{-1}$，则

(1)尿液中磷酸主要以哪几种型体存在？

(2)尿液中 PO_4^{3-} 的浓度为多少？

(3)尿道结石的主要成分是 $Ca_3(PO_4)_2$，为防止结石的产生，尿液中游离 Ca^{2+} 浓度不得高于多少？已知磷酸 $K_{a1}^\ominus = 7.5 \times 10^{-3}$，$K_{a2}^\ominus = 6.2 \times 10^{-8}$，$K_{a3}^\ominus = 2.2 \times 10^{-12}$，$K_{sp}^\ominus[Ca_3(PO_4)_2] = 2.1 \times 10^{-33}$。

4. 牛奶蛋白质的含氮量约为 15.6%。取 2.50 mL 牛奶样品，通过凯式定氮法测量蛋白质含量，蒸馏出的 NH_3 用 50.00 mL 0.021 40 $mol \cdot L^{-1}$ 的盐酸溶液吸收，然后用 0.019 8 $mol \cdot L^{-1}$ 的 NaOH 溶液返滴定剩余的盐酸，消耗了 15.26 mL，计算该牛奶的蛋白质含量。已知 $M(N) = 14.01\ g \cdot mol^{-1}$。

5. 用 $c(EDTA) = 0.02\ mol \cdot L^{-1}$ 的 EDTA 标准溶液滴定 $c(Fe^{2+}) = 0.02\ mol \cdot L^{-1}$ 的 Fe^{2+} 离子，计算滴定的最低和最高 pH。已知 $\lg K_f^\ominus(FeY) = 14.3$，$K_{sp}^\ominus\{Fe(OH)_2\} = 8.0 \times 10^{-16}$，有关其他数据见下表。

pH	4.9	5.1	5.3	5.5
$\lg\alpha_{Y(H)}$	6.6	6.3	5.9	5.5

6. 用简便并能产生明显现象的化学方法分别鉴别下列各组化合物。

(1) 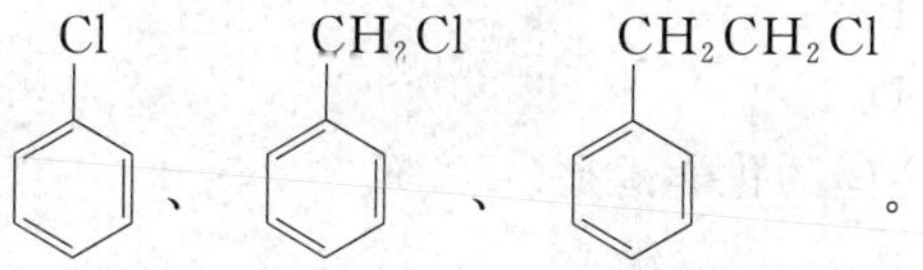

(2) 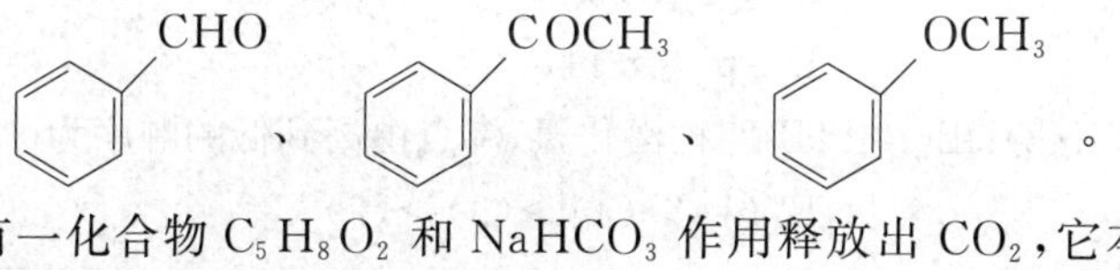

7. 有一化合物 $C_5H_8O_2$ 和 $NaHCO_3$ 作用释放出 CO_2，它本身可以存在两种立体异构，但都无旋光性。催化氢化后都生成 $C_5H_{10}O_2$，为一对对映异构体，试写出原化合物的构型式和对映体的费歇尔投影式。

8. 按照要求制备下列物质。

(1)由苯甲醛制备 3-苯基丙醇。

(2) 由乙炔合成正丁醇。

卷2

一、单项选择题：1～30小题，每小题2分，共60分。在每小题给出的4个选项中，请选出一项最符合题目要求的。

1. 稀溶液刚开始凝固时，析出的固体是(　　)。

A. 纯溶液；　　B. 溶剂与溶质的混合物；

C. 纯溶剂；　　D. 要根据具体情况分析。

2. 298 K，下列反应的 $\Delta_r G_m^\ominus$ 等于 AgBr(s)的 $\Delta_f G_m^\ominus$(298 K)的是(　　)。

A. $Ag^+(aq)+Br^-(aq)= AgBr(s)$；　　B. $2Ag(s)+Br_2(l)= 2AgBr(s)$；

C. $Ag(s)+1/2Br_2(g)= AgBr(s)$；　　D. $Ag(s)+1/2Br_2(l)= AgBr(s)$。

3. 反应 $2NO(g)+ O_2(g)= 2NO_2(g)$ 的 $\Delta_r H_m^\ominus < 0$，下列条件均能使平衡左移的是(　　)。

A. 升温，增压；　　B. 降温，增压；

C. 升温，减压；　　D. 降温，减压。

4. 下列配合物中，稳定性受酸效应影响最小的为(　　)。

A. $[CdCl_4]^{2-}$；　　B. $[CaY]^{2-}$；

C. $[Cu(NH_3)_4]^{2+}$；　　D. $[Ag(S_2O_3)_2]^{3-}$。

5. 原子序数为33的元素，其原子在 $n=4, l=1, m=0$ 的轨道中的电子数为(　　)。

A. 1；　　B. 2；

C. 3；　　D. 4。

6. 在 $CH_3—C≡C—Cl$ 分子中，C—Cl 之间的化学键是(　　)。

A. sp-p σ 键；　　B. sp^2-p σ 键；

C. sp-s σ 键；　　D. sp^2-s σ 键。

7. 下列物质中，(1)HF；(2)HCl；(3)HBr；(4)HI 四种卤化氢，沸点由高到低的顺序为(　　)。

A. (1)>(2)>(3)>(4)；　　B. (1)>(4)>(3)>(2)；

C. (2)>(1)>(4)>(3)；　　D. (1)>(2)>(4)>(3)。

8. 将等体积、等浓度的 K_2CO_3 与 $KHCO_3$ 水溶液混合后，溶液的 pH 为(　　)。

A. $pK_{a1}^\ominus(H_2CO_3)$；　　B. $pK_{a2}^\ominus(H_2CO_3)$；

C. $1/2(pK_{a1}^\ominus + pK_{a2}^\ominus)$；　　D. $(pK_{a1}^\ominus - pK_{a2}^\ominus)$。

9. 将一元弱酸水溶液加入等体积水后，溶液 pH 将增大(　　)。

A. 1/2lg 2 个 pH；　　B. lg 2 个 pH；

C. 1 个 pH；　　D. 1/2 个 pH。

10. 下列标准溶液可用直接法配制的是(　　)。

A. NaOH；　　B. $KMnO_4$；

C. $K_2Cr_2O_7$；　　D. HCl。

11. 欲使 $Mg(OH)_2$ 溶解，可加入(　　)。

A. $MgCl_2$；　　B. NH_4Cl；

C. $NH_3 \cdot H_2O$； D. NaOH。

12. 定量分析中，对同一样品做多次平行测定的目的是（　　）。

A. 检验是否存在系统误差； B. 减小随机误差对测定结果的影响；

C. 避免试剂误差； D. 保证有效数字的位数正确。

13. 重铬酸钾法测定 Fe^{2+}，试液中加入磷酸的主要目的是（　　）。

A. 降低 Fe^{3+}/Fe^{2+} 电对的电极电势，使突跃范围向下拉长；

B. 提高 Fe^{3+}/Fe^{2+} 电对的电极电势，使突跃范围向下拉长；

C. 降低 Fe^{3+}/Fe^{2+} 电对的电极电势，使突跃范围向上拉长；

D. 提高 Fe^{3+}/Fe^{2+} 电对的电极电势，使突跃范围向上拉长。

14. 分光光度法测 Fe^{2+} 时，用 2 cm 的比色皿，在适合波长处测得溶液的吸光度是 0.90，为减少误差，可采用的方法是（　　）。

A. 增大溶液浓度； B. 增加测定次数；

C. 改变测定波长； D. 改用 1 cm 比色皿。

15. pH 电势法测定时，酸度计需用标准缓冲溶液定位，目的是（　　）。

A. 消除不对称电势对测定的影响；

B. 使玻璃电极活化，即产生膜电势；

C. 使玻璃膜充分水化，即离子交换作用进行完全；

D. 加快氢离子迁移。

16. 下列化合物可发生碘仿反应的是（　　）

A. 苯甲醛； B. 苯乙醛；

C. 乙醇； D. 3-戊酮。

17. 下列物质中碱性最强的是（　　）

A. NH_3； B. 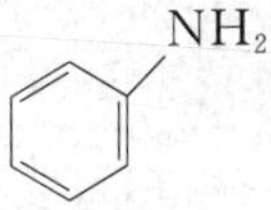； C. ； D. 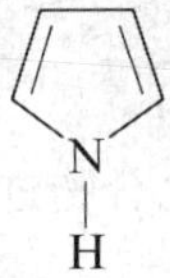。

18. 下列碳正离子稳定性顺序排列正确的是（　　）。

①异丙基碳正离子；②正丙基碳正离子；③烯丙基碳正离子；④叔丁基碳正离子

A. ③>①>②>④； B. ③>④>①>②；

C. ①>③>④>②； D. ①>③>②>④。

19. 下列化合物或离子不具有芳香性的是（　　）。

A. 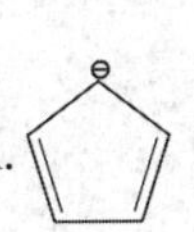； B. ； C. ； D. 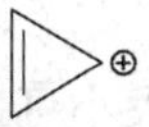。

20. 下列脂肪酸属于不饱和脂肪酸的是（　　）。

A. 油酸； B. 硬脂酸；

C. 软脂酸； D. 十二烷酸。

21. 可与 *D*-葡萄糖生成相同糖脎的是（　　）。

A. 麦芽糖；　　　　B. *L*-甘露糖；

C. *D*-核糖；　　　　D. *D*-果糖。

22. 下列氨基酸水溶液在 pH=6 时置于电场中，向正极移动的是(　　)。

A. 组氨酸(pI=7.59)；　　　　B. 甘氨酸(pI=6.00)；

C. 精氨酸(pI=10.76)；　　　　D. 谷氨酸(pI=3.22)。

23. 下列化合物中与 $FeCl_3$ 作用显色的是(　　)。

A. 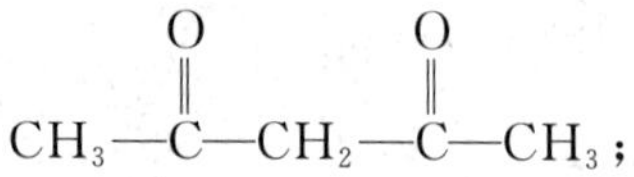；　　　　B. 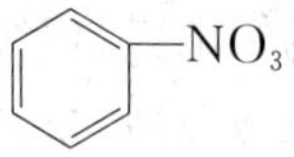；

C. 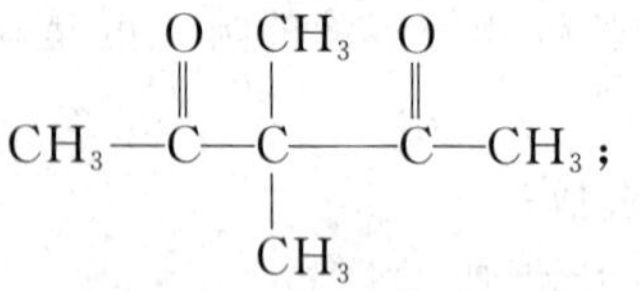；　　　　D. CH_3CHO。

24. 两个 Fischer 投影式 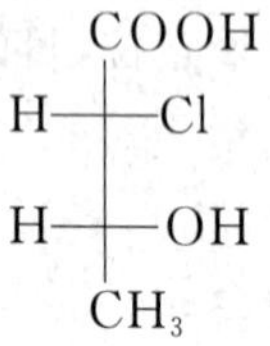 与 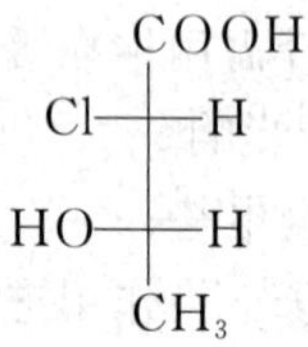 的关系是(　　)。

A. 内消旋；　　　　B. 对映体；

C. 非对映体；　　　　D. 同一种物质。

25. 下列化合物与 NaCN 醇溶液按 S_N1 历程反应时，速率最快的是(　　)。

A. 2-甲基-4-溴丁烷；　　　　B. 2-甲基-2-溴丁烷；

C. 2-甲基-3-溴丁烷；　　　　D. 1-溴-1-丁烯。

26. 下列羧酸中，可以还原高锰酸钾的是(　　)。

A. 乙酸；　　　　B. 乙二酸；

C. 丙二酸；　　　　D. 苯甲酸。

27. 下列化合物进行卤代时，卤素进入的主要位置正确的是(　　)。

A. 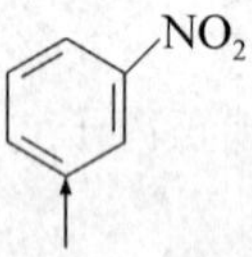；　B. 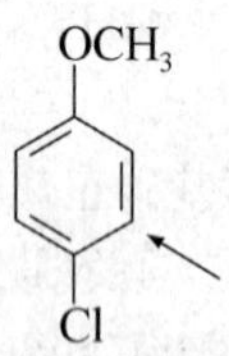；　C. 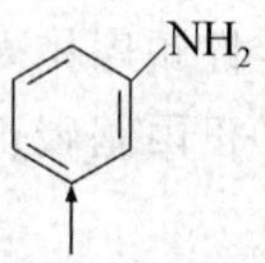；　D. 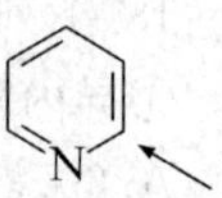。

28. 用乙酸和乙醇制备乙酸乙酯，所得粗品中含有乙酸和乙醇，除去乙醇可用的试剂是(　　)。

A. 浓硫酸；　　　　B. 饱和碳酸钠；

C. 饱和氯化钙；　　　　D. 五氧化二磷。

29. 油脂皂化值的大小可以说明其(　　)。

A. 酸败程度；　　　　B. 平均相对分子质量；

C. 干化作用大小；　　　　D. 水解活泼性。

30. 下列物质可作为亲核试剂的是(　　)。

A. CH_3OH；　　　　B. SO_3；

C. $CH_3CH_2^+$；　　　　　　　　　　D. $AlCl_3$。

二、填空题：每空 1 分，共 35 分。

1. KHC_2O_4 水溶液的质子条件式是______________________________。

2. 已知 $\varphi^{\ominus}(Fe^{3+}/Fe^{2+})=0.77$ V，$\varphi^{\ominus}(MnO_4^-/Mn^{2+})=1.51$ V，$\varphi^{\ominus}(Cu^{2+}/Cu)=0.34$ V，由此判断氧化剂的氧化性由强及弱的顺序是______________。

3. 配位滴定中，Fe^{3+}、Al^{3+} 对铬黑 T 有封闭作用，常加入______________作为掩蔽剂。

4. 写出 AgCl(s) 在(1)纯水，(2)0.01 $mol \cdot L^{-1}$ NaCl，(3)0.01 $mol \cdot L^{-1}$ $CaCl_2$，(4)0.01 $mol \cdot L^{-1}$ $NaNO_3$ 溶液中溶解度由大到小的次序：____________________。

5. 间接碘量法中，指示剂为__________，加入的时机是______________。

6. $K_3[Fe(CN)_6]$的系统命名为________________，中心离子的配位数是__________，中心离子采取的杂化轨道类型为______________。

7. 利用吸光光度法进行测定时，标准曲线的纵坐标和横坐标分别为________和________。

8. 已知 A(g) → B(g)为二级反应，当 A 的浓度为 0.050 $mol \cdot L^{-1}$ 时，其反应速率为 1.2 $mol \cdot L^{-1} \cdot min^{-1}$。(1)该反应的速率方程式：________________；(2)速率常数＝________________。

9. 已知 25℃时，三羟甲基氨基甲烷(Tris)的 $pK_b^{\ominus}$(Tris)＝5.91。欲配制 pH＝7.40 的 Tris 及其盐酸盐 Tris-HCl 缓冲溶液，其中 c(Tris-HCl)与 c(Tris)的比值应等于__________。

10. 已知 $K_a^{\ominus}(HA)=K_{a1}^{\ominus}(H_2B)$。用 NaOH 标准溶液滴定相同浓度的 HA 和 H_2B(至第一化学计量点)，在计量点附近±0.1%误差范围内，pH 突跃较大者为__________。

11. 下列物质在水溶液中酸性由强到弱的顺序为__________。

A. 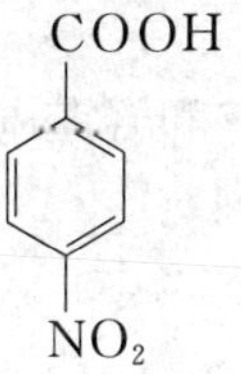；　B. 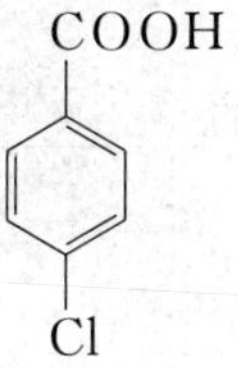；　C. 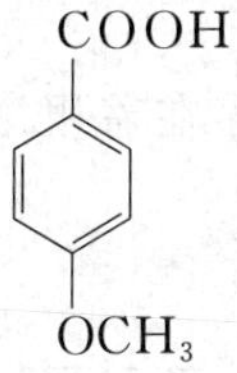；　D. 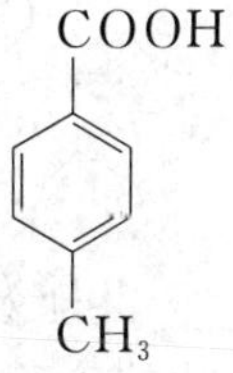。

12. 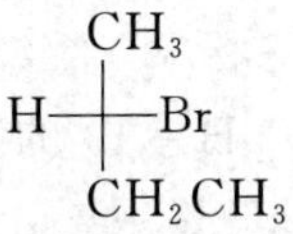 $\xrightarrow{OH^-/H_2O}$ ______________ + ______________。

13. $CH_3CH_2CHO \xrightarrow{NaOH}$ __________ $\xrightarrow{\triangle}$ __________。

14. 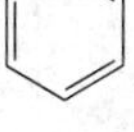 $+CH_3CH_2CH_2Br \xrightarrow{无水\ AlCl_3}$ __________ $\xrightarrow{Br_2/hr}$ __________。

15. 化合物 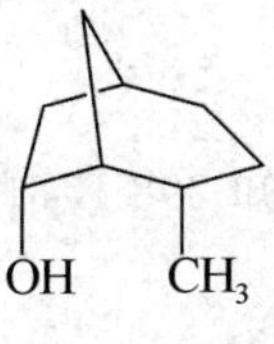 的名称是____________。

16. 下列化合物与硝酸银的醇溶液反应活性由大到小的顺序是＿＿＿＿＿＿＿。

A. 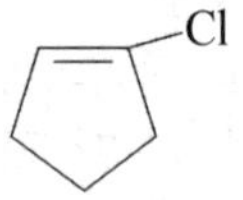；B. 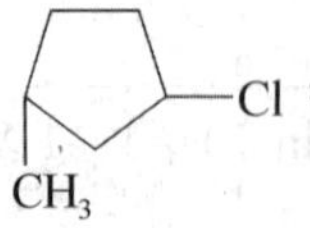；C. 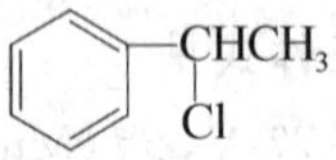；D. 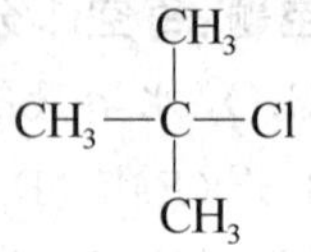

17. 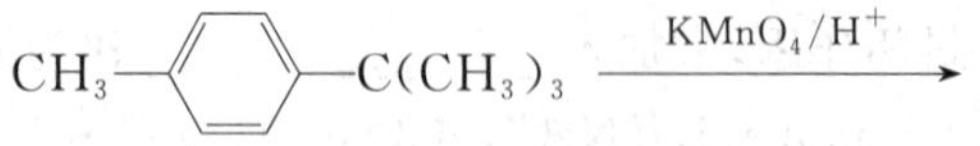 ＿＿＿＿＿＿＿。

18. 写出顺-1-甲基-4-异丙基环己烷的优势构象式：＿＿＿＿＿＿＿。

19. 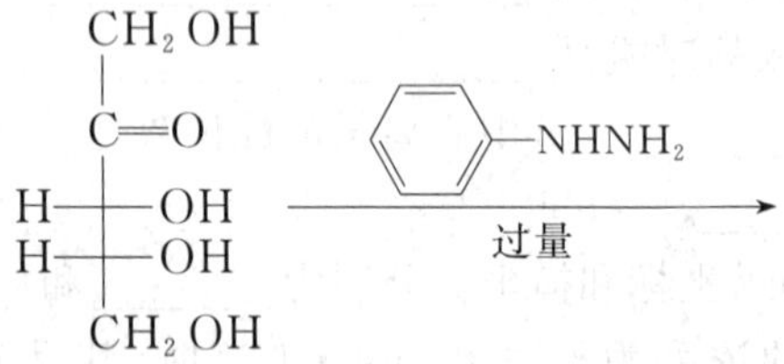 ＿＿＿＿＿＿＿。

20. 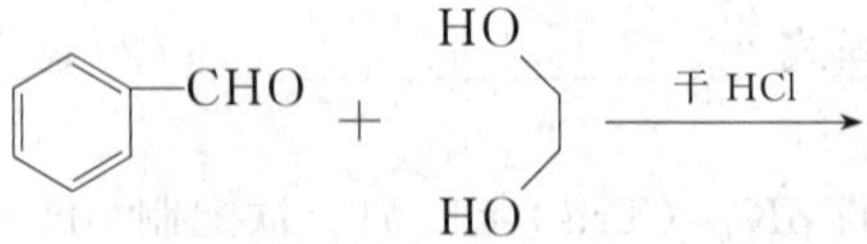 ＿＿＿＿＿＿＿。

21. 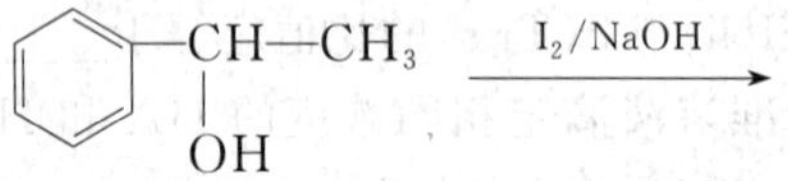 ＿＿＿＿＿＿＿ + ＿＿＿＿＿＿＿。

22. 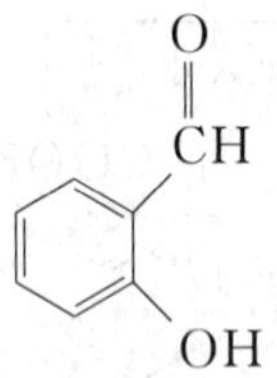 分子中存在着甲酰基与苯环的＿＿＿＿＿共轭效应和羟基与苯环的＿＿＿＿＿共轭效应。

23. 比较乙酸乙酯、乙酰氯、乙酸酐、乙酰胺四种乙酸衍生物发生水解反应时离去基团的碱性强弱，可以推断反应活泼性最大的是＿＿＿＿＿。

24. 丙氨酸在 pH=1 的水溶液中的主要离子形态是＿＿＿＿＿，在 pH=10 的水溶液中的主要离子形态是＿＿＿＿＿。

三、计算、分析与合成题：8 小题，共 55 分。

1. 乙酸在气相可通过氢键形成二聚物：

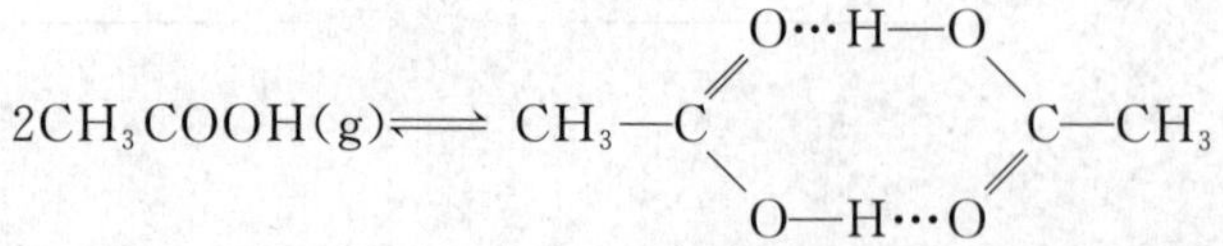

计算乙酸聚合每形成 1 mol 氢键时反应的标准摩尔焓变。已知 298 K 时，此反应 $K^{\ominus}=1.3\times10^{3}$，$\Delta_r S_m^{\ominus}=-163\ \mathrm{J\cdot K^{-1}\cdot mol^{-1}}$。

2. 已知 $\varphi^{\ominus}(Ce^{4+}/Ce^{3+})=1.44\ V$，$\varphi^{\ominus}(Fe^{3+}/Fe^{2+})=0.68\ V$，若组成原电池：

(1) 写出该原电池的电池符号和电池反应。

(2) 计算 298 K 时电池反应的 $\Delta_r G_m^{\ominus}$ 和反应的平衡常数。

(3)计算用 0.100 0 mol・$L^{-1}Ce^{4+}$ 滴定 0.100 0 mol・L^{-1} Fe^{2+} 的滴定突跃范围及化学计量点电势。

3.在 100 mL 浓度为 0.10 mol・L^{-1} 的硝酸银溶液中,加入 100 mL 浓度为 0.10 mol・L^{-1} 的 KCl 溶液,问是否有 AgCl 沉淀生成,若加氨水阻止 AgCl 沉淀生成,问溶液中氨的浓度至少为多少?已知 $K_f^\ominus[Ag(NH_3)_2]^+=1.1\times10^7$,$K_{sp}^\ominus(AgCl)=1.77\times10^{-10}$。

4.用甲醛法测定氨的含量时,称取 1.000 g 铵盐试样,用 0.250 0 mol・L^{-1} 的 NaOH 溶液滴定至终点,消耗 21.42 mL NaOH 溶液,计算 $w(NH_3)$。已知 $M(NH_3)=17.03$ g・mol^{-1}。

5.KIO_3 在酸性介质中与 KI 定量反应生成 I_2,因该反应速率快,不必放置就可用 $Na_2S_2O_3$ 滴定,故常用 KIO_3 做基准物标定 $Na_2S_2O_3$ 标准溶液。请写出有关反应式,并计算基准物的称量范围。为使称量误差在±0.1%以内,应采取什么措施?

已知 $c(Na_2S_2O_3)\approx0.1$ mol・L^{-1},$M(KIO_3)=214.00$ g・mol^{-1}。

6.用简便并能产生明显现象的化学方法鉴别下列化合物(用流程图形式表示鉴别过程)。

(1)异丙醇、丙醛、丙酮。

(2)甘-丙-甘三肽、淀粉、葡萄糖、果糖。

7.由乙烯制备丁二酸二乙酯(无机试剂任选)。

8.分子式为 $C_6H_{13}N$ 的化合物 A,能溶于盐酸溶液,并可与 HNO_2 反应放出 N_2,生成物为 $C_6H_{12}O$(B)。B 与浓 H_2SO_4 共热得产物 C,C 的分子式为 C_6H_{10}。C 能被 $KMnO_4$ 溶液氧化,生成化合物 D($C_6H_{10}O_3$)。D 和 NaIO 作用生成碘仿和戊二酸。试推出 A、B、C、D 的结构式。

卷 3

一、单项选择题：1～30 小题，每小题 2 分，共 60 分。在每小题给出的 4 个选项中，请选出一项最符合题目要求的。

1. 有下列物质的水溶液：① 0.100 $mol \cdot kg^{-1}$ 的 $C_6H_{12}O_6$、② 0.100 $mol \cdot kg^{-1}$ 的 NaCl、③0.100 $mol \cdot kg^{-1}$ Na_2SO_4。在相同温度下，溶液凝固点由高到低的顺序是(　　)。

A. ②>①>③；　　B. ①>②>③；

C. ②>③>①；　　D. ③>②>①。

2. 某系统在变化过程中从环境吸热 115 kJ，对环境做功 35 kJ。系统热力学能的改变值是(　　)。

A. 150 kJ；　　B. 80 kJ；

C. －150 kJ；　　D. －80 kJ。

3. 液态 Br_2 分子间存在的分子间力是(　　)。

A. 取向力和色散力；　　B. 诱导力和色散力；

C. 只有色散力；　　D. 氢键和色散力。

4. 下列配合物能在强酸介质中稳定存在的是(　　)。

A. $[Ag(NH_3)_2]^+$；　　B. $[FeCl_4]^-$；

C. $[Fe(C_2O_4)_3]^{3-}$；　　D. $[Ag(S_2O_3)_2]^{3-}$。

5. 下列电对的电极电势在酸性范围内，不随溶液酸度变化的是(　　)。

A. $Cr_2O_7^{2-}/Cr^{3+}$；　　B. O_2/H_2O；

C. Cl_2/Cl^-；　　D. MnO_4^-/Mn^{2+}。

6. 反应Ⅰ：$2NO_2(g) = N_2O_4(g)$，$\Delta_r H_m = -5.8\ kJ \cdot mol^{-1}$

反应Ⅱ：$2N_2(g) + 3H_2(g) = 2NH_3(g)$，$\Delta_r H_m = -16.7\ kJ \cdot mol^{-1}$

在标准状态下，下列说法正确的是(　　)。

A. 反应Ⅰ比反应Ⅱ快；　　B. 反应Ⅱ比反应Ⅰ快；

C. 两反应速率相同；　　D. 无法判断两反应速率的快慢。

7. 用失去部分结晶水的硼砂标定 HCl 溶液的浓度，标定结果(　　)。

A. 偏高；　　B. 偏低；　　C. 无影响；　　D. 无法确定。

8. 用 $c(H_2Y^{2-}) = 0.02\ mol \cdot L^{-1}$ 的 EDTA 标准溶液测定石灰石中 CaO 的含量(已知 CaO 相对分子质量为 56.08)。设试样中 CaO 的质量分数为 50%，试样溶解后置于 250.00 mL 容量瓶中定容，移取 25.00 mL 试样溶液进行滴定，则试样称取量宜为(　　)。

A. 0.15～0.25 g；　　B. 0.25～0.45 g；

C. 0.45～0.67 g；　　D. 0.56～1.0 g。

9. 下列试样中，不需经任何处理即可用莫尔法测定其中氯含量的是(　　)。

A. $BaCl_2$；　　B. KCl；　　C. $PbCl_2$；　　D. KCl + K_3AsO_4。

10. 欲配制 pH=7～8 的缓冲溶液，应选择哪个体系（　　）。

A. NH_4Cl～NH_3（$pK_b^{\ominus}=4.75$）；　　B. $NaHCO_3$～Na_2CO_3（$K_{a2}^{\ominus}=5.6\times10^{-11}$）；

C. HAc～NaAc（$K_a^{\ominus}=1.8\times10^{-5}$）；　　D. NaH_2PO_4～Na_2HPO_4（$pK_{a2}^{\ominus}=7.20$）。

11. 定量分析工作要求测定结果的误差（　　）。

A. 等于零；　　B. 没有要求；

C. 略大于允许误差；　　D. 在允许误差范围之内。

12. 下列关于有效数字位数的叙述，正确的是（　　）。

A. pH=6.56 的水溶液中 $c(H^+) = 2.75\times10^{-7}\ mol\cdot L^{-1}$；

B. 用万分之一的分析天平称量 0.2 g 左右的固体试样，结果有效数字的位数是 3 位；

C. 101 kg 等于 10 100 g；

D. $\lg(1.9\times10^{-6}) = 5.72$。

13. AgBr(s) 在纯水中、在 0.01 $mol\cdot L^{-1}$ 的 $NaNO_3$ 水溶液中和在 0.01 $mol\cdot L^{-1}$ 的 NaBr 水溶液中的溶解度分别是 S_1、S_2、S_3。则下列判断正确的是（　　）。

A. $S_1 > S_2 > S_3$；　　B. $S_1 < S_2 < S_3$；

C. $S_2 > S_1 > S_3$；　　D. $S_1 = S_2 > S_3$。

14. 下列各组物质中，属于共轭酸碱对的是（　　）。

A. H_2CO_3 和 HCO_3^-；　　B. H_3O^+ 和 OH^-；

C. H_2S 和 S^{2-}；　　D. NH_4^+ 和 NH_2^-。

15. 用浓度为 0.10 $mol\cdot L^{-1}$ NaOH 滴定同浓度的 HAc[$K_a^{\ominus}(HAc)=1.76\times10^{-5}$]，其 pH 突跃范围是 7.7～9.7，由此可以推断用 0.10 $mol\cdot L^{-1}$ 的 NaOH 滴定 0.10 $mol\cdot L^{-1}$ 另一某弱酸溶液（$K_a^{\ominus}=1.76\times10^{-4}$），其 pH 突跃范围是（　　）。

A. 6.7～9.7；　　B. 7.7～9.7；

C. 6.7～10.7；　　D. 7.7～10.7。

16. 对甲氨基苯磺酰胺是一种（　　）。

A. 中性物质；　　B. 仅是酸性物质；

C. 仅是碱性物质；　　D. 两性物质。

17. 下面两个结构式互为（　　）。

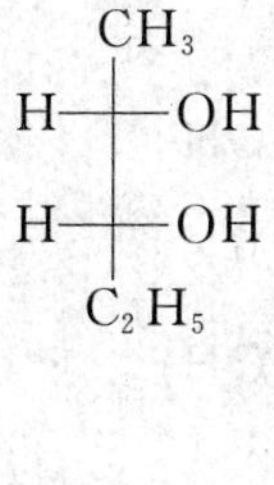

和

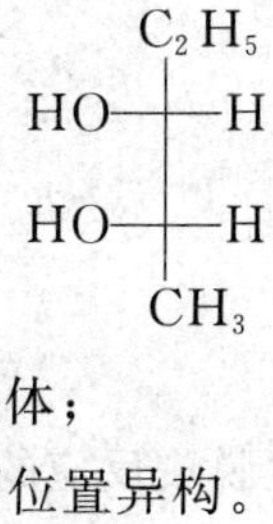

A. 对映体；　　B. 非对映体；

C. 同一种化合物；　　D. 官能团位置异构。

18. 在 pH=6 的缓冲溶液中，赖氨酸（pI=9.74）的主要存在形式是（　　）。

A. 阴离子；　　B. 阳离子；

C. 偶极离子； D. 碳正离子。

19. 将 $C_6H_5COCH_2CH(OC_2H_5)_2$ 还原为 $C_6H_5CH_2CH_2CH(OC_2H_5)_2$ 的试剂是（ ）。

A. $LiAlH_4$； B. NH_2NH_2/KOH；

C. Fe/浓 HCl； D. Zn-Hg/浓 HCl。

20. 下列化合物中没有芳香性的是（ ）。

A. 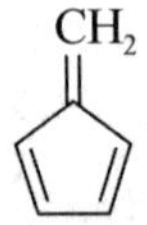； B. 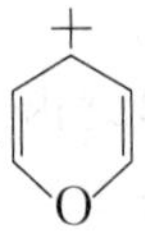； C. 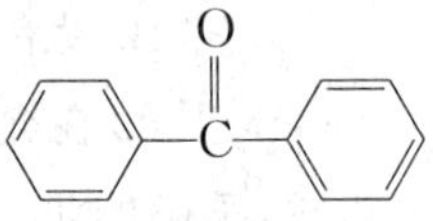； D. 。

21. 二糖从结构上判断应属于（ ）。

A. 还原糖； B. 非还原糖； C. 转化糖； D. 糖苷。

22. 由天然蛋白质水解得到的(+)-丙氨酸和(−)-苯丙氨酸，它们的构型为（ ）。

A. 前者为 *D* 型，后者为 *L* 型； B. 前者为 *L* 型，后者为 *D* 型；

C. 两者均为 *L* 型； D. 两者均为 *D* 型。

23. 某化合物虽含有手性碳原子，但能与它的镜像重合，该化合物称为（ ）。

A. 内消旋化合物； B. 非对映异构体；

C. 外消旋化合物； D. 对映异构体。

24. 葡萄糖 Haworth 透视式 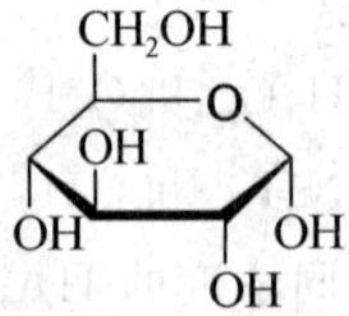 的构型为（ ）。

A. α-*D*； B. β-*D*； C. α-*L*； D. β-*L*。

25. 氯化重氮苯可与下列哪个化合物发生偶联反应生成偶氮化合物（ ）。

A. 氯苯； B. N,N-二甲基苯胺；

C. 硝基苯； D. 甲苯。

26. 下列化合物中能还原 Fehling 试剂的是（ ）。

A. 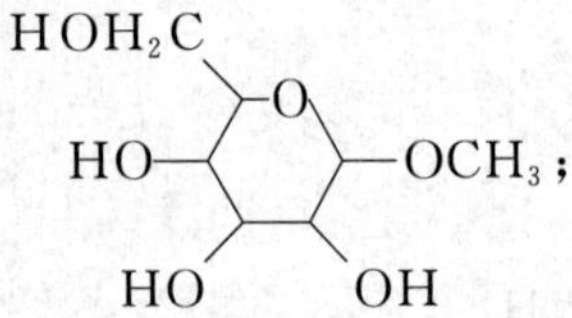； B. $CH_2OH-C(=O)-CH_2OH$；

C. 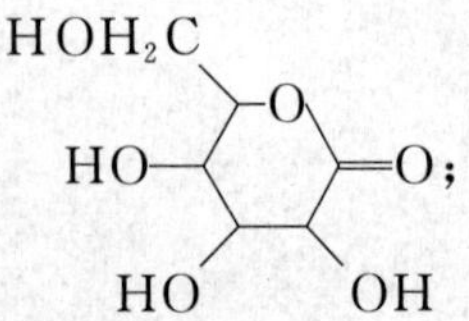； D. $CH_2OH-(CHOH)_3-CH_2OH$。

27. 下列化合物不能发生脱羧反应的是（ ）。

A. $CH_3CH(NH_2)COOH$； B. $CH_3C(=O)CH_2COOH$；

C. $HOOCCH_2COOH$；　　D. $H_2NCH_2CH_2COOH$。

28. 下列化合物中，属于仲胺的是(　　)。

A. N-甲基苯胺；　　B. 仲丁基胺；

C. N-甲基乙酰胺；　　D. 异丙基胺。

29. 化合物 $C_6H_5CHIC_2H_5$ 在 CH_3COCH_3/H_2O 中放置久后，会转变为相应的醇，其产物的构型是(　　)。

A. 保持不变；　　B. 构型反转；

C. 外消旋化；　　D. 内消旋化。

30. 下列干燥剂中，不宜用于干燥低级醇的是(　　)。

A. 氧化钙；　　B. 无水氯化钙；

C. 无水硫酸钠；　　D. 无水硫酸镁。

二、填空题：每空 1 分，共 35 分。

1. 将 20 mL 0.01 $mol \cdot L^{-1}$ 的 KI 溶液和 10 mL 0.05 $mol \cdot L^{-1}$ 的 $AgNO_3$ 溶液混合以制备 AgI 溶胶，胶团结构式为______________。当分别加入 KCl、$MgCl_2$、$K_3[Fe(CN)_6]$时，其中______对此溶胶的聚沉能力最强。

2. 已知 $K_{sp}^{\ominus}(AgI) = 8.52 \times 10^{-17}$，$K_{sp}^{\ominus}(AgCl) = 1.56 \times 10^{-10}$，AgCl 转化为 AgI 的反应方程式是________________，其标准平衡常数是__________。

3. 用 0.10 $mol \cdot L^{-1}$ NaOH 滴定同浓度的 HAc 溶液，滴定到达终点时，溶液的 pH=______(已知 HAc 的 $K_a^{\ominus} = 1.76 \times 10^{-5}$)。

4. 单一金属离子 M 能被 EDTA 准确滴定的判据为__________，若增大溶液酸度，滴定突跃范围将__________(判断变化趋势)。

5. 氧化还原滴定中，$KMnO_4$ 法使用的是______________指示剂。

6. 37℃时血液的渗透压为 775 kPa，正常输液时给人体静脉注射的葡萄糖溶液(摩尔质量为 180 $g \cdot mol^{-1}$)浓度为__________ $g \cdot L^{-1}$。

7. 配合物 $K[FeBr_2(C_2O_4)(en)]$的系统命名为________________，中心离子的配位数是________。

8. 将自发反应：$Pb(s) + 2H^+ + 2Cl^- = PbCl_2(s) + H_2$，设计成原电池，其电池符号是______________。

9. 已知某反应，使用正催化剂后(其他条件不变)，该反应活化能 E_a______，速率常数 k______，平衡常数 $K^{\ominus}$______(判断各项的变化趋势)。

10. 化合物 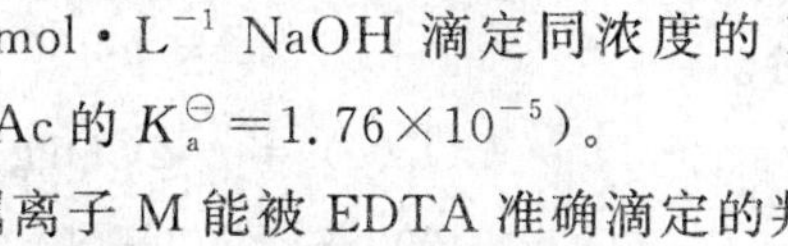 在 KOH/EtOH 中加热反应生成的主要产物的系统名称为________。

11. 顺-1-异丙基-2-叔丁基环己烷的优势构象的结构式为______________。

12. 2-二甲胺基-4-乙酰氨基苯磺酸的结构式为______________。

13. 果糖属于酮糖，但是可以被 Tollens 试剂氧化，是因为______________。

14. 反-3,4-二甲基-3-己烯在溴的四氯化碳溶液中反应所生成产物的优势构象是____________________(以 $C_3—C_4$ 为轴写出 Newman 投影式)。

15. 甲基环氧乙烷和甲醇在 CH_3ONa 中反应的产物是______,在 HCl 中反应的产物是______。

16. 蛋白质变性是因为____________被破坏。

17. 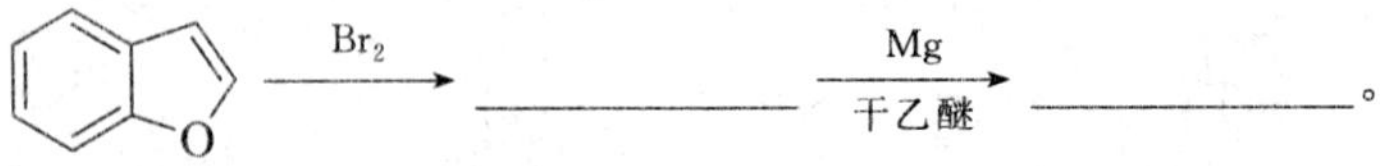

18. 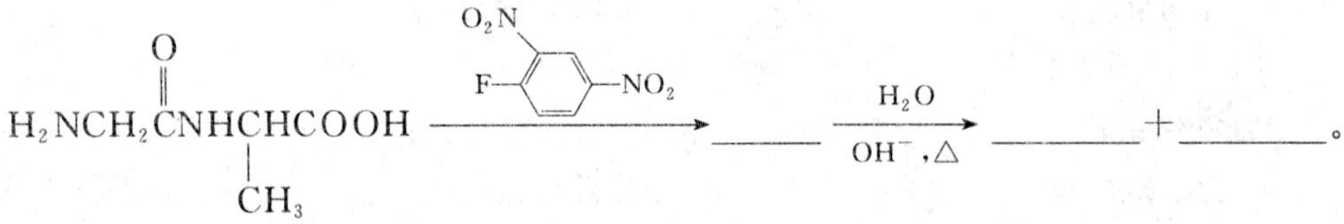

19. 化合物 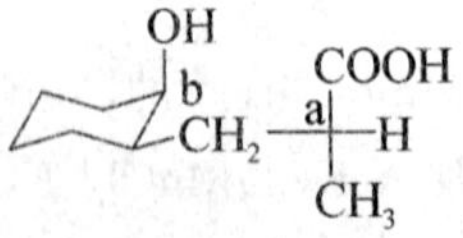

中含有________个手性碳,a、b 两个手性碳原子的构型分别是______型和__________型(用 R,S 构型标注法进行标注)。

20. 糠醛在浓碱作用下发生________反应,生成物是________和________,能发生此类反应的醛的分子结构特点是________。

三、计算、分析与合成题:8 小题,共 55 分。

1.

	C(石墨)	+	CO_2(g)	=	2CO(g)
$\Delta_f H_m^{\ominus}/(kJ\cdot mol^{-1})$	0		−393.5		−110.5
$S_m^{\ominus}/(J\cdot mol^{-1}\cdot L^{-1})$	5.73		213.6		197.6
$\Delta_f G_m^{\ominus}/(kJ\cdot mol^{-1})$	0		−394.4		−137.2

(1)求在标准态及温度分别为 298 K 和 1 000 K 时的标准平衡常数,并判断反应的自发方向。

(2)当 1 000 K,$p(CO)=200$ kPa,$p(CO_2)=800$ kPa 时,判断该反应的自发方向。

2. 已知 $\varphi^{\ominus}(MnO_4^-/Mn^{2+})=1.51$ V,$\varphi^{\ominus}(Br_2/Br^-)=1.09$ V,求 MnO_4^- 氧化 Br^- 允许的最高的 pH(其他物质均处于标准态)。

3. 已知$[Fe(CN)_6]^{3-}$和$[FeF_6]^{3-}$的磁矩分别为 2.4 和 5.9 B.M.,请用价键理论推测它们的中心离子各采用何种杂化轨道成键和配离子的空间构型。

4. 用酸碱滴定法测定一含有惰性杂质的 $KHC_2O_4\cdot H_2O$ 样品的纯度,通过计算说明应该使用何种滴定剂、计算化学计量点时溶液 pH(最简式),并正确选择指示剂。已知样品溶液中 $c(KHC_2O_4)=0.100\ 0\ mol\cdot L^{-1}$,$H_2C_2O_4$ 的 $K_{a1}^{\ominus}=5.6\times10^{-2}$,$K_{a2}^{\ominus}=5.1\times10^{-5}$。

5. pH=2.0 时用 EDTA 标准溶液滴定浓度均为 0.01 $mol\cdot L^{-1}$ 的 Fe^{3+} 和 Al^{3+} 混合溶液中的 Fe^{3+} 时,试问 Al^{3+} 是否干扰滴定?已知 $\lg K_f^{\ominus}(AlY^-)=16.30$,$\lg K_f(FeY^-)=25.10$,pH=2.0,$\lg\alpha_{Y(H)}=13.51$。

6. 以乙酸和其他不超过 3 个碳的有机化合物为原料合成环丁基甲酸。

7. 以简单的化学方法鉴别下列各组化合物。

(1)吡啶、六氢吡啶、苯胺。

(2)戊醛、2-戊酮、2,4-戊二酮。

8. 推导结构。

分子式为 $C_7H_{12}O$ 的酮 A,与甲基溴化镁反应,生成分子式为 $C_8H_{16}O$ 的醇 B,B 脱水生成分子式为 C_8H_{14} 的两种烯烃 C 和 D。C 经臭氧化再还原水解可得 A,D 经臭氧化再还原水解得到 E,其分子式为 $C_8H_{14}O_2$。E 能被 Fehling 试剂氧化为分子式为 $C_8H_{14}O_3$ 的化合物 F,用溴的氢氧化钠溶液处理 F,生成 3-甲基己二酸。请给出 A、B、C、D、E 和 F 的结构式。

模拟题答案

卷1答案

一、

1.C 2.C 3.A 4.C 5.D 6.B 7.B 8.D 9.C 10.D 11.A 12.C 13.B 14.A 15.D 16.B 17.D 18.C 19.A 20.D 21.A 22.A 23.A 24.C 25.C 26.D 27.B 28.C 29.A 30.B

二、

1.六硝基合钴(Ⅲ)酸钠

2.$NH_3>PH_3>AsH_3$;$NH_3>AsH_3>PH_3$

3.AgCl

4.$[Ar]3d^6 4s^2$;四;Ⅷ

5.pH>10.24;蓝色

6.1.06 V;0.86～1.26 V

7.(1)$2Cu^{2+}+4I^-=2CuI\downarrow+I_2$;(2)$I_2+2S_2O_3^{2-}=2I^-+S_4O_6^{2-}$

8.20.41%±0.05%

9.K_2CrO_4

10. 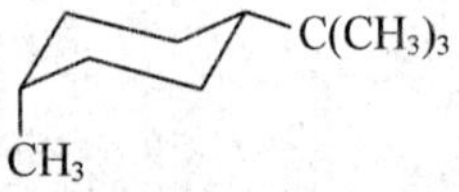

11.*Z*-丁酮肟;*E*-3-苯基丙烯酸

12.1;4

13.一;共轭;诱导;活化;二;钝化

14. 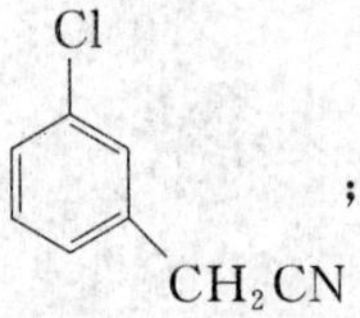 ; 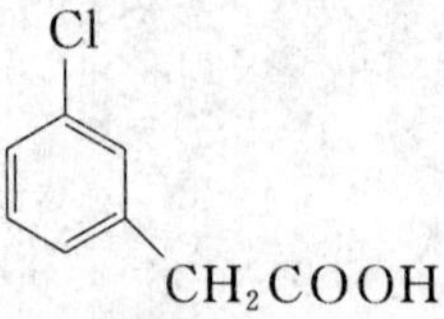

15. 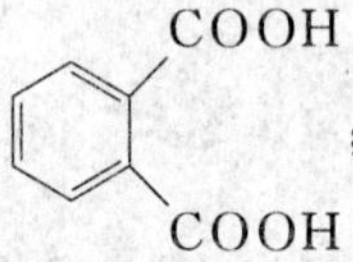 ; 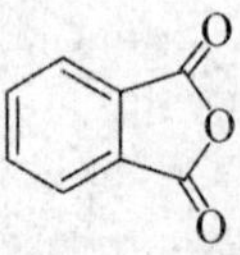

16. 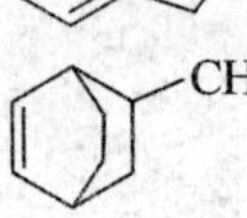

17.

18. —CH=CHCHO； —CH_2OH；HCOOHa

三、

1.(1)邻苯硝基苯酚易形成分子内氢键，导致其沸点低于同类化合物。(2)卤素单质分子为非极性分子，分子间作用力以色散力为主，随摩尔质量增大而增大，熔沸点依次升高。(3)SiO_2 为原子晶体，熔沸点很高，而干冰为分子晶体，熔沸点低，易挥发。

2. C(石墨)＝C(金刚石)

$\Delta_r H_m^\ominus = \Delta_f H_m^\ominus$[C(金刚石)]$= 1.9\ kJ \cdot mol^{-1}$

$\Delta_r G_m^\ominus = \Delta_f G_m^\ominus$[C(金刚石)]$= 2.9\ kJ \cdot mol^{-1} > 0$，

298 K，标准状态下，石墨不能自发转化为金刚石。

根据反应 $\Delta_r G_m^\ominus = \Delta_r H_m^\ominus - T\Delta_r S_m^\ominus$，代入数据求得

$\Delta_r S_m^\ominus = -3.36\ J \cdot mol^{-1} \cdot K^{-1}$

即此反应放热、熵减，在任意温度下 $\Delta_r G_m^\ominus$ 均大于零，不能实现此转化过程自发。加入催化剂仅能改变反应速率，而不能改变化学平衡，故此说法不成立。

3. 若体系以 $H_2PO_4^-$ 为主，$pH = -\lg\sqrt{K_{a1}^\ominus \cdot K_{a2}^\ominus} = 4.67$

若体系以 HPO_4^{2-} 为主，$pH = -\lg\sqrt{K_{a2}^\ominus \cdot K_{a3}^\ominus} = 9.43$

(1)尿液中 pH＝6.30，磷酸主要以 $H_2PO_4^-$ 和 HPO_4^{2-} 型体存在。

(2)$pH = pK_{a2}^\ominus - \lg\dfrac{c(H_2PO_4^-)/c^\ominus}{c(HPO_4^{2-})/c^\ominus}$

$c(H_2PO_4^-) + c(HPO_4^{2-}) = 0.020$

$K_{a3}^\ominus = \dfrac{[c(H^+)/c^\ominus][c(PO_4^{3-})/c^\ominus]}{c(HPO_4^{2-})/c^\ominus}$

$c(PO_4^{3-}) = 9.7 \times 10^{-9}\ mol \cdot L^{-1}$

(3)为防止结石的产生，$Q = [c(Ca^{2+})/c^\ominus]^3[c(PO_4^{3-})/c^\ominus]^2 < K_{sp}^\ominus[Ca_3(PO_4)_2]$

$c(Ca^{2+}) \leqslant 2.8 \times 10^{-6}\ mol \cdot L^{-1}$

4. 返滴定法：ρ(蛋白质)$= \dfrac{[c(HCl)V(HCl) - c(NaOH)V(NaOH)] \cdot M(N)}{15.6\%V} = 27.6\ g \cdot L^{-1}$

5. 最低 pH：$\lg K_f^{\ominus'}(FeY) = \lg K_f^\ominus(FeY) - \lg\alpha_{Y(H)} \geqslant 8.0$，pH＝5.1

最高 pH：$c(OH^-)/c^\ominus \leqslant \sqrt{\dfrac{K_{sp}^\ominus}{[c(Fe^{2+})/c^\ominus]}} = 2.0 \times 10^{-7}$，pH＝7.3

6.(1)不同结构卤代烃与硝酸银的醇溶液反应速度不同，烯丙基型和叔卤代烃常温下反应，产生沉淀，伯仲卤代烃需加热才反应，乙烯型加热都不反应。

(A) 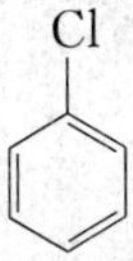

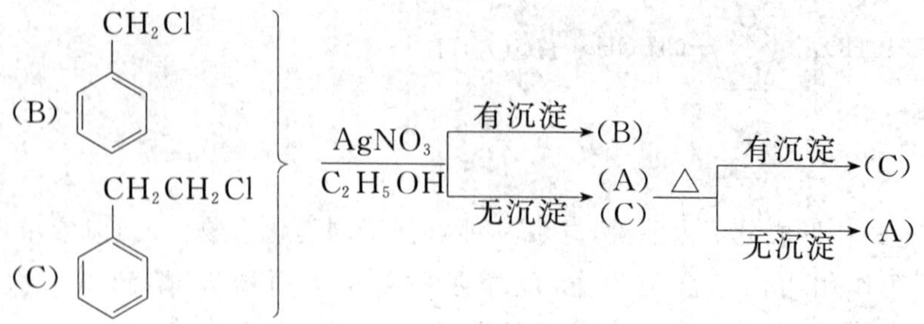

(2)

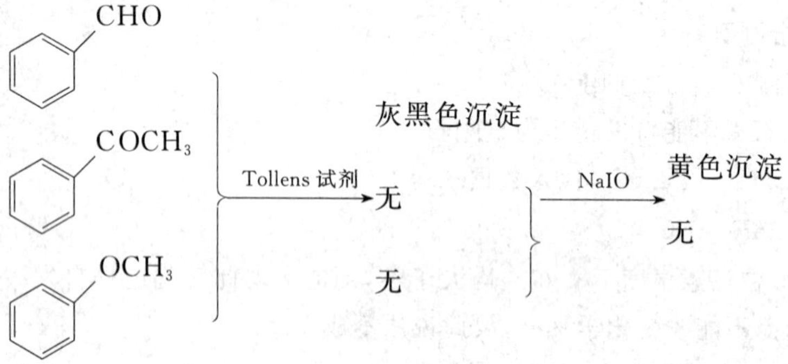

7.

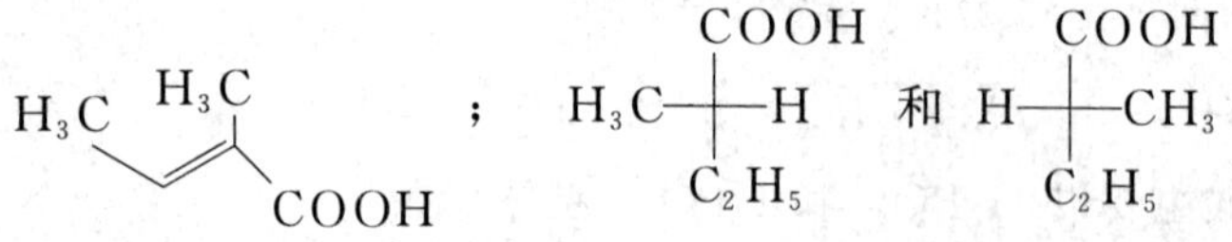

8.(1)方法 1：

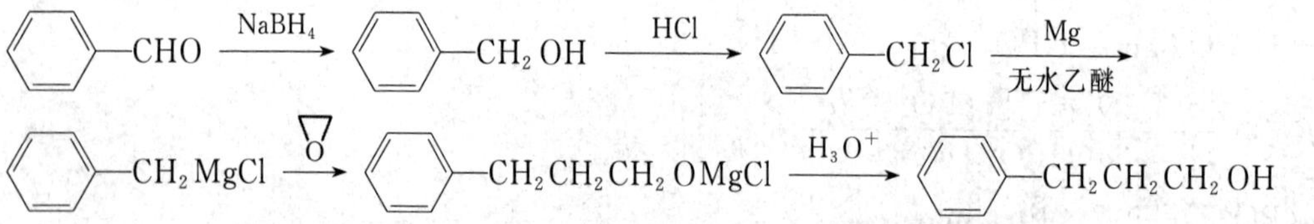

方法 2：

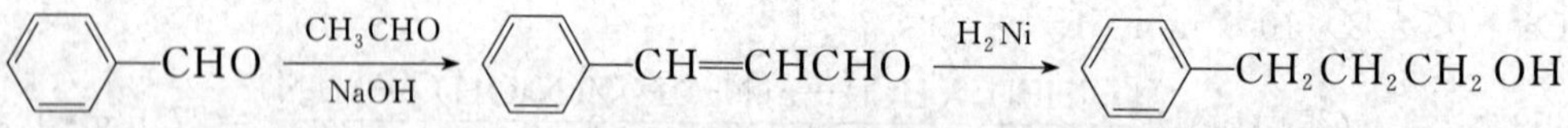

方法 1 基于产物中增长了 2 个碳原子，且是通过引入羟乙基实现的，比较容易实现切断，反推出氯苄（苄基氯化镁）和环氧乙烷，苄基氯化镁可以由苯甲醛还原-卤化两步实现。

方法 2 不容易通过官能团转换看到合理的反推，只能通过碳链增长规律，在醛基上增长碳链的有效方法是羟醛缩合，然后再考虑官能团转换。

(2)羟醛缩合是很好的增长碳链的方法。

$$HC\equiv CH \xrightarrow[H_2SO_4]{H_2O/HgSO_4} CH_3CHO \xrightarrow[\triangle]{\text{稀 NaOH}} CH_3CH=CHCHO \xrightarrow{H_2/Ni} CH_2CH_2CH_2CH_2OH$$

卷 2 答案

一、

1.C 2.D 3.C 4.A 5.A 6.A 7.B 8.B 9.A 10.C 11.B 12.B 13.A 14.D 15.A 16.C 17.C 18.B 19.C 20.A 21.D 22.D 23.A 24.B 25.B 26.B 27.A 28.C 29.B 30.A

二、

1.$c(H^+) + c(H_2C_2O_4) = c(OH^-) + c(C_2O_4{}^{2-})$

2.$MnO_4{}^- > Fe^{3+} > Cu^{2+}$

3.三乙醇胺

4.(4)>(1)>(2)>(3)

5.淀粉;近终点时

6.六氰合铁(Ⅲ)酸钾;6;内轨型

7.吸光度;浓度

8.$v = kc^2(A)$;480 $mol^{-1} \cdot L \cdot min^{-1}$

9.4.9

10.HA

11.A>B>D>C。$-NO_2$、$-Cl$ 是致钝基团,酸性增强;致钝能力越强($-NO_2$ 强于 $-Cl$)酸性越强;$-OCH_3$、$-CH_3$ 是致活基团,酸性减弱;致活能力越强($-OCH_3$ 致活能力大于$-CH_3$),酸性越弱,因此酸性由强到弱的顺序是:A>B>D>C

12. 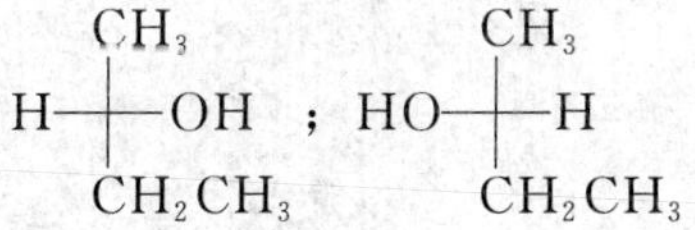

13. 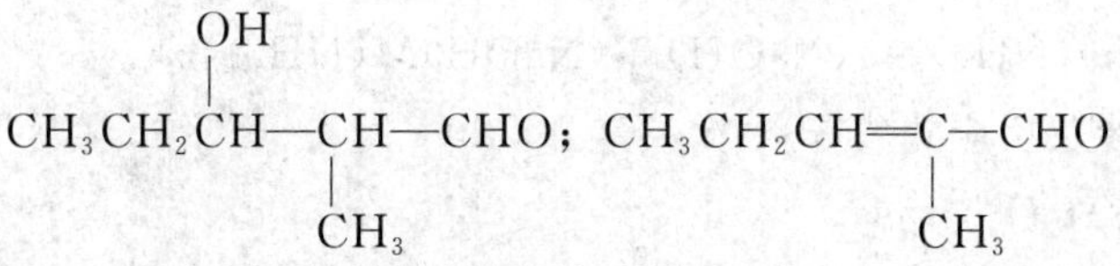

14. 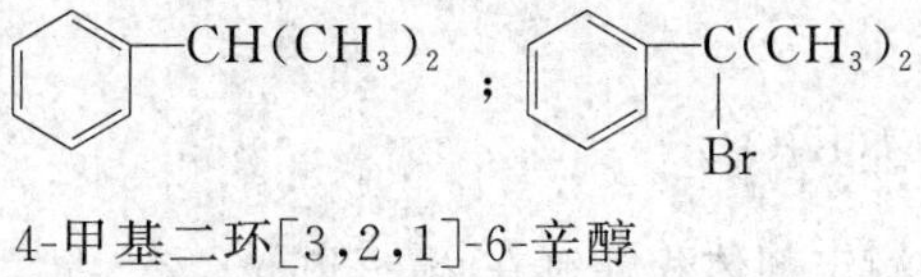

15.4-甲基二环[3,2,1]-6-辛醇

16.C > D > B > A

17. 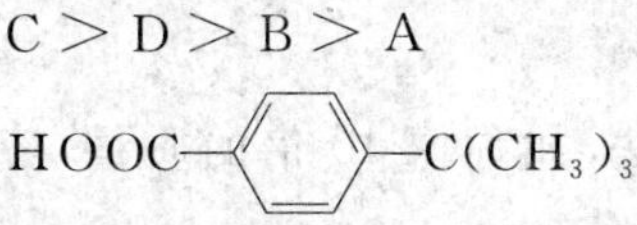

18. 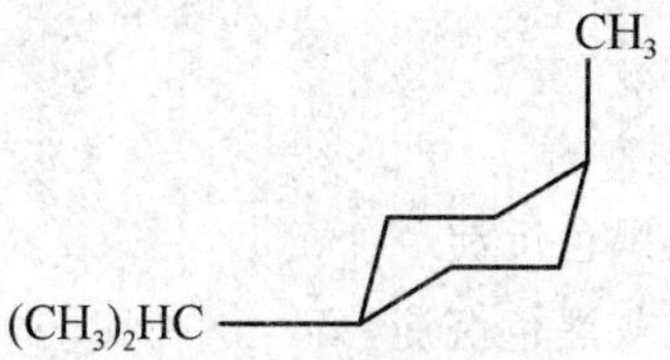

19. 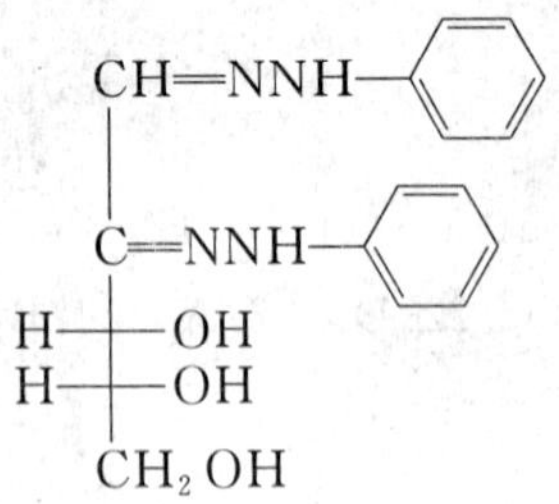

20. 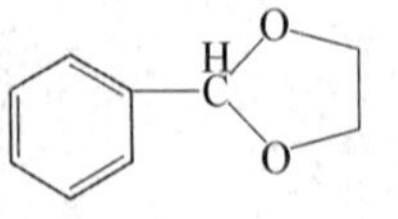

21. 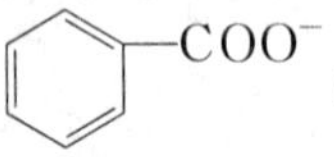；CHI_3

22. π-π 共轭；p-π 共轭

23. 乙酰氯。各离去基团的碱性顺序为 $Cl^- < CH_3COO^- < C_2H_5O^- < NH_2^-$，离去基团的碱性越弱越容易离去，水解反应活泼性越高。

24. 正离子；负离子。丙氨酸属中性氨基酸，中性氨基酸 pI 一般是 5～6。

三、

1. 30.81 kJ

2. (1)(−) Pt | $Fe^{3+}(c_1)$，$Fe^{2+}(c_2)$ ‖ $Ce^{4+}(c_3)$，$Ce^{3+}(c_4)$ | Pt(+)

(2) $-73.33\ kJ\cdot mol^{-1}$；$10^{12.85}$

(3) 0.86～1.26 V；1.06 V

3. 有 AgCl 沉淀生成；$0.56\ mol\cdot L^{-1}$

4. 9.120%

甲醛法测定铵盐，计算公式：$w(NH_3)=c(NaOH)\ V(NaOH)M(NH_3)/m_s$

5. 标定采取置换滴定方式，涉及反应式：

$IO_3^- + 5I^- + 6H^+ = 3I_2 + 3H_2O$

$I_2 + 2S_2O_3^{2-} = 2I^- + S_4O_6^{2-}$

$$m(KIO_3)=\frac{1}{6}c(Na_2S_2O_3)\ V(Na_2S_2O_3)M(KIO_3)$$

为控制滴定体积误差在±0.1%以内，一般滴定剂体积控制在 20～30 mL

基准物的称量范围：0.071～0.11 g

为使称量误差在±0.1%以内，可采取"称大样"方法，如称取 10 倍的质量，溶解后在 250 mL 容量瓶中定容，每次用移液管移取 25.00 mL 用于标定。

6. (1)

异丙醇、丙醛、丙酮 —苯肼→ 异丙醇：无黄色沉淀；丙醛：黄色沉淀；丙酮：黄色沉淀

黄色沉淀（丙醛、丙酮）—Tollens 试剂→ 丙醛：灰黑色沉淀；丙酮：无灰黑色沉淀

（2）

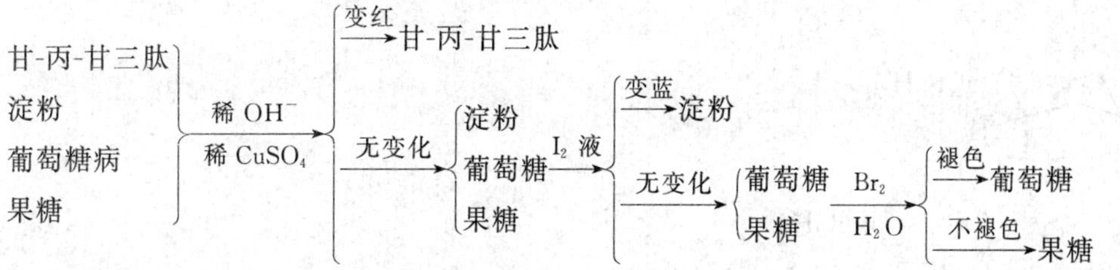

7. $H_2C{=}CH_2 \xrightarrow{Br_2} BrCH_2CH_2Br \xrightarrow{NaCN} NCCH_2CH_2CN \xrightarrow{H_2O/H^+} \begin{matrix} CH_2COOH \\ | \\ CH_2COOH \end{matrix}$

$H_2C{=}CH_2 \xrightarrow{H_2O/H^+} CH_3CH_2OH$

$\begin{matrix} CH_2COOH \\ | \\ CH_2COOH \end{matrix} + CH_3CH_2OH \xrightarrow{H_2SO_4} \begin{matrix} CH_2COOCH_2CH_3 \\ | \\ CH_2COOCH_2CH_3 \end{matrix}$

8. 思路：本题从化合物C被高锰酸钾氧化后，碳数并没有减少可知化合物C为环状烯烃，而化合物C被氧化后生成的化合物D中有3个氧原子，可知化合物D的结构是酮酸，而化合物D又可以发生碘仿反应，则其应有甲基酮的结构，综上可以推出化合物D的结构式。

A. 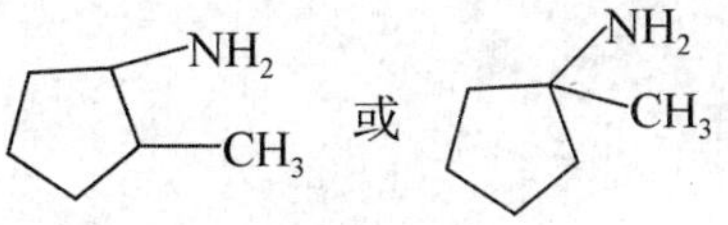

B. 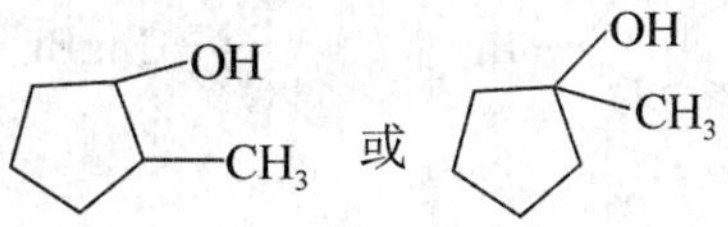

C. 

D. $CH_3COCH_2CH_2CH_2COOH$

卷3答案

一、

1. B　2. B　3. C　4. B　5. C　6. D　7. B　8. C　9. B　10. D　11. D　12. D　13. C
14. A　15. A　16. D　17. C　18. B　19. B　20. A　21. D　22. C　23. A　24. A
25. B　26. B　27. D　28. A　29. C　30. B

二、

1. $\{(AgI)_m \cdot nAg^+ \cdot (n-x)NO_3^-\}^{x+} \cdot xNO_3^-$；$K_3[Fe(CN)_6]$

2. $AgCl + I^- = AgI + Cl^-$；1.83×10^6

3. pH＝8.73

4. $\lg(c_M K_{MY}{}') \geqslant 6.0$（或 $c_M K_{MY}{}' \geqslant 10^{6.0}$）；变小

5. 自身

6. 54.1

7. 二溴·一草酸根·一乙二胺合铁(Ⅲ)酸钾；6

8. (−) Pb | $PbCl_2$ | $Cl^-(c_1)$ ‖ $H^+(c_2)$ | $H_2(p)$ | Pt(+)

9. 减小；增大；不变

10. 5-苯基-4-戊烯酸

11. 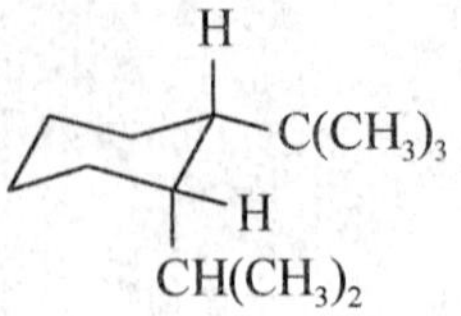

12. 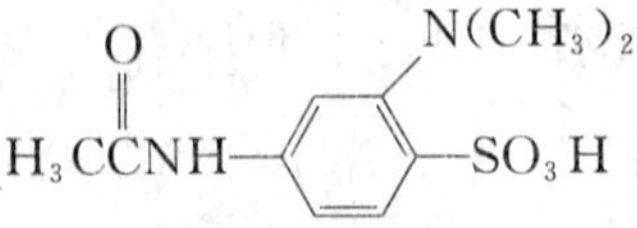

13. 果糖在碱性条件下可以通过烯醇式转变为葡萄糖。

14. 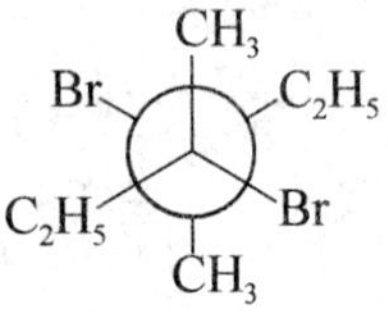

15. $CH_3\underset{\displaystyle OH}{\underset{|}{C}H}CH_2OCH_3$；$CH_3\underset{\displaystyle OCH_3}{\underset{|}{C}H}CH_2OH$

16. 空间结构

17. 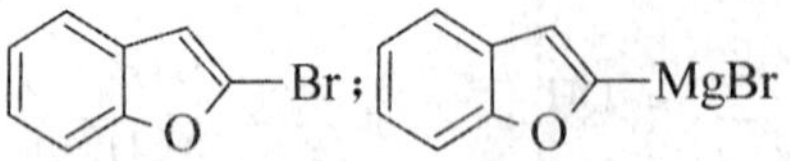

18. 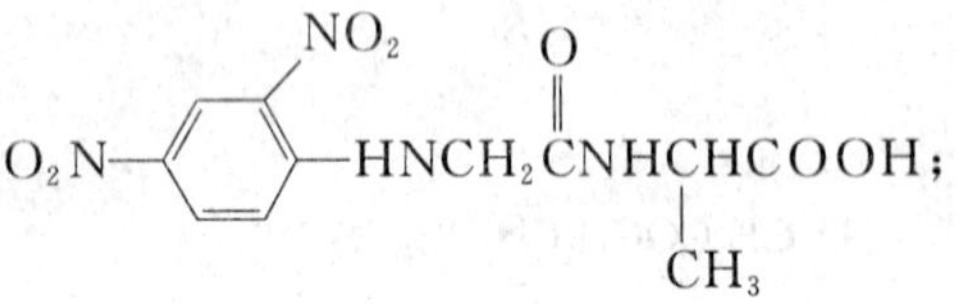

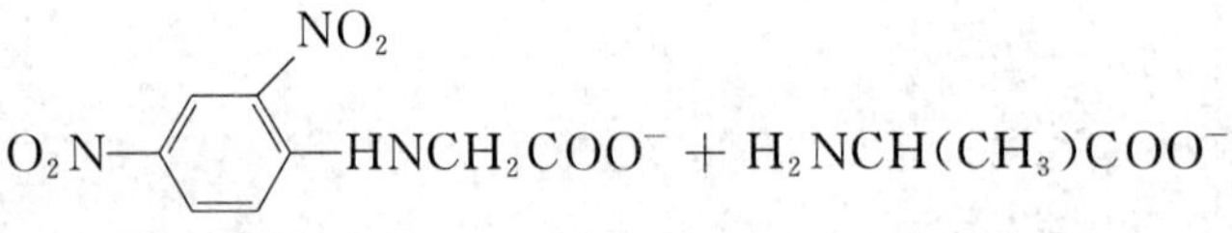

19. 3 个；*R*；*R*

20. 歧化(或 Cannizzaro)；羧酸；醇；分子中不含 α-H。

三、

1. (1)298 K 时，$\Delta_r H_m^\ominus=172.5\ kJ\cdot mol^{-1}$，$\Delta_r S_m^\ominus=175.87\ J\cdot mol^{-1}\cdot L^{-1}$，

$$\Delta_r G_m^\ominus(298\ K)=120\ kJ\cdot mol^{-1},K^\ominus(298\ K)=9.3\times10^{-22}$$

298 K 时，反应逆向自发进行。

$\Delta_r G_m^\ominus(1\,000\ K)=-3.37\ kJ\cdot mol^{-1}$，$K^\ominus(1\,000\ K)=1.5$

1 000 K 时，反应正向自发进行。

(2)$Q<K^\ominus$，反应正向自发进行。

2. 解：MnO_4^-/Mn^{2+} 电极反应为 $MnO_4^-+8H^++5e=Mn^{2+}+4H_2O$，若 MnO_4^- 能氧化 Br^-，则需满足 $\varphi(MnO_4^-/Mn^{2+})\geqslant\varphi^\ominus(Br_2/Br^-)=1.09\ V$

根据能斯特方程：$\varphi(MnO_4^-/Mn^{2+})=\varphi^\ominus(MnO_4^-/Mn^{2+})+\frac{0.059\,2}{5}\lg[c(H^+)/c^\ominus]^8$(其

他物质处于标准状态)pH≤4.43

3. Fe^{3+}:[Ar]$3d^5$理论磁矩为 5.92 B.M.

$[Fe(CN)_6]^{3-}$:测定磁矩(2.4 B.M.)<理论磁矩(5.92 B.M.)说明形成配合物时电子发生了重排,单电子为 2,则空出两条空轨道,形成内轨型配合物,又因为配位数为 6,所以 d^2sp^3 杂化,正八面体。

$[FeF_6]^{3-}$测定磁矩(5.90 B.M.)≈理论磁矩(5.92 B.M.),说明形成配合物时电子没有发生重排,形成外轨型配合物,又因为配位数为 6,所以 sp^3d^2 杂化,正八面体。

4. 滴定剂:NaOH 标准溶液

化学计量点时,产物为 0.050 00 $mol \cdot L^{-1}$ 的 $C_2O_4^{2-}$,$c(OH^-) = 3.1\times10^{-6}\ mol \cdot L^{-1}$,溶液 pH =8.50

指示剂:酚酞

5. 在 pH=2.0 时,$\lg K_f^{\ominus\prime}(AlY^-)=16.30-13.51=2.79<8.0$,$\lg K_f^{\ominus\prime}(FeY^-)=25.10-13.51=11.59>8.0$。因此在 pH=2.0 时,$Al^{3+}$不能被准确滴定,而 Fe^{3+}可以被准确滴定。因为两种离子的浓度相同,所以可以直接用条件稳定常数进行比较。$\Delta\lg K_f^{\ominus\prime}=\lg K_f^{\ominus\prime}(FeY^-)-\lg K_f^{\ominus\prime}(AlY^-)=11.59-2.79=8.8>6.0$,可见,在此条件下,$Al^{3+}$并不干扰 Fe^{3+}的滴定。

6. 制备一元羧酸经常采用丙二酸酯合成法。因为目标化合物是环丁基甲酸,相当于羧酸的 α-碳原子上有支链,所以需要两次烃基化,又因为目标化合物成环,第二次取代在分子内发生,才有可能成环,所以需要用一分子二卤代烃发生取代反应,才会实现关环。

逆合成分析:

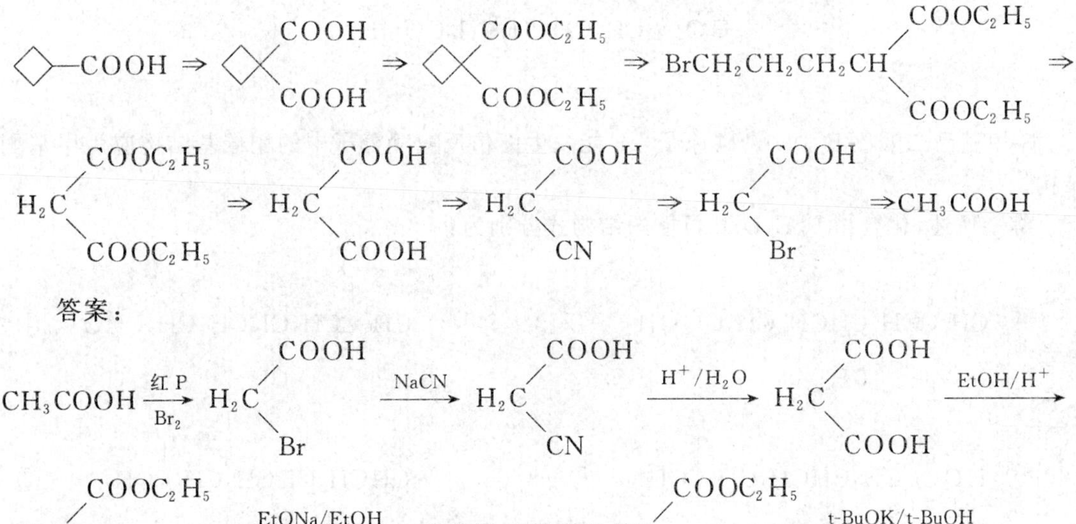

答案:

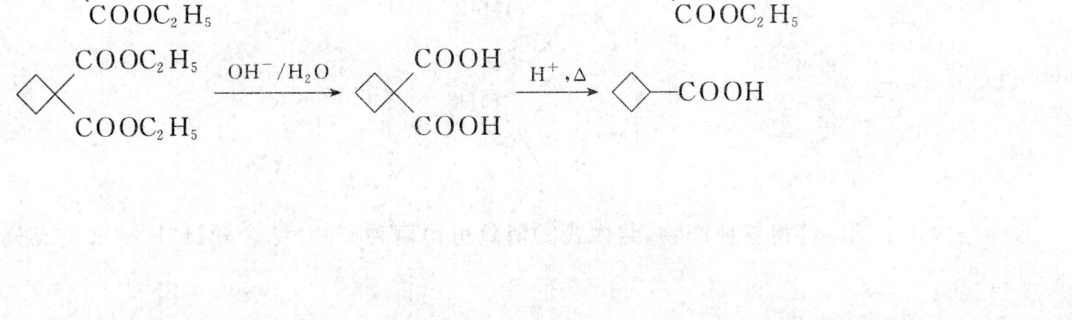

7.(1)

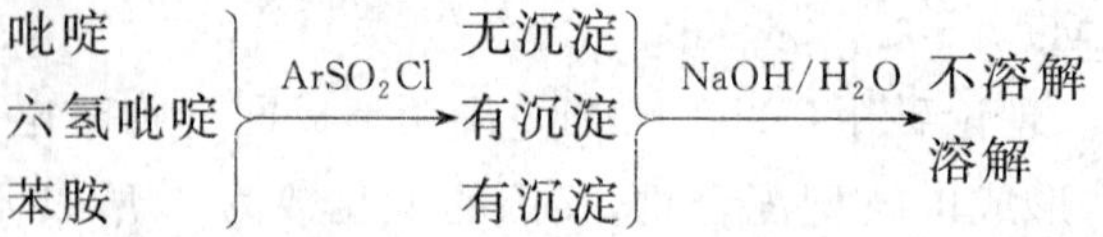

(2)

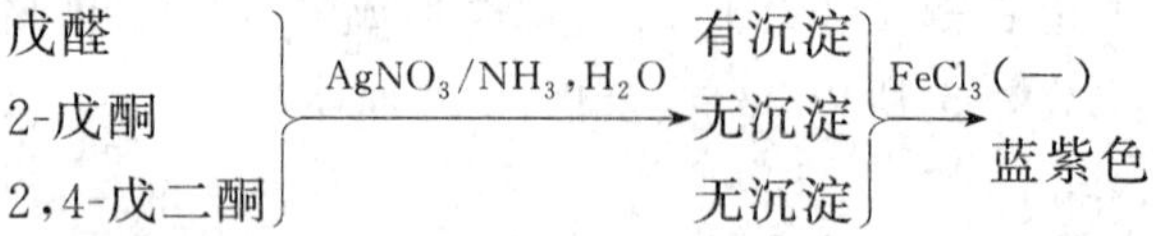

8.解析:①A:$C_7H_{12}O$(酮),不饱和度 $\Omega=2$,⇨A 为链状不饱和酮或脂环酮。

②A 与甲基溴化镁反应生成 B($C_8H_{16}O$):$\Omega=1$,⇨B 为链状不饱和醇或脂环醇;B 由酮与格氏试剂反应所得,B 为叔醇。

③B 脱水生成 C 和 D :C_8H_{14}(烯烃)⇨B 有两种不同的 β-H。

④C(C_8H_{14})经臭氧化再还原水解可得 A($C_7H_{12}O$):A 比 C 少一个碳原子,且 A 分子中只含一个氧原子 ⇨A 为脂环酮,C 为环烯烃,且有一个双键碳原子在环外。

⑤D(C_8H_{14})经臭氧化再还原水解得到 E($C_8H_{14}O_2$),$\Omega=2$,D 氧化后碳数未减少,并且 E 中有两个碳原子⇨D 为环烯烃,两个双键碳原子均在环上,E 为链状二羰基化合物。

⑥E($C_8H_{14}O_2$)被 Fehling 试剂氧化得 F($C_8H_{14}O_3$):氧原子数增加一个⇨E 中有一个醛基被氧化为羧基⇨E 中应该含有一个醛羰基结构和一个酮羰基结构。

⑦用溴的氢氧化钠溶液处理 F,生成 3-甲基己二酸

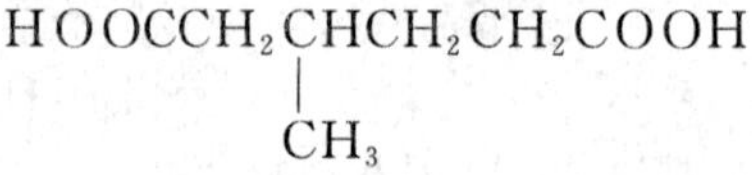

3-甲基己二酸比 F 少一个碳原子⇨F 能发生卤仿反应⇨分子中的酮羰基结构应为甲基酮结构。

综上所述,化合物 F、E、D、B 可能的结构式分别为:

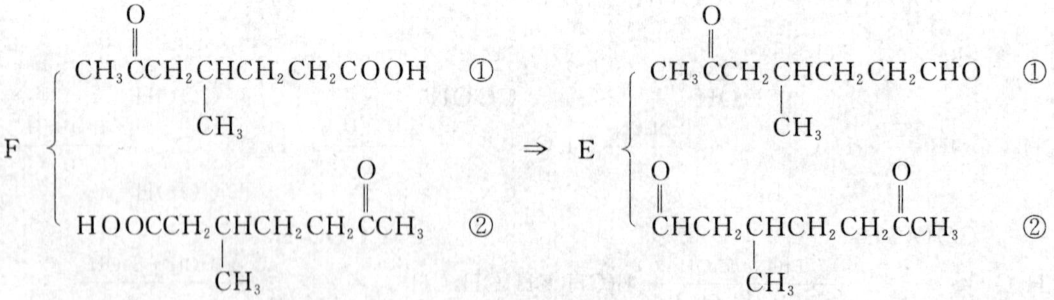

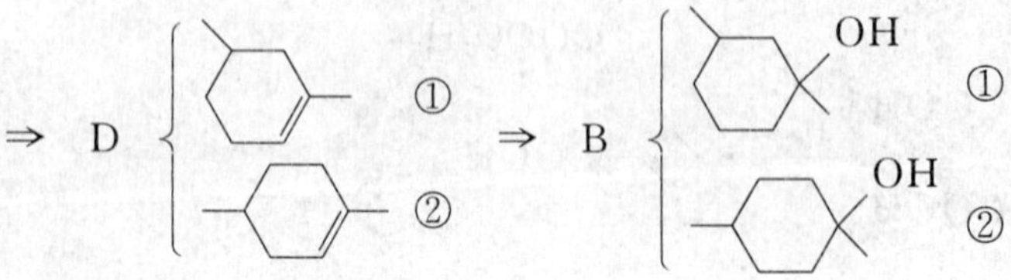

B 中结构式①消除可得三种产物,结构式②消除可得两种产物,结合题目"B 脱水生成分

子式为 C_8H_{14} 的两种烯烃”可知，B 的结构式为 B②。

答案：

A. 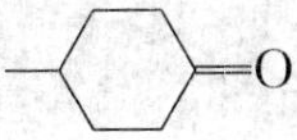；B. 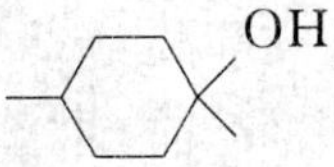；C. 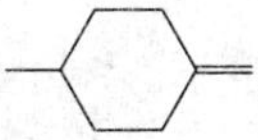；

D. 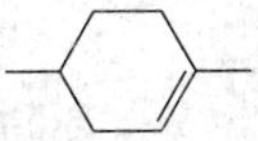；E. $OHCCH_2CH(CH_3)CH_2CH_2COCH_3$；

F. $HOOCCH_2CH(CH_3)CH_2CH_2COCH_3$